첨단공학을 위한

정 보 수 학

조성진 · 김한두 · 최언숙 지음

敎友社

머리말

이 책은 Howard Eves의 "Elementary Matrix Theory"와 Niel Koblitz의 "A Course in Number Theory and Cryptography, 2판" 그리고 Rudolf Lidl과 Harald Niederreiter의 "Finite Fields"를 주된 참고문헌으로 활용하여, 이공계 학부생 및 대학원생들을 위한 참고도서로 저술하였다. 특히, IT 관련 분야를 공부하려는 학생들에게 아주 유익한 자료가 될 것으로 생각한다.

이 책의 구성은 크게 세 부분으로 나누어진다. 행렬론, 수론 그리고 이들의 응용에 해당하는 선형점화수열에 관한 것이다. 선형 유한상태기계는 행렬로 표현이 가능하므로 그 기계의 성질은 곧 행렬의 성질을 이용하여 알 수 있다. 특히 행렬의 특성다항식이 가약다항식이냐, 기약다항식이냐 특히 원시다항식이냐에 따라 그 기계의 성질이 결정되기 때문에 행렬론은 대단히 중요한 분야라 생각된다. 그리고 오토마타를 이해하는데도 많은 도움을 주는 책이다. 수론부분은 암호 및 부호론과 다항식의 인수분해에 관심이 있는 독자들에게 귀중한 자료가 될 것이다. 그리고 마지막 부분인 선형점화수열은 최소다항식의 결정방법 및 암호에서의 "키"의 생성방법 등을 알게 하는데 결정적인 역할을 한다.

절제된 이론의 전개와 함께 풍부한 예제와 완전한 연습문제 풀이를 수록하여 독자들이 쉽게 내용을 이해하고 활용할 수 있도록 하고자 하였다. 특히, 책의 마지막 부분에 수록된 부록은 암호 및 부호론과 다항식의 인수분해에 관심이 있는 독자들에게 아주 귀중한 자료가 될 것이다. 이러한 노력에도 불구하고, 내용이 불충분하거나 이론의 전개에 매끄럽지 못한 부분이 많이 있음을 저자들은 잘 알고 있다. 이 책을 읽는 독자들에게 도움이 될 수 있도록 계속하여 수정 및 보완해 나갈 것이다.

끝으로 이 책을 출판해주신 교우사 오판근 사장님께 깊은 감사를 드리며 아울러 황윤희 학생, 김경자 학생 그리고 권숙희 학생에게 진심으로 고마움을 전한다.

2006. 02. 28

저자 일동

차 례

제 1 장 행렬의 기본 개념과 연산

1.1 행렬의 정의(Definition of matrix)

[정의 1.1] mn개의 원소들로 이루어진 다음과 같은 사각형 배열을 $m \times n$ 행렬(matrix)이라 한다.

$$A=\begin{pmatrix} a_{11} & a_{12} & \cdots & a_{1n} \\ a_{21} & a_{22} & \cdots & a_{2n} \\ \vdots & \vdots & \cdots & \vdots \\ a_{m1} & a_{m2} & \cdots & a_{mn} \end{pmatrix}$$

가) A가 $m \times n$ 행렬인 경우 $A=(a_{ij})_{(m,n)}$라 쓰고 $A=(a_{ij})$라 쓰기도 한다.

나) $m \times n$ 행렬을 위수(order)가 (m, n)이라 한다. 특히, $n \times n$ 행렬의 위수는 n이라 한다.

다) $1 \times n$ 행렬을 위수 n의 행벡터(row vector of order n)라 하고 $m \times 1$ 행렬을 위수 n의 열벡터(column vector of order m)라 한다.

라) $m=n$일 때, A를 위수 n의 정방행렬(square matrix)이라 한다.

마) A가 위수 n의 정방행렬일 때, $a_{11}, a_{12}, \cdots, a_{nn}$을 A의 주대각성분(the principal diagonal of A)이라 한다.

1.2 행렬의 덧셈 및 상수 곱셈 (Addition and scalar multiplication of matrices)

[정의 1.2] 두 행렬 $A=(a_{ij})$와 $B=(b_{ij})$에 대하여 A와 B의 위수가 같고 대응하는 원소들이 같을 때 A와 B가 같다(equal)라고 하고 $A=B$라고 쓴다.

[정의 1.3] $m\times n$ 행렬 $A=(a_{ij})$와 $B=(b_{ij})$에 대하여 $A+B=(c_{ij})$라 정의한다. 여기서 $c_{ij}=a_{ij}+b_{ij}$이다.

[예제 1.1] $\begin{pmatrix}2 & -3 & 4\\ 3 & -1 & 0\end{pmatrix}+\begin{pmatrix}1 & -1 & 1\\ 1 & -1 & 0\end{pmatrix}=\begin{pmatrix}3 & -4 & 5\\ 4 & -2 & 0\end{pmatrix}.$

[정의 1.4] 모든 원소들이 0인 행렬을 영행렬(zero matrix)이라 하고 O 또는 위수가 (m, n)인 경우 $O_{(m,n)}$라 쓴다.

[정의 1.5] $m\times n$행렬 A와 상수 k에 대하여 행렬 kA를 $kA=(ka_{ij})$라 정의한다.

가) $k=-1$일 때, 즉 $(-1)A$를 $-A$라 쓰며 $A+(-B)$를 $A-B$로 쓰기로 한다.

[예제 1.2] $3\begin{pmatrix}1 & 0 & -1\\ 2 & 2 & -1\end{pmatrix}=\begin{pmatrix}3 & 0 & -3\\ 6 & 6 & -3\end{pmatrix}$

[정리 1.1] A, B, C가 $m\times n$행렬이고 α, β를 상수라 하면 다음이 성립한다.

(1) $A+B=B+A$

(2) $A+(B+C)=(A+B)+C$

(3) $\alpha(A+B)=\alpha A+\alpha B$
(4) $(\alpha+\beta)A=\alpha A+\beta A$
(5) $\alpha(\beta A)=(\alpha\beta)A$
(6) $A+O=O+A=A$
(7) $\alpha A=O \Leftrightarrow \alpha=0$ 또는 $A=O$

1.3 행렬의 곱셈(Multiplication of matrices)

[정의 1.6] X를 원소 $x_1, x_2, \cdots, x_n$을 갖는 행벡터이고 Y를 원소 $y_1, y_2, \cdots, y_n$을 갖는 열벡터라 하자. X와 Y의 내적(inner product)을 $X \cdot Y$라 쓰고

$$X \cdot Y = x_1 y_1 + x_2 y_2 + \cdots + x_n y_n$$

라 정의한다.

[예제 1.3] $X=(1\ 2\ 3)$이고 $Y=\begin{pmatrix} 2 \\ -1 \\ 0 \end{pmatrix}$이면 $X \cdot Y = 1 \cdot 2 + 2 \cdot (-1) + 3 \cdot 0 = 0$이다.

[정의 1.7] $A=(a_{ij})$가 $m \times n$ 행렬이고 $B=(b_{ij})$를 $n \times l$ 행렬이라 하자. A와 B의 곱 $AB=(c_{ij})$는 $m \times l$ 행렬이다. 여기서

$$c_{ij} = \sum_{k=1}^{n} a_{ik} b_{kj} = a_{i1} b_{1j} + a_{i2} b_{2j} + \cdots + a_{in} b_{nj}$$

가) 행렬의 곱은 일반적으로 교환법칙이 성립하지 않는다. 특히 같은 위수의 정방행렬의 경우도 교환법칙은 성립하지 않는다.
나) $AB=O$라고 해서 반드시 $A=O$이거나 $B=O$가 성립하지는 않는다. 예를 들

어 $\begin{pmatrix}1 & 1\\0 & 0\end{pmatrix}\begin{pmatrix}0 & 1\\0 & -1\end{pmatrix}=\begin{pmatrix}0 & 0\\0 & 0\end{pmatrix}$이다.

[예제 1.4] $\begin{pmatrix}1 & 2 & 3\\-1 & 0 & 1\end{pmatrix}\begin{pmatrix}-1 & 0 & 1\\-1 & 0 & -1\\-1 & 1 & 0\end{pmatrix}=\begin{pmatrix}-6 & 3 & -1\\0 & 1 & -1\end{pmatrix}$

정리 1.2부터 정리 1.6까지 증명을 생략하도록 한다.

[정리 1.2] A와 B가 $AB=BA$를 만족한다면 A와 B는 같은 위수의 정방행렬들이다.

[정리 1.3] A가 $m\times n$ 행렬이고 B, C가 $n\times l$ 행렬이면

$$A(B+C)=AB+AC$$

[정리 1.4] B, C가 $m\times n$ 행렬이고 A가 $n\times l$ 행렬이면,

$$(B+C)A=BA+CA$$

[정리 1.5] A, B, C가 각각 $m\times n$, $n\times l$, $l\times p$ 행렬이라면

$$A(BC)=(AB)C$$

[정리 1.6] A가 $m\times n$ 행렬이고 B가 $n\times l$ 행렬이며, α, β가 상수라면 다음이 성립한다.

(1) $(\alpha A)(\beta B)=(\alpha\beta)(AB)$

(2) $(-A)(-B)=AB$

(3) $A(\alpha B)=(\alpha A)B=\alpha(AB)$

(4) $A(-B)=(-A)B=-(AB)$

1.4 특수행렬(Special matrices)

[정의 1.8] 위수 n인 정방행렬(a_{ij})가 다음을 만족할 때, 그 정방행렬을 **단위행렬**(identity matrix)이라 하고 $I_{(n)}$라 쓴다.

$$a_{ij}=\begin{cases}1, & i=j\\ 0, & i\neq j\end{cases}$$

[정리 1.7] A가 $m\times n$ 행렬이면 $I_{(m)}A=AI_{(n)}=A$가 성립한다.

가) A가 위수 n인 정방행렬이면 $A^0=I_{(n)}$라 쓰고 A^kA를 A^{k+1}라 쓴다. 여기서 k는 음이 아닌 정수이다.

[정리 1.8] A가 위수 n인 정방행렬이고 m, n을 음이 아닌 정수라 하면 다음이 성립한다.

(1) $A^mA^n=A^{m+n}$

(2) $(A^m)^n=A^{mn}$

[정의 1.9] 위수가 n인 정방행렬 $D=(a_{ij})$가 $a_{ij}=0\,(i\neq j)$을 만족할 때, D를 **대각행렬**(diagonal matrix)이라 하고 주 대각성분이 d_1, d_2, $\cdots$, d_n인 대각행렬 D를 $D=diag(d_1, d_2, \cdots, d_n)$라 쓴다.

[예제 1.5] $\begin{pmatrix} 2 & 0 & 0 \\ 0 & 1 & 0 \\ 0 & 0 & 0 \end{pmatrix} = diag(2,\ 1,\ 0)$

> [정의 1.10] $A^2 = A$를 만족하는 정방행렬을 **멱등행렬**(idempotent matrix)이라 한다.

가) A가 멱등행렬이면 양의 정수 n에 대하여 $A^n = A$이다.

[예제 1.6] $\begin{pmatrix} 6 & -3 \\ 10 & -5 \end{pmatrix}^2 = \begin{pmatrix} 6 & -3 \\ 10 & -5 \end{pmatrix}$

> [정의 1.11] 양의 정수 r에 대하여 $A^r = O$를 만족하는 행렬을 **거듭제곱이 영인 행렬**(nilpotent matrix)이라 하고 $A^r = O$를 만족하는 최소의 양의 정수 r을 **인덱스**(index)라 한다.

[예제 1.7] $\begin{pmatrix} -1 & 1 \\ -1 & 1 \end{pmatrix}^2 = O_{(2)}$

> [정의 1.12] (1) $i > j$일 때, $a_{ij} = 0$을 만족하는 정방행렬 (a_{ij})를 **상삼각행렬**(upper triangular matrix)이라 하고 $i < j$일 때, $a_{ij} = 0$을 만족하는 정방행렬 (a_{ij})를 **하삼각행렬**(lower triangular matrix)이라 한다.
>
> (2) $i \geq j$일 때, $a_{ij} = 0$을 만족하는 정방행렬 (a_{ij})를 **상행렬**(upper matrix)이라 하고 $i \leq j$일 때, $a_{ij} = 0$을 만족하는 정방행렬 (a_{ij})를 **하행렬**(lower matrix)이라 한다.

가) 상행렬이나 하행렬은 거듭제곱이 영인 행렬이다.

[정의 1.13] $A^2=I$를 만족하는 정방행렬 A를 **대합행렬**(involutoric matrix)이라 한다.

[예제 1.8] $\begin{pmatrix} 0 & -1 \\ -1 & 0 \end{pmatrix}^2 = I_{(2)}$

1.5 전치행렬(Transposed matrices)

[정의 1.14] $m \times n$ 행렬 $A=(a_{ij})$에 대하여 $n \times m$ 행렬(a_{ji})를 A의 **전치행렬**(transposed matrix)이라 하고 A^T라 쓴다.

[예제 1.9] $A^T = \begin{pmatrix} 1 & 2 & 0 \\ 1 & 1 & 1 \end{pmatrix}^T = \begin{pmatrix} 1 & 1 \\ 2 & 1 \\ 0 & 1 \end{pmatrix}$

[정리 1.9] A, B가 적절한 위수가 같은 행렬이며 k를 상수라 하면 다음이 성립한다.

(1) $(A^T)^T = A$

(2) $(A+B)^T = A^T + B^T$

(3) $(kA)^T = kA^T$

(4) $(AB)^T = B^T A^T$

(5) 음이 아닌 정수 n에 대하여 $(A^n)^T = (A^T)^n$

증명 (4)번과 (5)번만 증명하도록 한다.

(4) $A=(a_{ij})_{(m,\ n)}$이고 $B=(b_{ij})_{(n,\ l)}$라 하자. 그러면 A^T의 $(i,\ j)$원소는 a_{ji}이고 B^T의 $(i,\ j)$원소는 b_{ji}가 된다. 그러므로 $B^T A^T$의 $(i,\ j)$원소 d_{ij}는 $\sum_{k=1}^{n} b_{ji} a_{ji}$,

$d_{ij}=\sum_{k=1}^{n} b_{ki}a_{jk}$가 된다. $(AB)^T$의 $(i,\ j)$원소를 c_{ij}라 하면 AB의 $(i,\ j)$원소는 c_{ji}이므로 $c_{ji}=\sum_{k=1}^{n} a_{ik}b_{kj}$이고 따라서 $c_{ji}=\sum_{k=1}^{n} a_{jk}b_{ki}=\sum_{k=1}^{n} b_{ki}a_{jk}=d_{ij}$이다. 그러므로 $(AB)^T=B^TA^T$이다.

(5) (4)번에 의하여 분명하다. ■

1.6 대칭행렬 및 교대행렬 (Symmetric and skew-symmetric matrices)

> [정의 1.15] $A=A^T$를 만족하는 정방행렬 A를 **대칭행렬**(symmetric matrix)이라 하고 $A=-A^T$를 만족하는 행렬 A를 **교대행렬**(skew-symmetric matrix)이라 한다.

가) AA^T와 $A+A^T$는 대칭행렬이고 $A-A^T$는 교대행렬이다.

나) $A=\frac{1}{2}(A+A^T)+\frac{1}{2}(A-A^T)$

[예제 1.10]

(1) $\begin{pmatrix} 1 & 3 & 0 \\ 3 & 1 & 2 \\ 0 & 2 & 1 \end{pmatrix}$: 대칭행렬 (2) $\begin{pmatrix} 0 & -3 & 0 \\ 3 & 6 & 2 \\ 0 & -2 & 0 \end{pmatrix}$: 교대행렬

1.7 분할행렬(Partitioned matrices)

행렬을 몇 개의 부분행렬로 나누어 생각하는 것이 유용할 때가 많다. 행렬 C를 행과 행 사이의 수평선과 열과 열 사이의 수직선을 그어 부분행렬로 나눌 수 있다. 이때, 부분행렬을 **블록**(block)이라 한다. 예를 들어

$$C=\begin{pmatrix}1 & -2 & 4 & 1 & 3\\ 2 & 1 & 1 & 1 & 1\\ 3 & 3 & 2 & -1 & 2\\ 4 & 6 & 2 & 2 & 4\end{pmatrix}$$

라 하자. 만일 선을 2행과 3행 사이, 3열과 4열 사이에 그었다면, C는 네 개의 부분행렬 C_{11}, C_{12}, C_{21}, C_{22}로 나누어진다.

$$\begin{pmatrix}C_{11} & C_{12}\\ C_{21} & C_{22}\end{pmatrix}=\left(\begin{array}{ccc|cc}1 & -2 & 4 & 1 & 3\\ 2 & 1 & 1 & 1 & 1\\ \hline 3 & 3 & 2 & -1 & 2\\ 4 & 6 & 2 & 2 & 4\end{array}\right)$$

행렬을 나누는 유용한 한 방법은 열로 나누는 것이다. 예컨대, 만일

$$B=\begin{pmatrix}-1 & 2 & 1\\ 2 & 3 & 1\\ 1 & 4 & 1\end{pmatrix}$$

이면, B를 다음과 같이 세 개의 열 부분행렬로 나눌 수 있다.

$$B=\left(\begin{array}{c|c|c}-1 & 2 & 1\\ 2 & 3 & 1\\ 1 & 4 & 1\end{array}\right)$$

A가 세 개의 열을 가지고 있는 행렬이라 하면, 곱 AB는 블록 곱으로 볼 수 있다. B의 각 블록을 A와 곱하면 세 개의 블록, $A\mathbf{b}_1$, $A\mathbf{b}_2$, $A\mathbf{b}_3$을 갖는 행렬이 만들어진다. 즉,

$$AB=A(\mathbf{b}_1,\ \mathbf{b}_2,\ \mathbf{b}_3)=(A\mathbf{b}_1,\ A\mathbf{b}_2,\ A\mathbf{b}_3)$$

이다. 예를 들어, 만일

$$A=\begin{pmatrix}1 & 3 & 1\\ 2 & 1 & -2\end{pmatrix}$$

이면

$$A\mathbf{b}_1=\begin{pmatrix}6\\ -2\end{pmatrix},\quad A\mathbf{b}_2=\begin{pmatrix}15\\ -1\end{pmatrix},\quad A\mathbf{b}_3=\begin{pmatrix}5\\ 1\end{pmatrix}$$

이므로

$$A(\mathbf{b}_1, \mathbf{b}_2, \mathbf{b}_3) = \begin{pmatrix} 6 & 15 & 5 \\ -2 & -1 & 1 \end{pmatrix}$$

이다. 일반적으로, A가 $m \times n$ 행렬이고 B가 r개의 열벡터들 $(\mathbf{b}_1, \cdots, \mathbf{b}_r)$로 이루어진 $n \times r$ 행렬이면, A와 B의 블록 곱은 다음과 같다.

$$AB = (A\mathbf{b}_1, A\mathbf{b}_2, \cdots, A\mathbf{b}_r)$$

특히 다음이 성립한다.

$$(\mathbf{a}_1, \cdots, \mathbf{a}_n) = A = AI = (A\mathbf{e}_1, \cdots, A\mathbf{e}_n)$$

여기서 $\mathbf{e}_1 = (1, 0, \cdots, 0)^T$, $\mathbf{e}_2 = (0, 1, \cdots, 0)^T$, $\cdots$, $\mathbf{e}_n = (0, 0, \cdots, 1)^T$이다.

A를 $m \times n$ 행렬이라 하자. 만일 A를 행으로 나누면

$$A = \begin{pmatrix} \mathbf{a}(1, :) \\ \mathbf{a}(2, :) \\ \vdots \\ \mathbf{a}(m, :) \end{pmatrix}$$

이다. 만일 B가 $n \times r$ 행렬이면, AB의 i번째 행은 A의 i번째 행을 B에 곱하여 얻어진다. 따라서 AB의 i행은 $\mathbf{a}(i, :)B$이다. 그러므로 곱 AB는 다음과 같이 행으로 나눌 수 있다.

$$AB = \begin{pmatrix} \mathbf{a}(1, :)B \\ \mathbf{a}(2, :)B \\ \vdots \\ \mathbf{a}(m, :)B \end{pmatrix}$$

일반적으로, 만약 블록이 적당한 크기를 갖는다면, 블록 곱은 보통의 행렬 곱과 같은 방법으로 시행할 수 있다. 만일

$$A = \begin{pmatrix} A_{11} \cdots A_{1t} \\ \vdots \\ A_{s1} \cdots A_{st} \end{pmatrix}, \quad B = \begin{pmatrix} B_{11} \cdots B_{1r} \\ \vdots \\ B_{t1} \cdots B_{tr} \end{pmatrix}$$

이면

$$AB=\begin{pmatrix} C_{11} \cdots C_{1r} \\ \vdots \\ C_{s1} \cdots C_{sr} \end{pmatrix}$$

이다. 여기서

$$C_{ij}=\sum_{k=1}^{t} A_{ik}B_{kj}$$

이다.

[예제 1.11] $\left(\begin{array}{cc|cc} 1 & 1 & 1 & 1 \\ \hdashline 2 & 2 & 1 & 1 \\ 3 & 3 & 2 & 2 \end{array}\right)\left(\begin{array}{cc|cc} 1 & 1 & 1 & 1 \\ 1 & 2 & 1 & 1 \\ \hline 3 & 1 & 1 & 1 \\ 3 & 2 & 1 & 2 \end{array}\right)=\left(\begin{array}{cc|cc} 8 & 6 & 4 & 5 \\ \hdashline 10 & 9 & 6 & 7 \\ 18 & 15 & 10 & 12 \end{array}\right)$

[예제 1.12] 다음과 같은 6×6 행렬 A를 분할해보자.

$$A=\begin{pmatrix} 1 & 0 & 0 & 0 & 0 & 0 \\ 0 & 1 & 0 & 0 & 0 & 0 \\ 0 & 1 & 1 & 0 & 0 & 0 \\ 0 & 0 & 0 & 1 & 0 & 0 \\ 0 & 0 & 0 & 1 & 1 & 0 \\ 0 & 0 & 0 & 0 & 1 & 1 \end{pmatrix}$$

풀이 한 가지 분할하는 방법으로 $A_{11}=\begin{pmatrix} 1 & 0 & 0 \\ 0 & 1 & 0 \\ 0 & 1 & 1 \end{pmatrix}$, $A_{22}=\begin{pmatrix} 1 & 0 & 0 \\ 1 & 1 & 0 \\ 0 & 1 & 1 \end{pmatrix}$라 두면 분할행렬

$$A=\begin{pmatrix} A_{11} & O \\ O & A_{22} \end{pmatrix}$$

을 얻는다. □

[정의 1.16] A_1, A_2, $\cdots$, A_r를 각각 위수가 j_1, j_2, $\cdots$, j_r인 정방행렬이라 하자. 블록행렬

$$\begin{pmatrix} A_1 & O & \cdots & O \\ O & A_2 & \cdots & O \\ & & \ddots & \\ O & O & \cdots & A_r \end{pmatrix}$$

을 $A_1, A_2, \cdots, A_r$의 직합(direct sum)이라 하고 $diag(A_1, A_2, \cdots, A_r)$이라 쓴다.

A, B, C가 $AB=C$를 만족할 때, C의 행들 $i_1, i_2, \cdots, i_r$과 열들 $j_1, j_2, \cdots, j_s$에 속하는 부분행렬은 A의 이러한 행렬들로 이루어진 A의 부분행렬과 B의 이러한 열들로 이루어진 부분행렬의 곱이다.

1.8 응용문제(Problems with applications)

<네트워크와 그래프>

그래프는 정점들의 쌍의 집합인 변과 함께 점들의 집합인 정점으로 정의한다. [그림 1.1]은 그래프의 표현을 보여주고 있다. 우리는 통신 네트워크에서 분기점에 대응되는 것으로서 정점 V_1, V_2, V_3, V_4, V_5를 생각할 수 있다. 변에 해당하는 정점들을 연결한 선분은 다음과 같다.

$$\{V_1, V_2\}, \{V_2, V_5\}, \{V_3, V_5\}, \{V_3, V_4\}, \{V_3, V_5\}, \{V_4, V_5\}$$

각 변은 네트워크의 두 정점 사이의 직접적인 통신 연결선을 나타낸다.

실질적으로 통신 네트워크는 수많은 정점과 변으로 이루어져 있다. 실제로, 만일 수억 개의 정점이 있다면, 네트워크의 그래프는 매우 복잡할 것이다. 선택할 수 있는 하나의 방법은 네트워크를 행렬로 표현하는 것이다. 만일 그래프가 총 n개의 정점을 가지고 있다면, 성분이

$$a_{ij}=\begin{cases} 1, & \{V_i, V_j\}\text{가 그래프의 변일 때} \\ 0, & V_i\text{와 } V_j\text{를 연결하는 변이 없을 때} \end{cases}$$

인 행렬 A를 정의할 수 있다. 행렬 A를 그래프의 **인접행렬**(adjacent matrix)이라 한

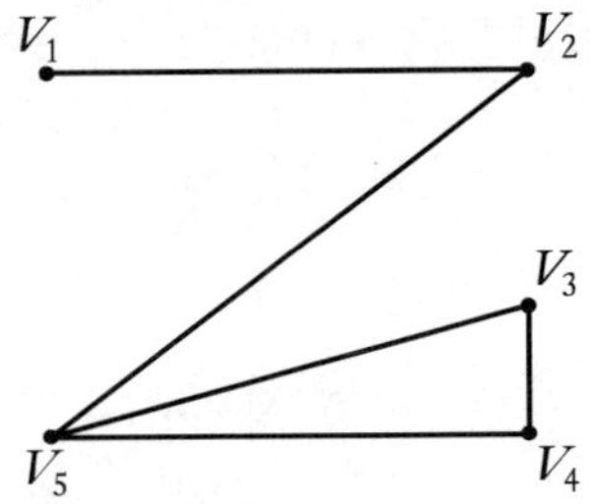

[그림 1.1] A의 그래프

다. [그림 1.1]의 그래프에 대한 인접행렬은

$$A=\begin{pmatrix} 0 & 1 & 0 & 0 & 0 \\ 1 & 0 & 0 & 0 & 1 \\ 0 & 0 & 0 & 1 & 1 \\ 0 & 0 & 1 & 0 & 1 \\ 0 & 1 & 1 & 1 & 0 \end{pmatrix}$$

으로 주어지며, A는 대칭행렬이다. 실제로, 임의의 인접행렬은 대칭행렬이어야 한다. 하나의 정점으로부터 다른 정점을 연결하는 변의 나열을 **경로**(path)로 생각할 수 있다. 예컨대, [그림 1.1]에서 변 $\{V_1, V_2\}$, $\{V_2, V_5\}$는 정점 V_1으로부터 V_5까지의 경로를 나타낸다. 이것은 두 개의 변으로 이루어져 있기 때문에 길이 2인 경로라고 한다. 경로를 나타내는 간단한 방법은 화살표를 이용하여 정점 사이의 움직임을 표시하는 것이다. 따라서 $V_1 \to V_2 \to V_5$는 정점 V_1으로부터 V_5까지의 길이가 2인 경로를 나타낸다. 일반적으로, 인접행렬의 멱승을 취하여 두 정점 사이의 명확한 길이를 갖는 경로의 수를 결정할 수 있다.

> [정리 1.10] $n\times n$ 행렬 $A=(a_{ij})$가 주어진 그래프의 인접행렬이고 a_{ij}^k가 A^k의 (i, j) 성분이면, a_{ij}^k는 V_j부터 V_j까지의 길이 k인 경로의 수와 같다.

증명 수학적 귀납법으로 증명해 보자. $k=1$인 경우, a_{ij}가 V_i부터 V_j까지의 길이가 1인 경로의 수이므로 인접행렬의 정의로부터 분명하다. 어떤 m에 대하여 A^m의 각 성분이 대응되는 정점들 사이의 길이 m인 경로의 수와 같다고 하자. 그러면 a_{ij}^m은 V_i부터 V_j까지의 길이 m인 경로의 수이다. 만일 변 $\{V_l, V_j\}$이 존재한다면, $a_{il}^m a_{lj}=a_{ij}^{m+1}$은

$$V_i \to \cdots \to V_l \to V_j$$

모양의 V_i부터 V_j까지의 길이가 $m+1$인 경로의 수이다. 이 사실로부터 V_i부터 V_j까지의 길이가 $m+1$인 경로의 총수는

$$a_{i1}^{m}a_{1j}+a_{i2}^{m}a_{2j}+\cdots+a_{in}^{m}a_{nj}$$

임을 알 수 있고, 이는 A^{m+1}의 $(i,\ j)$ 성분이다. ■

[예제 1.13] [그림 1.1]에서 그래프의 두 정점 V_3부터 V_5까지의 길이가 3인 경로의 수를 구하여라.

풀이 길이가 3인 경로의 수를 구하기 위하여 A^3을 구해야 한다.

$$A^3=\begin{pmatrix}0&2&1&1&0\\2&0&1&1&4\\1&1&2&3&4\\1&1&3&2&4\\0&4&4&4&2\end{pmatrix}$$

따라서 V_3에서 V_5까지의 길이가 3인 경로의 수는 $a_{35}^{3}=4$이다. □

<LFSR에 의한 이진수열 생성>

[그림 1.2]와 같은 성질을 갖는 유한상태기계를 LFSR(Linear Feedback Shift Register)이라 한다. LFSR의 성질을 알기 위한 한 가지 방법은 행렬로 표현하는 것이다. [그림 1.2]의 기계를 행렬로 표현하면

$$A=\begin{pmatrix}0&1&0\\0&0&1\\1&1&0\end{pmatrix}$$

과 같다.

순서대로 0, 0, 1이 입력되었다면 $A\begin{pmatrix}0\\0\\1\end{pmatrix}=(0\ 1\ 0)^T$, $A\begin{pmatrix}0\\1\\0\end{pmatrix}=(1\ 0\ 1)^T$,
$A\begin{pmatrix}1\\0\\1\end{pmatrix}=(0\ 1\ 1)^T$, $A\begin{pmatrix}0\\1\\1\end{pmatrix}=(1\ 1\ 1)^T$, $A\begin{pmatrix}1\\1\\1\end{pmatrix}=(1\ 1\ 0)^T$, $A\begin{pmatrix}1\\1\\0\end{pmatrix}=(1\ 0\ 0)^T$이 되어 이 결과를 행으로 나열하면 다음을 얻는다.

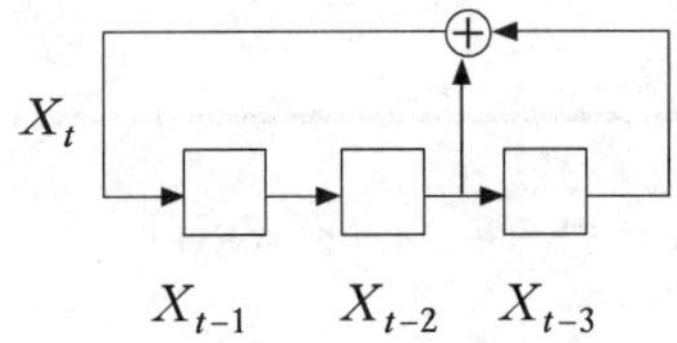

[그림 1.2] 유한상태기계

$$\begin{matrix} 0 & 0 & 1 \\ 0 & 1 & 0 \\ 1 & 0 & 1 \\ 0 & 1 & 1 \\ 1 & 1 & 1 \\ 1 & 1 & 0 \\ 1 & 0 & 0 \end{matrix}$$

1열을 순서대로 나열하면 주기가 7인 이진수열(0과 1로만 이루어진 수열)

$$0,\ 0,\ 1,\ 0,\ 1,\ 1,\ 1,\ 0,\ 0,\ 1,\ \cdots$$

을 얻는다. 이러한 최대주기를 갖는 이진수열을 **의사난수열** 또는 PN(Pseudo Noise) **수열**이라 한다.

[예제 1.14] 다음과 같은 행렬 A에 의해서 생성되는 PN 수열을 구하여라.

$$A=\begin{pmatrix} 0 & 1 & 0 & 0 \\ 1 & 1 & 1 & 0 \\ 0 & 1 & 0 & 1 \\ 0 & 0 & 1 & 1 \end{pmatrix}$$

풀이 위와 같은 방법으로 다음과 같은 주기가 15인 이진수열을 얻는다.

$$0,\ 0,\ 0,\ 1,\ 0,\ 0,\ 1,\ 1,\ 0,\ 1,\ 0,\ 1,\ 1,\ 1,\ 1,\ 0,\ 0,\ 0,\ 1,\ \cdots$$ □

연습문제 (1)

1. A, B, C를 $m\times n$행렬이라 할 때, $A+C=B+C$일 필요충분조건은 $A=B$임을 보여라.

2. A, B, C를 $m\times n$행렬이라 할 때, $(A+B)-C=A+(B-C)$임을 보여라.

3. A, B가 위수가 n인 정방행렬일 때, $(A+B)^2\neq A^2+2AB+B^2$과 $(A-B)^2\neq A^2-2AB+B^2$이 일반적으로 성립하지 않음을 보여라.

4. (a) 다음을 확인하여라.

$$\begin{pmatrix}0&1\\0&0\end{pmatrix}\begin{pmatrix}3&0\\0&0\end{pmatrix}=\begin{pmatrix}0&1\\0&0\end{pmatrix}\begin{pmatrix}2&0\\0&0\end{pmatrix}$$

   (b) A, B, C가 다음과 같은 행렬일 때, $A\neq O$이고 $B\neq C$이지만 $AB=AC$임을 확인하여라.

$$A=\begin{pmatrix}1&-2&1\\2&1&-3\\-5&2&3\end{pmatrix},\quad B=\begin{pmatrix}2&5&-1&-7\\-2&1&3&4\\3&2&1&2\end{pmatrix},\quad C=\begin{pmatrix}3&6&0&-6\\-1&2&4&5\\4&3&2&3\end{pmatrix}$$

5. A, B, C가 $AC=CA$, $BC=CB$를 만족한다고 할 때, $(AB+BA)C=C(AB+BA)$임을 보여라.

6. $n\times n$ 행렬 A, B, C가 $AB=BA=AC=CA$를 만족한다고 해도 반드시 $B=C$가 성립하지 않음을 보여라.

7. 두 행렬A, B가 다음과 같다고 하자.

$$A=\begin{pmatrix}2&2&3\\2&5&6\\3&6&10\end{pmatrix},\quad B=\begin{pmatrix}1&1&1\\1&1&1\\-1&-1&-1\end{pmatrix}$$

   라 하자. $AB=B$임을 확인하여라.

8. $AB=A$이고 $BA=B$이면 A와 B는 멱등행렬임을 보여라.

9. 다음 행렬 A에 대하여 $A^2=O$임을 확인하여라.

$$A=\begin{pmatrix} 1 & 2 & 3 \\ 1 & 2 & 3 \\ -1 & -2 & -3 \end{pmatrix}$$

10. 다음 행렬 A에 대하여 $A^4=O$임을 확인하여라.

$$A=\begin{pmatrix} 0 & 1 & 0 & 0 \\ 0 & 0 & 1 & 0 \\ 0 & 0 & 0 & 1 \\ 0 & 0 & 0 & 0 \end{pmatrix}$$

11. 위수가 n인 두 행렬 A, B가 $AB=BA$를 만족하는 대칭행렬이라면 AB도 대칭행렬임을 보여라.

12. A가 대칭행렬이거나 교대행렬이면 $AA^T=A^A$이고 A^2은 대칭행렬임을 보여라.

13. 위수 m인 행렬 A가 대칭(교대)행렬이고 P가 $m\times n$ 행렬이면 P^TAP도 대칭(교대)행렬임을 보여라.

14. 다음과 같은 6×6 행렬 A에 대하여 A^3을 구하여라.

$$A=\begin{pmatrix} 1 & 0 & 0 & 0 & 0 & 0 \\ 0 & 1 & 0 & 0 & 0 & 0 \\ 0 & 1 & 1 & 0 & 0 & 0 \\ 0 & 0 & 0 & 1 & 0 & 0 \\ 0 & 0 & 0 & 1 & 1 & 0 \\ 0 & 0 & 0 & 0 & 1 & 1 \end{pmatrix}$$

15. 행렬 A가 다음과 같을 때, $AA^T=14I_{(4)}$임을 확인하여라.

$$A=\begin{pmatrix} 0 & 1 & 2 & 3 \\ -1 & 0 & -3 & 2 \\ -2 & 3 & 0 & -1 \\ -3 & -2 & 1 & 0 \end{pmatrix}$$

16. [그림 1.1]에서 V_3부터 V_3까지의 길이가 4인 경로의 수를 구하여라.

17. 다음과 같은 행렬 A에 의해서 생성되는 PN 수열을 구하여라.

$$A=\begin{pmatrix} 1 & 1 & 0 & 0 \\ 1 & 0 & 1 & 0 \\ 0 & 1 & 1 & 1 \\ 0 & 0 & 1 & 0 \end{pmatrix}$$

제 2 장 동 치

2.1 행렬의 행동치(Row equivalence of matrices)

우선 간단한 3원 일차연립방정식의 해를 구하여 보자.

[예제 2.1] 다음 연립일차방정식을 풀어라.

(1) $\begin{cases} 2x + y - z = 2 \\ x + y + z = 3 \\ -x + 2y + 2z = 3 \end{cases}$ (2) $\begin{cases} x + 2y + 3z = 1 \\ -x + 2y + z = 7 \\ 4y + 4z = 4 \end{cases}$

(3) $\begin{cases} x + 2y + 3z = 1 \\ -x + 2y + z = 3 \\ 4y + 4z = 4 \end{cases}$

풀이 (1) $\begin{cases} 2x + y - z = 2 \\ x + y + z = 3 \\ -x + 2y + 2z = 3 \end{cases} \to \begin{cases} x + y + z = 3 \\ 2x + y - z = 2 \\ -x + 2y + 2z = 3 \end{cases}$

$\to \begin{cases} x + y + z = 3 \\ -y - 3z = -4 \\ 3y + 3z = 6 \end{cases} \to \begin{cases} x + y + z = 3 \\ y + 3z = 4 \\ y + z = 2 \end{cases}$

$\to \begin{cases} x - 2z = -1 \\ y + 3z = 4 \\ -2z = -2 \end{cases} \to \begin{cases} x - 2z = -1 \\ y + 3z = 4 \\ z = 1 \end{cases} \to \begin{cases} x = 1 \\ y = 1 \\ z = 1 \end{cases}$

그러므로 $x=y=z=1$을 얻는다.

$$(2)\ \begin{cases} x+2y+3z=1 \\ -x+2y+z=7 \\ 4y+4z=4 \end{cases} \rightarrow \begin{cases} x+2y+3z=1 \\ 4y+4z=8 \\ 4y+4z=4 \end{cases}$$

이 되어 2식과 3식에서 y, z의 값이 존재하지 않는다. 그러므로 이 연립방정식은 해가 존재하지 않는다.

$$(3)\ \begin{cases} x+2y+3z=1 \\ -x+2y+z=7 \\ 4y+4z=4 \end{cases} \rightarrow \begin{cases} x+2y+3z=1 \\ 4y+4z=4 \\ 4y+4z=4 \end{cases}$$

$$\rightarrow \begin{cases} x+2y+3z=1 \\ y+z=1 \end{cases} \rightarrow \begin{cases} x+z=-1 \\ y+z=1 \end{cases}$$

$z=\alpha\in\mathbb{R}$라 두면 $x=-\alpha-1$, $y=-\alpha+1$, $z=\alpha$가 되어 이 연립방정식은 해가 무수히 많이 존재한다. □

예제 2.1 (1)의 연립일차방정식은

$$A=\begin{pmatrix} 2 & 1 & -1 \\ 1 & 1 & 1 \\ -1 & 2 & 2 \end{pmatrix},\quad \mathbf{x}=\begin{pmatrix} x \\ y \\ z \end{pmatrix},\quad \mathbf{b}=\begin{pmatrix} 2 \\ 3 \\ 3 \end{pmatrix}$$

으로 놓으면 $A\mathbf{x}=\mathbf{b}$로 나타낼 수 있다.

만일 계수들로 이루어진 행렬(**계수행렬**)에 연립일차방정식의 우측에 있는 수들을 성분으로 하는 열을 첨가하면

$$\left(\begin{array}{ccc|c} 2 & 1 & -1 & 2 \\ 1 & 1 & 1 & 3 \\ -1 & 2 & 2 & 3 \end{array}\right)$$

를 얻는다. 이 새로운 행렬을 **확대행렬**(augmented matrix)이라 한다. 일반적으로 $m\times n$ 행렬 A에 $m\times r$ 행렬 B를 이러한 방법으로 추가해서 얻은 확대행렬을 $(A\,|\,B)$로 나타낸다. 만약

$$A=\begin{pmatrix} a_{11} & a_{12} & \cdots & a_{1n} \\ a_{21} & a_{22} & \cdots & a_{2n} \\ \vdots & & & \\ a_{m1} & a_{m2} & \cdots & a_{mn} \end{pmatrix},\quad B=\begin{pmatrix} b_{11} & b_{12} & \cdots & b_{1r} \\ b_{21} & b_{22} & \cdots & b_{2r} \\ \vdots & & & \\ b_{m1} & b_{m2} & \cdots & b_{mr} \end{pmatrix}$$

이면

$$(A|B)=\left(\begin{array}{cccc|cccc} a_{11} & a_{12} & \cdots & a_{1n} & b_{11} & b_{12} & \cdots & b_{1r} \\ a_{21} & a_{22} & \cdots & a_{2n} & b_{21} & b_{22} & \cdots & b_{2r} \\ \vdots & & & & \vdots & & & \\ a_{m1} & a_{m2} & \cdots & a_{mn} & b_{m1} & b_{m2} & \cdots & b_{mr} \end{array}\right)$$

이다. 연립일차방정식은 확대행렬

$$\left(\begin{array}{ccc|c} a_{11} & \cdots & a_{1n} & b_1 \\ \vdots & & & \vdots \\ a_{m1} & \cdots & a_{mn} & b_m \end{array}\right)$$

과 연관시킬 수 있으므로, 확대행렬에 연산을 행함으로써 연립일차방정식을 풀 수 있다. 동치인 연립일차방정식을 얻기 위해 사용된 세 가지 연산과 관련하여 다음과 같은 기본 행연산이 확대행렬에 응용된다.

> 기본 행연산(Elementary Row Operation)
> Ⅰ. 서로 다른 i행과 j행을 서로 바꿔 놓는다.
> Ⅱ. i행에 0이 아닌 수 α를 곱한다.
> Ⅲ. i행에 상수 α를 곱하여 j행에 더한다.

예제 2.1(1)을 기본 행연산을 이용하여 풀면 다음과 같다.

$$\left(\begin{array}{ccc|c} 2 & 1 & -1 & 2 \\ 1 & 1 & 1 & 3 \\ -1 & 2 & 2 & 3 \end{array}\right) \to \left(\begin{array}{ccc|c} 1 & 1 & 1 & 3 \\ 2 & 1 & -1 & 2 \\ -1 & 2 & 2 & 3 \end{array}\right) \to \left(\begin{array}{ccc|c} 1 & 1 & 1 & 3 \\ 0 & -1 & -3 & -4 \\ 0 & 3 & 3 & 6 \end{array}\right)$$

$$\to \left(\begin{array}{ccc|c} 1 & 1 & 1 & 3 \\ 0 & 1 & 3 & 4 \\ 0 & 3 & 3 & 6 \end{array}\right) \to \left(\begin{array}{ccc|c} 1 & 0 & -2 & -1 \\ 0 & 1 & 3 & 4 \\ 0 & 0 & -6 & -6 \end{array}\right) \to \left(\begin{array}{ccc|c} 1 & 0 & -2 & -1 \\ 0 & 1 & 3 & 4 \\ 0 & 0 & 1 & 1 \end{array}\right) \to \left(\begin{array}{ccc|c} 1 & 0 & 0 & 1 \\ 0 & 1 & 0 & 1 \\ 0 & 0 & 1 & 1 \end{array}\right)$$

[예제 2.2] 다음 연립일차방정식을 행렬의 기본 행연산을 이용하여 풀어라.

(1) $\begin{cases} x+2y+3z=1 \\ -x+2y+z=7 \\ 4y+4z=4 \end{cases}$ (2) $\begin{cases} x+2y+3z=1 \\ -x+2y+z=3 \\ 4y+4z=4 \end{cases}$

풀이 (1) $\begin{pmatrix} 1 & 2 & 3 & 1 \\ -1 & 2 & 1 & 7 \\ 0 & 4 & 4 & 4 \end{pmatrix}$ 에서 세로줄은 둘째 열과 셋째 열 사이에 인쇄되어 있다. $\to \left(\begin{array}{ccc|c} 1 & 2 & 3 & 1 \\ 0 & 4 & 4 & 8 \\ 0 & 4 & 4 & 4 \end{array}\right) \to \left(\begin{array}{ccc|c} 1 & 2 & 3 & 1 \\ 0 & 4 & 4 & 8 \\ 0 & 0 & 0 & -4 \end{array}\right)$

이 되어 세 번째 식이 $0x+0y+0z=-4$가 되어 해가 존재하지 않는다.

(2) $\left(\begin{array}{ccc|c} 1 & 2 & 3 & 1 \\ -1 & 2 & 1 & 3 \\ 0 & 4 & 4 & 4 \end{array}\right) \to \left(\begin{array}{ccc|c} 1 & 2 & 3 & 1 \\ 0 & 4 & 4 & 4 \\ 0 & 4 & 4 & 4 \end{array}\right) \to \left(\begin{array}{ccc|c} 1 & 2 & 3 & 1 \\ 0 & 1 & 1 & 1 \\ 0 & 4 & 4 & 4 \end{array}\right) \to \left(\begin{array}{ccc|c} 1 & 0 & 1 & -1 \\ 0 & 1 & 1 & 1 \\ 0 & 0 & 0 & 0 \end{array}\right)$

이 되어 $z=\alpha\in\mathbb{R}$ 라 두면 $x=-\alpha-1,\ y=-\alpha+1,\ z=\alpha$이 된다. □

일반적으로 $m\times n$ 연립일차방정식은 다음과 같은 형태이다.

$$\begin{cases} a_{11}x_1 + a_{12}x_2 + \cdots + a_{1n}x_n = b_1 \\ a_{21}x_1 + a_{22}x_2 + \cdots + a_{2n}x_n = b_2 \\ \qquad\vdots \\ a_{m1}x_1 + a_{m2}x_2 + \cdots + a_{mn}x_n = b_m \end{cases} \qquad (*)$$

(단, a_{ij}, b_i는 실수, $x_1, x_2, \cdots, x_n$는 미지수)

식 $(*)$을 $m\times n$ **연립일차방정식** 또는 **선형연립방정식**(linear equation system)이라 하고, a_{ij}는 **계수**, b_i는 **상수항**이라 한다.

$$x_1=\alpha_1,\ x_2=\alpha_2,\ \cdots,\ x_n=\alpha_n$$

가 $(*)$의 모든 식을 만족할 때, 이것을 연립일차방정식$(*)$의 해(solution)라 한다. 때로는 연립일차방정식의 해를 $(\alpha_1, \alpha_2, \cdots, \alpha_n)$와 같이 나타내는 것이 편리하다.

해를 갖지 않는 연립일차방정식이 있을 수 있는데 이때의 방정식을 **불능**(inconsistent)이라 한다.

연립일차방정식의 모든 해의 집합을 그 방정식의 **해집합**(solution set)이라 한다.

지금까지 예를 통하여 살펴본 것처럼, 연립일차방정식은 꼭 하나의 해를 갖는 경우, 무수히 많은 해를 갖는 경우, 불능인 경우의 세 가지 경우가 있다.

이제 일반적인 연립일차방정식의 해법에 대하여 알아보자. 먼저, 쉽게 그 해를 구할 수 있는 특수한 형태의 연립일차방정식들과 그 해법에 대하여 살펴보자.

2.2 정칙행렬(Nonsingular matrices)

> [정의 2.1] $n \times n$ 행렬 A에 대하여 $AX=XA=I$를 만족하는 $n \times n$ 행렬 X가 존재할 때, A를 정칙(nonsingular)이라 한다. 이 때, X를 A의 역행렬(inverse matrix)이라 한다.

[예제 2.3] $A=\begin{pmatrix} 1 & 2 \\ 3 & 4 \end{pmatrix}$이 정칙임을 보여라.

풀이 $X=\begin{pmatrix} a & b \\ c & d \end{pmatrix}$라 하고 $AX=XA=O_{(2)}$라 두면 $a=-2$, $b=1$, $c=\frac{3}{2}$, $d=-\frac{1}{2}$을 얻는다. 그러므로 $X=\begin{pmatrix} -2 & 1 \\ \frac{3}{2} & -\frac{1}{2} \end{pmatrix}$가 되어 A는 정칙행렬이다.

> [정리 2.1] (역행렬의 유일성)
> 임의의 정칙행렬 A에 대하여, A의 역행렬은 유일하다.

증명 X와 Y를 각각 A의 역행렬이라 하면 $XA=I$, $AY=I$. 따라서,

$$X=XI=X(AY)=(XA)Y=IY=Y.$$ ■

가) 정칙행렬 A의 유일한 역행렬을 A^{-1}로 나타낸다.

[예제 2.4] A를 다음과 같은 $n \times n$ 행렬이라 하자.

$$A=\begin{pmatrix} A_{11} & O \\ O & A_{22} \end{pmatrix}$$

여기서 A_{11}은 $k \times k(k<n)$행렬이다. A가 정칙이기 위한 필요충분조건은 A_{11}과 A_{22}가 정칙임을 보여라.

풀이 A_{11}과 A_{22}가 정칙이면

$$\begin{pmatrix} A_{11}^{-1} & O \\ O & A_{22}^{-1} \end{pmatrix}\begin{pmatrix} A_{11} & O \\ O & A_{22} \end{pmatrix}\begin{pmatrix} I_{(k)} & O \\ O & I_{(n-k)} \end{pmatrix}=I_{(n)}$$

이므로, A는 정칙이고

$$A^{-1}=\begin{pmatrix} A_{11}^{-1} & O \\ O & A_{22}^{-1} \end{pmatrix}$$

이다. 역으로 A가 정칙이라 하자. $B=A^{-1}$라 하고 B가 A와 같이 분할되었다고 하자. 그러면

$$BA=I=AB$$

이므로

$$\begin{pmatrix} B_{11} & B_{12} \\ B_{21} & B_{22} \end{pmatrix}\begin{pmatrix} A_{11} & O \\ O & A_{22} \end{pmatrix}=\begin{pmatrix} I_{(k)} & O \\ O & I_{(n-k)} \end{pmatrix}=\begin{pmatrix} A_{11} & O \\ O & A_{22} \end{pmatrix}\begin{pmatrix} B_{11} & B_{12} \\ B_{21} & B_{22} \end{pmatrix}$$

$$\begin{pmatrix} B_{11}A_{11} & B_{12}A_{22} \\ B_{21}A_{11} & B_{22}A_{22} \end{pmatrix}=\begin{pmatrix} I_{(k)} & O \\ O & I_{(n-k)} \end{pmatrix}=\begin{pmatrix} A_{11}B_{11} & A_{1}B_{12} \\ A_{22}B_{21} & A_{22}B_{22} \end{pmatrix}$$

이 되고

$$B_{11}A_{11}=I_{(k)}=A_{11}B_{11}$$
$$B_{22}A_{22}=I_{(n-k)}=A_{22}B_{22}$$

이므로, A_{11}과 A_{22}는 각각 B_{11}과 B_{22}를 역행렬로 갖는 정칙행렬이다. ■

[예제 2.5] 다음 행렬 A의 역행렬을 구하여라.

$$A=\begin{pmatrix} 1 & 0 & 0 & 0 & 0 & 0 \\ 0 & 1 & 0 & 0 & 0 & 0 \\ 0 & 1 & 1 & 0 & 0 & 0 \\ 0 & 0 & 0 & 1 & 0 & 0 \\ 0 & 0 & 0 & 1 & 1 & 0 \\ 0 & 0 & 0 & 0 & 1 & 1 \end{pmatrix}$$

풀이 $A_{11}=\begin{pmatrix} 1 & 0 & 0 \\ 0 & 1 & 0 \\ 0 & 1 & 1 \end{pmatrix}$, $A_{22}=\begin{pmatrix} 1 & 0 & 0 \\ 1 & 1 & 0 \\ 0 & 1 & 1 \end{pmatrix}$라 두면 $A=\begin{pmatrix} A_{11} & O \\ O & A_{22} \end{pmatrix}$이다. 예제 2.4에 의하여

$$A^{-1}=\begin{pmatrix} A_{11}^{-1} & O \\ O & A_{22}^{-1} \end{pmatrix}$$

이다. 그런데

$$A_{11}^{-1}=\begin{pmatrix} 1 & 0 & 0 \\ 0 & 1 & 0 \\ 0 & -1 & 1 \end{pmatrix}, \quad A_{22}^{-1}=\begin{pmatrix} 1 & 0 & 0 \\ -1 & 1 & 0 \\ 1 & -1 & 1 \end{pmatrix}$$

이므로

$$A^{-1}=\begin{pmatrix} 1 & 0 & 0 & 0 & 0 & 0 \\ 0 & 1 & 0 & 0 & 0 & 0 \\ 0 & -1 & 1 & 0 & 0 & 0 \\ 0 & 0 & 0 & 1 & 0 & 0 \\ 0 & 0 & 0 & -1 & 1 & 0 \\ 0 & 0 & 0 & 1 & -1 & 1 \end{pmatrix}$$ □

[정의 2.2] $n \times n$ 행렬 A가 역행렬을 갖지 않으면, A를 특이행렬(singular matrix)이라 한다.

[정리 2.2] A가 정칙행렬이면 A^{-1}도 정칙행렬이고 $(A^{-1})^{-1}=A$이다.

증명 $A^{-1}A=AA^{-1}=I$이므로 $A=(A^{-1})^{-1}$이다. 따라서, 정리가 성립한다. ■

[정리 2.3] 두 $n \times n$ 행렬 A와 B가 정칙이면, AB도 정칙이고

$$(AB)^{-1}=B^{-1}A^{-1}$$

증명 역행렬의 정의에 의하여

$$(B^{-1}A^{-1})=B^{-1}(A^{-1}A)B=B^{-1}B=I$$

이고

$$AB(B^{-1}A^{-1})A(BB^{-1})A^{-1}=AA^{-1}=I$$

즉,

$$(B^{-1}A^{-1})(AB) = (AB)(B^{-1}A^{-1}) = I$$

따라서, 정리가 성립한다. ■

2.3 행렬의 행동치 및 열동치

(Row equivalence and column equivalence of matrices)

<행사다리꼴 행렬 >

일반적으로 주어진 연립일차방정식과 동치인 사다리꼴의 연립일차방정식을 구하여 연립일차방정식의 해를 체계적으로 구할 수 있음을 살펴보았다. 연립일차방정식을 행렬로 나타내기로 할 때, 사다리꼴의 연립일차방정식의 계수 행렬과 같은 꼴의 행렬에 대하여 살펴보자.

[정의 2.3] 다음의 조건을 만족하는 행렬을 **행사다리꼴**(row echelon form)이라 한다.

(i) 각 행의 최초의 0 아닌 **선행성분**(leading element)은 1이다.
(ii) 앞 행의 선행성분 1은 다음 행의 선행성분 1보다 항상 먼저 나온다.
(iii) 모든 성분이 0인 행은 모든 성분이 0이 아닌 행 아래에 위치한다.

[예제 2.6] 다음 행렬들은 행사다리꼴이다.

(1) $\begin{pmatrix} 1 & 2 & 4 \\ 0 & 1 & 3 \\ 0 & 0 & 1 \end{pmatrix}$ (2) $\begin{pmatrix} 1 & 2 & 3 \\ 0 & 0 & 1 \\ 0 & 0 & 0 \end{pmatrix}$

(3) $\begin{pmatrix} 1 & 2 & 1 & 0 \\ 0 & 0 & 1 & 0 \\ 0 & 0 & 0 & 0 \end{pmatrix}$

[예제 2.7] 다음 행렬들은 행사다리꼴이 아니다.

(1) $\begin{pmatrix} 0 & 1 \\ 1 & 0 \end{pmatrix}$ (2) $\begin{pmatrix} 0 & 0 & 0 \\ 0 & 1 & 0 \end{pmatrix}$

(3) $\begin{pmatrix} 1 & 4 & 6 \\ 0 & 2 & 5 \\ 0 & 0 & 3 \end{pmatrix}$

풀이 (1)은 행사다리꼴 조건 (ⅰ)을, (2)는 행사다리꼴 조건 (ⅲ)을, (3)은 행사다리꼴 조건 (ⅱ)를 만족하지 않는다. □

[정의 2.4] 다음 두 가지 조건을 만족하는 행렬을 **기약 행사다리꼴**(reduced row echelon form)이라 한다.
(1) 행렬이 행사다리꼴이다.
(2) 각 행의 최초의 0이 아닌 성분은 그 성분을 포함하는 열에서 0이 아닌 유일한 성분이다.

[예제 2.8] 다음 행렬들은 기약 행사다리꼴이다.

(1) $\begin{pmatrix} 1 & 0 \\ 0 & 0 \end{pmatrix}$ (2) $\begin{pmatrix} 1 & 0 & 0 & 1 \\ 0 & 1 & 0 & 2 \\ 0 & 0 & 1 & 3 \end{pmatrix}$

(3) $\begin{pmatrix} 0 & 1 & 2 & 0 \\ 0 & 0 & 0 & 1 \\ 0 & 0 & 0 & 0 \end{pmatrix}$ (4) $\begin{pmatrix} 1 & 2 & 0 & 2 \\ 0 & 0 & 1 & 3 \\ 0 & 0 & 0 & 0 \end{pmatrix}$

행렬의 기본 행연산과 같이 행렬의 기본 열연산을 다음처럼 정의한다.

기본 열연산(Elementary Column Operation)
Ⅰ. i열과 j열을 서로 바꿔 놓는다.
Ⅱ. j열에 0이 아닌 상수 β를 곱한다.
Ⅲ. i열에 상수 β를 곱하여 j열에 더한다.

[정의 2.5] A와 B가 $m \times n$ 행렬일 때, B가 A에 기본 행연산을 시행하여 얻어진다면 A와 B는 **행동치**(row equivalent)라 하고 $A \sim_R B$라 쓴다. 마찬가지로 B가

A에 기본 열연산을 시행하여 얻어진다면 B는 **열동치**(column equivalent)라 하고 $A \sim_C B$라 쓴다.

다음 정리의 증명은 생략한다.

[정리 2.4] 행렬의 행동치 및 열동치는 동치관계이다.

[정의 2.6] 단위행렬 I에 기본 행연산을 시행하여 얻어진 행렬 E를 **기본행변환행렬**(elementary row transformation matrix)이라 하고 ERT라 쓴다. 마찬가지로 단위행렬 I에 기본 열연산을 시행하여 얻어진 행렬 E를 **기본열변환행렬**(elementary column transformation matrix)이라 하고 ECT라 쓴다.

가) 기본행연산의 (Ⅰ)에 해당하는 ERT를 $R(i, j)$라 쓰고, (Ⅱ)에 해당하는 ERT를 $R(\alpha \cdot i)$라 쓰고, (Ⅲ)에 해당하는 ERT를 $R(j+\alpha \cdot i)$라 쓰기로 한다.
나) 기본열연산의 (Ⅰ)에 해당하는 ECT를 $C(i, j)$라 쓰고, (Ⅱ)에 해당하는 ECT를 $C(\alpha \cdot i)$라 쓰고, (Ⅲ)에 해당하는 ECT를 $C(j+\alpha \cdot i)$라 쓰기로 한다.

[예제 2.9] I를 위수가 3인 단위행렬이라면

$$R(1,\ 3)=\begin{pmatrix}0 & 0 & 1\\ 0 & 1 & 0\\ 1 & 0 & 0\end{pmatrix},\quad R(2 \cdot 3)=\begin{pmatrix}1 & 0 & 0\\ 0 & 1 & 0\\ 0 & 0 & 2\end{pmatrix},$$

$$R(2+(-1) \cdot 3)=\begin{pmatrix}1 & 0 & 0\\ 0 & 1 & -3\\ 0 & 0 & 1\end{pmatrix}$$

[정리 2.5] A가 ERT 행렬이면 A^T는 ECT이다. 마찬가지로 A가 ECT 행렬이면 A^T는 ERT 행렬이다.

[따름정리 2.6] A와 B가 $m\times n$ 행렬일 때, $A\sim_R B$이면 $B=TA$이다. 여기서 T는 위수 n인 ERT 행렬들의 곱이다. 마찬가지로 $A\sim_C B$이면 $B=AS$이다. 여기서 S는 위수 n인 ECT 행렬들의 곱이다.

[정리 2.7] ECT 행렬은 ERT 행렬이며 역도 성립한다.

다음 정리의 결과들은 쉽게 얻을 수 있다.

[정리 2.8] ERT 행렬들에 대해서 다음이 성립한다.

(i) $R^{-1}(i,\ j)=R(j,\ i)$

(ii) $R^{-1}(\alpha\cdot i)=R(\frac{1}{\alpha}\cdot i)$

(iii) $R^{-1}(j+\alpha\cdot i)=R(j-\alpha\cdot i)$

가) ECT 행렬들에 대해서도 같은 성질이 성립한다.

[따름정리 2.9] ERT(ECT) 행렬들은 정칙행렬이다. 따라서 ERT(ECT) 행렬들의 곱도 정칙행렬이다.

[정리 2.10] (i) $A\sim_R B$일 필요충분조건은 정칙행렬 T가 존재하여 $B=TA$이다.
(ii) $A\sim_C B$일 필요충분조건은 정칙행렬 S가 존재하여 $B=AS$이다.

증명 (i) $A\sim_R B$일 필요충분조건은 $A^T\sim_C B^T$이다. 정리 2.5와 따름정리 2.6에 의하여 $A^T\sim_C B^T$일 필요충분조건은 정칙행렬 U가 존재하여 $B^T=A^TU$이다. 따라서 $B=(B^T)^T=(A^TU)^T=U^TA$이다. (ii)의 증명은 (i)과 유사하다. ■

[정리 2.11] (i) 위수 n인 정방행렬 A가 ERT 행렬일 필요충분조건은 A가 정칙행렬이다.
(ii) 위수 n인 정방행렬 A가 ECT 행렬일 필요충분조건은 A가 정칙행렬이다.

증명 (i) 정리 2.10에 의하여 $A \sim_R I_{(n)}$일 필요충분조건은 정칙행렬 T가 존재하여 $I_{(n)}=TA$이다. 이것은 $T=A^{-1}$를 의미한다. 즉, A는 정칙행렬이다. (ii)의 증명도 (i)의 증명과 유사하다. ■

가) 정리 2.11에 의하여 위수가 n인 정방행렬 A가 ERT(ECT) 행렬이면 A에 시행한 기본행연산(기본열연산)을 $I_{(n)}$에 그대로 시행하면 A^{-1}이 얻어진다.

나) 정칙행렬은 ERT 행렬들의 곱으로 표현할 수 있다. 마찬가지로 정칙행렬은 ECT 행렬들의 곱으로 표현할 수 있다.

[예제 2.10] 다음 행렬 A, B의 역행렬 A^{-1}, B^{-1}을 구하여라.

$$A=\begin{pmatrix}1&0&0\\0&1&0\\0&1&1\end{pmatrix},\quad B=\begin{pmatrix}1&0&0\\1&1&0\\0&1&1\end{pmatrix}$$

풀이 $(A:I) \rightarrow \left(\begin{array}{ccc|ccc}1&0&0&1&0&0\\0&1&0&0&1&0\\0&1&1&0&0&1\end{array}\right) \rightarrow \left(\begin{array}{ccc|ccc}1&0&0&1&0&0\\0&1&0&0&1&0\\0&0&1&0&-1&1\end{array}\right)$

이므로 $A^{-1}=\begin{pmatrix}1&0&0\\0&1&0\\0&-1&1\end{pmatrix}$이다. 마찬가지 방법에 의하여 $B^{-1}=\begin{pmatrix}1&0&0\\-1&1&0\\1&-1&1\end{pmatrix}$. □

2.4 행렬의 동치(Equivalence of matrices)

[정의 2.7] A에 유한번의 기본행연산과 기본열연산을 시행하여 B가 얻어진다면 A와 B는 동치(equivalent)라 하고 $\boldsymbol{A} \sim_E \boldsymbol{B}$라 쓴다.

[정리 2.12] A와 B가 $m\times n$ 행렬일 때, $A\sim_E B$일 필요충분조건은 위수 m인 정칙행렬 S와 위수 n인 정칙행렬 T가 존재하여 $B=SAT$이다.

증명 $A\sim_E B$라 하자. 즉, A에 유한번의 기본행연산과 기본열연산을 시행하여 B가 얻어진다고 하자. 그러면 ERT 행렬들의 곱 S와 ECT 행렬들의 곱 T가 존재하여 $B=SAT$이다. 정리 2.9에 의하여 S와 T는 정칙행렬이다.

역으로 위수 m인 정칙행렬 S와 위수 n인 정칙행렬 T가 존재하여 $B=SAT$이라 하자. 정리 2.11의 나)에 의하여 S와 T는 각각 ERT 행렬과 ECT 행렬의 곱으로 표현할 수 있다. 그러므로 B는 유한번의 기본행연산과 기본 열연산을 A에 시행하므로 얻을 수 있다. 즉, $A\sim_E B$이다. ■

[예제 2.11] $A=\begin{pmatrix}3 & 0\\ 0 & 2\end{pmatrix}$, $B=\begin{pmatrix}4 & 1\\ -2 & 1\end{pmatrix}$이고 $S=\begin{pmatrix}1 & 1\\ -1 & -2\end{pmatrix}$, $T=\begin{pmatrix}2 & 1\\ -1 & -1\end{pmatrix}$이면 $A\sim_E B$임을 보여라.

풀이 $SAT=\begin{pmatrix}1 & 1\\ -1 & -2\end{pmatrix}\begin{pmatrix}3 & 0\\ 0 & 2\end{pmatrix}\begin{pmatrix}2 & 1\\ -1 & -1\end{pmatrix}=\begin{pmatrix}4 & 1\\ -2 & 1\end{pmatrix}=B$이므로 $A\sim_E B$이다. □

[정리 2.13] 행렬의 동치성은 동치관계이다.

증명 A를 $m\times n$ 행렬이라 하자. $A=I_{(m)}AI_{(n)}$이므로 $A\sim_E A$이다. $A\sim_E B$라 하자. 그러면 정리 2.12에 의하여 정칙행렬 S와 T가 존재하여 $B=SAT$이다. 그러므로 $S^{-1}BT^{-1}=S^{-1}(SAT)T^{-1}=(S^{-1}S)A(TT^{-1})=A$이다. 즉, $B\sim_E A$이다. 마지막으로 $A\sim_E B$이고 $B\sim_E C$라 하자. 그러면 정리 2.11에 의하여 정칙행렬 S, T, U 그리고 V가 존재하여 $B=SAT$이고 $C=UBV$이다. 그러므로 $C=U(SAT)V=(US)A(TV)$이고 US와 TV는 정칙행렬이다. 따라서 $A\sim_E C$이다. ■

[정리 2.14] A가 영행렬이 아닌 $m\times n$ 행렬이라 하자. 그러면 A는 다음과 같은 $m\times n$ 분할행렬과 동치이다. 즉,

$$A\sim\begin{pmatrix}I_{(s)} & O_{(s,\ n-r)}\\ O_{(m-s,\ s)} & O_{(m-s,\ n-s)}\end{pmatrix}$$

[정의 2.8] $\begin{pmatrix} I_{(s)} & O \\ O & O \end{pmatrix}$ 형태의 행렬을 **표준행렬**(canonical matrices)이라 한다.

가) A가 영행렬이 아닌 $m\times n$ 행렬이라 하자. 그러면 각각 위수가 m과 n인 정칙 행렬 S와 T가 존재하여 SAT는 표준행렬이다.

나) $A \sim \begin{pmatrix} I_{(s)} & O_{(s,\ n-r)} \\ O_{(m-s,\ s)} & O_{(m-s,\ n-s)} \end{pmatrix}$일 때, A의 **계수**(rank)를 s라고 하고 $\text{rank}(A)=s$로 나타내자. 행렬의 계수에 대하여는 4장에서 자세히 다룬다.

[예제 2.12] 행렬 A가 다음과 같을 때, A의 표준형을 구하여라.

$$A=\begin{pmatrix} 1 & 0 & 0 & 0 \\ 1 & 1 & 0 & 0 \\ 1 & 1 & 0 & 0 \\ 1 & 1 & 0 & 0 \end{pmatrix}$$

풀이 A에 기본행연산을 시행하면

$$A \rightarrow \begin{pmatrix} 1 & 0 & 0 & 0 \\ 0 & 1 & 0 & 0 \\ 0 & 0 & 0 & 0 \\ 0 & 0 & 0 & 0 \end{pmatrix} = \begin{pmatrix} I_{(2)} & O \\ O & O \end{pmatrix}$$

를 얻는다. □

2.5 응용문제(Problems with applications)

<LU분해>

행렬 $A=\begin{pmatrix} 2 & 1 & 1 \\ 6 & 4 & 5 \\ 4 & 1 & 3 \end{pmatrix}$을 하삼각행렬 L과 상삼각행렬 U의 곱으로 분해해보자. 상삼각행렬 U를

$$U=R(3+1\cdot 2)R(3+(-2)\cdot 1)R(2+(-3)\cdot 1)A=\begin{pmatrix}2&1&1\\0&1&2\\0&0&3\end{pmatrix}$$

라 하고 하삼각행렬 L을

$$L=(R(3+1\cdot 2)R(3+(-2)\cdot 1)R(2+(-3)\cdot 1))^{-1}I$$

라 두면

$$L=\begin{pmatrix}1&0&0\\\mathbf{3}&1&0\\\mathbf{2}&\mathbf{-1}&1\end{pmatrix}$$

이 되며

$$A=LU$$

가 됨을 확인할 수 있다. 이것은 행렬 A가 단위 하삼각행렬 L과 상삼각행렬 U로 분해됨을 나타낸다.

일반적으로, $n\times n$ 행렬 A를 하삼각행렬 L과 상삼각행렬 U의 곱으로 분해하는 것을 **LU분해**(LU factorization)라고 한다. 단지 제 Ⅲ형의 기본행연산, 특히, 앞의 행을 상수 배하여 뒤의 행에 더하는 연산만을 사용하여 상산가행렬로 만들 수 있을 때, A가 LU분해를 갖는다. LU분해는 컴퓨터를 이용한 연립일차방정식의 해법에 특히 유용하다.

[예제 2.13] 다음 행렬 A를 LU 분해하여라.

$$A=\begin{pmatrix}1&2&4\\2&1&3\\2&2&6\end{pmatrix}$$

풀이 위와 같은 방법으로 구하면 $L=\begin{pmatrix}1&0&0\\2&1&0\\2&\frac{2}{3}&1\end{pmatrix}$이고 $U=\begin{pmatrix}1&2&4\\0&-3&-5\\0&0&\frac{4}{3}\end{pmatrix}$라 두면

$$A=LU$$

가 된다. □

연습문제 (2)

1. 행렬

$$\begin{pmatrix} 1 & -1 & 0 \\ -1 & 2 & 0 \\ 0 & 0 & 1 \end{pmatrix}$$

을 ERT 행렬들의 곱으로 표현하라.

2. 다음 행렬의 역행렬을 구하여라.

$$A=\begin{pmatrix} 0 & 1 & 0 & 0 \\ 1 & 1 & 1 & 0 \\ 0 & 1 & 0 & 1 \\ 0 & 0 & 1 & 1 \end{pmatrix}$$

3. A가 정칙이고 대칭행렬이면 A^{-1}도 대칭행렬임을 보여라.

4. 위수가 n인 행렬 A가 정칙일 필요충분조건은 모든 $1\times n$ 행렬 X에 대하여 $B(AX)=X$를 만족하는 행렬 B가 존재하는 것이다.

5. 네 개의 부분행렬이 $n\times n$ 행렬인 블록행렬 A가 다음과 같다고 하자.

$$A=\begin{pmatrix} A_{11} & A_{12} \\ O & A_{22} \end{pmatrix}$$

(a) A_{11}과 A_{22}가 정칙이면, A는 정칙이고 A^{-1}은

$$\begin{pmatrix} A_{11}^{-1} & C \\ O & A_{22}^{-1} \end{pmatrix}$$

와 같은 형태임을 보여라.

(b) C를 구하여라.

6. 네 개의 부분행렬이 $k\times k$ 행렬인 블록행렬 A가 다음과 같다고 하자.

$$A=\begin{pmatrix} O_{(k)} & I_{(k)} \\ B_{(k)} & O_{(k)} \end{pmatrix}$$

A^2과 A^4을 구하여라.

7. A가 정칙이면 $A^{-1}=(A^TA)^{-1}A^T$임을 보여라.

8. (a) 정칙인 대각행렬 $diag(k_1, k_2, \cdots, k_n)$의 역행렬은 다음과 같은 대각행렬임을 보여라.

$$diag(\frac{1}{k_1}, \frac{1}{k_2}, \cdots, \frac{1}{k_n})$$

(b) 정칙행렬들 $A_1, A_2, \cdots, A_n$에 대하여 $A_1, A_2, \cdots, A_n$의 직합의 역행렬은 $A_1, A_2, \cdots, A_n$들의 역행렬들의 직합임을 보여라.

9. 다음을 만족하는 정방행렬 A에 대하여

$$A^k+c_{k-1}A^{k-1}+\cdots+c_0I=O, \ c_0\neq 0, \ k>1$$

A는 정칙이며

$$A^{-1}=-\frac{1}{c_0}(A^{k-1}+c_{k-1}A^{k-2}+\cdots+c_1I)$$

임을 보여라.

10. A와 B가 위수가 n이고 B가 정칙행렬이면 모든 양의 정수 k에 대하여

$$BA^kB^{-1}=(BAB^{-1})^k$$

임을 보여라.

11. 다음 행렬을 LU 분해하여라.

(a) $\begin{pmatrix} 1 & 1 & 1 \\ 3 & 5 & 6 \\ -2 & 2 & 7 \end{pmatrix}$ (b) $\begin{pmatrix} -2 & 1 & 2 \\ 4 & 1 & -2 \\ -6 & -3 & 4 \end{pmatrix}$

제 3 장 행 렬 식

3.1 행렬의 행렬식(Determinants of matrices)

이 절에서는 임의의 위수가 n인 정방행렬 A에 대한 스칼라 값인 행렬 A의 **행렬식**(determinant)을 생각해 보도록 하자. 행렬 A의 행렬식은 $\det(A)$, $|A|$, $\det(\mathbf{a}_1, \mathbf{a}_2, \cdots, \mathbf{a}_n)$ 등으로 나타내기로 하자. 단, $\mathbf{a}_1, \mathbf{a}_2, \cdots, \mathbf{a}_n$는 행렬 A의 열벡터들을 나타낸다.

위수가 n인 정방행렬 A의 행렬식을 귀납적으로 정의하기 위하여 다음 정의를 도입하자.

[정의 3.1] 위수가 n인 정방행렬 $A=(a_{ij})$에 대하여, M_{ij}는 행렬 A로부터 i행과 j열을 제거하여 얻어지는 위수가 $n-1$인 행렬을 나타낸다고 하자. 이 때, 행렬 M_{ij}의 행렬식을 (i, j)-소행렬식(minor)이라 하고

$$A_{ij}=(-1)^{i+j}\det(M_{ij})$$

를 (i, j)-여인수(cofactor)라고 한다.

[예제 3.1] 행렬 $A=\begin{pmatrix} 1 & 2 \\ 3 & 8 \end{pmatrix}$에서 (1, 2)-소행렬식과 (1, 2)-여인수를 구하여라.

풀이 행렬 A에서 1행과 1열을 제거해서 얻은 행렬은 $M_{12}=(3)$이므로 (1, 2)-소행렬식은 $\det(M_{12})=3$이고, (1, 2)-여인수는

$$A_{12}=(-1)^{1+2}\det(M_{12})=-3$$

□

[예제 3.2] 행렬 $A=\begin{pmatrix} 1 & 2 & 3 \\ -3 & -1 & -2 \\ 0 & -2 & 4 \end{pmatrix}$에서 (1, 1)-소행렬식과 (1, 1)-여인수, (1, 2)-소행렬식과 (1, 2)-여인수 및 (1, 3)-소행렬식과 (1, 3)-여인수를 구하여라.

풀이 행렬 A에서 1행과 1열을 제거해서 얻은 행렬은

$$M_{11}=\begin{pmatrix} -1 & -2 \\ -2 & 4 \end{pmatrix}$$

이고 1행과 2열을 제거해서 얻은 행렬은

$$M_{12}=\begin{pmatrix} -3 & -2 \\ 0 & 4 \end{pmatrix}$$

이고 1행과 3열을 제거해서 얻은 행렬은

$$M_{13}=\begin{pmatrix} -3 & -1 \\ 0 & -2 \end{pmatrix}$$

이므로 (1, 1)-소행렬식은

$$\det(M_{11})=\begin{vmatrix} -1 & -2 \\ -2 & 4 \end{vmatrix}=-8,$$

(1, 2)-소행렬식은

$$\det(M_{12})=\begin{vmatrix} -3 & -2 \\ 0 & 4 \end{vmatrix}=-12,$$

(1, 3)-소행렬식은

$$\det(M_{13})=\begin{vmatrix} -3 & -1 \\ 0 & -2 \end{vmatrix}=6$$

이다. 그리고 (1, 1)-여인수, (1, 2)-여인수, (1, 3)-여인수는 각각

$$A_{11}=(-1)^{1+1}\det(M_{11})=1\cdot(-8)=-8,$$
$$A_{12}=(-1)^{1+3}\det(M_{12})=(-1)\cdot(-12)=12,$$
$$A_{13}=(-1)^{1+3}\det(M_{13})=1\cdot 6=6$$
□

이제 위수가 n인 정방행렬 A의 행렬식 $\det(A)$를 다음과 같이 귀납적으로 정의하자.

> **[정의 3.2]** $A=(a_{ij})$가 위수가 n인 정방행렬일 때, A의 **행렬식** $\det(A)$는 다음과 같이 정의한다.
>
> $$\det(A)=\begin{cases} a_{11}, & n=1 \\ a_{11}A_{11}+a_{12}A_{12}+\cdots+a_{1n}A_{1n}, & n>1 \end{cases}$$

특히 $n>1$일 때, 이를 행렬 A의 1행에 대한 행렬식의 여인수 전개라고 한다. 여기서, $A_{1j}=(-1)^{1+j}\det(M_{1j})$는 $(1,\ j)$-여인수, $\det(M_{1j})$는 $(1,\ j)$-소행렬식을 각각 나타낸다.

[예제 3.3] 행렬 $A=\begin{pmatrix} 1 & 2 & 3 \\ -3 & -1 & -2 \\ 0 & -2 & 4 \end{pmatrix}$의 행렬식을 1행에 대한 행렬식의 여인수 전개를 이용하여 구하여라.

풀이 예제 3.2에서 $(1,\ 1)$-여인수는 $A_{11}=-8$, $(1,\ 2)$-여인수는 $A_{12}=12$, $(1,\ 3)$-여인수는 $A_{13}=6$이므로 행렬 A의 행렬식은

$$\begin{aligned}\det(A)&=a_{11}A_{11}+a_{12}A_{12}+a_{13}A_{13}\\&=1\cdot(-8)+2\cdot 12+3\cdot 6\\&=34\end{aligned}$$
□

행렬식에 대한 여인수 전개는 1행에 대해서만 한정할 필요는 없으므로 다음과 같은 결과를 증명없이 기술한다.

[정리 3.1] $A=(a_{ij})$가 $n \geq 2$인 위수가 n인 정방행렬일 때 A의 행렬식 $\det(A)$는 A의 임의의 행에 대해여 여인수 전개를 하여 얻을 수 있다.

$$\det(A)=a_{i1}A_{i1}+a_{i2}A_{i2}+\cdots+a_{in}A_{in}$$

[예제 3.4] 4×4 행렬

$$A=\begin{pmatrix} 1 & 2 & 0 & 0 \\ 1 & -1 & -2 & 1 \\ 1 & 0 & 1 & 2 \\ 0 & 0 & -1 & 2 \end{pmatrix}$$

의 행렬식을 행렬식의 여인수 전개를 이용하여 구하여라.

풀이 1행에 대한 여인수 전개를 이용하여 $\det(A)$ 구하자. A_{11}, A_{12}, A_{13}, A_{14}를 구하면

$$A_{11}=(-1)^{1+1}\begin{vmatrix} -1 & -2 & 1 \\ 0 & 1 & 2 \\ 0 & -1 & 2 \end{vmatrix}=-4,$$

$$A_{12}=(-1)^{1+2}\begin{vmatrix} 1 & -2 & 1 \\ 1 & 1 & 2 \\ 0 & -1 & 2 \end{vmatrix}=-8$$

$$A_{13}=(-1)^{1+3}\begin{vmatrix} 1 & -1 & 1 \\ 1 & 0 & 2 \\ 0 & 0 & 2 \end{vmatrix}=2,$$

$$A_{14}=(-1)^{1+4}\begin{vmatrix} 1 & -1 & -2 \\ 1 & 0 & 1 \\ 0 & 0 & -1 \end{vmatrix}=1$$

이다. 따라서, A의 행렬식은

$$\begin{aligned}\det(A)&=1\cdot A_{11}+2\cdot A_{12}+0\cdot A_{13}+0\cdot A_{14}\\&=1\cdot(-4)+2\cdot(-8)=-20\end{aligned}$$

□

다음의 행렬식에 대한 결과들을 증명없이 기술하도록 하자.

[정리 3.2] 정방행렬 A의 한 행이 모두 0으로 주어지면 A의 행렬식은 0이다.

[정리 3.3] 정방행렬 A에 대하여 $\det(A^T)=\det(A)$이다.

[정리 3.4] A가 삼각행렬이면 A의 행렬식은 A의 대각성분들의 곱과 같다.

연습문제 (3.1)

1. 다음 행렬 $A=\begin{pmatrix} 1 & 2 & 3 \\ 1 & -1 & -2 \\ -1 & 2 & 1 \end{pmatrix}$에 대해서

   (a) $\det(M_{31})$, $\det(M_{32})$, $\det(M_{33})$을 구하여라.

   (b) A_{31}, A_{32}, A_{33}을 구하여라.

   (c) (b)의 결과를 이용하여 $\det(A)$를 구하여라.

2. 다음 행렬식을 구하여라.

   (a) $\begin{vmatrix} 1 & 2 \\ 2 & 5 \end{vmatrix}$ (b) $\begin{vmatrix} 5 & 0 & 0 \\ 1 & 2 & 0 \\ 3 & 2 & 2 \end{vmatrix}$

   (c) $\begin{vmatrix} 2 & 2 & 1 \\ -2 & -2 & -1 \\ 3 & -1 & 2 \end{vmatrix}$ (d) $\begin{vmatrix} 5 & 0 & 1 & 2 \\ 0 & 0 & -1 & 1 \\ 3 & 0 & 2 & -1 \\ 1 & 0 & 3 & 2 \end{vmatrix}$

3. 다음 행렬식을 구하여라.

   (a) $\begin{vmatrix} 1 & 2 \\ 3 & -2 \end{vmatrix}$ (b) $\begin{vmatrix} 5 & 2 \\ 3 & -1 \end{vmatrix}$

   (c) $\begin{vmatrix} 5 & 2 & 1 \\ -2 & 2 & -1 \\ 3 & -1 & 2 \end{vmatrix}$ (d) $\begin{vmatrix} 5 & 0 & 1 & 2 \\ 0 & 2 & -1 & 1 \\ 3 & 0 & 2 & -1 \\ 1 & 2 & 0 & 2 \end{vmatrix}$

4. 다음 행렬식이 0이 되는 λ의 모든 값을 구하여라.

(a) $\begin{vmatrix} 2-\lambda & 2 \\ 3 & \lambda-1 \end{vmatrix}$　　　(b) $\begin{vmatrix} 5-\lambda & 2 & 1 \\ 0 & 2-\lambda & -1 \\ 0 & 0 & 1-\lambda \end{vmatrix}$

5. 다음 방정식을 풀어라.

$$\begin{vmatrix} 1-x & 1 & 0 \\ 1 & -x & 1 \\ 0 & 1 & 1-x \end{vmatrix}=0$$

3.2 행렬식의 성질(Properties of determinants)

위수가 n인 정방행렬 A의 행렬식의 성질에 대해서 살펴보자.

[정리 3.5] $A=(a_{ij})$는 $n\times n$행렬이고, 각각의 $j,\ k=1,\ 2,\ \cdots,\ n$에 대하여 A_{jk}가 $(j,\ k)$-여인수라면, 다음의 결과가 성립한다.

(1) $a_{i1}A_{j1}+a_{i2}A_{j2}+\cdots+a_{in}A_{jn}=\begin{cases}\det(A), & i=j\\ 0, & i\neq j\end{cases}$

(2) $a_{1i}A_{1j}+a_{2i}A_{2j}+\cdots+a_{ni}A_{nj}=\begin{cases}\det(A), & i=j\\ 0, & i\neq j\end{cases}$

[따름정리 3.6] (a) 정방행렬 A에 기본 행연산 Ⅲ을 시행하여 얻어진 행렬의 행렬식은 $\det(A)$이다.
(b) 정방행렬 A에 기본 열연산 Ⅲ을 시행하여 얻어진 행렬의 행렬식은 $\det(A)$이다.

[정리 3.7] 정방행렬 A가 정칙행렬이 되기 위한 필요충분조건은 $\det(A)\neq 0$이다.

가) 정방행렬 A가 특이행렬이 되기 위한 필요충분조건은 $\det(A)=0$이다.

[예제 3.5] 다음과 같이 정의된 행렬을 Vandermonde 행렬 V_n이라 한다. V_n이 정칙일 조건을 구하여라.

$$V_n=\begin{pmatrix} 1 & x_1 & x_1^2 & \cdots & x_1^{n-1} \\ 1 & x_2 & x_2^2 & \cdots & x_2^{n-1} \\ \vdots & \vdots & \vdots & \ddots & \vdots \\ 1 & x_n & x_n^2 & \cdots & x_n^{n-1} \end{pmatrix}$$

풀이 $(n-1)$번째의 열에 x_n배 한 것을 n번째 열에서 빼고, $(n-2)$번째 열에 x_n배 한 것을 $(n-1)$번째 열에서 빼고, 이런 식으로 계속하여 첫 번째 열에 x_n배 한 것을 두 번째 열에서 빼서 얻어진 행렬은 다음과 같다.

$$|V_n| = \begin{vmatrix} 1 & x_1-x_n & x_1(x_1-x_n) & \cdots & x_1^{n-2}(x_1-x_n) \\ \vdots & \vdots & \vdots & \ddots & \vdots \\ 1 & x_{n-1}-x_n & x_{n-1}(x_{n-1}-x_n) & \cdots & x_{n-1}^{n-2}(x_{n-1}-x_n) \\ 1 & 0 & 0 & \cdots & 0 \end{vmatrix}$$

$$= (-1)^n \begin{vmatrix} x_1-x_n & x_1(x_1-x_n) & \cdots & x_1^{n-2}(x_1-x_n) \\ \vdots & \vdots & \ddots & \vdots \\ x_{n-1}-x_n & x_{n-1}(x_{n-1}-x_n) & \cdots & x_{n-1}^{n-2}(x_{n-1}-x_n) \end{vmatrix}$$

그러므로

$$\begin{aligned} |V_n| &= (-1)^{n-1}(x_1-x_n)(x_2-x_n)\cdots(x_{n-1}-x_n)|V_{n-1}| \\ &= (x_n-x_1)(x_n-x_2)\cdots(x_n-x_{n-1})|V_{n-1}| \end{aligned}$$

$|V_2| = \begin{vmatrix} 1 & x_1 \\ 1 & x_2 \end{vmatrix} = x_2-x_1$이므로

$$\begin{aligned} |V_n| = (x_n-x_1)(x_n-x_2)\cdots(x_n-x_1)(x_n-x_{n-1}) \\ (x_{n-1}-x_2)\cdots(x_{n-1}-x_2)(x_n-x_{n-1}) \\ \cdots \\ (x_3-x_2)(x_3-x_1) \\ (x_2-x_1) \end{aligned}$$

그러므로 V_n이 정칙일 조건은 $|V_n| \neq 0$이다. 즉, 모든 x_i들이 서로 다를 때이다. □

[예제 3.6] 다음 행렬의 행렬식을 구하여라.

$$A=\begin{pmatrix}1&0&0&0&0&0\\0&1&0&0&0&0\\0&1&1&0&0&0\\0&0&0&1&0&0\\0&0&0&1&1&0\\0&0&0&0&1&1\end{pmatrix}$$

풀이 $A_{11}=\begin{pmatrix}1&0&0\\0&1&0\\0&1&1\end{pmatrix}$, $A_{22}=\begin{pmatrix}1&0&0\\1&1&0\\0&1&1\end{pmatrix}$라 두면 $A=\begin{pmatrix}A_{11}&O\\O&A_{22}\end{pmatrix}$가 되어 $|A|=|A_{11}||A_{22}|$이다. 그런데 $|A_{11}|=1$, $|A_{22}|=1$이므로 $|A|=1$이다. □

> [정리 3.8] A와 B가 $n\times n$ 행렬이면 $\det(AB)=\det(A)\det(B)$이다.

연습문제 (3.2)

1. 다음 행렬식을 구하여라.

(a) $\begin{vmatrix}5&3&2\\0&2&1\\0&2&2\end{vmatrix}$ (b) $\begin{vmatrix}1&1&-1\\2&2&1\\3&-1&2\end{vmatrix}$

(c) $\begin{vmatrix}1&1&1&2\\0&0&-1&1\\3&2&2&-1\\1&0&3&2\end{vmatrix}$ (d) $\begin{vmatrix}1&1&2&3\\1&2&2&5\\-1&2&3&-4\\3&-2&2&3\end{vmatrix}$

2. 다음 행렬식을 계산하고, 행렬이 정칙인지 아닌지를 결정하여라.

(a) $\begin{vmatrix}6&4\\3&2\end{vmatrix}$ (b) $\begin{vmatrix}3&5\\1&2\end{vmatrix}$

(c) $\begin{vmatrix}1&2&1\\0&2&1\\0&4&2\end{vmatrix}$ (d) $\begin{vmatrix}1&0&2\\0&2&1\\1&2&2\end{vmatrix}$

3. 다음 행렬이 특이행렬이 되게 하는 λ의 모든 값을 구하여라.

(a) $\begin{pmatrix} 1 & 2 & -1 \\ 1 & \lambda & 1 \\ 2 & \lambda & -1 \end{pmatrix}$　　(b) $\begin{pmatrix} 1-\lambda & 2 & 0 \\ 1 & 2-\lambda & -1 \\ 0 & 0 & 1-\lambda \end{pmatrix}$

4. 다음 행렬식을 구하여라.

(a) $\begin{vmatrix} 1 & 1 & 1 \\ a & b & c \\ a^2 & b^2 & c^2 \end{vmatrix}$　　(b) $\begin{vmatrix} a & b & c \\ bc & ca & ab \\ b^2c^2 & c^2a^2 & a^2b^2 \end{vmatrix}$

(c) $\begin{vmatrix} (b+c)^2 & ab & ac \\ ab & (c+a)^2 & bc \\ ac & bc & (a+b)^2 \end{vmatrix}$

5. 다음 행렬식을 구하여라.

$$\begin{vmatrix} 1 & 1 & 1 \\ a & b & c \\ a^3 & b^3 & c^3 \end{vmatrix}$$

6. 다음을 보여라.

$$\begin{vmatrix} a+b & b & c \\ a & b+c & a \\ b & b & c+a \end{vmatrix} = 2\begin{vmatrix} 0 & b & a \\ b & 0 & c \\ a & c & 0 \end{vmatrix}$$

7. 다음을 보여라.

$$\begin{vmatrix} 1 & a_1 & a_2 & \cdots & a_n \\ 1 & a_1+b_1 & a_2 & \cdots & a_n \\ 1 & a_1 & a_2+b_2 & \cdots & a_n \\ \vdots & \vdots & \vdots & \ddots & \vdots \\ 1 & a_1 & a_2 & \cdots & a_n+b_n \end{vmatrix} = b_1b_2\cdots b_n$$

8. 위수가 $n=2k$인 다음 행렬의 행렬식이 $(a^2-b^2)^k$임을 보여라.

$$\begin{vmatrix} a & 0 & \cdots & 0 & b \\ 0 & a & \cdots & b & 0 \\ \vdots & \vdots & \ddots & \vdots & \vdots \\ 0 & b & \cdots & a & 0 \\ b & 0 & \cdots & 0 & a \end{vmatrix} = (a^2-b^2)^k$$

9. 다음을 보여라.

$$\begin{vmatrix} 1 & 1 & 1 & \cdots & 1 \\ b_1 & a_1 & a_1 & \cdots & a_1 \\ b_1 & b_2 & a_2 & \cdots & a_2 \\ \vdots & \vdots & \vdots & \ddots & \vdots \\ b_1 & b_2 & b_3 & \cdots & a_n \end{vmatrix} = (a_1-b_1)(a_2-b_2)\cdots(a_n-b_n)$$

10. 다음과 같은 행렬 C_n에 대하여 $C_n = a_nC_{n-1} + C_{n-2}$임을 보여라.

$$C_n = \begin{vmatrix} a_1 & 1 & 0 & 0 & \cdots & 0 & 0 \\ -1 & a_2 & 1 & 0 & \cdots & 0 & 0 \\ 0 & -1 & a_3 & 1 & \cdots & 0 & 0 \\ \vdots & \vdots & \vdots & \vdots & \ddots & \vdots & \vdots \\ 0 & 0 & 0 & 0 & \cdots & a_{n-1} & 1 \\ 0 & 0 & 0 & 0 & \cdots & -1 & a_n \end{vmatrix}$$

11. A가 정칙행렬이면, $\det(A^{-1}) = \dfrac{1}{\det(A)}$임을 증명하여라.

12. 다음을 보여라.

$$\begin{vmatrix} 0 & (a-b)^2 & (a-c)^2 \\ (b-a)^2 & 0 & (b-c)^2 \\ (c-a)^2 & (c-b)^2 & 0 \end{vmatrix} = \begin{vmatrix} a^2 & -2a & 1 \\ b^2 & -2b & 1 \\ c^2 & -2c & 1 \end{vmatrix} \begin{vmatrix} 1 & 1 & 1 \\ a & b & c \\ a^2 & b^2 & c^2 \end{vmatrix} = 2\begin{vmatrix} 1 & 1 & 1 \\ a & b & c \\ a^2 & b^2 & c^2 \end{vmatrix}^2$$

13. 3×3 행렬 A가 다음과 같이 행렬의 곱으로 표현된다면

$$\begin{pmatrix} 2 & 0 & 0 \\ 1 & 3 & 0 \\ -1 & -1 & 4 \end{pmatrix} \begin{pmatrix} 2 & 1 & -1 \\ 0 & 3 & -1 \\ 0 & 0 & 4 \end{pmatrix}$$

$\det(A)$를 구하여라.

14. A가 $n\times n$ 행렬이고 α가 스칼라이면 $\det(\alpha A) = \alpha^n \det(A)$임을 보여라.

15. 정방행렬 A, B에 대하여 AB가 정칙행렬이기 위한 필요충분조건은 A와 B가 모두 정칙행렬임을 증명하여라.

3.3 Cramer 공식(Cramer's Rule)

이 절에서는 행렬식의 응용으로 정칙행렬 A의 역행렬에 대한 공식과 연립일차방정식 $A\mathbf{x}=\mathbf{b}$의 유일한 해에 대한 공식을 살펴보자.

[정의 3.3] $n\times n$ 행렬 $A=(a_{ij})$에 대해서, A_{ij}를 (i, j)-여인수라고 할 때, A의 수반행렬(adjoint matrix) adj A는 다음과 같이 정의한다.

$$\text{adj } A=\begin{pmatrix} A_{11} & A_{21} & \cdots & A_{n1} \\ A_{12} & A_{22} & \cdots & A_{n2} \\ \vdots & \vdots & \ddots & \vdots \\ A_{1n} & A_{2n} & \cdots & A_{nn} \end{pmatrix}$$

따라서, 수반행렬을 만들려면 행렬 A의 각각의 성분 a_{ij}를 그것의 여인수 A_{ij}로 대체한 후에 행과 열을 바꾸면 된다.

[정리 3.9] A가 위수가 $n>1$인 행렬이라 하면,

$$A(\text{adj } A)=(\text{adj } A)A=|A|I_{(n)}$$

이다.

증명 $A(\text{adj } A)$의 (i, j)원소는

$$\sum_{k=1}^{n} a_{ik}A_{jk}=\begin{cases} |A|, & i=j \\ 0, & i\neq j \end{cases}$$

이다. 그러므로

$$A(\text{adj } A)=diag(|A|, |A|, \cdots, |A|)=|A|I_{(n)}$$

이다. 같은 방법으로

$$(\text{adj } A)A=|A|I_{(n)}$$

임을 보일 수 있다. ■

[정리 3.10] 정칙행렬 A에 대해서 $A^{-1}=\frac{1}{\det(A)}(\text{adj } A)$이다.

증명 A가 정칙이므로 $|A| \neq 0$이다. 따라서 정리 3.9에 의하여 분명하다. ■

[참고] 정리 3.10에 의하여 주어진 정칙행렬의 역행렬을 구하는 것은 위수가 커지면 많은 시간이 필요하다. 그러므로 위수가 큰 행렬의 역행렬을 구하는데는 적합하지 못하다.

다음 두 정리의 증명은 쉽기 때문에 생략한다.

[정리 3.11] A가 위수가 $n>1$인 정방행렬이면 $(\text{adj } A)^T=\text{adj}(A^T)$이다.

[정리 3.12] A가 위수가 $n>1$인 정방행렬이고 k가 스칼라이면,

$$(\text{adj } kA)=k^{n-1}\text{adj}(A)$$

이다.

[정리 3.13] A가 위수가 $n>1$인 정방행렬이고 $\text{rank}(A)=r$이면 다음이 성립한다.

$$\text{rank}(\text{adj } A)=\begin{cases} n, & r=n \\ 1, & r=n-1 \\ 0, & r<n-1 \end{cases}$$

증명 $r=n$이면 정리 3.10에 의하여 분명하다. $r<n$이라면 정칙행렬 P와 Q가 존재하여

$$PAQ=\begin{pmatrix} I_{(r)} & O \\ O & O \end{pmatrix}$$

가 된다. 정리 3.9에 의하여

$$PAQ(Q^{-1}\mathrm{adj}\ A) = P(A\ \mathrm{adj}\ A) = P|A| = O.$$

그러므로 $Q^{-1}\mathrm{adj}\ A$의 첫 행부터 r행까지의 모든 행의 원소들이 0이 되어야 한다. 따라서 $\mathrm{rank}(Q^{-1}\mathrm{adj}\ A) \le n-r$이다. $r=n-1$이면 $\mathrm{rank}(\mathrm{adj}\ A) \le 1$이다. $\mathrm{adj}\ A$가 적어도 하나 이상의 0이 아닌 원소를 갖기 때문에 $\mathrm{rank}(\mathrm{adj}\ A)=1$이다. $r<n-1$이면 $\mathrm{adj}\ A$의 모든 원소들이 0이다. 즉, $\mathrm{adj}\ A=O$이다. 따라서 $\mathrm{rank}(\mathrm{adj}\ A)=0$이다. ■

[정리 3.14] A가 위수가 $n>1$인 정방행렬이고 A가 특이행렬이면, $|\mathrm{adj}\ A|=0$이다.

증명 A가 특이행렬이므로 $|A|=0$이고 $\mathrm{rank}(A)<n$이다. 정리 3.12에 의하여 $\mathrm{rank}(\mathrm{adj}\ A)$는 0 또는 1이다. 따라서 $|\mathrm{adj}\ A|=0$이다. ■

[정리 3.15] (Cauchy 정리)
A가 위수가 $n>1$인 정방행렬이면 $|\mathrm{adj}\ A|=|\mathrm{adj}\ A|^{n-1}$이다.

증명 $|A|=0$이면 정리 3.13에 의하여 $|\mathrm{adj}\ A|=0$이다. 정리 3.9에 의하여 $|A||\mathrm{adj}\ A|=|A|^n$이다. $|A|\neq 0$이면 $|\mathrm{adj}\ A|=|A|^{n-1}$이다. 따라서 정리가 성립한다. ■

[정리 3.16] A가 위수가 $n>2$인 정방행렬이면 $\mathrm{adj}(\mathrm{adj}\ A)=A|A|^{n-2}$이다.

증명 정리 3.9와 정리 3.15에 의하여

$$(\mathrm{adj}\ A)[\mathrm{adj}\ (\mathrm{adj}\ A)] = |A|^{n-1}I_{(n)}$$

이다. 그러므로

$$[A(\mathrm{adj}\ A)][\mathrm{adj}(\mathrm{adj}\ A)] = A|A|^{n-1}$$

이다. 정리 3.9에 의하여

$$|A|[\mathrm{adj}(\mathrm{adj}\ A)] = A|A|^{n-1}$$

이다. 그러므로 $|A| \neq 0$이면

$$\mathrm{adj}(\mathrm{adj}\ A) = A|A|^{n-2}$$

이다. $|A| = 0$이면 정리 3.14의 증명에서 $\mathrm{rank}(\mathrm{adj}\ A) \leq 1$이다. $n > 2$이면 정리 3.13에 의하여 $\mathrm{adj}(\mathrm{adj}\ A) = O$이므로 정리가 성립한다. ■

가) adj (adj A)를 $\mathbf{adj}_2\boldsymbol{A}$라 쓴다.

[정의 3.4] $\mathrm{adj}_k A (k \geq 1)$를 다음과 같이 정의하며 A의 k차 수반행렬이라 한다.

$$\mathrm{adj}_k A = \begin{cases} \mathrm{adj}_2 A, & k = 2 \\ \mathrm{adj}(\mathrm{adj}_{k-1} A), & k > 2 \end{cases}$$

다음 정리의 증명은 연습문제로 남긴다.

[정리 3.17] A가 위수가 $n > 1$인 정방행렬이면 $|\mathrm{adj}_k A| = |A|^{(n-1)k}$이다.

[정리 3.18] A와 B가 위수가 $n > 1$인 정칙행렬이면 $\mathrm{adj}(AB) = (\mathrm{adj} B)(\mathrm{adj} A)$이다.

증명 정리 3.8에 의하여 AB는 정칙이다. 정리 3.10에 의하여

$$\begin{aligned} \mathrm{adj}(AB) &= |AB|(AB)^{-1} = |A||B|B^{-1}A^{-1} \\ &= (|B|B^{-1})(|A|A^{-1}) = (\mathrm{adj} B)(\mathrm{adj} A) \end{aligned}$$ ■

[정리 3.19] (Cramer 공식)

A는 $n \times n$ 정칙행렬이고 $\mathbf{b} \in \mathbb{R}^n$이라 하자. $\hat{A}_i$는 행렬 A의 i번째 열을 $\mathbf{b}$로 바꾸어서 얻어진 행렬을 나타낸다고 하자. 그러면 $A\mathbf{x} = \mathbf{b}$의 유일한 해 $\mathbf{x}$는

$$x_i = \frac{\det(\hat{A}_i)}{\det(A)}, \quad i=1, 2, \cdots, n$$

로 주어진다. 여기서 x_i는 $\mathbf{x}$의 i번째 성분을 나타낸다.

증명 $\mathbf{x}=A^{-1}\mathbf{b}=(\mathrm{adj}A)B/|A|$이고 $\mathrm{adj}A=(A_{ji})$이므로 각 $i=1, 2, \cdots, n$에 대하여

$$x_i \sum_{k=1}^{n} A_{ji}b_k/|A| = \sum_{k=1}^{n} b_k A_{ki}/|A| = x_i = \frac{\det(\hat{A}_i)}{|A|}$$ ■

연습문제 (3.3)

1. 다음 행렬에 대하여 (i) $\det(A)$, (ii) adj A, (iii) A^{-1}을 구하여라.

(a) $\begin{pmatrix} 1 & 2 \\ 2 & 5 \end{pmatrix}$ (b) $\begin{pmatrix} 3 & 1 \\ 3 & 2 \end{pmatrix}$

(c) $\begin{pmatrix} 1 & 1 & 2 \\ 0 & 1 & 1 \\ 1 & 3 & 2 \end{pmatrix}$ (d) $\begin{pmatrix} 1 & 2 & 1 \\ 2 & 1 & 1 \\ -2 & 2 & -1 \end{pmatrix}$

2. Cramer 공식을 이용하여 다음 연립일차방정식을 풀어라.

(a) $\begin{cases} x+2y=1 \\ 2x+5y=3 \end{cases}$ (b) $\begin{cases} 3x+5y=2 \\ x+2y=1 \end{cases}$

(c) $\begin{cases} x + 2z = 1 \\ 2y + z = 2 \\ x+2y+2z=3 \end{cases}$ (d) $\begin{cases} x+y+z+2w=5 \\ -z+w=0 \\ 3x+2y+2z-w=8 \\ x+3z+2w=6 \end{cases}$

3. 행렬 $A=\begin{pmatrix} 1 & 2 & -1 \\ 1 & 1 & 1 \\ 2 & 1 & -1 \end{pmatrix}$에 대하여

(a) A의 행렬식을 계산하고, A가 정칙인지 아닌지를 결정하여라.

(b) adj A와 A(adj A)를 계산하여라.

4. 다음 연립일차방정식이 $x=y=z=0$ 이외의 해를 갖도록 상수 α를 결정하여라.

$$\begin{cases} \alpha x + y + z = 0 \\ x + \alpha y + z = 0 \\ x + y + \alpha z = 0 \end{cases}$$

5. A가 256×256 정칙행렬이고 $|A| = -1$일 때, $|\mathrm{adj}\ A|$를 구하여라.

6. 만일 A가 정칙행렬이면, adj A도 정칙이고

$$(\mathrm{adj}\ A)^{-1} = \det(A^{-1})A = \mathrm{adj}\ A^{-1}$$

임을 보여라.

7. 행렬 $Q = (q_{ij})$가 $Q^{-1} = Q^T$를 만족하면, $q_{ij} = \dfrac{Q_{ij}}{\det(Q)}$임을 보여라. 단, Q_{ij}는 q_{ij}에 대한 여인수이다.

8. A가 위수가 $n > 1$인 정방행렬이면 $|\mathrm{adj}_k A| = |A|^{(n-1)k}$임을 보여라.

9. 평면상의 두 점 (x_1, y_1), (x_2, y_2)를 지나는 직선의 방정식 $ax + by + c = 0$은

$$\begin{vmatrix} x & y & 1 \\ x_1 & y_1 & 1 \\ x_2 & y_2 & 1 \end{vmatrix} = 0$$

이 됨을 보여라.

10. 공간상의 세 점 (x_1, y_1, z_1), (x_2, y_2, z_2), (x_3, y_3, z_3)를 지나는 평면의 방정식 $ax + by + cz + d = 0$은

$$\begin{vmatrix} x & y & z & 1 \\ x_1 & y_1 & z_1 & 1 \\ x_2 & y_2 & z_2 & 1 \\ x_3 & y_3 & z_3 & 1 \end{vmatrix} = 0$$

이 됨을 보여라.

3.4 응용문제(Problems with applications)

<암호화 메시지>

메시지 M을 암호화하여 보내는 보통의 방법 중의 하나는 알파벳의 각 문자를 정수 값으로 지정하여 정수들의 문자열로서 보내는 것이다. 예를 들면, 다음의 메시지

SEND MONEY

는 아래와 같이 암호화될 수 있다.

18, 4, 13, 3, 12, 14, 13, 4, 24

즉, 여기서 $A=0$, $B=1$, $\cdots$, $Y=24$, $Z=25$로 나타낸다고 하자. 이러한 형태의 암호는 해독하기가 일반적으로 아주 쉽다. 긴 메시지에 있어서 우리는 어떤 숫자에 대한 상대적인 발생 빈도에 기초하여 그 숫자가 어떤 문자를 나타내는 지 추측할 수 있다. 그러므로 만일 예의 암호화된 메시지에서 4가 가장 빈번하게 나오는 숫자라고 한다면, 그 숫자는 영어에서 가장 빈번하게 나오는 문자인 E를 나타내기가 쉽다. 행렬의 곱을 이용하여 메시지를 쉽게 알 수 없도록 암호화할 수 있다. 만일, A의 모든 성분이 정수인 행렬이고 A의 행렬식이 ± 1이라면, $A^{-1}=\pm \mathrm{adj} A$이기 때문에 A^{-1}의 모든 원소도 정수이다. 우리는 메시지를 변환하기 위하여 이러한 행렬을 사용할 수 있으면 그 변환된 메시지는 해독하기가 더 어려울 것이다. 그 기법을 보이기 위하여

$$A=\begin{pmatrix} 1 & 2 & 2 \\ 2 & 5 & 3 \\ 1 & 3 & 2 \end{pmatrix}$$

이라 하자. 그 암호화된 메시지는 3개의 열을 가진 행렬 B의 행에 넣게 된다.

$$B=\begin{pmatrix} 18 & 3 & 13 \\ 4 & 12 & 4 \\ 13 & 14 & 24 \end{pmatrix}$$

A와 B의 곱

$$AB=\begin{pmatrix}1&2&2\\2&5&3\\1&3&2\end{pmatrix}\begin{pmatrix}18&3&13\\4&12&4\\13&14&24\end{pmatrix}=\begin{pmatrix}52&55&69\\95&108&118\\56&67&73\end{pmatrix}$$

의 1, 2, 3열의 순으로 숫자를 나열한 결과인

$$52,\ 95,\ 56,\ 55,\ 108,\ 67,\ 69,\ 118,\ 73$$

을 상대방에게 보낸다. $B=A^{-1}(AB)$이므로

$$B=A^{-1}(AB)=\begin{pmatrix}1&2&-4\\-1&0&1\\1&-1&1\end{pmatrix}\begin{pmatrix}52&55&69\\95&108&118\\56&67&73\end{pmatrix}=\begin{pmatrix}18&3&13\\4&12&4\\13&14&24\end{pmatrix}$$

이 되어 암호화된 메시지를 해독할 수 있다. 이와 같이 B를 얻는 과정을 복호화과정이라 한다.

암호화 행렬 A(암호화 키(Key)라 한다)는 다음과 같이 구한다. 단위행렬 I에 기본행연산 Ⅰ과 Ⅲ을 반복적으로 시행하여 얻는다. 예를 들어 위의 예의 A는 다음과 같이 얻어진다.

$$R(3+1\cdot 1)R(3+1\cdot 2)R(2+(-1)\cdot 3)R(1+2\cdot 3)R(1+2\cdot 2)I_{(3)}=A$$

$|A|$는 기본행연산 Ⅰ이 홀수번 시행되면 $|A|=-1$이고 짝수번 시행되면 $|A|=1$이 되며 행렬식의 성질에 의하여 기본행연산 Ⅲ은 아무리 시행되어도 행렬식의 부호가 달라지지 않는다. $A^{-1}=\frac{1}{|A|}(\mathrm{adj}A)$이므로 A^{-1}의 모든 원소도 항상 정수가 된다.

[예제 3.7] 암호화 키 A가 다음과 같이 주어졌을 때, 위의 메시지 M를 암호화하고 복호화하여라.

$$A=\begin{pmatrix}1&2&3\\2&3&6\\1&2&4\end{pmatrix}$$

풀이 AB는

$$AB=\begin{pmatrix}1&2&3\\2&3&6\\1&2&4\end{pmatrix}\begin{pmatrix}18&3&13\\4&12&4\\13&14&24\end{pmatrix}=\begin{pmatrix}65&69&93\\120&126&134\\68&83&117\end{pmatrix}$$

이 된다. 따라서 암호문은

$$65,\ 120,\ 68,\ 69,\ 126,\ 83,\ 93,\ 134,\ 117$$

이 된다. 이를 복호화하기 위하여 $A^{-1}(AB)$를 구해야 한다. 따라서

$$B=A^{-1}(AB)=\begin{pmatrix} 8 & -2 & -3 \\ 2 & -1 & 0 \\ -1 & 0 & 1 \end{pmatrix}\begin{pmatrix} 65 & 69 & 93 \\ 120 & 126 & 134 \\ 68 & 83 & 117 \end{pmatrix}=\begin{pmatrix} 18 & 3 & 13 \\ 4 & 12 & 4 \\ 13 & 14 & 24 \end{pmatrix}$$

를 얻는다. 그러므로 메시지 M은

$$M:18,\ 4,\ 13,\ 3,\ 12,\ 14,\ 13,\ 4,\ 24$$

임을 알게 된다. □

[참고] 위의 예와 같은 비트(bit) 단위의 암호화를 스트림(stream)암호화라 하는데 깨지기 쉽다. 그래서 보통의 블록단위로 암호화를 한다. 이러한 암호를 블록(block) 암호화라 한다. 이 경우에 대해서는 나중에 언급하도록 한다.

연습문제 (3.4)

1. 암호화 키 A와 메시지 M이 다음과 같이 주어졌을 때, 이 메시지 M를 A를 이용하여 암호화하고 복호화하여 원 메시지를 구하여라.

$$A=\begin{pmatrix} 1 & 2 & 3 \\ 2 & 3 & 6 \\ 1 & 2 & 4 \end{pmatrix},\quad M:0,\ 7,\ 3,\ 2,\ 1,\ 4,\ 1,\ 5$$

제 4 장 벡터공간

4.1 벡터공간의 기본개념(Basic concepts of vector spaces)

벡터의 개념은 그 성분표시와 함께 대수적으로 취급될 수 있으며, n-순서쌍 즉, n차원 유클리드 벡터(Euclidean vector)로 일반화 될 수 있다.

n차원 유클리드 벡터는

$$(x_1,\ x_2,\ \cdots,\ x_n)$$

과 같이 $1 \times n$ 행렬인 n차원 **행벡터**(row vector)로 나타낼 수 있지만,

$$\begin{pmatrix} x_1 \\ x_2 \\ \vdots \\ x_n \end{pmatrix}$$

과 같이 $n \times 1$ 행렬인 n차원 **열벡터**(column vector)로 나타낼 수 있다.

먼저, n차원 유클리드 벡터 전체의 집합을 $\mathbb{R}^n$으로 나타내고 그 원소를 간단히 벡터라 부르자. 즉,

$$\mathbb{R}^n = \left\{ \begin{pmatrix} x_1 \\ x_2 \\ \vdots \\ x_n \end{pmatrix} \middle| \; x_1, x_2, \cdots, x_n \in \mathbb{R} \right\}$$

이고, $\mathbb{R}^n$의 벡터의 전형적인 형태는 $\mathbf{x} = \begin{pmatrix} x_1 \\ x_2 \\ \vdots \\ x_n \end{pmatrix}$과 같이 나타낼 수 있다.

모든 성분이 0인 벡터를 $\mathbf{0}$로 나타낸다. 즉,

$$\mathbf{0} = \begin{pmatrix} 0 \\ 0 \\ \vdots \\ 0 \end{pmatrix}$$

또한, 벡터 $\mathbf{x} = \begin{pmatrix} x_1 \\ x_2 \\ \vdots \\ x_n \end{pmatrix}$에 대하여 $-\mathbf{x} = \begin{pmatrix} -x_1 \\ -x_2 \\ \vdots \\ -x_n \end{pmatrix}$과 같이 정의한다.

n차원 열벡터는 $n \times 1$ 행렬이므로, $\mathbb{R}^n$에는 스칼라 배와 덧셈이라는 두 연산이 정의되어 있다. 이 두 연산을 다시 정리하면 다음과 같다.

[벡터의 스칼라 배] 임의의 실수 α와 벡터 $\mathbf{x} = \begin{pmatrix} x_1 \\ x_2 \\ \vdots \\ x_n \end{pmatrix}$에 대해서,

$$\alpha\mathbf{x} = \begin{pmatrix} \alpha x_1 \\ \alpha x_2 \\ \vdots \\ \alpha x_n \end{pmatrix}$$

으로 정의하고 벡터 $\mathbf{x}$의 α배(multiple)라고 한다.

[벡터의 덧셈] 두 벡터 $\mathbf{x}=\begin{pmatrix} x_1 \\ x_2 \\ \vdots \\ x_n \end{pmatrix}$, $\mathbf{y}=\begin{pmatrix} y_1 \\ y_2 \\ \vdots \\ y_n \end{pmatrix}$에 대하여,

$$\mathbf{x}+\mathbf{y}=\begin{pmatrix} x_1+y_1 \\ x_2+y_2 \\ \vdots \\ x_n+y_n \end{pmatrix}$$

과 같이 정의하고 $\mathbf{x}$와 $\mathbf{y}$의 합(sum)이라고 한다.

스칼라 배와 덧셈에 관한 연산체계로서의 $\mathbb{R}^n$을 n차원 유클리드 벡터공간(Euclidean vector space)이라 부른다.

<벡터공간의 공리>

먼저, 집합 V에 대하여,

(1) 임의의 $\mathbf{x}\in V$와 임의의 스칼라 α에 대하여, $\alpha\mathbf{x}\in V$이고,

(2) 임의의 $\mathbf{x}$, $\mathbf{y}\in V$에 대하여, $\mathbf{x}+\mathbf{y}\in V$일 때,

V를 스칼라 배와 덧셈이 정의된 연산체계라 하자.

다음의 공리들을 만족하는 스칼라 배와 덧셈이 정의된 연산체계 V를 벡터공간(vector space)이라고 한다.

A1 임의의 $\mathbf{x}$, $\mathbf{y}\in V$에 대하여, $\mathbf{x}+\mathbf{y}=\mathbf{y}+\mathbf{x}$

A2 임의의 $\mathbf{x}$, $\mathbf{y}$, $\mathbf{z}\in V$에 대하여, $(\mathbf{x}+\mathbf{y})+\mathbf{z}=\mathbf{x}+(\mathbf{y}+\mathbf{z})$

A3 모든 $\mathbf{x}\in V$에 대하여 $\mathbf{x}+\mathbf{0}=\mathbf{x}$인 V의 원소 $\mathbf{0}$이 존재

A4 임의의 $\mathbf{x}\in V$에 대하여, $\mathbf{x}+\mathbf{x}'=\mathbf{0}$인 V의 원소 $\mathbf{x}'$가 존재

A5 임의의 $\mathbf{x}$, $\mathbf{y}\in V$와 스칼라 α에 대하여, $\alpha(\mathbf{x}+\mathbf{y})=\alpha\mathbf{x}+\alpha\mathbf{y}$

A6 임의의 $\mathbf{x}\in V$와 스칼라 α, β에 대하여, $(\alpha+\beta)\mathbf{x}=\alpha\mathbf{x}+\beta\mathbf{x}$

A7 임의의 $\mathbf{x}\in V$와 스칼라 α, β에 대하여, $(\alpha\beta)\mathbf{x}=\alpha(\beta\mathbf{x})$

A8 임의의 $\mathbf{x}\in V$에 대하여, $1\mathbf{x}=\mathbf{x}$

일반적으로 벡터공간의 원소를 그 벡터공간의 벡터(vector)라 부른다. 즉, 앞으로

벡터라는 것은 꼭 유클리드 벡터만을 의미하는 것이 아니라 그것이 어떤 벡터공간의 원소임을 나타내는 것이다.

공리 A3에서 $\mathbf{0}$를 **영벡터**(zero vector)라 부르며, $\mathbf{0}$는 덧셈에 대한 유일한 항등원임을 알 수 있고, 스칼라 0과 구별하여야 한다. 또한, 공리 A4에서 $\mathbf{x}'$는 각 $\mathbf{x}$에 대하여 유일하게 존재한다. 사실, $\mathbf{x}+\mathbf{x}_1=\mathbf{0}$, $\mathbf{x}+\mathbf{x}_2=\mathbf{0}$라 하면, 공리를 써서 $\mathbf{x}_1=\mathbf{x}_2$임을 알 수 있다. 즉,

$$\mathbf{x}_1=\mathbf{x}_1+\mathbf{0}=\mathbf{x}_1+(\mathbf{x}+\mathbf{x}_2)=(\mathbf{x}_1+\mathbf{x})+\mathbf{x}_2=\mathbf{0}+\mathbf{x}_2=\mathbf{x}_2.$$

이 유일한 벡터 $\mathbf{x}'$를 $-\mathbf{x}$로 나타내고 $\mathbf{x}$의 **음벡터**(minus vector)라 부른다.

<행렬의 벡터공간 $\mathbb{R}^{m\times n}$>

실수를 성분으로 갖는 모든 $m\times n$행렬들의 집합을 $\mathbb{R}^{m\times n}$로 나타내자. $\mathbb{R}^{m\times n}$은 $\mathbb{R}^n$과 같이 스칼라 배와 덧셈이 정의된 하나의 연산체계이다. 앞에 나열된 (1) ~ (8)의 연산법칙이 $\mathbb{R}^{m\times n}$에 대하여도 성립한다.

스칼라 배와 덧셈에 관한 연산체계로서의 $\mathbb{R}^{m\times n}$을 **$m\times n$행렬의 벡터공간**이라 한다.

다음은 $\mathbb{R}^n$과 $\mathbb{R}^{m\times n}$과 다른 여러 가지 벡터공간의 예를 살펴보자.

다음은 모든 벡터공간에 대하여 공통으로 성립하는 기본적인 성질이다.

[정리 4.1] (벡터공간의 기본성질)
V가 벡터공간이고, $\mathbf{x}$가 V의 벡터일 때,
(1) $0\mathbf{x}=\mathbf{0}$
(2) $\mathbf{x}+\mathbf{y}=\mathbf{0}$이면 $\mathbf{y}=-\mathbf{x}$이다.
(3) $(-1)\mathbf{x}=-\mathbf{x}$

연습문제 (4.1)

1. 임의의 벡터공간에 대하여, 영벡터 $\mathbf{0}$는 유일함을 보여라.

2. V가 벡터공간이고 $\mathbf{x}\in V$일 때,
   (1) 임의의 스칼라 α에 대하여 $\alpha\mathbf{0}=\mathbf{0}$임을 보여라.
   (2) $\alpha\mathbf{x}=\mathbf{0}$이면 $\alpha=0$이거나 $\mathbf{x}=\mathbf{0}$임을 보여라.

3. V가 벡터공간이고 $\mathbf{x}, \mathbf{y}, \mathbf{z}\in V$일 때, $\mathbf{x}+\mathbf{y}=\mathbf{x}+\mathbf{z}$이면 $\mathbf{y}=\mathbf{z}$임을 보여라.

4.2 부분공간(Subspaces)

[정의 4.1] (부분공간의 정의)
벡터공간 V는 스칼라 배와 덧셈에 대한 일정한 공리를 만족하는 연산체계이다. V의 부분집합 S가 V의 부분집합으로써 V에서 정의된 스칼라 배와 덧셈에 대하여 벡터공간이 될 때, S를 V의 **부분공간**(subspace)이라 한다.

공집합이 아닌 부분집합 S가 벡터공간 V의 스칼라 배와 덧셈에 대하여 닫혀 있을 때, S는 그 자체로서 스칼라 배와 덧셈에 관한 연산체계를 이루며 벡터공간의 공리를 모두 만족한다. 따라서 부분공간이 될 조건을 정리하면 다음과 같다.

[정리 4.2] 벡터공간 V의 부분집합 S가 V의 부분공간이 될 필요충분조건은
(i) $\mathbf{x}\in S$이면, 임의의 스칼라 α에 대하여 $\alpha\mathbf{x}\in S$
(ii) $\mathbf{x}, \mathbf{y}\in S$이면 $\mathbf{x}+\mathbf{y}\in S$

가) (i) 과 (ii)가 성립할 필요충분조건은 다음과 같다.
   (iii) $\mathbf{x}, \mathbf{y}\in S$이면, 임의의 스칼라 α, β에 대하여 $\alpha\mathbf{x}+\beta\mathbf{y}\in S$

임의의 벡터공간 V에 대해 $\{\mathbf{0}\}$와 V 자신은 각각 V의 부분공간이다. V 자신을 제

외한 다른 부분공간들을 V의 진부분공간(proper subspace)이라 부른다.

[예제 4.1] $S=\left\{\begin{pmatrix} x \\ y \end{pmatrix} \in \mathbb{R}^2 \,\middle|\, y=3x\right\}$는 $\mathbb{R}^2$의 부분공간이다.

풀이 S의 임의의 원소는 $\begin{pmatrix} x \\ 3x \end{pmatrix}$와 같은 형태로 나타낼 수 있다. (i) $\begin{pmatrix} 0 \\ 0 \end{pmatrix}$는 S에 속한다. (ii) 임의의 스칼라 α에 대하여 $\alpha\begin{pmatrix} x \\ 3x \end{pmatrix}=\begin{pmatrix} \alpha x \\ 3\alpha x \end{pmatrix}\in S$이다. (iii) S의 임의의 두 원소 $\begin{pmatrix} x \\ 3x \end{pmatrix}$, $\begin{pmatrix} y \\ 3y \end{pmatrix}$에 대하여,

$$\begin{pmatrix} x \\ 3x \end{pmatrix}+\begin{pmatrix} y \\ 3y \end{pmatrix}=\begin{pmatrix} x+y \\ 3(x+y) \end{pmatrix}\in S$$

따라서, S는 $\mathbb{R}^2$의 부분공간이다. □

[예제 4.2] $S=\left\{\begin{pmatrix} x \\ 3 \end{pmatrix} \in \mathbb{R}^2\right\}$는 $\mathbb{R}^2$의 부분공간이 아니다.

풀이 $\begin{pmatrix} 0 \\ 0 \end{pmatrix}$가 S에 속하지 않으므로 S는 $\mathbb{R}^2$의 부분공간이 아니다. □

[예제 4.3] $S=\left\{\begin{pmatrix} x \\ y \\ z \end{pmatrix} \in \mathbb{R}^3 \,\middle|\, z=0\right\}$는 $\mathbb{R}^3$의 부분공간이다.

풀이 S의 임의의 원소는 $\begin{pmatrix} x \\ y \\ 0 \end{pmatrix}$와 같은 형태로 나타낼 수 있다. 먼저, $\begin{pmatrix} 0 \\ 0 \\ 0 \end{pmatrix}$는 S에 속한다. 또한, S의 임의의 두 원소 $\begin{pmatrix} x_1 \\ y_1 \\ 0 \end{pmatrix}$, $\begin{pmatrix} x_2 \\ y_2 \\ 0 \end{pmatrix}$와 임의의 스칼라 α, β에 대하여,

$$\alpha\begin{pmatrix} x_1 \\ y_1 \\ 0 \end{pmatrix}+\beta\begin{pmatrix} x_2 \\ y_2 \\ 0 \end{pmatrix}=\begin{pmatrix} \alpha x_1+\beta x_2 \\ \alpha y_1+\beta y_2 \\ 0 \end{pmatrix}\in S$$

따라서, S는 $\mathbb{R}^2$의 부분공간이다. □

[예제 4.4] $S=\left\{\begin{pmatrix} a & b \\ c & d \end{pmatrix} \in \mathbb{R}^{2\times 2} \,\middle|\, b=c\right\}$는 $\mathbb{R}^{2\times 2}$의 부분공간이다.

풀이 (i) $\begin{pmatrix} 0 & 0 \\ 0 & 0 \end{pmatrix} \in S$

(ii) $A \in S$이면, A는 다음과 같은 형태이어야 한다.

$$A = \begin{pmatrix} a & b \\ b & d \end{pmatrix}$$

따라서, 임의의 스칼라 α에 대하여

$$\alpha A = \begin{pmatrix} \alpha a & \alpha b \\ \alpha b & \alpha d \end{pmatrix} \in S$$

(iii) A, $B \in S$이면, A, B는 다음과 같은 형태이어야 한다.

$$A = \begin{pmatrix} a & b \\ b & d \end{pmatrix}, \quad B = \begin{pmatrix} e & f \\ f & h \end{pmatrix}$$

따라서, $A + B = \begin{pmatrix} a+e & b+f \\ b+f & d+h \end{pmatrix} \in S$. 결과적으로, S는 $\mathbb{R}^{2\times 2}$의 부분공간이다. □

<일차결합>

$\mathbf{v}_1, \mathbf{v}_2, \cdots, \mathbf{v}_n$를 벡터공간 V의 벡터라 하자. 스칼라 $\alpha_1, \alpha_2, \cdots, \alpha_n$에 대하여, 벡터

$$\alpha_1\mathbf{v}_1 + \alpha_2\mathbf{v}_2 + \cdots + \alpha_n\mathbf{v}_n$$

을 $\mathbf{v}_1, \mathbf{v}_2, \cdots, \mathbf{v}_n$의 **일차결합**(linear combination)이라고 부른다.

예를 들어, 벡터 $\begin{pmatrix} 5 \\ 6 \end{pmatrix}$을 벡터 $\begin{pmatrix} 2 \\ 5 \end{pmatrix}$, $\begin{pmatrix} 3 \\ -4 \end{pmatrix}$, $\begin{pmatrix} -2 \\ 2 \end{pmatrix}$의 일차결합으로 어떻게 나타낼 수 있는지 다음 예제와 함께 알아보자.

[예제 4.5] 연립일차방정식 $\begin{cases} 2x_1 + 3x_2 - 2x_3 = 5 \\ 5x_1 - 4x_2 + 2x_3 = 6 \end{cases}$ 은 방정식

$$x_1\begin{pmatrix} 2 \\ 5 \end{pmatrix} + x_2\begin{pmatrix} 3 \\ -4 \end{pmatrix} + x_3\begin{pmatrix} -2 \\ 2 \end{pmatrix} = \begin{pmatrix} 5 \\ 6 \end{pmatrix}$$

으로 나타낼 수 있다. 즉, 이 연립일차방정식의 해가 있다는 것은 $\begin{pmatrix}5\\6\end{pmatrix}$이

$$\begin{pmatrix}2\\5\end{pmatrix},\ \begin{pmatrix}3\\-4\end{pmatrix},\ \begin{pmatrix}-2\\2\end{pmatrix}$$

의 일차결합이 됨을 의미한다. 이 때, $x_1=2$, $x_2=3$, $x_3=4$는 이 연립일차방정식의 한 해이므로 $\begin{pmatrix}5\\6\end{pmatrix}$은

$$\begin{pmatrix}5\\6\end{pmatrix}=2\begin{pmatrix}2\\5\end{pmatrix}+3\begin{pmatrix}3\\-4\end{pmatrix}+4\begin{pmatrix}-2\\2\end{pmatrix}$$

와 같이 일차결합으로 나타낼 수 있음을 알 수 있다.

[예제 4.6] 연립일차방정식 $\begin{cases}x_1+2x_2=1\\2x_1+4x_2=1\end{cases}$ 은 해를 갖지 않는다. 이것은 벡터 $\begin{pmatrix}1\\1\end{pmatrix}$은 열벡터 $\begin{pmatrix}1\\2\end{pmatrix}$와 $\begin{pmatrix}2\\4\end{pmatrix}$의 일차결합으로 나타낼 수 없음을 나타낸다.

일반적으로 다음이 성립한다.

> [정리 4.3] (연립일차방정식의 해의 존재성)
> 연립일차방정식 $A\mathbf{x}=\mathbf{b}$가 해를 가지기 위한 필요충분조건은 $\mathbf{b}$가 A의 열벡터들의 일차결합으로 표현되는 것이다.

증명 A_j를 행렬 A의 j번째 열벡터라 하고, $\mathbf{x}=\begin{pmatrix}x_1\\x_2\\\vdots\\x_n\end{pmatrix}$라 할 때,

$$A\mathbf{x}=x_1A_1+x_2A_2+\cdots+x_nA_n$$

이므로 $A\mathbf{x}=\mathbf{b}$는 $x_1A_1+x_2A_2+\cdots+x_nA_n=\mathbf{b}$를 의미한다. 즉, 연립일차방정식 $A\mathbf{x}=\mathbf{b}$가 해를 가질 조건은 $\mathbf{b}$가 $A_1, A_2, \cdots, A_n$의 일차결합으로 표현되는 것이다. ■

<생성과 생성된 공간>

$\mathbf{v}_1, \mathbf{v}_2, \cdots, \mathbf{v}_n$의 일차결합 전체의 집합을 $\mathrm{Span}(\mathbf{v}_1, \mathbf{v}_2, \cdots, \mathbf{v}_n)$으로 나타내자. 즉,

$$\mathrm{Span}(\mathbf{v}_1, \mathbf{v}_2, \cdots, \mathbf{v}_n) = \{\alpha_1\mathbf{v}_1 + \alpha_2\mathbf{v}_2 + \cdots + \alpha_n\mathbf{v}_n \mid \alpha_1, \alpha_2, \cdots, \alpha_n : \text{스칼라}\}$$

또한, $X = \{\mathbf{v}_1, \mathbf{v}_2, \cdots, \mathbf{v}_n\}$일 때, $\mathrm{Span}(\mathbf{v}_1, \mathbf{v}_2, \cdots, \mathbf{v}_n)$을 간단히 $\mathrm{Span}(X)$로 나타내기도 한다.

다음 정리는 $\mathrm{Span}(\mathbf{v}_1, \mathbf{v}_2, \cdots, \mathbf{v}_n)$이 V의 한 부분공간임을 보여준다.

[정리 4.4] 벡터공간 V의 벡터 $\mathbf{v}_1, \mathbf{v}_2, \cdots, \mathbf{v}_n$에 대하여, $\mathrm{Span}(\mathbf{v}_1, \mathbf{v}_2, \cdots, \mathbf{v}_n)$은 V의 부분공간이다.

증명 먼저, $\mathbf{0} = 0\mathbf{v}_1 + 0\mathbf{v}_2 + \cdots + 0\mathbf{v}_n \in \mathrm{Span}(\mathbf{v}_1, \mathbf{v}_2, \cdots, \mathbf{v}_n)$이다. 또한, 벡터 $\mathbf{v} = \alpha_1\mathbf{v}_1 + \alpha_2\mathbf{v}_2 + \cdots + \alpha_n\mathbf{v}_n$과 $\mathbf{w} = \beta_1\mathbf{v}_1 + \beta_2\mathbf{v}_2 + \cdots + \beta_n\mathbf{v}_n$을 $\mathrm{Span}(\mathbf{v}_1, \mathbf{v}_2, \cdots, \mathbf{v}_n)$에 속하는 임의의 벡터라 하자. 임의의 스칼라 α, β에 대하여

$$\alpha\mathbf{v} + \beta\mathbf{w} = (\alpha\alpha_1 + \beta\beta_1)\mathbf{v}_1 + (\alpha\alpha_2 + \beta\beta_2)\mathbf{v}_2 + \cdots + (\alpha\alpha_n + \beta\beta_n)\mathbf{v}_n$$

이므로

$$\alpha\mathbf{v} + \beta\mathbf{w} \in \mathrm{Span}(\mathbf{v}_1, \mathbf{v}_2, \cdots, \mathbf{v}_n)$$

따라서, $\mathrm{Span}(\mathbf{v}_1, \mathbf{v}_2, \cdots, \mathbf{v}_n)$은 V의 부분공간이다. ■

벡터공간 V의 벡터 $\mathbf{v}_1, \mathbf{v}_2, \cdots, \mathbf{v}_n$에 대하여,

$$W = \mathrm{Span}(\mathbf{v}_1, \mathbf{v}_2, \cdots, \mathbf{v}_n)$$

일 때, $\mathbf{v}_1, \mathbf{v}_2, \cdots, \mathbf{v}_n$은 부분공간 W를 생성한다고 하고, 이 때, W를 $\mathbf{v}_1, \mathbf{v}_2, \cdots, \mathbf{v}_n$에 의하여 **생성된 공간(span)**이라고 한다.

즉, $\mathbf{v}_1, \mathbf{v}_2, \cdots, \mathbf{v}_n$이 부분공간 W를 생성한다는 것은 W의 임의의 벡터를 $\mathbf{v}_1, \mathbf{v}_2, \cdots, \mathbf{v}_n$의 일차결합으로 나타낼 수 있다는 것을 의미한다.

[예제 4.7] $\mathbb{R}^3$의 다음 세 벡터는 각각 $\mathbb{R}^3$를 생성한다.

(1) $\mathbf{e}_1,\ \mathbf{e}_2,\ \mathbf{e}_3$ (2) $\begin{pmatrix}1\\0\\0\end{pmatrix}, \begin{pmatrix}1\\1\\0\end{pmatrix}, \begin{pmatrix}1\\1\\1\end{pmatrix}$

풀이 (1) $\mathbb{R}^3$의 임의의 벡터를 $\mathbf{x}=\begin{pmatrix}a\\b\\c\end{pmatrix}$라 하자.

$$\mathbf{x}=\begin{pmatrix}a\\b\\c\end{pmatrix}=a\begin{pmatrix}1\\0\\0\end{pmatrix}+b\begin{pmatrix}0\\1\\0\end{pmatrix}+c\begin{pmatrix}0\\0\\1\end{pmatrix}$$

이므로 $\mathbf{x}=a\mathbf{e}_1+b\mathbf{e}_2+c\mathbf{e}_3$. 따라서, $\mathbf{e}_1,\ \mathbf{e}_2,\ \mathbf{e}_3$는 $\mathbb{R}^3$를 생성한다.

(2) $\mathbb{R}^3$의 임의의 벡터 $\mathbf{x}=\begin{pmatrix}a\\b\\c\end{pmatrix}$에 대하여, 방정식

$$\begin{pmatrix}a\\b\\c\end{pmatrix}=x_1\begin{pmatrix}1\\0\\0\end{pmatrix}+x_2\begin{pmatrix}1\\1\\0\end{pmatrix}+x_3\begin{pmatrix}1\\1\\1\end{pmatrix}$$

을 생각하자. 이것을 연립일차방정식으로 나타내면

$$\begin{cases}x_1+x_2+x_3=a\\ \quad\ \ x_2+x_3=b\\ \qquad\quad\ x_3=c\end{cases}$$

이 때, $\begin{vmatrix}1&1&1\\0&1&1\\0&0&1\end{vmatrix}=1\neq 0$이므로 계수행렬이 정칙이다. 따라서, 이 연립일차방정식은 임의의 실수 $a,\ b,\ c$에 대하여 해를 갖는다. 이것은 $\mathbb{R}^3$의 임의의 벡터 $\mathbf{x}=\begin{pmatrix}a\\b\\c\end{pmatrix}$가 주어진 세 벡터의 일차결합임을 의미한다. 즉, 주어진 세 벡터는 $\mathbb{R}^3$를 생성한다. □

[예제 4.8] $\mathbb{R}^3$의 세 벡터 $\mathbf{x}_1=\begin{pmatrix}1\\0\\1\end{pmatrix},\ \mathbf{x}_2=\begin{pmatrix}-3\\1\\1\end{pmatrix},\ \mathbf{x}_3=\begin{pmatrix}-2\\1\\2\end{pmatrix}$는 $\mathbb{R}^3$를 생성하지 않는다.

풀이 $\mathbb{R}^3$의 임의의 벡터 $\mathbf{x}=\begin{pmatrix}a\\b\\c\end{pmatrix}$에 대하여, 방정식

$$\begin{pmatrix} a \\ b \\ c \end{pmatrix} = x_1 \begin{pmatrix} 1 \\ 0 \\ 1 \end{pmatrix} + x_2 \begin{pmatrix} -3 \\ 1 \\ 1 \end{pmatrix} + x_3 \begin{pmatrix} -2 \\ 1 \\ 2 \end{pmatrix}$$

를 생각하자. 이것을 연립일차방정식으로 나타내면

$$\begin{cases} x_1 - 3x_2 - 2x_3 = a \\ \quad\;\; x_2 + \;\; x_3 = b \\ x_1 + \;\; x_2 + 2x_3 = c \end{cases}$$

$\left(\begin{array}{ccc|c} 1 & -3 & -2 & a \\ 0 & 1 & 1 & b \\ 1 & 1 & 2 & c \end{array}\right)$는 $\left(\begin{array}{ccc|c} 1 & 0 & 1 & c-b \\ 0 & 1 & 1 & b \\ 0 & 0 & 0 & a-c+4b \end{array}\right)$로 변형되므로, 예를 들어, $a=1$, $b=1$, $c=0$일 때, 이 연립일차방정식은 해를 갖지 않는다. 이것은 $\mathbf{x} = \begin{pmatrix} 1 \\ 1 \\ 0 \end{pmatrix}$가 $\mathbf{x}_1$, $\mathbf{x}_2$, $\mathbf{x}_3$의 일차결합이 될 수 없음을 의미하고, 따라서, $\mathbf{x}_1$, $\mathbf{x}_2$, $\mathbf{x}_3$는 $\mathbb{R}^3$를 생성하지 않는다. □

<행렬의 영공간>

$m \times n$행렬 A에 대하여, 동차 연립일차방정식 $A\mathbf{x} = \mathbf{0}$의 해집합을 $\mathrm{N}(A)$라 하자. 즉,

$$\mathrm{N}(A) = \{\mathbf{x} \in \mathbb{R}^n \mid A\mathbf{x} = \mathbf{0}\}$$

먼저, $A\mathbf{0} = \mathbf{0}$이므로 $\mathbf{0} \in \mathrm{N}(A)$이다. 또한, $\mathbf{x}$, $\mathbf{y} \in \mathrm{N}(A)$라 하자. $A\mathbf{x} = \mathbf{0}$, $A\mathbf{y} = \mathbf{0}$이므로, 임의의 스칼라 α, β에 대하여

$$A(\alpha\mathbf{x} + \beta\mathbf{y}) = \alpha(A\mathbf{x}) + \beta(A\mathbf{y}) = \mathbf{0}$$

즉, $\alpha\mathbf{x} + \beta\mathbf{y} \in \mathrm{N}(A)$. 따라서, $\mathrm{N}(A)$는 $\mathbb{R}^n$의 부분공간이다.

부분공간 $\mathrm{N}(A)$를 A의 **영공간**(null space)이라 부른다.

[예제 4.9] $A = \begin{pmatrix} 1 & 2 & 1 & 4 \\ 2 & 5 & 0 & 8 \\ 1 & 3 & -1 & 4 \end{pmatrix}$일 때, $\mathrm{N}(A)$를 구하여라.

풀이 $A\mathbf{x} = \mathbf{0}$을 풀어보면 다음과 같다.

$$\left(\begin{array}{cccc|c}1&2&1&4&0\\2&5&0&8&0\\1&3&-1&4&0\end{array}\right)\to\left(\begin{array}{cccc|c}1&2&1&4&0\\0&1&-2&0&0\\0&1&-2&0&0\end{array}\right)\to\left(\begin{array}{cccc|c}1&2&1&4&0\\0&1&-2&0&0\\0&0&0&0&0\end{array}\right)$$
$$\to\left(\begin{array}{cccc|c}1&0&5&4&0\\0&1&-2&0&0\\0&0&0&0&0\end{array}\right)$$

따라서, x_3, x_4를 $x_3=\alpha$, $x_4=\beta$(α, β는 실수)라 두고 상수항으로 이항하면 $x_1=-5\alpha-4\beta$, $x_2=2\alpha$이므로,

$$\mathbf{x}=\begin{pmatrix}-5\alpha-4\beta\\2\alpha\\\alpha\\\beta\end{pmatrix}=\alpha\begin{pmatrix}-5\\2\\1\\0\end{pmatrix}+\beta\begin{pmatrix}-4\\0\\0\\1\end{pmatrix}$$

즉,

$$\mathrm{N}(A)=\left\{\alpha\begin{pmatrix}-5\\2\\1\\0\end{pmatrix}+\beta\begin{pmatrix}-4\\0\\0\\1\end{pmatrix}\middle|\ \alpha,\ \beta\text{는 실수}\right\}$$

여기서,

$$\mathbf{x}_1=\begin{pmatrix}-5\\2\\1\\0\end{pmatrix},\quad \mathbf{x}_2=\begin{pmatrix}-4\\0\\0\\1\end{pmatrix}$$

라 두면 $\mathrm{N}(A)=\mathrm{Span}(\mathbf{x}_1,\ \mathbf{x}_2)$임을 알 수 있다. □

연습문제 (4.2)

1. 다음 각각이 $\mathbb{R}^2$나 $\mathbb{R}^3$의 부분공간이 되는지 조사하여라.

(a) $S=\left\{\begin{pmatrix}x_1\\x_2\end{pmatrix}\in\mathbb{R}^2\ \middle|\ x_1+x_2=0\right\}$ (b) $S=\left\{\begin{pmatrix}x_1\\x_2\end{pmatrix}\in\mathbb{R}^2\ \middle|\ x_1x_2=0\right\}$

(c) $S=\left\{\begin{pmatrix} x_1 \\ x_2 \\ x_3 \end{pmatrix} \in \mathbb{R}^3 \,\middle|\, x_1+x_2=1\right\}$ (d) $S=\left\{\begin{pmatrix} x_1 \\ x_2 \\ x_3 \end{pmatrix} \in \mathbb{R}^3 \,\middle|\, x_1 \geq 1\right\}$

2. 다음 각각이 $\mathbb{R}^{2\times 2}$의 부분공간이 되는지 조사하여라.

(a) 2×2 대각행렬 전체 집합 (b) 2×2 삼각행렬 전체 집합

(c) 2×2 대칭행렬 전체 집합 (d) 2×2 특이행렬 전체 집합

3. 다음 각 벡터가 $\mathbf{u}=\begin{pmatrix} 1 \\ -1 \\ 1 \end{pmatrix}$, $\mathbf{v}=\begin{pmatrix} 1 \\ 2 \\ 3 \end{pmatrix}$의 일차결합인지 아닌지 보여라.

(a) $\begin{pmatrix} -1 \\ 7 \\ 3 \end{pmatrix}$ (b) $\begin{pmatrix} 3 \\ 3 \\ 3 \end{pmatrix}$

(c) $\begin{pmatrix} 5 \\ 1 \\ 9 \end{pmatrix}$ (d) $\begin{pmatrix} 0 \\ 0 \\ 0 \end{pmatrix}$

4. 다음 각 경우에 주어진 벡터들이 $\mathbb{R}^2$ 또는 $\mathbb{R}^3$를 생성하는지 보여라.

(a) $\begin{pmatrix} 1 \\ 1 \end{pmatrix}, \begin{pmatrix} 2 \\ 3 \end{pmatrix}$ (b) $\begin{pmatrix} 2 \\ 1 \end{pmatrix}, \begin{pmatrix} 4 \\ 2 \end{pmatrix}$

(c) $\begin{pmatrix} 0 \\ 1 \\ 1 \end{pmatrix}, \begin{pmatrix} 1 \\ 0 \\ 1 \end{pmatrix}, \begin{pmatrix} 1 \\ 1 \\ 0 \end{pmatrix}$ (d) $\begin{pmatrix} 2 \\ 1 \\ 2 \end{pmatrix}, \begin{pmatrix} 3 \\ 0 \\ 1 \end{pmatrix}, \begin{pmatrix} 1 \\ 1 \\ 2 \end{pmatrix}$

5. 다음 행렬 A의 영공간 $\mathrm{N}(A)$를 구하여라.

(a) $A=\begin{pmatrix} 2 & 1 \\ 3 & 2 \end{pmatrix}$ (b) $A=\begin{pmatrix} 2 & -1 & -2 \\ 4 & -2 & 3 \end{pmatrix}$

(c) $A=\begin{pmatrix} 1 & -1 & 2 \\ 4 & 2 & 3 \\ 2 & 3 & -1 \end{pmatrix}$ (d) $A=\begin{pmatrix} 2 & -1 & -2 & 1 \\ 4 & -2 & 3 & 4 \\ 6 & -3 & 1 & 2 \end{pmatrix}$

6. 다음 행렬들이 $\mathbb{R}^{2\times 2}$를 생성하는 것을 보여라.

$$E_{11}=\begin{pmatrix} 1 & 0 \\ 0 & 0 \end{pmatrix},\ E_{12}=\begin{pmatrix} 0 & 1 \\ 0 & 0 \end{pmatrix},\ E_{21}=\begin{pmatrix} 0 & 0 \\ 1 & 0 \end{pmatrix},\ E_{22}=\begin{pmatrix} 0 & 0 \\ 0 & 1 \end{pmatrix}$$

7. S를 $\mathbf{e}_1$에 의해 생성되는 $\mathbb{R}^2$의 부분공간, T를 $\mathbf{e}_2$에 의해 생성되는 $\mathbb{R}^2$의 부분공간이라 하자. 이 때, $S \cup T$는 $\mathbb{R}^2$의 부분공간이 되지 않음을 설명하여라.

8. U, V가 벡터공간 W의 부분공간이면, $U \cap V$도 W의 부분공간임을 보여라.

9. 벡터공간 V의 부분공간 U, W에 대하여,

$$U+W=\{\mathbf{u}+\mathbf{w} \mid \mathbf{u} \in U,\ \mathbf{w} \in W\}$$

는 V의 부분공간이 됨을 보여라.

4.3 일차독립과 일차종속 (Linearly independency and linearly dependency)

<일차독립과 일차종속의 정의>

벡터공간 V에 속하는 벡터 $\mathbf{v}_1$, $\mathbf{v}_2$, $\cdots$, $\mathbf{v}_n$을 생각하자. 이 벡터들 가운데 어떤 한 벡터를 나머지 벡터들의 일차결합으로 나타낼 수 있을 때, 이 벡터 $\mathbf{v}_1$, $\mathbf{v}_2$, $\cdots$, $\mathbf{v}_n$은 **일차종속(linearly dependent)**이라고 한다. 이 벡터들이 일차종속일 조건은 적어도 하나는 0이 아닌 어떤 스칼라 x_1, x_2, $\cdots$, x_n에 대하여,

$$x_1\mathbf{v}_1+x_2\mathbf{v}_2+\cdots+x_n\mathbf{v}_n=\mathbf{0}.$$

일차종속이 아닌 경우 즉, 벡터 $\mathbf{v}_1$, $\mathbf{v}_2$, $\cdots$, $\mathbf{v}_n$ 가운데 어느 것도 나머지 벡터들의 일차결합으로 나타낼 수 없을 때, $\mathbf{v}_1$, $\mathbf{v}_2$, $\cdots$, $\mathbf{v}_n$은 **일차독립(linearly independent)**이라고 하며, 이 경우는 다음과 동치이다.

임의의 스칼라 x_1, x_2, $\cdots$, x_n에 대하여,

$$x_1\mathbf{v}_1+x_2\mathbf{v}_2+\cdots+x_n\mathbf{v}_n=\mathbf{0}\text{이면 } x_1=x_2=\cdots=x_n=0$$

이것을 정리하면 다음과 같다.

[정리 4.5] 벡터공간 V의 벡터 $\mathbf{v}_1, \mathbf{v}_2, \cdots, \mathbf{v}_n$이 일차종속일 필요충분조건은 적어도 하나는 0이 아닌 어떤 스칼라 $x_1, x_2, \cdots, x_n$에 대하여,

$$x_1\mathbf{v}_1 + x_2\mathbf{v}_2 + \cdots + x_n\mathbf{v}_n = \mathbf{0}$$

[정리 4.6] 벡터공간 V의 벡터 $\mathbf{v}_1, \mathbf{v}_2, \cdots, \mathbf{v}_n$이 일차독립일 필요충분조건은 임의의 스칼라 $x_1, x_2, \cdots, x_n$에 대하여,

$$x_1\mathbf{v}_1 + x_2\mathbf{v}_2 + \cdots + x_n\mathbf{v}_n = \mathbf{0} \text{이면 } x_1 = x_2 = \cdots = x_n = 0$$

<유클리드 벡터의 일차독립과 일차종속>

[예제 4.10] 벡터 $\begin{pmatrix}1\\1\end{pmatrix}$, $\begin{pmatrix}1\\2\end{pmatrix}$는 일차독립임을 보여라.

풀이 $x_1\begin{pmatrix}1\\1\end{pmatrix} + x_2\begin{pmatrix}1\\2\end{pmatrix} = \begin{pmatrix}0\\0\end{pmatrix}$이라면

$$\begin{cases} x_1 + x_2 = 0 \\ x_1 + 2x_2 = 0 \end{cases}$$

이 연립일차방정식의 계수행렬 $\begin{pmatrix}1 & 1\\1 & 2\end{pmatrix}$는 정칙이므로, 유일한 해를 가지고 $x_1 = 0$, $x_2 = 0$이다. 따라서, 두 벡터는 일차독립이다. □

사실, 벡터 $\begin{pmatrix}1\\2\end{pmatrix}$는 벡터 $\begin{pmatrix}1\\1\end{pmatrix}$의 스칼라 배가 될 수 없으므로 직관적으로 바로 $\begin{pmatrix}1\\1\end{pmatrix}$와 $\begin{pmatrix}1\\2\end{pmatrix}$는 일차독립임을 알 수 있다. 그러나 예제 4.10의 풀이는 다음 예제와 함께, 주어진 여러 개의 벡터들이 일차독립인지 일차종속인지를 밝히는 일반적인 방법을 보여준다.

[예제 4.11] $\mathbf{v}_1 = \begin{pmatrix}4\\2\\3\end{pmatrix}$, $\mathbf{v}_2 = \begin{pmatrix}2\\3\\1\end{pmatrix}$, $\mathbf{v}_3 = \begin{pmatrix}2\\-5\\3\end{pmatrix}$가 일차종속임을 보여라.

풀이 $x_1\mathbf{v}_1+x_2\mathbf{v}_2+x_3\mathbf{v}_3=\mathbf{0}$라 하면, 다음 연립일차방정식을 얻는다.

$$\begin{pmatrix}4\\2\\3\end{pmatrix}x_1+\begin{pmatrix}2\\3\\1\end{pmatrix}x_2+\begin{pmatrix}2\\-5\\3\end{pmatrix}x_3=0$$

이 연립일차방정식의 계수행렬 $A=\begin{pmatrix}4&2&2\\2&3&-5\\3&1&3\end{pmatrix}$는 $\mathbf{v}_1$, $\mathbf{v}_2$, $\mathbf{v}_3$을 각각 제1열, 제2열, 제3열로 갖는 행렬 $(\mathbf{v}_1, \mathbf{v}_2, \mathbf{v}_3)$와 같다. 한편,

$$\det(A)=\begin{vmatrix}4&2&2\\2&3&-5\\3&1&3\end{vmatrix}=0$$

이므로 A는 정칙이 아니다. 따라서, 위 연립일차방정식은 무수히 많은 해를 갖는다. 즉, $x_1\mathbf{v}_1+x_2\mathbf{v}_2+x_3\mathbf{v}_3=\mathbf{0}$를 만족하는 적어도 하나는 0이 아닌 스칼라 x_1, x_2, x_3이 존재하므로 주어진 세 벡터는 일차종속이다. □

앞의 예제에서 관찰한 원리는 다음과 같이 일반화 할 수 있다.

$\mathbf{v}_1$, $\mathbf{v}_2$, …, $\mathbf{v}_n$을 $\mathbb{R}^m$의 n개의 벡터라 하자. 이 벡터들의 일차독립성의 조건을 얻기 위하여, 동차 연립일차방정식 $x_1\mathbf{v}_1+x_2\mathbf{v}_2+\cdots+x_3\mathbf{v}_n=\mathbf{0}$을 생각하자. 이 연립일차방정식의 해가 유일하면 즉, $x_1=x_2=\cdots=x_n=0$이면 $\mathbf{v}_1$, $\mathbf{v}_2$, …, $\mathbf{v}_n$은 일차독립이고, 해가 유일하지 않으면 일차종속이다.

예를 들어, $m<n$일 때 이 연립일차방정식은 무수히 많은 해를 가지고, 따라서, 문제의 벡터들은 항상 일차종속임을 알 수 있다.

[정리 4.7] $\mathbb{R}^n$의 n개의 벡터

$$\mathbf{v}_1=\begin{pmatrix}a_{11}\\a_{21}\\\vdots\\a_{n1}\end{pmatrix},\ \mathbf{v}_2=\begin{pmatrix}a_{12}\\a_{22}\\\vdots\\a_{n2}\end{pmatrix},\ \cdots,\ \mathbf{v}_n=\begin{pmatrix}a_{1n}\\a_{2n}\\\vdots\\a_{nn}\end{pmatrix}$$

이 일차독립일 필요충분조건은

$$\begin{vmatrix} a_{11} & a_{12} & \cdots & a_{1n} \\ a_{21} & a_{22} & \cdots & a_{2n} \\ \vdots & \vdots & \ddots & \vdots \\ a_{n1} & a_{n2} & \cdots & a_{nn} \end{vmatrix} \neq 0$$

[예제 4.12] $\mathbf{v}_1 = \begin{pmatrix} 1 \\ 0 \\ 0 \end{pmatrix}$, $\mathbf{v}_2 = \begin{pmatrix} 1 \\ 1 \\ 0 \end{pmatrix}$, $\mathbf{v}_3 = \begin{pmatrix} 1 \\ 1 \\ 1 \end{pmatrix}$가 일차독립인지 일차종속인지를 결정하여라.

풀이 $\begin{vmatrix} 1 & 1 & 1 \\ 0 & 1 & 1 \\ 0 & 0 & 1 \end{vmatrix} = 1 \neq 0$이므로 $\mathbf{v}_1$, $\mathbf{v}_2$, $\mathbf{v}_3$는 일차독립이다. □

[예제 4.13] 임의의 실수 a, b, c에 대하여, 세 벡터

$$\begin{pmatrix} 1 \\ a \\ b+c \end{pmatrix}, \begin{pmatrix} 1 \\ b \\ c+a \end{pmatrix}, \begin{pmatrix} 1 \\ c \\ a+b \end{pmatrix}$$

가 일차종속임을 보여라.

풀이 $\begin{vmatrix} 1 & 1 & 1 \\ a & b & c \\ b+c & c+a & a+b \end{vmatrix} = \begin{vmatrix} 1 & 1 & 1 \\ a & b & c \\ a+b+c & a+b+c & a+b+c \end{vmatrix} = 0$

이므로 세 벡터는 일차종속이다. □

[정리 4.8] 벡터공간 V를 생성하는 m개의 벡터들이 존재하면 m보다 많은 개수의 V의 임의의 벡터들은 일차종속이다.

연습문제 (4.3)

1. 다음 벡터들이 일차독립인가 일차종속인가를 밝혀라.

   (a) $\begin{pmatrix}1\\2\end{pmatrix}, \begin{pmatrix}2\\3\end{pmatrix}$　　(b) $\begin{pmatrix}2\\3\end{pmatrix}, \begin{pmatrix}4\\6\end{pmatrix}$

   (c) $\begin{pmatrix}-1\\2\end{pmatrix}, \begin{pmatrix}1\\-2\end{pmatrix}$　　(d) $\begin{pmatrix}-1\\2\end{pmatrix}, \begin{pmatrix}3\\1\end{pmatrix}, \begin{pmatrix}2\\4\end{pmatrix}$

   (e) $\begin{pmatrix}0\\1\\1\end{pmatrix}, \begin{pmatrix}1\\0\\1\end{pmatrix}$　　(f) $\begin{pmatrix}3\\6\\9\end{pmatrix}, \begin{pmatrix}2\\4\\6\end{pmatrix}$

   (g) $\begin{pmatrix}0\\1\\1\end{pmatrix}, \begin{pmatrix}1\\0\\1\end{pmatrix}, \begin{pmatrix}1\\1\\0\end{pmatrix}$　　(h) $\begin{pmatrix}0\\1\\1\end{pmatrix}, \begin{pmatrix}1\\0\\1\end{pmatrix}, \begin{pmatrix}1\\1\\0\end{pmatrix}, \begin{pmatrix}1\\2\\3\end{pmatrix}$

   (i) $\begin{pmatrix}2\\1\\-2\end{pmatrix}, \begin{pmatrix}1\\0\\1\end{pmatrix}, \begin{pmatrix}4\\2\\-4\end{pmatrix}$　　(j) $\begin{pmatrix}0\\1\\1\end{pmatrix}, \begin{pmatrix}1\\0\\1\end{pmatrix}, \begin{pmatrix}1\\1\\0\end{pmatrix}, \begin{pmatrix}1\\2\\3\end{pmatrix}$

2. 다음 행렬들이 일차독립인가 일차종속인가를 밝혀라.

   (a) $\begin{pmatrix}1&0\\1&1\end{pmatrix}, \begin{pmatrix}0&1\\0&0\end{pmatrix}$　　(b) $\begin{pmatrix}1&0\\0&1\end{pmatrix}, \begin{pmatrix}0&1\\0&0\end{pmatrix}, \begin{pmatrix}2&1\\0&2\end{pmatrix}$

   (c) $\begin{pmatrix}1&2\\3&1\end{pmatrix}, \begin{pmatrix}1&-5\\3&0\end{pmatrix}, \begin{pmatrix}1&-3\\2&1\end{pmatrix}$　　(d) $\begin{pmatrix}1&2&-3\\6&-5&2\end{pmatrix}, \begin{pmatrix}6&-5&2\\1&2&-3\end{pmatrix}$

3. 벡터 $\begin{pmatrix}1\\a\\a^2\end{pmatrix}, \begin{pmatrix}1\\b\\b^2\end{pmatrix}, \begin{pmatrix}1\\c\\c^2\end{pmatrix}$가 일차독립이 되기 위한 실수 a, b, c의 조건을 구하여라.

4. $\mathbb{R}^3$의 세 벡터 $\mathbf{x}$, $\mathbf{y}$, $\mathbf{z}$ 가운데 임의의 두 벡터가 일차독립이면 $\mathbf{x}$, $\mathbf{y}$, $\mathbf{z}$는 일차독립인가?

5. $n\times n$ 행렬 A가 정칙일 때, $\mathbb{R}^n$의 벡터 $\mathbf{x}_1, \mathbf{x}_2, \cdots, \mathbf{x}_k$가 일차독립이면 $\mathbb{R}^n$의 벡터 $A\mathbf{x}_1, A\mathbf{x}_2, \cdots, A\mathbf{x}_k$도 일차독립임을 증명하여라.

6. 벡터 $\mathbf{v}$가 벡터 $\mathbf{v}_1, \mathbf{v}_2, \cdots, \mathbf{v}_k$의 일차결합이면 $\mathbf{v}, \mathbf{v}_1, \mathbf{v}_2, \cdots, \mathbf{v}_k$는 일차종속임을 증명하여라.

7. $\mathbf{v}_1, \mathbf{v}_2, \cdots, \mathbf{v}_k$가 벡터공간 V의 일차독립인 벡터이면 $\mathbf{v}_2, \cdots, \mathbf{v}_k$는 V를 생성할

수 없음을 증명하여라.

8. 벡터 $\mathbf{v}_1$, $\mathbf{v}_2$, $\mathbf{v}_3$가 일차독립이면 $\mathbf{v}_1$, $\mathbf{v}_1+\mathbf{v}_2$, $\mathbf{v}_1+\mathbf{v}_2+\mathbf{v}_3$도 일차독립임을 증명하여라.

4.4 기저와 차원(Basis and dimension)

벡터공간은 일부의 벡터들에 의하여 생성되므로 그 벡터공간을 생성하는 최소한의 벡터들 즉, 벡터공간의 '바탕'을 형성하는 벡터들을 생각하는 것은 매우 자연스럽고, 이것은 실제로 벡터공간의 효과적인 취급을 가능하게 한다. 기저의 판정법과 성질을 조사하고, 벡터공간의 차원의 개념을 살펴보자.

> [정의 4.2] 벡터공간 V의 벡터 $\mathbf{v}_1, \mathbf{v}_2, \cdots, \mathbf{v}_n$에 대하여,
> (1) $\mathbf{v}_1, \mathbf{v}_2, \cdots, \mathbf{v}_n$이 V를 생성하고
> (2) $\mathbf{v}_1, \mathbf{v}_2, \cdots, \mathbf{v}_n$이 일차독립일 때, $\mathbf{v}_1, \mathbf{v}_2, \cdots, \mathbf{v}_n$을 V의 기저(basis)라고 한다.

V의 벡터 $\mathbf{v}_1, \mathbf{v}_2, \cdots, \mathbf{v}_n$이 V의 기저라는 것은 V의 임의의 벡터를 $\mathbf{v}_1, \mathbf{v}_2, \cdots, \mathbf{v}_n$의 일차결합으로 유일하게 나타낼 수 있음을 의미한다.

이것을 보이기 위하여 V의 임의의 벡터를 $\mathbf{v}$라 하자. 먼저, V의 기저 $\mathbf{v}_1, \mathbf{v}_2, \cdots, \mathbf{v}_n$은 V를 생성하므로 $\mathbf{v}$는 기저 벡터들의 일차결합으로 나타낼 수 있다. 즉,

$$\mathbf{v}=\alpha_1\mathbf{v}_1+\alpha_2\mathbf{v}_2+\cdots+\alpha_n\mathbf{v}_n$$

인 스칼라 $\alpha_1, \alpha_2, \cdots, \alpha_n$이 존재한다. $\mathbf{v}_1, \mathbf{v}_2, \cdots, \mathbf{v}_n$이 일차독립이라는 사실을 이용하여 이 스칼라 $\alpha_1, \alpha_2, \cdots, \alpha_n$이 각각 $\mathbf{v}$에 의하여 유일하게 결정됨을 보이자.

$\mathbf{v}$를 다음과 같이 일차결합으로 나타낼 수 있다고 하자.

$$\mathbf{v}=\beta_1\mathbf{v}_1+\beta_2\mathbf{v}_2+\cdots+\beta_n\mathbf{v}_n$$

두 식을 빼서 다음을 얻는다.

$$(\alpha_1-\beta_1)\mathbf{v}_1+(\alpha_2-\beta_2)\mathbf{v}_2+\cdots+(\alpha_n-\beta_n)\mathbf{v}_n=\mathbf{0}$$

$\mathbf{v}_1$, $\mathbf{v}_2$, ⋯, $\mathbf{v}_n$이 일차독립이므로, 위 식의 모든 계수들이 모두 0이어야 한다. 따라서,

$$\alpha_1=\beta_1,\ \alpha_2=\beta_2,\ \cdots,\ \alpha_n=\beta_n$$

즉, $\mathbf{v}$는 기저의 벡터들의 일차결합으로 유일하게 표시된다.

역으로, V의 임의의 벡터 $\mathbf{v}$를 $\mathbf{v}_1$, $\mathbf{v}_2$, ⋯, $\mathbf{v}_n$의 일차결합으로 유일하게 나타낼 수 있으면 $\mathbf{v}_1$, $\mathbf{v}_2$, ⋯, $\mathbf{v}_n$은 V의 기저임을 보이자. 먼저, V의 임의의 벡터를 $\mathbf{v}_1$, $\mathbf{v}_2$, ⋯, $\mathbf{v}_n$의 일차결합으로 나타낼 수 있으므로 이 벡터들은 V를 생성한다. 만약, $\mathbf{v}_1$, $\mathbf{v}_2$, ⋯, $\mathbf{v}_n$이 일차종속이라 하면, 적어도 하나는 0이 아닌 어떤 스칼라 x_1, x_2, ⋯, x_n에 대하여,

$$x_1\mathbf{v}_1+x_2\mathbf{v}_2+\cdots+x_n\mathbf{v}_n=\mathbf{0}$$

이다. 따라서, $\mathbf{v}_1$, $\mathbf{v}_2$, ⋯, $\mathbf{v}_n$이 일차종속이면, $\mathbf{v}$는

$$\mathbf{v}=\alpha_1\mathbf{v}_1+\alpha_2\mathbf{v}_2+\cdots+\alpha_n\mathbf{v}_n$$

와

$$\mathbf{v}=(\alpha_1+x_1)\mathbf{v}_1+(\alpha_2+x_2)\mathbf{v}_2+\cdots+(\alpha_n+x_n)\mathbf{v}_n$$

와 같이 서로 다른 형태의 일차결합으로 표시된다. 따라서, $\mathbf{v}_1$, $\mathbf{v}_2$, ⋯, $\mathbf{v}_n$은 일차독립이므로 V의 기저이다.

보통 기저는 $\{\mathbf{v}_1, \mathbf{v}_2, \cdots, \mathbf{v}_n\}$과 같이 집합으로 나타내기도 하지만, 때로는 기저를 이루는 벡터의 배열 순서가 다를 때 서로 다른 기저로 취급할 필요가 있으므로, 이 경우 $[\mathbf{v}_1, \mathbf{v}_2, \cdots, \mathbf{v}_n]$과 같이 나타내고 순서기저(ordered basis)라 한다.

벡터

$$\mathbf{e}_1=\begin{pmatrix}1\\0\\\vdots\\0\end{pmatrix},\ \mathbf{e}_2=\begin{pmatrix}0\\1\\\vdots\\0\end{pmatrix},\ \cdots,\ \mathbf{e}_n=\begin{pmatrix}0\\0\\\vdots\\1\end{pmatrix}$$

은 $\mathbb{R}^n$의 임의의 벡터 $\mathbf{x}=\begin{pmatrix} x_1 \\ x_2 \\ \vdots \\ x_n \end{pmatrix}$을 $\mathbf{x}=x_1\mathbf{e}_1+x_2\mathbf{e}_2+\cdots+x_n\mathbf{e}_n$과 같이 유일하게 표현할 수 있으므로 $\mathbf{e}_1$, $\mathbf{e}_2$, $\cdots$, $\mathbf{e}_n$은 $\mathbb{R}^n$의 기저이며, 또한 이것은 $\mathbb{R}^n$의 가장 기본적이고 자연스런 기저라 할 수 있다. 이와 같이 벡터공간의 벡터들을 가장 자연스럽게 나타낼 수 있는 기저를 그 벡터공간의 **표준기저**(standard basis)라 한다.

[예제 4.14] $E_{11}=\begin{pmatrix} 1 & 0 \\ 0 & 0 \end{pmatrix}$, $E_{12}=\begin{pmatrix} 0 & 1 \\ 0 & 0 \end{pmatrix}$, $E_{21}=\begin{pmatrix} 0 & 0 \\ 1 & 0 \end{pmatrix}$, $E_{22}=\begin{pmatrix} 0 & 0 \\ 0 & 1 \end{pmatrix}$는 벡터공간 $\mathbb{R}^{2\times 2}$의 표준기저이다.

풀이 $\mathbb{R}^{2\times 2}$의 임의의 벡터 $\begin{pmatrix} a & b \\ c & d \end{pmatrix}$는 아래와 같이 E_{11}, E_{12}, E_{21}, E_{22}의 일차결합으로 유일하게 나타낼 수 있고, 가장 자연스러운 경우이다.

$$\begin{aligned}\begin{pmatrix} a & b \\ c & d \end{pmatrix} &= a\begin{pmatrix} 1 & 0 \\ 0 & 0 \end{pmatrix}+b\begin{pmatrix} 0 & 1 \\ 0 & 0 \end{pmatrix}+c\begin{pmatrix} 0 & 0 \\ 1 & 0 \end{pmatrix}+d\begin{pmatrix} 0 & 0 \\ 0 & 1 \end{pmatrix} \\ &= aE_{11}+bE_{12}+cE_{21}+dE_{22}\end{aligned}$$

[예제 4.15] $\begin{pmatrix} 1 \\ 0 \\ 0 \end{pmatrix}$, $\begin{pmatrix} 0 \\ 1 \\ 0 \end{pmatrix}$, $\begin{pmatrix} 0 \\ 0 \\ 1 \end{pmatrix}$와 $\begin{pmatrix} 1 \\ 1 \\ 1 \end{pmatrix}$, $\begin{pmatrix} 1 \\ 1 \\ 0 \end{pmatrix}$, $\begin{pmatrix} 1 \\ 0 \\ 0 \end{pmatrix}$는 둘 다 $\mathbb{R}^3$의 기저이다.

풀이 $\begin{pmatrix} 1 \\ 0 \\ 0 \end{pmatrix}$, $\begin{pmatrix} 0 \\ 1 \\ 0 \end{pmatrix}$, $\begin{pmatrix} 0 \\ 0 \\ 1 \end{pmatrix}$은 $\mathbb{R}^3$의 표준기저임을 이미 살펴보았다. 한편, 두 번째의 세 벡터를 차례로 열벡터로 갖는 행렬

$$A=\begin{pmatrix} 1 & 1 & 1 \\ 1 & 1 & 0 \\ 1 & 0 & 0 \end{pmatrix}$$

는 정칙이므로, 임의의 $\mathbb{R}^3$의 벡터 $\mathbf{b}$에 대하여 연립일차방정식 $A\mathbf{x}=\mathbf{b}$는 꼭 한 개의 해를 갖는다. 그 해를 $\mathbf{x}=\begin{pmatrix} x_1 \\ x_2 \\ x_3 \end{pmatrix}$라 하면

$$\mathbf{b} = x_1\begin{pmatrix}1\\1\\1\end{pmatrix} + x_2\begin{pmatrix}1\\1\\0\end{pmatrix} + x_3\begin{pmatrix}1\\0\\0\end{pmatrix}$$

이므로, 이것은 $\mathbb{R}^3$의 임의의 벡터가 이 세 벡터의 일차결합으로 유일하게 표현됨을 나타낸다. 즉, 세 벡터 $\begin{pmatrix}1\\1\\1\end{pmatrix}$, $\begin{pmatrix}1\\1\\0\end{pmatrix}$, $\begin{pmatrix}1\\0\\0\end{pmatrix}$도 $\mathbb{R}^3$의 기저이다. □

이와 같이 벡터공간의 기저는 여러 가지가 있을 수 있으나, 그 기저를 이루는 벡터의 개수는 한 벡터공간에 대하여 항상 같음을 다음 정리에서 알 수 있다.

> [정리 4.9] $\mathbf{v}_1, \mathbf{v}_2, \cdots, \mathbf{v}_m$과 $\mathbf{u}_1, \mathbf{u}_2, \cdots, \mathbf{u}_n$이 각각 벡터공간 V의 기저이면, $n=m$이다.

> [정의 4.3] 벡터공간 V가 n개의 벡터들로 이루어진 기저를 가지면, V의 **차원**(dimension)을 n으로 정의하고 $\dim(V)=n$과 같이 나타낸다. 부분공간 $\{\mathbf{0}\}$의 차원은 0이다.

[예제 4.16] n개의 벡터인 $\mathbf{e}_1, \mathbf{e}_2, \cdots, \mathbf{e}_n$이 $\mathbb{R}^n$의 기저이므로 $\mathbb{R}^n$의 차원은 n이다.

[예제 4.17] $A=\begin{pmatrix}1 & 1 & 1 & 0\\2 & 1 & 0 & 1\end{pmatrix}$일 때, 영공간 $\mathrm{N}(A)$의 기저와 차원을 구하여라.

풀이 연립일차방정식 $A\mathbf{x}=\mathbf{0}$를 생각하자.

$$\left(\begin{array}{cccc|c}1 & 1 & 1 & 0 & 0\\2 & 1 & 0 & 1 & 0\end{array}\right) \to \left(\begin{array}{cccc|c}1 & 1 & 1 & 0 & 0\\0 & -1 & -2 & 1 & 0\end{array}\right) \to \left(\begin{array}{cccc|c}1 & 0 & -1 & 1 & 0\\0 & 1 & 2 & -1 & 0\end{array}\right)$$

$x_3=\alpha$, $x_4=\beta(\alpha, \beta$는 실수)라 두면 $x_1=\alpha-\beta$, $x_2=\beta-2\alpha$. 따라서,

$$\mathbf{x}=\begin{pmatrix}\alpha-\beta\\\beta-2\alpha\\\alpha\\\beta\end{pmatrix}=\alpha\begin{pmatrix}1\\-2\\1\\0\end{pmatrix}+\beta\begin{pmatrix}-1\\1\\0\\1\end{pmatrix}$$

즉, $\mathrm{N}(A)$는 일차독립인 다음 두 벡터에 의하여 생성된다.

$$\mathbf{x}_1 = \begin{pmatrix} 1 \\ -2 \\ 1 \\ 0 \end{pmatrix}, \ \mathbf{x}_2 = \begin{pmatrix} -1 \\ 1 \\ 0 \\ 1 \end{pmatrix}$$

따라서, $\mathbf{x}_1$, $\mathbf{x}_2$는 영공간 $\mathrm{N}(A)$의 기저이며 $\dim(\mathrm{N}(A)) = 2$이다. □

먼저 일차독립에 관한 다음 성질을 살펴보자.

> **[정리 4.10]** 벡터공간 V의 벡터 $\mathbf{v}_1, \mathbf{v}_2, \cdots, \mathbf{v}_n$이 일차독립일 때, $\mathbf{v}_1, \mathbf{v}_2, \cdots, \mathbf{v}_n, \mathbf{v}$가 일차종속인 V의 벡터 $\mathbf{v}$는 $\mathbf{v}_1, \mathbf{v}_2, \cdots, \mathbf{v}_n$의 일차결합이다.

이제, 일차독립에 관한 다음의 중요한 성질을 살펴보자.

> **[정리 4.11]** 차원이 $n>0$인 벡터공간 V에 대하여,
> (1) 일차독립인 V의 임의의 n개의 벡터는 V를 생성한다.
> (2) V를 생성하는 임의의 n개의 벡터는 일차독립이다.

[예제 4.18] 세 벡터 $\begin{pmatrix} 1 \\ 2 \\ 3 \end{pmatrix}, \begin{pmatrix} -2 \\ 1 \\ 0 \end{pmatrix}, \begin{pmatrix} 1 \\ 0 \\ 1 \end{pmatrix}$은 $\mathbb{R}^3$의 기저임을 보여라.

풀이 $\dim(\mathbb{R}^3) = 3$이므로 이 세 벡터들이 일차독립임을 보이면 된다. $\begin{vmatrix} 1 & -2 & 1 \\ 2 & 1 & 0 \\ 3 & 0 & 1 \end{vmatrix} = 2$이므로 이 세 벡터들은 일차독립이다. □

[예제 4.19] (1) $\mathbf{x}_1, \mathbf{x}_2, \mathbf{x}_3$에 의하여 생성되는 $\mathbb{R}^3$의 부분공간의 기저를 구하여라.
(2) $\mathbf{x}_1, \mathbf{x}_2$를 포함하는 $\mathbb{R}^3$의 한 기저를 구하여라.

풀이 (1) $\det(\mathbf{x}_1, \mathbf{x}_2, \mathbf{x}_3) = \begin{vmatrix} 1 & 3 & 2 \\ 1 & -1 & 6 \\ 1 & 4 & 1 \end{vmatrix} = \begin{vmatrix} 1 & 3 & 1 \\ 0 & -4 & 4 \\ 0 & 1 & -1 \end{vmatrix} = 0$이므로

$\mathbf{x}_1$, $\mathbf{x}_2$, $\mathbf{x}_3$는 일차종속이다. 사실, $\mathbf{x}_2+\mathbf{x}_3=5\mathbf{x}_1$이다. 한편, $\mathbf{x}_1$, $\mathbf{x}_2$는 일차독립이고, $\mathrm{Span}(\mathbf{x}_1, \mathbf{x}_2, \mathbf{x}_3)=\mathrm{Span}(\mathbf{x}_1, \mathbf{x}_2)$이므로 구하는 기저는 $\mathbf{x}_1$, $\mathbf{x}_2$이다.

(2) $\det(\mathbf{x}_1, \mathbf{x}_2, \mathbf{x})\neq 0$인 $\mathbb{R}^3$의 한 벡터 $\mathbf{x}$를 구하면 된다. 예를 들어, $\mathbf{x}=\begin{pmatrix}0\\0\\1\end{pmatrix}$라 두면,

$\det(\mathbf{x}_1, \mathbf{x}_2, \mathbf{x})=\begin{vmatrix}1 & 3 & 0\\ 1 & -1 & 0\\ 1 & 4 & 1\end{vmatrix}\neq 0$이므로 $\mathbf{x}_1$, $\mathbf{x}_2$, $\mathbf{x}$는 $\mathbb{R}^3$의 기저이다. □

연습문제 (4.4)

1. 다음 벡터들에 의하여 생성되는 $\mathbb{R}^2$의 부분공간의 차원을 구하여라. 또, 이 벡터들이 $\mathbb{R}^2$의 기저를 형성하는가를 조사하여라.

(a) $\begin{pmatrix}1\\2\end{pmatrix}, \begin{pmatrix}2\\3\end{pmatrix}$　　(b) $\begin{pmatrix}2\\3\end{pmatrix}, \begin{pmatrix}4\\6\end{pmatrix}$

(c) $\begin{pmatrix}-1\\2\end{pmatrix}, \begin{pmatrix}1\\-2\end{pmatrix}$　　(d) $\begin{pmatrix}-1\\2\end{pmatrix}, \begin{pmatrix}3\\1\end{pmatrix}, \begin{pmatrix}2\\4\end{pmatrix}$

2. 다음 벡터들에 의하여 생성되는 $\mathbb{R}^3$의 부분공간의 차원을 구하여라. 또, 이 벡터들이 $\mathbb{R}^3$의 기저를 형성하는가를 조사하여라.

(a) $\begin{pmatrix}0\\1\\1\end{pmatrix}, \begin{pmatrix}1\\0\\1\end{pmatrix}$　　(b) $\begin{pmatrix}0\\1\\1\end{pmatrix}, \begin{pmatrix}1\\0\\1\end{pmatrix}, \begin{pmatrix}1\\1\\0\end{pmatrix}$

(c) $\begin{pmatrix}2\\1\\-2\end{pmatrix}, \begin{pmatrix}1\\0\\1\end{pmatrix}, \begin{pmatrix}4\\2\\-4\end{pmatrix}$　　(d) $\begin{pmatrix}0\\1\\1\end{pmatrix}, \begin{pmatrix}1\\0\\1\end{pmatrix}, \begin{pmatrix}1\\1\\0\end{pmatrix}, \begin{pmatrix}1\\2\\3\end{pmatrix}$

3. 다음 행렬들에 의하여 생성되는 $\mathbb{R}^{2\times 2}$의 부분공간의 차원을 구하여라. 또, 이 행렬들이 $\mathbb{R}^{2\times 2}$의 기저를 형성하는가를 조사하여라.

(a) $\begin{pmatrix}1 & 0\\ 1 & 1\end{pmatrix}, \begin{pmatrix}0 & 1\\ 0 & 0\end{pmatrix}$　　(b) $\begin{pmatrix}1 & 0\\ 0 & 1\end{pmatrix}, \begin{pmatrix}0 & 1\\ 0 & 0\end{pmatrix}, \begin{pmatrix}2 & 1\\ 0 & 2\end{pmatrix}$

4. $\mathbf{x}_1=\begin{pmatrix}1\\-1\\1\end{pmatrix}$, $\mathbf{x}_2=\begin{pmatrix}1\\0\\2\end{pmatrix}$, $\mathbf{x}_3=\begin{pmatrix}a\\0\\b\end{pmatrix}$가 $\mathbb{R}^3$를 생성하도록 실수 a, b의 조건을 구하여라.

5. $\mathbf{x}_1=\begin{pmatrix}1\\2\\2\end{pmatrix}$, $\mathbf{x}_2=\begin{pmatrix}2\\5\\4\end{pmatrix}$, $\mathbf{x}_3=\begin{pmatrix}1\\3\\2\end{pmatrix}$, $\mathbf{x}_4=\begin{pmatrix}2\\7\\4\end{pmatrix}$, $\mathbf{x}_5=\begin{pmatrix}1\\1\\0\end{pmatrix}$는 $\mathbb{R}^3$을 생성한다. 여기서 몇 개의 벡터를 제거하여 $\mathbb{R}^3$의 기저가 되도록 하여라.

6. (i) $T=\begin{pmatrix}1&1&0&1\\0&1&1&0\\0&1&0&0\\1&0&0&0\end{pmatrix}$일 때, 영공간 $N(T)$의 기저와 차원을 구하여라.

(ii) $S=\begin{pmatrix}0&0&0&1\\0&0&1&0\\0&1&1&0\\1&0&1&1\end{pmatrix}$일 때, 영공간 $N(S)$의 기저와 차원을 구하여라.

(iii) $N(T)\cap N(S)$를 구하여라.

4.5 행렬의 계수(Ranks of matrices)

[정의 4.4] (행렬의 행공간과 열공간)
$m\times n$ 행렬 A에 대하여, A의 행벡터들에 의해서 생성되는 $\mathbb{R}^m$의 부분공간을 A의 행공간(row space)이라 하고, $\mathrm{R}(A)$로 나타낸다. A의 열벡터들에 의해서 생성되는 $\mathbb{R}^m$의 부분공간을 A의 열공간(column space)이라 하고, $\mathrm{C}(A)$로 나타낸다.

[예제 4.20] $A=\begin{pmatrix}1&2&3\\2&-3&0\\-1&4&1\end{pmatrix}$의 열공간은

$$\mathrm{C}(A)=\mathrm{Span}\left(\begin{pmatrix}1\\2\\-1\end{pmatrix},\begin{pmatrix}2\\-3\\4\end{pmatrix},\begin{pmatrix}3\\0\\1\end{pmatrix}\right)$$

이고 행공간은

$$\mathrm{R}(A)=\mathrm{Span}\left(\begin{pmatrix}1\\2\\3\end{pmatrix}, \begin{pmatrix}2\\-3\\0\end{pmatrix}, \begin{pmatrix}-1\\4\\1\end{pmatrix}\right)$$

이다.

$m\times n$ 행렬 A의 행공간은 $\mathbb{R}^n$의 부분공간으로 A의 행벡터들에 의하여 생성되는 $\mathbb{R}^{1\times n}$의 부분공간과 표현이 다를 뿐 본질적으로 같은 개념이다.

$m\times n$ 행렬 A의 열벡터를 차례로 $A_1, A_2, \cdots, A_n$라 할 때, 임의의 스칼라 $x_1, x_2, \cdots, x_n$에 대하여

$$x_1A_1+x_2A_2+\cdots+x_nA_n\in\mathrm{C}(A)$$

이 때, $X=\begin{pmatrix}x_1\\x_2\\\vdots\\x_n\end{pmatrix}$이라 두면

$$x_1A_1+x_2A_2+\cdots+x_nA_n=AX$$

이므로

$$\mathrm{C}(A)=\{AX\mid X\in\mathbb{R}^n\}$$

이것을 정리하면 다음과 같다.

[정리 4.12] $m\times n$ 행렬 A의 열공간은 $\mathrm{C}(A)=\{AX \mid X\in\mathbb{R}^n\}$

연립일차방정식 $A\mathbf{x}=\mathbf{b}$의 해를 $\mathbf{x}=X$라 하면 $AX=\mathbf{b}$이고 $X\in\mathbb{R}^n$이므로 $\mathbf{b}$가 A의 열공간에 속함을 알 수 있다. 한편, $\mathbf{b}$가 A의 열공간에 속하면 연립일차방정식 $A\mathbf{x}=\mathbf{b}$는 반드시 해를 갖는다. 이 사실을 정리하면 다음과 같다.

[정리 4.13] (연립일차방정식의 해의 존재성 정리)
연립일차방정식 $A\mathbf{x}=\mathbf{b}$가 해를 가질 필요충분조건은 $\mathbf{b}$가 A의 열공간에 속하는 것이다.

$m \times n$ 행렬 A에 기본열연산을 시행하여 얻은 행렬을 B라 하면 $B=AE$인 n차 기본행렬 E가 존재한다. E는 정칙이므로

$$\{EX \mid X \in \mathbb{R}^n\} = \{X \mid X \in \mathbb{R}^n\}$$

따라서,

$$\mathrm{C}(B) = \{A(EX) \mid X \in \mathbb{R}^n\} = \{AX \mid X \in \mathbb{R}^n\} = \mathrm{C}(A)$$

결과적으로 A의 열공간과 B의 열공간은 서로 같다.

한편, 행렬 A에 기본행연산을 시행하여 얻은 행렬을 B라 하면, B^T는 A^T에 기본열연산을 시행하여 얻은 행렬이므로 앞에서 살펴본 바와 같이 A^T의 열공간과 B^T의 열공간은 서로 같다. 즉, A의 행공간과 B의 행공간은 서로 같다.

결론적으로, 다음의 결과가 성립함을 알 수 있다.

[정리 4.14] (1) 열동치인 두 행렬의 열공간은 같다.
(2) 행동치인 두 행렬의 행공간은 같다.

정리 4.14로부터 다음 사실을 알 수 있다.

[정리 4.15] (1) 행렬의 열공간의 차원은 기본열연산의 시행에 의하여 변하지 않는다.
(2) 행렬의 행공간의 차원은 기본행연산의 시행에 의하여 변하지 않는다.

[예제 4.21] $A=\begin{pmatrix} -1 & 2 & -1 \\ 2 & -3 & 3 \\ -1 & 4 & 1 \end{pmatrix}$의 열공간의 차원 $\dim(\mathrm{C}(A))$와 행공간의 차원 $\dim(\mathrm{R}(A))$를 구하여라.

풀이 A에 기본열연산을 몇 번 시행하여 다음 행렬을 얻는다.

$$V=\begin{pmatrix} 1 & 0 & 0 \\ 0 & 1 & 0 \\ 5 & 2 & 0 \end{pmatrix}$$

V의 열공간은 $\begin{pmatrix}1\\0\\5\end{pmatrix}$, $\begin{pmatrix}0\\1\\2\end{pmatrix}$에 의하여 생성되므로 $\dim(\mathrm{C}(V))=2$이고, V와 A는 열동치이므로 $\dim(\mathrm{C}(A))=\dim(\mathrm{C}(V))=2$이다.

또한, A에 기본행연산을 몇 번 시행하여 다음 행렬을 얻는다.

$$U=\begin{pmatrix}1 & 0 & 3\\0 & 1 & 0\\0 & 0 & 0\end{pmatrix}$$

U의 행공간은 $\begin{pmatrix}1\\0\\3\end{pmatrix}$, $\begin{pmatrix}0\\1\\0\end{pmatrix}$에 의하여 생성되므로 $\dim(\mathrm{R}(U))=2$이고, U와 A는 행동치이므로 $\dim(\mathrm{R}(A))=\dim(\mathrm{R}(U))=2$이다. □

일반적으로, 임의의 행렬의 행공간의 차원과 영공간의 차원을 더하면 행렬의 열의 개수와 같다. 즉,

[정리 4.16] $m\times n$ 행렬 A에 대하여, $\dim(\mathrm{R}(A))+\dim(\mathrm{N}(A))=n$

증명 A와 행동치인 기약 행사다리꼴 행렬을 U라 하자. 연립일차방정식 $A\mathbf{x}=\mathbf{0}$은 연립일차방정식 $U\mathbf{x}=\mathbf{0}$과 동치이다. 이 때, A의 행공간의 차원을 r이라 하면 U는 r개의 영이 아닌 행을 갖는다. 즉, 연립일차방정식 $U\mathbf{x}=\mathbf{0}$은 $n-r$개의 **자유변수**(free variable)를 갖고 A의 영공간의 차원은 $n-r$이다. 따라서, n은 A의 행공간의 차원 r과 A의 영공간의 차원 $n-r$의 합이다. ■

[예제 4.22] 행렬 $T=\begin{bmatrix}1 & 0 & 0 & 0\\1 & 1 & 0 & 0\\0 & 0 & 1 & 1\\0 & 0 & 1 & 1\end{bmatrix}$의 행공간의 차원과 영공간의 차원을 구하여라.

풀이 행렬 T의 행공간의 차원을 구하기 위하여 먼저 T에 기본행연산을 시행한다.

$$T=\begin{bmatrix}1 & 0 & 0 & 0\\1 & 1 & 0 & 0\\0 & 0 & 1 & 1\\0 & 0 & 1 & 1\end{bmatrix}\rightarrow\begin{bmatrix}1 & 0 & 0 & 0\\0 & 1 & 0 & 0\\0 & 0 & 1 & 1\\0 & 0 & 0 & 0\end{bmatrix}$$

그러므로

$$R(T)=\{\alpha(1,\ 0,\ 0,\ 0)+\beta(0,\ 1,\ 0,\ 0)+\gamma(0,\ 0,\ 1,\ 1,\ )\,|\,\alpha,\ \beta,\ \gamma\in\mathbb{R}\}$$

이 된다. 따라서 $\dim R(T)=3$이 된다. 또한 영공간을 구하기 위하여 $X=(x,\ y,\ z,\ w)^T$라 두고 $AX=O$를 풀면

$$\begin{cases} x \qquad\qquad\quad =0 \\ x+y \qquad\quad\ =0 \\ \qquad\quad z+w=0 \\ \qquad\quad z+w=0 \end{cases} \rightarrow \begin{cases} x=0 \\ y=0 \\ z=-w \\ w=w \end{cases} \quad (w\in\mathbb{R})$$

이 된다. 그러므로

$$N(T)=\left\{\left.\begin{bmatrix}0\\0\\-w\\w\end{bmatrix}\right|\, w\in\mathbb{R}\right\}=\left\{\left.w\begin{bmatrix}0\\0\\-1\\1\end{bmatrix}\right|\, w\in\mathbb{R}\right\}=\left\{\left.w\begin{bmatrix}0\\0\\1\\1\end{bmatrix}\right|\, w\in\mathbb{R}\right\}$$

이 된다. 따라서 $\dim N(T)=1$이다. □

[정리 4.17] $m\times n$ 행렬 A에 대하여, A의 열공간의 차원은 A의 행공간의 차원과 같다. 즉, $\dim(C(A))=\dim(R(A))$

증명 A의 행공간의 차원을 r이라 하면 정리 4.16으로부터 A의 영공간의 차원은 $n-r$이다. $\mathbf{x}_1,\ \cdots,\ \mathbf{x}_{n-r}$을 A의 영공간의 한 기저라 하자. 이 기저에 r개의 벡터를 추가하여 만든 $\mathbb{R}^n$의 기저를 $\mathbf{x}_1,\ \cdots,\ \mathbf{x}_{n-r},\ \cdots,\ \mathbf{x}_n$라 하면 r개의 벡터 $A\mathbf{x}_{n-r+1},\ \cdots,\ A\mathbf{x}_n$은 A의 열공간을 생성한다. 따라서,

$$(A\text{의 열공간의 차원})\le(A\text{의 행공간의 차원})$$

이 결과는 A^T에 대해서도 성립하므로

$$(A^T\text{의 열공간의 차원})\le(A^T\text{의 행공간의 차원})$$

이므로,

$$(A\text{의 행공간의 차원})\le(A\text{의 열공간의 차원}).$$

결과적으로

$$(A\text{의 열공간의 차원})=(A\text{의 행공간의 차원})$$ ■

[정의 4.5] 행렬 A의 열공간이나 행공간의 차원을 A의 계수(rank)라 하고 $\text{rank}(A)$로 나타낸다. 즉,

$$\text{rank}(A)=\dim(\text{R}(A))=\dim(\text{R}(A^T))$$

또한, 계수의 정의로부터 다음 사실을 바로 알 수 있다.

[따름정리 4.18] $m\times n$ 행렬 A에 대하여,
(1) A의 열벡터들이 $\mathbb{R}^m$을 생성할 필요충분조건은 $\text{rank}(A)=m$이다.
(2) A의 열벡터들이 일차독립일 필요충분조건은 $\text{rank}(A)=n$이다.
(3) $m=n$일 때, A가 정칙일 필요충분조건은 $\text{rank}(A)=n$이다.

사실, 임의의 $\mathbb{R}^n$의 벡터 $\mathbf{x}$에 대하여 $L_A(\mathbf{x})=A\mathbf{x}$로 정의되는 $\mathbb{R}^n$에서 $\mathbb{R}^m$으로의 변환 L_A을 생각하면 L_A가 전사함수가 될 조건은 따름정리 4.18의 (1)로부터 $\text{rank}(A)=m$이고, L_A가 단사함수가 될 조건은 따름정리 4.18의 (2)로부터 $\text{rank}(A)=n$이다. 특히, $m=n$일 때, A의 열벡터들이 $\mathbb{R}^n$을 생성할 조건은 A의 열벡터들이 일차독립임을 확인할 수 있고, 또한 L_A가 단사일 필요충분조건은 L_A가 전사이고 이것은 $\text{rank}(A)=n$ 즉, A가 정칙일 때임을 알 수 있다.

[따름정리 4.19] $m\times n$ 행렬 A에 대하여, $\text{rank}(A)+\dim(\text{N}(A))=n$

[정리 4.20] $A\mathbf{x}=\mathbf{b}$가 해를 가질 필요충분조건은 $\text{rank}(A)=\text{rank}(A|\mathbf{b})$이다.

증명 $A=(a_{ij})$가 $m\times n$행렬 $\mathbf{x}=(x_1, x_2, \cdots, x_n)^T$, $\mathbf{b}=(b_1, b_2, \cdots, b_m)^T$라 하자. $\mathbf{a}_j=(a_{1j}, a_{2j}, \cdots, a_{mj})^T$라 하면 $\mathbf{b}=x_1\mathbf{a}_1+x_2\mathbf{a}_2+\cdots+x_n\mathbf{a}_n$이 된다.

$A\mathbf{x}=\mathbf{b}$가 해를 가질 필요충분조건은 $\mathbf{b}$가 A의 열공간의 원소가 되어야 한다. 이것은 $\text{rank}(A)=\text{rank}(A|\mathbf{b})$을 의미한다. ■

[예제 4.23] 다음 연립방정식이 해를 갖기 위한 a의 조건을 구하여라.

$$\begin{cases} x+z=4 \\ 2x+y+3z=7 \\ -3x-3y+(a^2-5a)z=a-11 \end{cases}$$

풀이 계수행렬 A와 상수행렬 $\mathbf{b}$를 다음과 같다고 하자.

$$A=\begin{pmatrix} 1 & 0 & 1 \\ 2 & 1 & 3 \\ -3 & -3 & a^2-5a \end{pmatrix}, \quad \mathbf{b}=\begin{pmatrix} 4 \\ 7 \\ a-11 \end{pmatrix}$$

그러면 확대행렬 $(A:\mathbf{b})$에 기본행연산을 시행하면 다음과 같다.

$$(A:\mathbf{b})=\left(\begin{array}{ccc|c} 1 & 0 & 1 & 4 \\ 2 & 1 & 3 & 7 \\ -3 & -3 & a^2-5a & a-11 \end{array}\right) \rightarrow \left(\begin{array}{ccc|c} 1 & 0 & 1 & 4 \\ 0 & 1 & 1 & -1 \\ 0 & 0 & a^2-5a+6 & a-2 \end{array}\right)$$

(i) $a=2$: $\text{rank}(A)=\text{rank}(A|\mathbf{b})=2$이므로 해가 무수히 많이 존재한다.
(ii) $a=3$: $\text{rank}(A)\neq\text{rank}(A|\mathbf{b})$이므로 해가 존재하지 않는다.
(iii) $a\neq 2$, $a\neq 3$: $\text{rank}(A)=\text{rank}(A|\mathbf{b})=3$이므로 해가 유일하게 존재한다.
따라서 해를 갖기위한 조건은 $a\neq 3$이다. □

[예제 4.24] 다음 행렬 T의 계수와 영공간의 차원을 구하고 합이 5임을 확인하라.

풀이 T에 기본행연산을 시행하면 다음과 같이 된다.

$$T=\begin{bmatrix} 1 & 1 & 0 & 0 & 0 \\ 0 & 1 & 1 & 0 & 0 \\ 0 & 0 & 1 & 1 & 0 \\ 0 & 0 & 1 & 1 & 0 \end{bmatrix} \rightarrow \begin{bmatrix} 1 & 1 & 0 & 0 & 0 \\ 0 & 1 & 1 & 0 & 0 \\ 0 & 0 & 1 & 1 & 0 \\ 0 & 0 & 0 & 0 & 0 \end{bmatrix}$$

일차독립인 행의 개수가 3이므로 $\text{rank}(T)=3$이다. 또한 T의 영공간을 구하기 위하여 $X=(x,\ y,\ z,\ w)^T$라 두고 $AX=O$를 풀면

$$\begin{cases} x+y = 0 \\ y+z = 0 \\ z+u = 0 \\ 0v = 0 \end{cases} \rightarrow \begin{cases} x=-\alpha \\ y=\alpha \\ z=-\alpha \\ u=\alpha \\ v=\beta \end{cases}$$

$$N(T)=\left\{\begin{bmatrix}-\alpha\\ \alpha\\ -\alpha\\ \alpha\\ \beta\end{bmatrix} \middle| \alpha,\ \beta\in\mathbb{R}\right\}=\left\{\alpha\begin{bmatrix}-1\\1\\-1\\1\\0\end{bmatrix}+\beta\begin{bmatrix}0\\0\\0\\0\\1\end{bmatrix} \middle| \alpha,\ \beta\in\mathbb{R}\right\}$$ 이므로 $\dim N(T)=2$이다. 그러므로 $\text{rank}(T)+\dim N(T)=5$이다. □

다음은 행렬의 계수를 구하는 효과적인 방법을 보여준다.

> **[따름정리 4.21]** 행렬의 계수는 기본행연산과 기본열연산에 의하여 변하지 않는다.

[예제 4.25] 다음 벡터들에 의하여 생성된 $\mathbb{R}^4$의 부분공간의 차원을 구하여라.

$$\mathbf{x}_1=\begin{pmatrix}1\\2\\1\\0\end{pmatrix},\ \mathbf{x}_2=\begin{pmatrix}2\\5\\3\\2\end{pmatrix},\ \mathbf{x}_3=\begin{pmatrix}2\\4\\2\\0\end{pmatrix},\ \mathbf{x}_4=\begin{pmatrix}3\\8\\5\\4\end{pmatrix}$$

풀이 부분공간 $\text{Span}(\mathbf{x}_1,\ \mathbf{x}_2,\ \mathbf{x}_3,\ \mathbf{x}_4)$는 다음 행렬의 열공간과 같다.

$$X=\begin{pmatrix}1&2&2&3\\2&5&4&8\\1&3&2&5\\0&2&0&4\end{pmatrix}$$

X를 행변형하여

$$\begin{pmatrix}1&2&2&3\\0&1&0&2\\0&0&0&0\\0&0&0&0\end{pmatrix}$$

을 얻는다. 이 행렬을 열변형하여

$$\begin{pmatrix}1&0&0&0\\0&1&0&0\\0&0&0&0\\0&0&0&0\end{pmatrix}$$

따라서, $\dim[\text{Span}(\mathbf{x}_1,\ \mathbf{x}_2,\ \mathbf{x}_3,\ \mathbf{x}_4)]=\text{rank}(X)=2$이다. □

지금까지 정칙행렬에 대한 여러 가지 동치 조건들이 있었다. 다음 정리는 이에 대한 결과이다.

[정리 4.22] 위수 n인 정방행렬 A에 대하여

(Ⅰ) A가 정칙행렬이다.

⇔ (Ⅱ) $N(A)=\{0\}$이다.

⇔ (Ⅲ) 임의의 $\mathbf{b}\in\mathbb{R}^{n\times 1}$에 대하여 $A\mathrm{x}=\mathbf{b}$를 만족하는 $\mathrm{x}\in\mathbb{R}^{n\times 1}$가 유일하게 존재한다.

⇔ (Ⅳ) $A\sim_R I$이다.

⇔ (Ⅴ) $\mathrm{rank}(A)=n$이다.

⇔ (Ⅵ) A의 n개의 행벡터들이 일차독립이다.

⇔ (Ⅶ) A의 n개의 열벡터들이 일차독립이다.

연습문제 (4.5)

1. 다음 행렬의 열공간의 기저와 행공간의 기저를 각각 구하고 그 계수 및 영공간의 차원을 구하여라.

(a) $\begin{pmatrix} 2 & -3 \\ -4 & 6 \end{pmatrix}$ (b) $\begin{pmatrix} 1 & 2 & -1 \\ 2 & 4 & 6 \\ 1 & 2 & 3 \end{pmatrix}$

(c) $\begin{pmatrix} 1 & 2 & 1 \\ 4 & 5 & 5 \\ -1 & 2 & -2 \end{pmatrix}$ (d) $\begin{pmatrix} 4 & 5 & 5 \\ 1 & 2 & 1 \\ -1 & 2 & -2 \\ 5 & 8 & -1 \end{pmatrix}$

(e) $\begin{pmatrix} 1 & 2 & 3 & 4 \\ 5 & 6 & 7 & 8 \\ 2 & 3 & 4 & 5 \\ 6 & 7 & 8 & 9 \end{pmatrix}$ (f) $\begin{pmatrix} 1 & 0 & 2 & 3 & 0 \\ 0 & 1 & 3 & 5 & 1 \\ 1 & 0 & 0 & 1 & 2 \\ 0 & 1 & 1 & 3 & 3 \end{pmatrix}$

2. 다음 각 경우에 $\mathbf{b}$가 행렬 A의 열공간에 속하는 것을 보이고 $\mathbf{b}$를 A의 열벡터들

의 일차결합으로 나타내어라.

(a) $A=\begin{pmatrix}1 & -3\\4 & 6\end{pmatrix}$, $\mathbf{b}=\begin{pmatrix}-2\\10\end{pmatrix}$ (b) $A=\begin{pmatrix}1 & -4\\2 & -8\end{pmatrix}$, $\mathbf{b}=\begin{pmatrix}0\\1\end{pmatrix}$

(c) $A=\begin{pmatrix}1 & 1 & -1\\1 & -1 & 1\\-1 & 1 & 1\end{pmatrix}$, $\mathbf{b}=\begin{pmatrix}-4\\0\\-3\end{pmatrix}$

3. 행렬 $A=\begin{pmatrix}1 & 1 & 1\\a & b & c\end{pmatrix}$의 계수가 2가 될 필요충분조건을 구하여라.

4. $H=\begin{pmatrix}0 & 0 & 1 & 1 & 0 & 0\\0 & 1 & 1 & 0 & 1 & 0\\1 & 1 & 1 & 0 & 0 & 1\end{pmatrix}$일 때, H의 영공간 $N(H)$를 구하여라.

4.6 응용문제(Problems with applications)

이 절에서는 0과 1로만 이루어진 공간 $\{0, 1\}$ 위에서의 연산 $\oplus$을 다음과 같이 정의한다.

$$0\oplus 0=0,\ 1\oplus 0=1,\ 0\oplus 1=1,\ 1\oplus 1=0$$

가) $a\oplus b$를 a와 b의 XOR합(XOR sum)이라 한다.

<해쉬함수>

예를 들어 2^8개의 자료를 2^4개의 방에 저장하려면 적어도 한 방에는 2개 이상의 자료가 들어가야만 한다. 이 경우에 우리는 **충돌**(collision)이 생겼다고 한다. 이러한 충돌을 줄이기 위해 노력이 필요한데 이를 해결하는 한 가지 방법이 바로 해쉬함수를 이용하는 것이다.

[정의 4.6] 함수 $H:\{0, 1, 2, \cdots, 2^n-1\}\rightarrow\{0, 1, 2, \cdots, 2^m-1\}(n>m)$가 전사함수(surjective function)일 때, H를 해쉬함수(hash function)라 한다.

가) 편의상 $\{0, 1, 2, \cdots, 2^n-1\}$의 원소를 **주소**(address) 그리고 $\{0, 1, 2, \cdots, 2^m-1\}$의 원소를 **집합인덱스**(set index)라 하자.

나) 주어진 주소 $\mathbf{x}$에 대하여 $\mathbf{x}=(a_1, a_2, \cdots, a_n)^T (a_i \in \{0, 1\})$로 쓴다. H는 다음과 같이 나타낸다.

$$H=\begin{pmatrix} h_{1,1} & h_{1,2} & \cdots & h_{1,n} \\ h_{2,1} & h_{2,2} & \cdots & h_{2,n} \\ \cdots & \cdots & \cdots & \cdots \\ h_{m,1} & h_{m,2} & \cdots & h_{m,n} \end{pmatrix}$$

$H\mathbf{x}$를 **해쉬값**(hash value)이라 한다.

> [정리 4.23] 주소 $\mathbf{x}$, $\mathbf{y}$가 해쉬함수 H에 의하여 같은 집합인덱스로 보내질 필요충분조건은 $\mathbf{x}\oplus\mathbf{y}\in N(H)$이다.

증명 주소 $\mathbf{x}$, $\mathbf{y}$가 해쉬함수 H에 의하여 같은 집합인덱스로 보내질 필요충분조건은 $H\mathbf{x}=H\mathbf{y}$이다. 그런데

$$H\mathbf{x}=H\mathbf{y} \Leftrightarrow H(\mathbf{x}\oplus\mathbf{y})=O \Leftrightarrow \mathbf{x}\oplus\mathbf{y}\in N(H)$$

이므로 증명되었다. ■

[예제 4.26] 해쉬함수를 $H=\begin{pmatrix} 1 & 1 & 1 & 1 & 0 & 0 \\ 1 & 1 & 0 & 0 & 1 & 0 \\ 1 & 0 & 0 & 0 & 0 & 1 \end{pmatrix}$라 하자. $N(H)$를 구하여라.

풀이 $\mathbf{x}=(a_1, a_2, \cdots, a_6)^T (a_i\in\{0, 1\})$라 두면, 방정식 $H\mathbf{x}=O$의 해는

$$\begin{cases} a_1\oplus a_2\oplus a_3\oplus a_4=0 \\ a_1\oplus a_2\oplus a_5=0 \\ a_1\oplus a_6=0 \end{cases}$$

의 해를 구하면 된다. $\text{rank}(H)=3$이므로 따름정리 4.19에 의하여 $\dim N(H)=6-3=3$이 된다. 그러므로

$$a_4=\alpha,\ a_5=\beta,\ a_6=\gamma(\alpha, \beta, \gamma\in\{0, 1\})$$

라 두면 $a_1=\gamma$, $a_2=\beta\oplus\gamma$, $a_3=\alpha\oplus\beta$가 되어

$$N(H)=\left\{\begin{pmatrix}\gamma\\ \beta\oplus\gamma\\ \alpha\oplus\beta\\ \alpha\\ \beta\\ \gamma\end{pmatrix}\middle|\ \alpha,\ \beta,\ \gamma\in\{0,\ 1\}\right\}$$

$$=\left\{\alpha\begin{pmatrix}0\\0\\1\\1\\0\\0\end{pmatrix}+\beta\begin{pmatrix}0\\1\\1\\0\\1\\0\end{pmatrix}+\gamma\begin{pmatrix}1\\1\\0\\0\\0\\1\end{pmatrix}\middle|\ \alpha,\ \beta,\ \gamma\in\{0,\ 1\}\right\}$$

$$=\left\{\begin{pmatrix}0\\0\\0\\0\\0\\0\end{pmatrix},\begin{pmatrix}0\\0\\1\\1\\0\\0\end{pmatrix},\begin{pmatrix}0\\1\\1\\0\\1\\0\end{pmatrix},\begin{pmatrix}1\\1\\0\\0\\0\\1\end{pmatrix},\begin{pmatrix}0\\1\\0\\1\\1\\0\end{pmatrix},\begin{pmatrix}1\\1\\1\\1\\0\\1\end{pmatrix},\begin{pmatrix}1\\0\\1\\0\\1\\1\end{pmatrix},\begin{pmatrix}1\\0\\0\\1\\1\\1\end{pmatrix}\right\}$$ □

[예제 4.27] 해쉬함수를 $H=\begin{pmatrix}1&1&1&1&0&0\\1&1&0&0&1&0\\1&0&0&0&0&1\end{pmatrix}$라 하자. 충돌이 일어나지 않도록 두 주소를 택하여라.

풀이 충돌이 일어나지 않기 위하여는 두 주소의 XOR-합이 $N(H)$의 원소가 아닌 주소를 택하면 된다. 예를 들어

$$\mathbf{x}=\begin{pmatrix}1\\1\\1\\1\\1\\1\end{pmatrix},\quad \mathbf{y}=\begin{pmatrix}1\\0\\1\\0\\1\\0\end{pmatrix}$$

라 하면 $H\mathbf{x}=\begin{pmatrix}0\\1\\0\end{pmatrix}$이고 $H\mathbf{y}=\begin{pmatrix}0\\0\\1\end{pmatrix}$가 되어 $H\mathbf{x}\neq H\mathbf{y}$이다. 따라서 충돌이 일어나지 않는다. 물론

$$\mathbf{x}+\mathbf{y}=\begin{pmatrix}0\\1\\0\\1\\0\\1\end{pmatrix}\notin N(H)$$

이다. □

연습문제 (4.6)

1. 해쉬함수를 $H=\begin{pmatrix} 0 & 0 & 1 & 1 & 0 & 0 \\ 0 & 1 & 1 & 0 & 1 & 0 \\ 1 & 1 & 1 & 0 & 0 & 1 \end{pmatrix}$라 할 때, H의 영공간 $N(H)$를 구하여라.

2. 해쉬함수를 $H=\begin{pmatrix} 0 & 0 & 1 & 1 & 0 & 0 \\ 0 & 1 & 1 & 0 & 1 & 0 \\ 1 & 1 & 1 & 0 & 0 & 1 \end{pmatrix}$라 하자. 충돌이 일어나지 않도록 두 주소를 택하여라.

제 5 장 선형변환

5.1 선형변환의 기본개념
(Basic concepts of linear transforms)

만약 V와 W가 벡터공간들이고 V에 있는 각 벡터를 W에 있는 유일한 한 벡터와 대응시키는 함수를 L이라 하면 L은 V에서 W로 **사상한다**(map)고 말하고 $L : V \to W$로 표시한다.

더욱이 L이 벡터 $\mathbf{v}$를 $\mathbf{w}$에 대응시키면 $\mathbf{w}=L(\mathbf{v})$로 표시하고 $\mathbf{w}$는 L에 의한 $\mathbf{v}$의 상(image)이라 한다.

벡터공간의 연구에서 가장 중요한 사상은 선형변환이다.

[정의 5.1] $L : V \to W$가 벡터공간 V에서 벡터공간 W로 사상하는 함수이고 다음 (1), (2)를 만족하면 L을 **선형변환**(linear transformation)이라고 한다.

(1) V의 임의의 벡터 $\mathbf{u}$와 $\mathbf{v}$에 대하여

$$L(\mathbf{u}+\mathbf{v})=L(\mathbf{u})+L(\mathbf{v})$$

(2) V의 임의의 벡터 $\mathbf{u}$와 임의의 실수 α에 대하여

$$L(\alpha\mathbf{u})=\alpha L(\mathbf{u})$$

[주] L이 조건 (1)과 (2)을 만족하면 다음의 사실과 동치임을 알 수 있다.

(3) 임의의 $\mathbf{u}$, $\mathbf{v}\in V$와 스칼라 α, β에 대하여

$$L(\alpha\mathbf{u}+\beta\mathbf{v})=\alpha L(\mathbf{u})+\beta L(\mathbf{v})$$

이제 선형변환의 보기를 들어보자. 먼저 $\mathbb{R}^2$에서 자신으로의 선형사상을 생각한다. 이 경우에 변환의 기본적인 형태를 알아보는 것이 더 쉬운 일이다.

[예제 5.1] 모든 $\mathbf{x}\in\mathbb{R}^2$에 대하여, $L(\mathbf{x})=5\mathbf{x}$로 정의되었다고 하자. 그러면 선형변환의 (1), (2)의 성질이 만족함을 쉽게 알 수 있다. 이 선형변환 L은 임의의 벡터를 5배한 크기의 것으로 변환되었음을 알 수 있다.

[예제 5.2] 모든 $\mathbf{x}=\begin{pmatrix}x_1\\x_2\end{pmatrix}\in\mathbb{R}^2$에 대하여, $L(\mathbf{x})=\begin{pmatrix}x_1\\-x_2\end{pmatrix}$로 정의되었을 때 선형변환임을 보여라.

풀이 임의의 $\mathbf{x}$, $\mathbf{y}\in\mathbb{R}^2$와 스칼라 α, β에 대하여

$$L(\alpha\mathbf{x}+\beta\mathbf{y})=\begin{pmatrix}\alpha x_1+\beta y_1\\-(\alpha x_2+\beta y_2)\end{pmatrix}=\alpha\begin{pmatrix}x_1\\-x_2\end{pmatrix}+\beta\begin{pmatrix}y_1\\-y_2\end{pmatrix}=\alpha L(\mathbf{x})+\beta L(\mathbf{y})$$

임을 알 수 있으므로 L은 선형변환임을 알 수 있고, 이 변환은 임의의 벡터 $\mathbf{x}$를 x축에 대하여 대칭이동한 것이다. □

[예제 5.3] 만약 $\mathbf{x}=\begin{pmatrix}x_1\\x_2\end{pmatrix}$가 $\mathbb{R}^2$내의 한 벡터이면 $L(\mathbf{x})=\begin{pmatrix}x_1\\x_1+x_2\end{pmatrix}$를 $\mathbb{R}^2$에서 $\mathbb{R}^2$으로 사상시키는 함수로 정의할 때 선형변환임을 보여라.

풀이 만약 $\mathbf{x}=\begin{pmatrix}x_1\\x_2\end{pmatrix}$, $\mathbf{y}=\begin{pmatrix}y_1\\y_2\end{pmatrix}$이면 $\mathbf{x}+\mathbf{y}=\begin{pmatrix}x_1+y_1\\x_2+y_2\end{pmatrix}$이고

$$L(\mathbf{x}+\mathbf{y})=\begin{pmatrix}x_1+y_1\\(x_1+y_1)+(x_2+y_2)\end{pmatrix}$$

$$=\begin{pmatrix} x_1 \\ x_1+x_2 \end{pmatrix}+\begin{pmatrix} y_1 \\ y_1+y_2 \end{pmatrix}=L(\mathbf{x})+L(\mathbf{y})$$

또, α가 어떤 실수이면 $\alpha\mathbf{x}=\begin{pmatrix} \alpha x_1 \\ \alpha x_2 \end{pmatrix}$이고

$$L(\alpha\mathbf{x})=\begin{pmatrix} \alpha x_1 \\ \alpha x_1+\alpha x_2 \end{pmatrix}=\alpha\begin{pmatrix} x_1 \\ x_1+x_2 \end{pmatrix}=\alpha L(\mathbf{x})$$

이므로 L은 선형변환이다. □

[예제 5.4] 모든 $\mathbf{x}=\begin{pmatrix} x_1 \\ x_2 \end{pmatrix}\in\mathbb{R}^2$에 대하여, $L(\mathbf{x})=(x_1+x_2)^2$로 정의되었다고 하자. 이때 $L(\alpha\mathbf{x})=(\alpha x_1+\alpha x_2)^2\neq\alpha L(\mathbf{x})$임을 알 수 있고 L은 선형변환이 아니다.

그러므로 선형변환은 벡터이론 가운데 매우 중요한 성질 중 하나이다.

<$\mathbb{R}^n$에서 $\mathbb{R}^m$으로의 선형변환>

지금까지의 이론에 대하여 좀 더 일반적인 경우를 생각해보자.

[예제 5.5] 모든 $\mathbf{x}=\begin{pmatrix} x_1 \\ x_2 \end{pmatrix}\in\mathbb{R}^2$에 대하여, $L(\mathbf{x})=x_1$로 정의할 때 이 사상 $L:\mathbb{R}^2\to\mathbb{R}^1$은 선형변환임을 보여라.

풀이 임의의 $\mathbf{x}=\begin{pmatrix} x_1 \\ x_2 \end{pmatrix}$, $\mathbf{y}=\begin{pmatrix} y_1 \\ y_2 \end{pmatrix}\in\mathbb{R}^2$와 스칼라 α, β에 대하여

$$L(\alpha\mathbf{x}+\beta\mathbf{y})=\alpha x_1+\beta y_1=\alpha L(\mathbf{x})+\beta L(\mathbf{y})$$

이므로 선형변환임을 알 수 있다. 이것을 첫 번째 좌표축으로의 **정사영**(projection)이라고 한다. □

[예제 5.6] 사상 $L:\mathbb{R}^2\to\mathbb{R}^3$을 $L(\mathbf{x})=\begin{pmatrix} x_2 \\ x_1 \\ x_1+x_2 \end{pmatrix}$로 정의하면, L은 선형변환임을 보여라.

풀이 $L(\alpha\mathbf{x})=\begin{pmatrix}\alpha x_2\\ \alpha x_1\\ \alpha x_1+\alpha x_2\end{pmatrix}=\alpha L(\mathbf{x})$가 성립하고,

$$L(\mathbf{x}+\mathbf{y})=\begin{pmatrix}x_2+y_2\\ x_1+y_1\\ x_1+y_1+x_2+y_2\end{pmatrix}=\begin{pmatrix}x_2\\ x_1\\ x_1+x_2\end{pmatrix}+\begin{pmatrix}y_2\\ y_1\\ y_1+y_2\end{pmatrix}=L(\mathbf{x})+L(\mathbf{y})$$

이므로 선형변환이다. □

[주] 다음과 같은 행렬

$$A=\begin{pmatrix}0 & 1\\ 1 & 0\\ 1 & 1\end{pmatrix}$$

이 주어지면, 임의의 $\mathbf{x}=\begin{pmatrix}x_1\\ x_2\end{pmatrix}\in\mathbb{R}^2$에 대하여

$$L(\mathbf{x})=\begin{pmatrix}x_2\\ x_1\\ x_1+x_2\end{pmatrix}=A\mathbf{x}$$

이다. 일반적인 경우를 다음 예제와 같이 생각할 수 있다.

[예제 5.7] A를 $m\times n$ 행렬이라 하자. $\mathbb{R}^m$과 $\mathbb{R}^n$에 있는 벡터들을 행렬로 표시한다면 $L(\mathbf{x})=A\mathbf{x}$에 의하여 함수 $L:\mathbb{R}^n\to\mathbb{R}^m$로 정의할 때 L은 선형변환임을 보여라.

풀이 $\mathbf{x}$와 $\mathbf{y}$는 $n\times 1$ 행렬들이고 α가 한 스칼라이면 행렬곱의 성질에 의하여

$$A(\mathbf{x}+\mathbf{y})=A\mathbf{x}+A\mathbf{y},\ A(\alpha\mathbf{x})=\alpha A\mathbf{x}$$

이므로

$$L(\mathbf{x}+\mathbf{y})=L(\mathbf{x})+L(\mathbf{y}),\ L(\alpha\mathbf{x})=\alpha L(\mathbf{x})$$ □

이 예제에서의 선형변환을 **A에 의한 곱**(multiplication by A)이라 한다.

[예제 5.8] 예제 5.7의 특수한 경우로서 θ는 고정각, $L:\mathbb{R}^2\to\mathbb{R}^2$는 행렬

$$A=\begin{pmatrix}\cos\theta & -\sin\theta\\ \sin\theta & \cos\theta\end{pmatrix}$$

에 의한 곱이라 하자. 즉, 벡터 $\mathbf{x}=\begin{pmatrix}x_1\\ x_2\end{pmatrix}$에 대하여

$$L(\mathbf{x})=A\mathbf{x}=\begin{pmatrix}\cos\theta & -\sin\theta\\ \sin\theta & \cos\theta\end{pmatrix}\begin{pmatrix}x_1\\ x_2\end{pmatrix}=\begin{pmatrix}x_1\cos\theta-x_2\sin\theta\\ x_1\sin\theta+x_2\cos\theta\end{pmatrix}$$

인 사상은 선형변환임을 보이고, 기하학적으로 $L(\mathbf{x})$는 $\mathbf{x}$를 반시계 방향으로 θ만큼 회전시켰을 때 생긴 벡터임을 보여라.

풀이 ψ는 $\mathbf{x}$와 양의 x축 사이의 각이라 하고 $\mathbf{x}'=\begin{pmatrix}x_1'\\ x_2'\end{pmatrix}$는 $\mathbf{x}$를 반시계 방향으로 θ만큼 회전시켰을 때 생긴 벡터라 하면 $\mathbf{x}'=L(\mathbf{x})$임을 보이자. 만일 r이 $\mathbf{x}$의 길이를 나타내면

$$x_1=r\cos\psi,\quad x_2=r\sin\psi$$

마찬가지로 $\mathbf{x}'$는 $\mathbf{x}$와 같은 길이를 가지므로

$$x_1'=r\cos(\theta+\psi),\quad x_2'=r\sin(\theta+\psi)$$

그러므로

$$\begin{aligned}\mathbf{x}'&=\begin{pmatrix}x_1'\\ x_2'\end{pmatrix}=\begin{pmatrix}r\cos(\theta+\psi)\\ r\sin(\theta+\psi)\end{pmatrix}\\ &=\begin{pmatrix}r\cos\theta\cos\psi-r\sin\theta\sin\psi\\ r\sin\theta\cos\psi+r\cos\theta\sin\psi\end{pmatrix}\\ &=\begin{pmatrix}x_1\cos\theta-x_2\sin\theta\\ x_1\sin\theta+x_2\cos\theta\end{pmatrix}\\ &=\begin{pmatrix}\cos\theta & -\sin\theta\\ \sin\theta & \cos\theta\end{pmatrix}\begin{pmatrix}x_1\\ x_2\end{pmatrix}\\ &=A\mathbf{x}=L(\mathbf{x})\end{aligned}$$

□

앞의 예제에 있는 선형변환을 각 θ만큼 $\mathbb{R}^2$의 회전(rotation)이라 한다.

<한 벡터공간 V에서 다른 벡터공간 W으로의 선형변환>

일반적인 선형변환의 여러 가지 경우를 살펴보자.

[예제 5.9] V와 W를 벡터공간이라 하자. 사상 $L:V\to W$ 는 V내의 모든 벡터 $\mathbf{v}$에 대해서 $L(\mathbf{v})=\mathbf{0}$를 만족할 때 L이 선형임을 보여라. 이때 L을 **영변환**(zero transformation)이라 부른다.

풀이 임의의 $\mathbf{u}, \mathbf{v}\in V$ 와 스칼라 α 에 대하여

$$L(\mathbf{u}+\mathbf{v})=\mathbf{0},\ L(\mathbf{u})=\mathbf{0},\ L(\mathbf{v})=\mathbf{0} \text{ 그리고 } L(\alpha\mathbf{u})=\mathbf{0}.$$

따라서, $L(\mathbf{u}+\mathbf{v})=L(\mathbf{u})+L(\mathbf{v})$ 그리고 $L(\alpha\mathbf{u})=\alpha L(\mathbf{u})$가 성립하므로 선형임을 알 수 있다. □

[예제 5.10] V가 벡터공간일 때, 임의의 $\mathbf{v}\in V$에 대하여 $I(\mathbf{v})=\mathbf{v}$로 정의되는 항등변환 $I:V\to V$는 선형인 것을 쉽게 알 수 있다.

[예제 5.11] V는 벡터공간이고 α는 고정된 스칼라라 하자. $L(\mathbf{v})=\alpha\mathbf{v}$로 정의된 함수 $L:V\to V$가 V 위에서 선형변환임을 알 수 있다. 만일 $\alpha>1$이면 L을 V의 **확대**(dilation)라 하고 $0<k<1$이면 L을 V의 **축소**(contraction)라 한다.

[예제 5.12] n차원 벡터공간 V의 한 순서기저를 E라 하고, $L:V\to\mathbb{R}^n$는 V 내의 한 벡터가 E에 관한 그 벡터의 좌표벡터로 사상되는 함수, 즉 $L(\mathbf{v})=[\mathbf{v}]_E$로 정의된 함수라 하면, V의 임의의 벡터 $\mathbf{u}, \mathbf{v}$와 임의의 스칼라 α에 대하여

$$[\mathbf{u}+\mathbf{v}]_E=[\mathbf{u}]_E+[\mathbf{v}]_E,\ [\alpha\mathbf{u}]_E=\alpha[\mathbf{u}]_E$$

즉,

$$L(\mathbf{u}+\mathbf{v})=L(\mathbf{u})+L(\mathbf{v}),\ L(\alpha\mathbf{u})=\alpha L(\mathbf{u})$$

그러므로 L은 V에서 $\mathbb{R}^n$으로의 선형변환이다.

연습문제 (5.1)

1. 다음 변환은 $L : \mathbb{R}^2 \to \mathbb{R}^2$은 선형변환인가?

(1) $L(\mathbf{x})=\begin{pmatrix} -x_1 \\ 2x_2 \end{pmatrix}$ (2) $L(\mathbf{x})=\begin{pmatrix} 2x_1^2 \\ x_2 \end{pmatrix}$

(3) $L(\mathbf{x})=\begin{pmatrix} x_2 \\ x_1 \end{pmatrix}$ (4) $L(\mathbf{x})=\begin{pmatrix} x_1 \\ 0 \end{pmatrix}$

(5) $L(\mathbf{x})=\begin{pmatrix} 3x_1 \\ 2x_2+1 \end{pmatrix}$ (6) $L(\mathbf{x})=\begin{pmatrix} 3x_1 \\ 2x_1-x_2 \end{pmatrix}$

(7) $L(\mathbf{x})=\begin{pmatrix} x_1 \\ x_1 \end{pmatrix}$ (8) $L(\mathbf{x})=\begin{pmatrix} \sqrt{x_1} \\ x_2 \end{pmatrix}$

(9) $L(\mathbf{x})=\begin{pmatrix} x_1 \\ x_1+x_2 \end{pmatrix}$ (10) $L(\mathbf{x})=\begin{pmatrix} 0 \\ 0 \end{pmatrix}$

(11) $L(\mathbf{x})=\begin{pmatrix} 1 \\ 2 \end{pmatrix}$ (12) $L(\mathbf{x})=\begin{pmatrix} x_1+3x_2 \\ 2x_1+4x_2 \end{pmatrix}$

2. 다음 변환 $L : \mathbb{R}^2 \to \mathbb{R}^3$은 선형변환인가?

(1) $L(\mathbf{x})=\begin{pmatrix} x_2 \\ x_1 \\ x_1+x_2 \end{pmatrix}$ (2) $L(\mathbf{x})=\begin{pmatrix} 2x_2 \\ x_1 \\ 1 \end{pmatrix}$

(3) $L(\mathbf{x})=\begin{pmatrix} 0 \\ 0 \\ x_1 \end{pmatrix}$ (4) $L(\mathbf{x})=\begin{pmatrix} x_1+1 \\ x_2 \\ x_1+x_2 \end{pmatrix}$

3. 다음 변환 $L : \mathbb{R}^{2\times 2} \to \mathbb{R}$은 선형변환인가?

(1) $L\begin{pmatrix} a & b \\ c & d \end{pmatrix}=a+2b+3c+4d$ (2) $L\begin{pmatrix} a & b \\ c & d \end{pmatrix}=\begin{vmatrix} d & b \\ c & a \end{vmatrix}$

(3) $L\begin{pmatrix} a & b \\ c & d \end{pmatrix}=a-d$ (4) $L\begin{pmatrix} a & b \\ c & d \end{pmatrix}=\sqrt{a+b}$

4. 선형변환 $L : \mathbb{R}^3 \to \mathbb{R}^2$이

$$L\begin{pmatrix} 1 \\ 0 \\ 0 \end{pmatrix}=\begin{pmatrix} 1 \\ 0 \end{pmatrix},\quad L\begin{pmatrix} 0 \\ 1 \\ 0 \end{pmatrix}=\begin{pmatrix} 1 \\ 2 \end{pmatrix},\quad L\begin{pmatrix} 0 \\ 0 \\ 1 \end{pmatrix}=\begin{pmatrix} 3 \\ -2 \end{pmatrix}$$

라 할 때

(1) $L(\mathbf{x})=A\mathbf{x}$가 됨을 보이고 행렬 A를 구하여라.

(2) $L\begin{pmatrix}1\\1\\1\end{pmatrix}$을 구하여라.　　　(3) $L\begin{pmatrix}x\\y\\z\end{pmatrix}$을 구하여라.

5. L이 벡터공간 V에서 자신으로의 선형변환일 때, 임의의 $\mathbf{v}\in V$에 대하여

$$L^1=L$$
$$L^{k+1}(\mathbf{v})=L(L^k(\mathbf{v}))$$

와 같이 귀납적으로 정의할 때, 모든 $n\geq 1$에 대하여 L^n은 V상의 선형변환임을 보여라.

5.2 선형변환의 기본성질 (Basic Properties of Linear Transforms)

선형변환의 기본개념을 5.1절에서 다루었다. 이 절에서는 선형변환에 관련된 기본적인 이론과 성질을 다루며, 선형변환의 치역을 공부하여 선형변환에 의한 기저 벡터들의 상들의 구조적인 형태를 보인다.

[정리 5.1] $L:V\rightarrow W$가 선형변환이면

(1) $L(\mathbf{0}_V)=\mathbf{0}_W$ (단, $\mathbf{0}_V$와 $\mathbf{0}_W$는 각각 V와 W에서의 영벡터)

(2) V 내의 모든 $\mathbf{v}$에 대하여 $L(-\mathbf{v})=-L(\mathbf{v})$.

(3) V 내의 모든 $\mathbf{v}$와 $\mathbf{w}$에 대하여 $L(\mathbf{v}-\mathbf{w})=L(\mathbf{v})-L(\mathbf{w})$.

(4) $\mathbf{v}_1, \mathbf{v}_2, \cdots, \mathbf{v}_n\in V$이고 $\alpha_i(i=1, \cdots, n)$가 스칼라이면

$$L(\alpha_1\mathbf{v}_1+\alpha_2\mathbf{v}_2+\cdots+\alpha_n\mathbf{v}_n)=\alpha_1L(\mathbf{v}_1)+\alpha_2L(\mathbf{v}_2)+\cdots+\alpha_nL(\mathbf{v}_n)$$

증명 (1) $L(\mathbf{0}_V)=L(\mathbf{0}_V+\mathbf{0}_V)=L(\mathbf{0}_V)+L(\mathbf{0}_V)$로부터 $L(\mathbf{0}_V)=\mathbf{0}_W$임을 알 수 있다.

(2) V내의 임의의 벡터를 $\mathbf{v}$라 하자.

$$\begin{aligned} L(-\mathbf{v}) &= L((-1)\mathbf{v}) \\ &= (-1)L(\mathbf{v}) = -L(\mathbf{v}) \end{aligned}$$

(3) $\mathbf{v}-\mathbf{w}=\mathbf{v}+(-1)\mathbf{w}$이므로

$$\begin{aligned} L(\mathbf{v}-\mathbf{w}) &= L(\mathbf{v}+(-1)\mathbf{w}) \\ &= L(\mathbf{v})+(-1)L(\mathbf{w}) \\ &= L(\mathbf{v})-L(\mathbf{w}) \end{aligned}$$

(4) 수학적 귀납법으로 증명할 수 있다. ■

> [정의 5.2] $L: V \to W$가 벡터공간 V에서 벡터공간 W로 사상시키는 함수일 때, L의 핵(kernel)을 **Ker(*L*)**이라 하고 다음과 같이 정의한다.
>
> $$\text{Ker}(L)=\{\mathbf{v}\in V \mid L(\mathbf{v})=\mathbf{0}_W\}$$

그리고 S는 V의 부분공간일 때 S의 상(image)을 $L(S)$라 하고 다음과 같이 정의한다.

$$L(S)=\{L(\mathbf{v})\in W \mid \mathbf{v}\in S\}$$

전체 벡터공간 V의 상 $L(V)$를 L의 치역(range)이라 하고, **Im(*L*)**로 표현한다.

[예제 5.13] $L: V \to W$가 영변환이라 하자. L은 모든 벡터를 $\mathbf{0}$으로 사상하므로 $\text{Ker}(L)=V$이다. L에 의한 상은 $\mathbf{0}$뿐이므로 $L(V)=\{\mathbf{0}\}$이다.

> [정리 5.2] $L: V \to W$는 선형변환, S를 V의 부분공간이라 하면
> (1) $\text{Ker}(L)$은 V의 부분공간이다.
> (2) $L(S)$은 W의 부분공간이다. 그러므로 L의 치역은 W의 부분공간이다.

증명 (1) $\text{Ker}(L)$이 한 부분공간임을 보이기 위해서는 합과 스칼라 배에 대하여 닫혀있다는 것을 보여야 한다. $\mathbf{v}_1$과 $\mathbf{v}_2$를 $\text{Ker}(L)$의 벡터라 하면

$$L(\mathbf{v}_1+\mathbf{v}_2)=L(\mathbf{v}_1)+L(\mathbf{v}_2)=\mathbf{0}+\mathbf{0}=\mathbf{0}$$

그러므로 $\mathbf{v}_1+\mathbf{v}_2$는 $\mathrm{Ker}(L)$에 속한다. 또한, 스칼라 α에 대하여

$$L(\alpha\mathbf{v}_1)=\alpha L(\mathbf{v}_1)=\alpha\mathbf{0}=\mathbf{0}$$

이므로 $\alpha\mathbf{v}_1$도 $\mathrm{Ker}(L)$에 속한다.

(2)의 증명도 이와 유사하다. 만약 $\mathbf{w}\in L(S)$이면 S의 어떤 원소 $\mathbf{v}$에 대하여 $\mathbf{w}=L(\mathbf{v})$이다. 임의의 스칼라 α에 대하여

$$\alpha\mathbf{w}=\alpha L(\mathbf{v})=L(\alpha\mathbf{v})$$

즉, $\alpha\mathbf{v}\in S$이므로 $\alpha\mathbf{w}\in L(S)$이고, 따라서 $L(S)$는 스칼라 배에 대해서도 닫혀있다. 만약 $\mathbf{w}_1$, $\mathbf{w}_2\in L(S)$라고 하면 $L(\mathbf{v}_1)=\mathbf{w}_1$이고 $L(\mathbf{v}_2)=\mathbf{w}_2$를 만족하는 $\mathbf{v}_1$, $\mathbf{v}_2\in S$가 존재한다. 그러므로

$$\mathbf{w}_1+\mathbf{w}_2=L(\mathbf{v}_1)+L(\mathbf{v}_2)=L(\mathbf{v}_1+\mathbf{v}_2)$$

이고, 따라서 $L(S)$는 덧셈에 대하여 닫혀있다. ■

[예제 5.14] $\mathbf{x}=\begin{pmatrix}x_1\\x_2\end{pmatrix}\in\mathbb{R}^2$에 대하여 L을 $L(\mathbf{x})=\begin{pmatrix}x_1\\0\end{pmatrix}$로 정의된 $\mathbb{R}^2$에서 $\mathbb{R}^2$로의 선형변환이라고 하자.

(1) $\mathrm{Ker}(L)$은 $\mathbf{e}_2$에 의하여 생성되는 $\mathbb{R}^2$의 1차원 부분공간이다.

(2) $L(\mathbb{R}^2)$는 $\mathbf{e}_1$에 의하여 생성되는 $\mathbb{R}^2$의 1차원 부분공간이다.

[예제 5.15] $L:\mathbb{R}^3\to\mathbb{R}^2$을 $L(\mathbf{x})=\begin{pmatrix}x_1+x_2\\x_2+x_3\end{pmatrix}$로 정의된 선형변환이라고 하고, S를 $\mathbf{e}_1$과 $\mathbf{e}_3$에 의하여 생성되는 $\mathbb{R}^3$의 부분공간이라고 하자.

(1) $\mathrm{Ker}(L)$은 $\alpha\begin{pmatrix}1\\-1\\1\end{pmatrix}$형태의 모든 벡터들로 구성된 $\mathbb{R}^3$의 1차원 부분공간이다.

(2) $L(S)=\mathbb{R}^2$이므로 $L(\mathbb{R}^3)=\mathbb{R}^2$이다.

[예제 5.16] $L:\mathbb{R}^n\to\mathbb{R}^m$은 행렬

$$A=\begin{pmatrix} a_{11} & a_{12} & \cdots & a_{1n} \\ a_{21} & a_{22} & \cdots & a_{2n} \\ \vdots & \vdots & \ddots & \vdots \\ a_{m1} & a_{m2} & \cdots & a_{mn} \end{pmatrix}$$

에 의한 곱이라 하자. Ker(L)은 다음 동차 연립일차방정식의 해들이다.

$$A\mathbf{x}=A\begin{pmatrix} x_1 \\ x_2 \\ \vdots \\ x_n \end{pmatrix}=\begin{pmatrix} 0 \\ 0 \\ \vdots \\ 0 \end{pmatrix}$$

그러므로 핵은 이 연립일차방정식의 해공간이다. L의 치역은

$$\mathbf{b}=\begin{pmatrix} b_1 \\ b_2 \\ \vdots \\ b_m \end{pmatrix}$$

에 대하여 연립일차방정식

$$A\mathbf{x}=A\begin{pmatrix} x_1 \\ x_2 \\ \vdots \\ x_n \end{pmatrix}=\begin{pmatrix} b_1 \\ b_2 \\ \vdots \\ b_m \end{pmatrix}$$

를 만족하는 모든 벡터 $\mathbf{b}$들의 집합이다. 그러므로 L의 치역은 A의 열공간이다.

$\{\mathbf{v}_1, \mathbf{v}_2, \cdots, \mathbf{v}_n\}$가 벡터공간 V에 대한 기저라 하고 $L: V \to W$는 선형변환이라고 하자. 만약 기저벡터들의 상, 즉, $L(\mathbf{v}_1)$, $L(\mathbf{v}_2)$, $\cdots$, $L(\mathbf{v}_n)$을 안다면, V 내의 임의의 벡터 $\mathbf{v}$를 기저벡터들의 일차결합

$$\mathbf{v}=\alpha_1\mathbf{v}_1+\alpha_2\mathbf{v}_2+\cdots+\alpha_n\mathbf{v}_n$$

로 나타내고 $\mathbf{v}$의 상

$$L(\mathbf{v})=\alpha_1 L(\mathbf{v}_1)+\alpha_2 L(\mathbf{v}_2)+\cdots+\alpha_n L(\mathbf{v}_n)$$

을 얻을 수 있다. 그러므로 하나의 선형변환은 한 기저에서의 변환값에 의해서 완전

히 결정되어진다.

[예제 5.17] $\mathbb{R}^3$에서 $\mathbf{v}_1=\begin{pmatrix}1\\1\\1\end{pmatrix}$, $\mathbf{v}_2=\begin{pmatrix}1\\1\\0\end{pmatrix}$, $\mathbf{v}_3=\begin{pmatrix}1\\0\\0\end{pmatrix}$인 기저 $E=\{\mathbf{v}_1, \mathbf{v}_2, \mathbf{v}_3\}$를 생각하자. $L:\mathbb{R}^3\to\mathbb{R}^2$는

$$L(\mathbf{v}_1)=\begin{pmatrix}1\\0\end{pmatrix},\quad L(\mathbf{v}_2)=\begin{pmatrix}2\\-1\end{pmatrix},\quad L(\mathbf{v}_3)=\begin{pmatrix}4\\3\end{pmatrix}$$

인 선형변환일 때 $L\begin{pmatrix}2\\-3\\5\end{pmatrix}$를 구하여라.

풀이 먼저 $\mathbf{v}=\begin{pmatrix}2\\-3\\5\end{pmatrix}$를 $\mathbf{v}_1=\begin{pmatrix}1\\1\\1\end{pmatrix}$, $\mathbf{v}_2=\begin{pmatrix}1\\1\\0\end{pmatrix}$, $\mathbf{v}_3=\begin{pmatrix}1\\0\\0\end{pmatrix}$의 일차결합으로 표시하면

$$\begin{pmatrix}2\\-3\\5\end{pmatrix}=\alpha_1\begin{pmatrix}1\\1\\1\end{pmatrix}+\alpha_2\begin{pmatrix}1\\1\\0\end{pmatrix}+\alpha_3\begin{pmatrix}1\\0\\0\end{pmatrix}$$

여기서 대응되는 성분들을 같게 놓으면

$$\begin{aligned}\alpha_1+\alpha_2+\alpha_3&=2\\ \alpha_1+\alpha_2&=-3\\ \alpha_1&=5\end{aligned}$$

이므로 $\alpha_1=5$, $\alpha_2=-8$, $\alpha_3=5$이다. 따라서,

$$\begin{pmatrix}2\\-3\\5\end{pmatrix}=5\mathbf{v}_1-8\mathbf{v}_2+5\mathbf{v}_3$$

그러므로

$$\begin{aligned}L\begin{pmatrix}2\\-3\\5\end{pmatrix}&=5L(\mathbf{v}_1)-8L(\mathbf{v}_2)+5L(\mathbf{v}_3)\\ &=5\begin{pmatrix}1\\0\end{pmatrix}-8\begin{pmatrix}2\\-1\end{pmatrix}+5\begin{pmatrix}4\\3\end{pmatrix}\\ &=\begin{pmatrix}9\\23\end{pmatrix}\end{aligned}$$

가 됨을 알 수 있다. □

> [정리 5.3] n차원 벡터공간 V와 임의의 벡터공간 W에 대하여 $L: V \to W$이 선형변환이면 다음이 성립한다.
>
> $$\dim \mathrm{Ker}(L) + \dim \mathrm{Im}(L) = n$$

연습문제 (5.2)

1. 선형변환 $L: \mathbb{R}^2 \to \mathbb{R}$를 $L\begin{pmatrix} x_1 \\ x_2 \end{pmatrix} = x_1 - x_2$로 정의할 때 다음을 구하여라.

   (1) $\mathrm{Im}(L)$, $\mathrm{Ker}(L)$ (2) $L^{-1}(1)$

2. $\mathbb{R}^2$에서의 선형변환 L_1, L_2를 $L_1\begin{pmatrix} x_1 \\ x_2 \end{pmatrix} = \begin{pmatrix} 0 \\ x_2 \end{pmatrix}$, $L_2\begin{pmatrix} x_1 \\ x_2 \end{pmatrix} = \begin{pmatrix} x_1 + x_2 \\ x_1 - x_2 \end{pmatrix}$라 할 때 다음을 구하여라.

   (1) $L_1 \circ L_2$ (2) $L_2 \circ L_1$

3. $L: \mathbb{R}^2 \to \mathbb{R}^2$는 $L(\mathbf{x}) = \begin{pmatrix} 2 & -1 \\ -8 & 4 \end{pmatrix}\mathbf{x}$이라 할 때 $\mathrm{Im}(L)$에 속하는 것은 어느 것인가?

   (1) $\begin{pmatrix} 1 \\ -4 \end{pmatrix}$ (2) $\begin{pmatrix} 5 \\ 0 \end{pmatrix}$

   (3) $\begin{pmatrix} -3 \\ 12 \end{pmatrix}$

4. $L: \mathbb{R}^2 \to \mathbb{R}^2$는 문제 3과 같은 선형변환일 때 $\mathrm{Ker}(L)$에 속하는 것은 어느 것인가?

   (1) $\begin{pmatrix} 5 \\ 10 \end{pmatrix}$ (2) $\begin{pmatrix} 1 \\ 2 \end{pmatrix}$

   (3) $\begin{pmatrix} 3 \\ 1 \end{pmatrix}$

5. 다음 선형변환의 Im(L)과 Ker(L)를 구하여라.

(1) $L\begin{pmatrix} x_1 \\ x_2 \\ x_3 \end{pmatrix} = \begin{pmatrix} x_1 - 2x_3 \\ x_2 + x_3 \end{pmatrix}$ (2) $L\begin{pmatrix} x_1 \\ x_2 \end{pmatrix} = \begin{pmatrix} x_1 - x_2 \\ x_1 + x_2 \\ x_1 - 2x_2 \end{pmatrix}$

6. V는 어떤 벡터공간이고 $L: V \to V$를 $L(\mathbf{v}) = \alpha\mathbf{v}(\alpha \in \mathbb{R} - \{0\})$로 정의할 때

(1) Ker(L) (2) Im(L)

7. $\mathbb{R}^3$에서 $\mathbf{x}_1 = \begin{pmatrix} 1 \\ 2 \\ 3 \end{pmatrix}$, $\mathbf{x}_2 = \begin{pmatrix} 2 \\ 5 \\ 3 \end{pmatrix}$, $\mathbf{x}_3 = \begin{pmatrix} 1 \\ 0 \\ 10 \end{pmatrix}$라 할 때, $L(\mathbf{v}_1) = \begin{pmatrix} 1 \\ 0 \end{pmatrix}$, $L(\mathbf{v}_2) = \begin{pmatrix} 1 \\ 0 \end{pmatrix}$, $L(\mathbf{v}_3) = \begin{pmatrix} 0 \\ 1 \end{pmatrix}$가 되는 선형변환 $L: \mathbb{R}^3 \to \mathbb{R}^2$의 공식을 구하고 $L\begin{pmatrix} 1 \\ 1 \\ 1 \end{pmatrix}$을 구하여라.

8. $L\begin{pmatrix} x_1 \\ x_2 \\ x_3 \end{pmatrix} = \begin{pmatrix} x_1 + x_2 \\ x_2 + x_3 \\ x_1 + x_3 \end{pmatrix}$로 정의된 선형변환에 있어서 다음을 구하여라.

(1) Im(L)과 Ker(L)를 구하여라.

(2) $L\begin{pmatrix} 1 \\ 2 \\ 3 \end{pmatrix}$, $L\begin{pmatrix} -1 \\ 0 \\ 1 \end{pmatrix}$을 구하여라.

5.3 선형변환의 표현행렬

(Representation matrix of linear tranform)

이 절에서는 유한차원 벡터공간에서의 선형변환은 행렬변환으로 간주할 수 있다는 것을 보인다.

예를 들어 $\mathbf{e}_1$, $\mathbf{e}_2$가 $\mathbb{R}^2$의 표준기저이고, $L: \mathbb{R}^2 \to \mathbb{R}^2$가

$$L\begin{pmatrix} x_1 \\ x_2 \end{pmatrix} = \begin{pmatrix} x_1 + 2x_2 \\ 3x_1 - 4x_2 \end{pmatrix} = A\begin{pmatrix} x_1 \\ x_2 \end{pmatrix}$$

로 주어졌다면

$$L(\mathbf{e}_1)=L\begin{pmatrix}1\\0\end{pmatrix}=\begin{pmatrix}1\\3\end{pmatrix},\quad L(\mathbf{e}_2)=L\begin{pmatrix}0\\1\end{pmatrix}=\begin{pmatrix}2\\-4\end{pmatrix}$$

이고

$$A=\begin{pmatrix}1 & 2\\3 & -4\end{pmatrix}$$
$$\quad\ \uparrow\qquad\uparrow$$
$$L(\mathbf{e}_1)\ L(\mathbf{e}_2)$$

보다 일반적으로A가 $m\times n$-행렬이면, $\mathbb{R}^n$에서 $\mathbb{R}^m$으로의 선형변환 L을 임의의 벡터 $\mathbf{x}\in\mathbb{R}^n$에 대하여 $L(\mathbf{x})=A\mathbf{x}$인 선형변환으로 생각할 수 있다. 또한 $\mathbb{R}^n$에서 $\mathbb{R}^m$으로의 임의의 선형변환 L에 대하여 $L(\mathbf{x})=A\mathbf{x}$를 만족하는 $m\times n$행렬 A가 존재함을 알게 될 것이다.

> [정리 5.4] L이 $\mathbb{R}^n$에서 $\mathbb{R}^m$으로의 선형변환일 때, 임의의 $\mathbf{x}\in\mathbb{R}^n$에 대하여 $L(\mathbf{x})=A\mathbf{x}$를 만족하는 $m\times n$ 행렬 A가 존재한다. 실제로 A의 j번째 열벡터는
>
> $$\mathbf{A}_j=L(\mathbf{e}_j),\ j=1,\ 2,\ \cdots,\ n$$

증명 $j=1,\ 2,\ \cdots,\ n$에 대하여 $\mathbf{A}_j=\begin{pmatrix}a_{1j}\\a_{2j}\\\vdots\\a_{mj}\end{pmatrix}=L(\boldsymbol{e}_j)$라고 정의하고 $A=(a_{ij})=(\mathbf{A}_1,\ \mathbf{A}_2,\ \cdots,\ \mathbf{A}_n)$이라 하면 임의의 벡터

$$\mathbf{x}=x_1\mathbf{e}_1+x_2\mathbf{e}_2+\cdots+x_n\mathbf{e}_n\in\mathbb{R}^n$$

에 대하여

$$\begin{aligned}L(\mathbf{x})&=x_1L(\mathbf{e}_1)+x_2L(\mathbf{e}_2)+\cdots+x_nL(\mathbf{e}_n)\\&=x_1\mathbf{A}_1+x_2\mathbf{A}_2+\cdots+x_n\mathbf{A}_n\\&=(\mathbf{A}_1,\ \mathbf{A}_2,\ \cdots,\ \mathbf{A}_n)\begin{pmatrix}x_1\\x_2\\\vdots\\x_n\end{pmatrix}\\&=A\mathbf{x}\end{aligned}$$

로 나타낼 수 있다. ■

> [정의 5.3] 정리 5.4의 A를 L의 표준표현행렬(standard representation matrix)이라 부른다.

[예제 5.18] 선형변환 $L:\mathbb{R}^3\to\mathbb{R}^2$를 임의의 $\mathbf{x}=\begin{pmatrix}x_1\\x_2\\x_3\end{pmatrix}\in\mathbb{R}^3$에 대해

$$L(\mathbf{x})=\begin{pmatrix}x_1+x_2\\x_2+x_3\end{pmatrix}$$

로 정의하면 $A=\begin{pmatrix}1&1&0\\0&1&1\end{pmatrix}$가 되고

$$A\mathbf{x}=\begin{pmatrix}1&1&0\\0&1&1\end{pmatrix}\begin{pmatrix}x_1\\x_2\\x_3\end{pmatrix}=\begin{pmatrix}x_1+x_2\\x_2+x_3\end{pmatrix}$$

임을 알 수 있다.

[예제 5.19] 각 벡터를 θ만큼 반시계방향으로 회전시키는 $\mathbb{R}^2$에서 $\mathbb{R}^2$으로의 선형변환을 L이라 하면 $A=\begin{pmatrix}\cos\theta&-\sin\theta\\\sin\theta&\cos\theta\end{pmatrix}$로 나타낼 수 있다.

일반적인 벡터공간에 대한 선형변환을 표현하는 행렬에 대하여 알아보자.

$E=[\mathbf{v}_1, \mathbf{v}_2, \cdots, \mathbf{v}_n]$과 $F=[\mathbf{w}_1, \mathbf{w}_2, \cdots, \mathbf{w}_m]$을 각각 V와 W의 순서기저라 하면, 임의의 선형변환 $L:V\to W$에 대하여 다음과 같은 그림을 생각할 수 있다.

$$\begin{array}{ccc}
\mathbf{v}\in V & \xrightarrow{\text{직접 계산}} & \mathbf{w}=L(\mathbf{v})\in W\\
\downarrow & & \downarrow\\
\mathbf{x}=[\mathbf{v}]_E & \xrightarrow{A\text{에 의한 계산}} & A\mathbf{x}=[\mathbf{w}]_F
\end{array}$$

이와 같이 $\mathbf{v}$가 $L(\mathbf{v})$로 사상되는 과정에 있어서 선형변환 L은 $[\mathbf{v}]_E$에서 $[L(\mathbf{v})]_F$

로 보냄으로써 $\mathbb{R}^n$에서 $\mathbb{R}^m$으로 가는 한 사상을 만들어 낸다. 이렇게 생성된 사상은 항상 선형변환임을 보일 수 있다. 이 선형변환의 표준표현행렬을 A라 하면,

$$A[\mathbf{v}]_E = [L(\mathbf{v})]_F$$

이므로 A를 구할 수 있고 실제로 $\mathbf{A}_j = [L(\mathbf{v}_j)]_F$, $j=1, 2, \cdots, n$이고 기호를 이용하여 선형변환 L의 표현행렬에 의해 표현된 행렬은

$$A = ([L(\mathbf{v}_1)]_F, [L(\mathbf{v}_2)]_F, \cdots, [L(\mathbf{v}_n)]_F)$$

로 표현된다.

> [정리 5.5] (표현행렬정리)
> $E=[\mathbf{v}_1, \mathbf{v}_2, \cdots, \mathbf{v}_n]$과 $F=[\mathbf{w}_1, \mathbf{w}_2, \cdots, \mathbf{w}_m]$을 각각 V와 W의 순서기저라 하면, 임의의 선형변환 $L : V \to W$에 대하여
>
> $$[L(\mathbf{v})]_F = A[\mathbf{v}]_E, \quad \mathbf{v} \in V$$
>
> 인 $m \times n$ 행렬 A가 존재한다. 사실,
>
> $$A = ([L(\mathbf{v}_1)]_F, [L(\mathbf{v}_2)]_F, \cdots, [L(\mathbf{v}_n)]_F)$$
>
> 임을 알 수 있다.

윗 그림에서 보인 것처럼 $L(\mathbf{v})$는 다음과 같은 3 단계의 간접적인 절차에 따라 계산된다.

(1) 좌표벡터 $[\mathbf{v}]_E$를 계산한다.

(2) 행렬 A의 우측에 $[\mathbf{v}]_E$를 곱하여 $[L(\mathbf{v})]_F$를 구한다.

(3) 좌표벡터 $[L(\mathbf{v})]_F$에서 $L(\mathbf{v})$를 만든다.

행렬 A는 기저인 E와 F에 의존하므로 보통 가능한 한 쉽게 좌표벡터를 계산하도록 E와 F를 선택한다. 그러나 어떤 경우는 행렬 A에 영인 성분이 많도록 기저 E와 F를 선택할 수도 있다. 이것이 적절히 행해질 때 행렬 A는 선형변환 L에 대해서 중요한 정보를 제공할 수 있다.

> **[정의 5.4]** 정리 5.5에서처럼 $E=[\mathbf{v}_1, \mathbf{v}_2, \cdots, \mathbf{v}_n]$과 $F=[\mathbf{w}_1, \mathbf{w}_2, \cdots, \mathbf{w}_m]$을 각각 V와 W의 순서기저라 하면, 임의의 선형변환 $L: V \to W$에 대하여 $[L(\mathbf{v})]_F = A[\mathbf{v}]_E$, $\mathbf{v} \in V$인 $m \times n$행렬 A를 ***E*와 *F*에 관한 *L*의 표현행렬**(matrix representing L with respect to E, F)이라고 한다.

주어진 선형변환 $L: V \to W$에 대하여

$$E=[\mathbf{v}_1, \mathbf{v}_2, \cdots, \mathbf{v}_n]\text{과 } F=[\mathbf{w}_1, \mathbf{w}_2, \cdots, \mathbf{w}_m]$$

을 각각 V와 W의 순서기저라 하자. $L(\mathbf{v}_i)$, $i=1, \cdots, n$의 F에 관한 좌표를 a_{ij}, $j=1, \cdots, m$라 하면

$$\begin{aligned} L(\mathbf{v}_1) &= a_{11}\mathbf{w}_1 + a_{21}\mathbf{w}_2 + \cdots + a_{m1}\mathbf{w}_m \\ L(\mathbf{v}_2) &= a_{12}\mathbf{w}_1 + a_{22}\mathbf{w}_2 + \cdots + a_{m2}\mathbf{w}_m \\ &\vdots \\ L(\mathbf{v}_n) &= a_{1n}\mathbf{w}_1 + a_{2n}\mathbf{w}_2 + \cdots + a_{mn}\mathbf{w}_m \end{aligned}$$

의 연립일차방정식의 계수행렬

$$A=\begin{pmatrix} a_{11} & a_{12} & \cdots & a_{1n} \\ a_{21} & a_{22} & \cdots & a_{2n} \\ \vdots & \vdots & \vdots & \\ a_{m1} & a_{m2} & \cdots & a_{mn} \end{pmatrix}$$

이 E와 F에 관한 L의 표현행렬이 됨을 말하고 있다.

[예제 5.20] E와 F를 각각 벡터공간 V의 순서기저라 할 때, 항등변환 $I: V \to V$의 E와 F에 대한 표현행렬은 E에서 F로의 변환행렬이다.

[예제 5.21] 선형변환 $L: \mathbb{R}^3 \to \mathbb{R}^2$를 임의의 $\mathbf{x}=\begin{pmatrix} x_1 \\ x_2 \\ x_3 \end{pmatrix} \in \mathbb{R}^3$에 대하여

$$L(\mathbf{x}) = x_1\mathbf{b}_1 + (x_2 + x_3)\mathbf{b}_2 \quad \text{단, } \mathbf{b}_1 = \begin{pmatrix} 1 \\ 1 \end{pmatrix},\ \mathbf{b}_2 = \begin{pmatrix} -1 \\ 1 \end{pmatrix}$$

로 정의할 때, 순서기저 $[\mathbf{e}_1, \mathbf{e}_2, \mathbf{e}_3]$와 $[\mathbf{b}_1, \mathbf{b}_2]$에 관한 L의 표현행렬 A는

$$A = \begin{pmatrix} 1 & 0 & 0 \\ 0 & 1 & 1 \end{pmatrix}$$

[예제 5.22] 예제 5.21에서 순서기저 $[\mathbf{b}_1, \mathbf{b}_2]$에 대하여

$$L(\alpha\mathbf{b}_1 + \beta\mathbf{b}_2) = (\alpha + \beta)\mathbf{b}_1 + 2\beta\mathbf{b}_2$$

로 정의된 $\mathbb{R}^2$에서 자신으로의 선형변환의 표현행렬 A는

$$A = \begin{pmatrix} 1 & 1 \\ 0 & 2 \end{pmatrix}$$

[정리 5.6] 전사인 선형변환 $L : \mathbb{R}^n \to \mathbb{R}^m$의 $m \times n$ 표현행렬을 A라 하면 다음이 성립한다.

$$\text{rank}(A) = \dim \text{Im}(L) = n$$

증명 따름정리 4.19에 의하여

$$\text{rank}(A) + \dim N(A) = n \text{이고 } \dim \text{Ker}(L) + \dim \text{Im}(L) = n$$

이다. 그런데 A가 L의 표현행렬이므로

$$\text{Ker}(L) = \{\mathrm{x} \mid L(\mathrm{x}) = O\} = \{\mathrm{x} \mid A\mathrm{x} = O\} = N(A)$$

이고 $\dim \text{Ker}(L) = \dim N(A)$이므로 $\text{rank}(A) = \dim \text{Im}(L)$이다. 더욱이 L이 전사이고 따라서 $\dim \text{Im}(L) = n$이다. 따라서 정리가 성립한다. ■

연습문제 (5.3)

1. 임의의 $\mathbf{x}=\begin{pmatrix} x_1 \\ x_2 \\ x_3 \end{pmatrix}\in\mathbb{R}^3$에 대해 $L(\mathbf{x})=\begin{pmatrix} x_1 \\ x_2 \end{pmatrix}$로 정의되는 선형변환 $L:\mathbb{R}^3\rightarrow\mathbb{R}^2$의 표준표현행렬을 구하여라.

2. 임의의 $\mathbf{x}=\begin{pmatrix} x_1 \\ x_2 \\ x_3 \end{pmatrix}\in\mathbb{R}^3$에 대해

$$L(\mathbf{x})=\begin{pmatrix} x_1+2x_2+x_3 \\ x_1+5x_2 \\ x_3 \end{pmatrix}$$

로 정의되는 선형변환 $L:\mathbb{R}^3\rightarrow\mathbb{R}^3$의 표준표현행렬을 구하여라.

3. 다음 각각의 선형변환의 표준표현행렬을 구하여라.

(1) $L\begin{pmatrix} x_1 \\ x_2 \\ x_3 \end{pmatrix}=\begin{pmatrix} x_2-x_1 \\ x_3-x_2 \end{pmatrix}$ (2) $L\begin{pmatrix} x_1 \\ x_2 \\ x_3 \end{pmatrix}=\begin{pmatrix} x_3 \\ x_2 \\ x_1 \end{pmatrix}$

(3) $L\begin{pmatrix} x_1 \\ x_2 \end{pmatrix}=\begin{pmatrix} x_2 \\ -x_1 \\ x_1+3x_2 \\ x_1-x_2 \end{pmatrix}$ (4) $L\begin{pmatrix} x_1 \\ x_2 \\ x_3 \\ x_4 \end{pmatrix}=\begin{pmatrix} x_4 \\ x_1 \\ x_3 \\ x_2 \\ x_1-x_3 \end{pmatrix}$

4. 예제 5.19에서처럼 각 벡터를 θ만큼 반시계 방향으로 회전시키는 $\mathbb{R}^2$에서 $\mathbb{R}^2$으로의 선형변환 L의 표준표현행렬이 $A=\begin{pmatrix} \cos\theta & -\sin\theta \\ \sin\theta & \cos\theta \end{pmatrix}$로 주어질 때 L을 구하여라.

5. (1) 선형변환 $L:\mathbb{R}^3\rightarrow\mathbb{R}^3$의 표준표현행렬이 $A=\begin{pmatrix} 1 & 1 & 0 \\ 0 & 0 & 1 \\ 1 & 0 & 1 \end{pmatrix}$와 같이 주어질 때 선형변환 L을 구하여라.

(2) 표준 순서기저 $E=[\mathbf{e}_1, \mathbf{e}_2, \mathbf{e}_3]$에서 순서기저

$$F=\left[\begin{pmatrix}1\\-1\\0\end{pmatrix}, \begin{pmatrix}-2\\1\\1\end{pmatrix}, \begin{pmatrix}1\\1\\1\end{pmatrix}\right]$$

에 관한 표현행렬을 구하여라.

6. 한 벡터 $\mathbf{x}=\begin{pmatrix}x_1\\x_2\end{pmatrix}$가 다음과 같이 사상되는 선형변환 $L:\mathbb{R}^2 \to \mathbb{R}^2$의 표준표현행렬을 구하여라.
   (1) x축에 관한 $\mathbf{v}$의 대칭
   (2) 직선 $y=x$에 관한 $\mathbf{v}$의 대칭
   (3) 원점에 관한 $\mathbf{v}$의 대칭
   (4) x축상에 $\mathbf{v}$의 직교사영

7. 벡터 $\mathbf{x}=\begin{pmatrix}x_1\\x_2\\x_3\end{pmatrix}$를 다음의 각 경우로 사상하는 선형변환 $L:\mathbb{R}^3 \to \mathbb{R}^3$에 관한 표준표현행렬을 구하여라.
   (1) xy평면에 관한 $\mathbf{v}$의 대칭
   (2) xz평면에 관한 $\mathbf{v}$의 대칭
   (3) yz평면에 관한 $\mathbf{v}$의 대칭

5.4 닮 음(Similarity)

n차원 벡터공간에서 자신으로의 선형변환을 L이라 하면 그것의 표현행렬은 V의 순서기저의 선택에 의하여 결정된다. 그러므로 선형변환을 다룰 때 가능한 간단한 L의 표현행렬을 만들도록 V의 기저를 선택해야 한다. 이런 문제는 표준기저와 같은 간단한 기저에 관련된 행렬변환을 구하는 것이 중요하다. 그러나 보통 이러한 선택이 L의 가장 간단한 행렬을 만들지는 못한다. 그래서 행렬을 간단히 하기 위한 기저변환 방법을 모색한다. 이와 같은 문제를 해결하기 위해서는 기저변환이 선형변환의 행렬에 어떠한 영향을 미치는가를 알아야 한다. 이 절에서는 이런 문제를 다룬다.

다음 예제를 통하여 두 표현행렬 사이의 관계를 살펴보자.

[예제 5.23] L을 다음과 같이 정의된 $\mathbb{R}^2$에서 자신으로의 선형변환

$$L(\mathbf{x})=\begin{pmatrix}2x_1\\x_1+x_2\end{pmatrix}$$

이라고 하자. 다음을 조사하여라.

(1) $[\mathbf{e}_1, \mathbf{e}_2]$에 대하여 L의 표준표현행렬 A를 구하여라.

(2) $[\mathbf{u}_1, \mathbf{u}_2]$에 대하여 L의 표현행렬 B를 구하여라.

(3) S가 $[\mathbf{e}_1, \mathbf{e}_2]$에서 $[\mathbf{u}_1, \mathbf{u}_2]$로의 기저의 변경에 대한 변환행렬이면, $B=SAS^{-1}$임을 실제로 확인하여라.

풀이 (1) $L(\mathbf{e}_1)=\begin{pmatrix}2\\1\end{pmatrix}$, $L(\mathbf{e}_2)=\begin{pmatrix}0\\1\end{pmatrix}$이므로, $[\mathbf{e}_1, \mathbf{e}_2]$에 대하여 L의 표준표현행렬은

$$A=\begin{pmatrix}2&0\\1&1\end{pmatrix}$$

(2) 만약 $\mathbb{R}^2$의 다른 기저 $\mathbf{u}_1=\begin{pmatrix}1\\1\end{pmatrix}$, $\mathbf{u}_2=\begin{pmatrix}-1\\1\end{pmatrix}$를 사용하면

$$L(\mathbf{u}_1)=\begin{pmatrix}2\\2\end{pmatrix},\ L(\mathbf{u}_2)=\begin{pmatrix}-2\\0\end{pmatrix}$$

따라서, $L(\mathbf{u}_1)=2\mathbf{u}_1+0\mathbf{u}_2$, $L(\mathbf{u}_2)=-\mathbf{u}_1+\mathbf{u}_2$이고 $[\mathbf{u}_1, \mathbf{u}_2]$에 대한 L의 표준표현행렬은

$$B=\begin{pmatrix}2&-1\\0&1\end{pmatrix}$$

(3) 순서기저 $[\mathbf{e}_1, \mathbf{e}_2]$에서 순서기저 $[\mathbf{u}_1, \mathbf{u}_2]$로의 변환행렬을 구해보자.

$$S^{-1}=U=(\mathbf{u}_1,\ \mathbf{u}_2)=\begin{pmatrix}1&-1\\1&1\end{pmatrix}$$

이므로

$$S=U^{-1}=\begin{pmatrix}\frac{1}{2}&\frac{1}{2}\\-\frac{1}{2}&\frac{1}{2}\end{pmatrix}$$

A와 B의 관계를 조사하면 B의 열은 $\begin{pmatrix}2\\0\end{pmatrix}=SA\mathbf{u}_1$, $\begin{pmatrix}-1\\1\end{pmatrix}=SA\mathbf{u}_2$이므로

$$B=(SA\mathbf{u}_1,\ SA\mathbf{u}_2)=SA(\mathbf{u}_1,\ \mathbf{u}_2)=SAS^{-1}$$ □

다음 정리는 두 표현행렬 사이의 관계를 설명해준다.

[정리 5.7] n차원 벡터공간 V의 임의의 선형변환 $L : V \rightarrow V$에 대하여 정의역과 공역의 동일한 순서기저 E에 대한 L의 표현행렬을 A라 하고, 정의역과 공역의 동일한 순서기저 F에 대한 L의 표현행렬을 B라 하면 $B = SAS^{-1}$이다. 단, S는 E에서 F로의 순서기저의 변경에 대한 변환행렬이다.

증명 V의 임의의 벡터 $\mathbf{v}$에 대하여

$$[\mathbf{v}]_E = \mathbf{x},\quad [\mathbf{v}]_F = \mathbf{y},\quad [L(\mathbf{v})]_E = \mathbf{x}',\quad [L(\mathbf{v})]_F = \mathbf{y}'$$

라 두자. S는 E에서 F로의 순서기저의 변경에 대한 변환행렬이므로

$$\mathbf{y} = S\mathbf{x},\quad \mathbf{y}' = S\mathbf{x}' \tag{1}$$

한편, A는 E에 관한 L의 표현행렬이고, B는 F에 관한 L의 표현행렬이므로

$$\mathbf{x}' = A\mathbf{x},\quad \mathbf{y}' = B\mathbf{y} \tag{2}$$

(1)과 (2)로부터

$$BS\mathbf{x} = B\mathbf{y} = \mathbf{y}' = S\mathbf{x}' = SA\mathbf{x}$$

즉,

$$BS\mathbf{x} = SA\mathbf{x}$$

따라서, $B = SAS^{-1}$를 만족하고

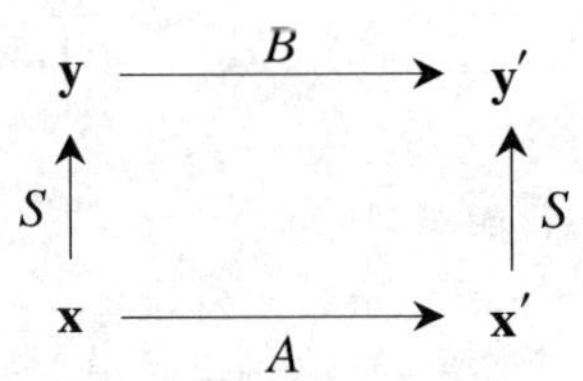

와 같이 생각할 수 있다. ■

[예제 5.24] $L : \mathbb{R}^2 \rightarrow \mathbb{R}^2$는 $L\begin{pmatrix} x_1 \\ x_2 \end{pmatrix} = \begin{pmatrix} x_1 + x_2 \\ -2x_1 + 4x_2 \end{pmatrix}$로 정의된다고 하자.

(1) L의 표준표현행렬, 즉 기저 $E=[\mathbf{e}_1, \mathbf{e}_2]$에 관한 L의 표현행렬을 구하여라. 여기서 $\mathbf{e}_1\begin{pmatrix}1\\0\end{pmatrix}$, $\mathbf{e}_2=\begin{pmatrix}0\\1\end{pmatrix}$이다.

(2) $\mathbf{u}_1=\begin{pmatrix}1\\1\end{pmatrix}$, $\mathbf{u}_2=\begin{pmatrix}1\\2\end{pmatrix}$인 기저 $F=[\mathbf{u}_1, \mathbf{u}_2]$에 관한 L의 표현행렬을 B라 한다면 E에서 F로의 기저의 변경에 대한 변환행렬 S를 이용해서 표현하여라.

풀이 (1) L의 공식에서

$$L(\mathbf{e}_1)=L\begin{pmatrix}1\\0\end{pmatrix}=\begin{pmatrix}1\\-2\end{pmatrix}$$
$$L(\mathbf{e}_2)=L\begin{pmatrix}0\\1\end{pmatrix}=\begin{pmatrix}1\\4\end{pmatrix}$$

따라서, L의 표준표현행렬은

$$A=\begin{pmatrix}1 & 1\\-2 & 4\end{pmatrix}$$

(2) 먼저 F에서 E로의 변환행렬을 구하기 위하여 기저 E에 관한 F벡터들의 좌표벡터를 구해야 한다.

$$\mathbf{u}_1=\mathbf{e}_1+\mathbf{e}_2,\quad \mathbf{u}_2=\mathbf{e}_1+2\mathbf{e}_2$$

이므로

$$[\mathbf{u}_1]_E=\begin{pmatrix}1\\1\end{pmatrix},\quad [\mathbf{u}_2]_E=\begin{pmatrix}1\\2\end{pmatrix}$$

이다. F에서 E로의 변환행렬은

$$S^{-1}=\begin{pmatrix}1 & 1\\1 & 2\end{pmatrix}$$

이므로 E에서 F로의 변환행렬은

$$S=\begin{pmatrix}2 & -1\\-1 & 1\end{pmatrix}$$

그러므로 정리 5.7에 의해서 기저 F에 관한 L의 표현행렬 B는

$$B=SAS^{-1}=\begin{pmatrix}2 & -1\\-1 & 1\end{pmatrix}\begin{pmatrix}1 & 1\\-2 & 4\end{pmatrix}\begin{pmatrix}1 & 1\\1 & 2\end{pmatrix}=\begin{pmatrix}2 & 0\\0 & 3\end{pmatrix}$$

가 됨을 알 수 있다. □

예제 5.24는 어떤 벡터공간에 대한 표준기저는 어떤 선형 연산자에 관해서 반드시 가장 간단한 행렬을 만들지는 않는다는 것을 보여준다. 즉 이 예제의 표준표현행렬 $A=\begin{pmatrix} 1 & 1 \\ -2 & 4 \end{pmatrix}$는 구조에 있어서 기저 F에 관한 표현행렬 $SAS^{-1}=\begin{pmatrix} 2 & 0 \\ 0 & 3 \end{pmatrix}$만큼 간단하지 않다. 이 행렬은 대각행렬의 하나이다. 대각행렬들은 여러 가지 고려할 만한 성질들을 갖는다. 예컨대 대각행렬

$$A=\begin{pmatrix} a_1 & 0 & \cdots & 0 \\ 0 & a_2 & \cdots & 0 \\ \vdots & \vdots & \ddots & \vdots \\ 0 & 0 & \cdots & a_n \end{pmatrix}$$

의 k제곱은

$$A^k=\begin{pmatrix} a_1^k & 0 & \cdots & 0 \\ 0 & a_2^k & \cdots & 0 \\ \vdots & \vdots & \ddots & \vdots \\ 0 & 0 & \cdots & a_n^k \end{pmatrix}$$

이다. 그래서 한 대각행렬의 k제곱을 얻기 위해서는 단지 각 대각성분을 k제곱만 하면 된다. 대각행렬이 아닌 경우는 k제곱을 얻는데 더 많은 계산이 포함된다.

[정의 5.5] A와 B가 정방행렬이고 $B=SAS^{-1}$를 만족하는 한 정칙행렬S가 존재하면 B를 A와 **닮음**(similarity)이라고 한다.

만약 $P=S^{-1}$이면 $A=PBP^{-1}$이므로 A는 B와 닮음이다. 그러므로 만일 A가 B와 닮음이면 B 또한 A와 닮음이다. 따라서, A와 B는 닮음이라 말한다. 그러므로 서로 다른 기저에 관한 선형변환 $L: V \to V$의 두 행렬들은 닮음임을 나타내고 있다.

[예제 5.25] 선형변환 L을 $L(\mathbf{x})=A\mathbf{x}$로 정의되는 $\mathbb{R}^3$으로부터 $\mathbb{R}^3$으로의 선형변환

이라고 하자. 여기서 $A=\begin{pmatrix}2&2&0\\1&1&2\\1&1&2\end{pmatrix}$. 즉, A는 $[\mathbf{e}_1, \mathbf{e}_2, \mathbf{e}_3]$에 관한 L의 표현행렬이다. $[\mathbf{y}_1, \mathbf{y}_2, \mathbf{y}_3]$에 관한 L의 표현행렬을 구하여라. 단,

$$\mathbf{y}_1=\begin{pmatrix}1\\-1\\0\end{pmatrix},\quad \mathbf{y}_2=\begin{pmatrix}-2\\1\\1\end{pmatrix},\quad \mathbf{y}_3=\begin{pmatrix}1\\1\\1\end{pmatrix}$$

풀이 $L(\mathbf{y}_1)=A\mathbf{y}_1=0=0\mathbf{y}_1+0\mathbf{y}_2+0\mathbf{y}_3$

$L(\mathbf{y}_2)=A\mathbf{y}_2=\mathbf{y}_2=0\mathbf{y}_1+1\mathbf{y}_2+0\mathbf{y}_3$

$L(\mathbf{y}_3)=A\mathbf{y}_3=4\mathbf{y}_3=0\mathbf{y}_1+0\mathbf{y}_2+4\mathbf{y}_3$

따라서, $[\mathbf{y}_1, \mathbf{y}_2, \mathbf{y}_3]$에 대하여 L을 표현하는 행렬은

$$B=\begin{pmatrix}0&0&0\\0&1&0\\0&0&4\end{pmatrix}$$

선형변환 L은 기저 $[\mathbf{y}_1, \mathbf{y}_2, \mathbf{y}_3]$에 대하여 대각행렬 B로 표현될 수 있다. A보다 B를 사용하는 것이 훨씬 간편하다. 예컨대, $A\mathbf{x}$와 $A^n\mathbf{x}$보다 $B\mathbf{x}$와 $B^n\mathbf{x}$를 계산하는 것이 더 쉽다. □

연습문제 (5.4)

1. $\mathbb{R}^3$에서 표준기저 $E=[\mathbf{e}_1, \mathbf{e}_2, \mathbf{e}_3]$과 $F=\left[\begin{pmatrix}1\\1\\0\end{pmatrix}, \begin{pmatrix}1\\0\\1\end{pmatrix}, \begin{pmatrix}0\\1\\1\end{pmatrix}\right]$라 하면 다음 물음에 답하여라.

(1) E에서 F로의 기저의 변경에 대한 변환행렬S를 구하여라.

(2) 하나의 선형변환 L의 기저 E에 관한 표현행렬이

$$A=\begin{pmatrix}3&1&-1\\2&2&-1\\2&2&0\end{pmatrix}$$

로 주어질 때 L의 순서기저 F에 관한 표현행렬을 S를 이용하여 구하여라.

2. L을 다음과 같이 정의된 $\mathbb{R}^3$에서 자신으로의 선형변환 $L(\mathbf{x})=\begin{pmatrix} x_1+x_2 \\ x_2 \\ x_1+x_3 \end{pmatrix}$이라고 하자. 다음을 조사하여라.
   (1) $[\mathbf{e}_1, \mathbf{e}_2, \mathbf{e}_3]$에 대하여 L의 표준표현행렬 A를 구하여라.
   (2) $[\mathbf{e}_1, \mathbf{e}_2, \mathbf{e}_3]$에서 $F=\left[\begin{pmatrix} 1 \\ -1 \\ 0 \end{pmatrix}, \begin{pmatrix} -2 \\ 1 \\ 1 \end{pmatrix}, \begin{pmatrix} 1 \\ 1 \\ 1 \end{pmatrix}\right]$로의 기저의 변경에 대한 변환행렬을 구하여라.
   (3) $F=\left[\begin{pmatrix} 1 \\ -1 \\ 0 \end{pmatrix}, \begin{pmatrix} -2 \\ 1 \\ 1 \end{pmatrix}, \begin{pmatrix} 1 \\ 1 \\ 1 \end{pmatrix}\right]$에서 $[\mathbf{e}_1, \mathbf{e}_2, \mathbf{e}_3]$로의 기저의 변경에 대한 변환행렬을 구하여라.

3. A와 B가 닮음이고, B와 C가 닮음이면 A와 C는 닮음이 됨을 증명하여라.

4. S가 정칙행렬일 때 $A=ST$라고 가정하자. $B=TS$라고 하면 B는 A와 닮음임을 보여라.

5.5 응용문제(Problems with applications)

<컴퓨터 그래픽과 애니메이션>

평면상의 어떤 도형은 꼭지점들의 한 집합으로서 컴퓨터에 저장 될 수 있다. 꼭지점들은 그 도형을 얻기 위하여 선으로 연결하여 표시할 수 있다. 만약, n개의 꼭지점이 있다면 이들은 한 $2\times n$ 행렬 속에 저장한다. 꼭지점들의 x좌표는 그 첫 행에, y좌표는 두 번째 행에 저장된다. 연속된 점들의 각 쌍은 한 선분으로 연결된다.

예를 들어, (0, 0), (1, 1), (1, −1)을 꼭지점으로 갖는 삼각형을 얻기 위하여 그 순서쌍을 열로 하는 행렬

$$S=\begin{pmatrix} 0 & 1 & 1 & 0 \\ 0 & 1 & -1 & 0 \end{pmatrix}$$

을 저장한다. (0, 0)앞의 점 (1, −1)이 (0, 0)에 연결되도록 점 (0, 0)의 좌표를 S의 마지막 열에 한 번 더 나타낸다(그림 5.1 참조).

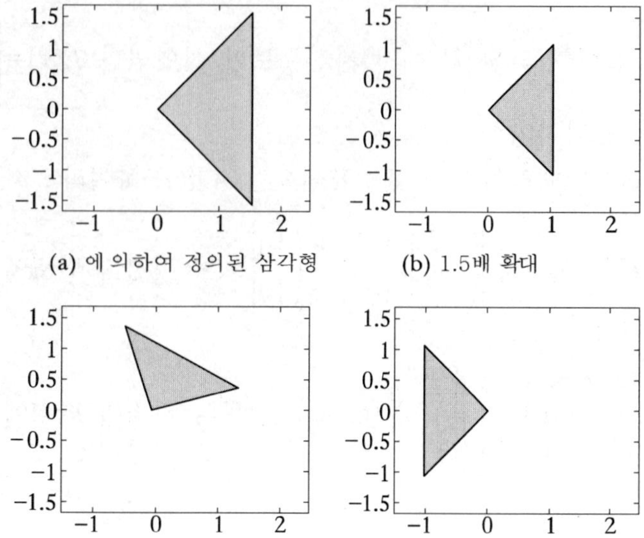

(a) 에 의하여 정의된 삼각형 (b) 1.5배 확대

(c) (d)˚60 회전

[그림 5.1] 네 가지 기본적인 기하학적 변환

꼭지점의 위치를 바꾸어 한 도형을 변환시켜 그 도형을 다시 그릴 수 있다. 만약 이 변환이 선형변환이면 행렬의 곱셈에 의하여 수행될 수 있다. 이러한 그리기의 반복에 의하여 애니메이션의 효과를 얻을 수 있다.

컴퓨터 그래픽에 사용되는 네 가지 기본적인 기하학적 변환은 다음과 같다.

1. 확대와 축소

$L(\mathbf{x})=c\mathbf{x}$형태의 선형변환에서 $c>1$이면 확대이고, $0<c<1$일 때 축소이다. $I_{(2)}$의 선형변환 L은 행렬 $cI_{(2)}$로 표현될 수 있다. 확대는 도형의 크기를 계수 $c>1$에 의하여 증가시키고, 축소는 도형의 크기를 계수 $c<1$에 의하여 감소시킨다(그림 5.1(b) 참조).

2. 축에 대한 반사

L_X가 벡터 X를 x축에 대하여 반사시키는 변환이면, L_X는 선형변환이고 따라서 2×2행렬 A로 표현된다.

$$L_X(\mathrm{e}_1)=\mathrm{e}_1,\quad L_X(\mathrm{e}_2)=-\mathrm{e}_2$$

이므로

$$A=\begin{pmatrix}1 & 0\\ 0 & -1\end{pmatrix}$$

마찬가지로 L_Y가 y축에 대하여 벡터를 반사시키는 선형변환이라고 하면, L_Y는 행렬

$$\begin{pmatrix}-1 & 0\\ 0 & 1\end{pmatrix}$$

에 의하여 표현된다. [그림 5.1(c)]는 y축에 대한 반사에 의한 삼각형 S의 상을 보여준다.

3. 회 전

L을 원점에 대하여 각 θ만큼 반시계방향으로 벡터들을 회전시키는 변환이라고 하자. L은 선형변환이고 행렬

$$A=\begin{pmatrix}\cos\theta & -\sin\theta\\ \sin\theta & \cos\theta\end{pmatrix}$$

에 대하여 $L(\mathbf{x})=A\mathbf{x}$이다. [그림 5.1(d)] 60°만큼 반시계방향으로 회전시킨 결과를 보여준다.

4. 평행이동

벡터 $\boldsymbol{a}$에 의한 평행이동은 $L(\mathbf{x})=\mathbf{x}+\boldsymbol{a}$ 형태의 변환이다. $\boldsymbol{a}\neq\mathbf{0}$이면 L은 선형변환이 아니므로 L은 2×2행렬에 의하여 표현될 수 없다. 그러나 컴퓨터 그래픽에서는 행렬의 곱셈으로써 모든 변환을 행하는 것이 요구된다. 이 문제에 대한 방법은 '동차좌표(homogeneous coordinates)'라고 부르는 새로운 좌표계를 도입하는 것이다.

동차좌표

동차좌표계는 $\mathbb{R}^2$의 각 벡터를 처음 두 좌표가 이 벡터와 같고 세 번째 좌표를 1로 갖는 $\mathbb{R}^3$ 의 벡터와 동일시 함으로써 얻어진다. 즉,

$$\begin{pmatrix} x_1 \\ x_2 \end{pmatrix} \leftrightarrow \begin{pmatrix} x_1 \\ x_2 \\ 1 \end{pmatrix}$$

동차좌표벡터 $(x_1,\ x_2,\ 1)^T$로 표현되는 한 점을 그리고자 할 때, 단순히 세 번째 좌표를 무시하고 순서쌍 $(x_1,\ x_2)$를 그리면 된다.

앞에서 언급된 선형변환은 이제 3×3행렬로 나타내어야 한다. 이를 위하여 주어진 2×2행렬표현에 $I_{(3)}$의 세 번째 행과 세 번째 열을 첨가하여 확대한다. 예를 들어 확대행렬의 경우

$$\begin{pmatrix} 3 & 0 \\ 0 & 3 \end{pmatrix}$$

이다.

제 6 장 다항식 원소를 갖는 행렬

6.1 λ 행렬(λ matrices)

[정의 6.1] 원소들이 λ에 관한 다항식인 $m \times n$ 행렬 $A(\lambda)=(a_{ij}(\lambda))$을 λ행렬 (lambda matrix)이라 한다.

[정리 6.1] $m \times n$ λ행렬 $A(\lambda)$는 스칼라 변수 λ에 관한 행렬 다항식으로 나타낼 수 있다. 즉,

$$A_p\lambda^p + A_{p-1}\lambda^{p-1} + \cdots + A_1\lambda + A_0$$

여기서 p는 다항식들 $a_{ij}(\lambda)$의 λ에 관한 최대 차수이고 A_i들은 $m \times n$행렬들이며 $A_p \neq O_{(m,\ n)}$이다.

[예제 6.1] $A(\lambda) = \begin{pmatrix} \lambda^3 & 2\lambda - 1 \\ \lambda^2 + \lambda + 1 & \lambda^4 + \lambda^2 + 5\lambda \end{pmatrix}$

$$=\begin{pmatrix}0 & 0\\0 & 1\end{pmatrix}\lambda^4+\begin{pmatrix}1 & 0\\0 & 0\end{pmatrix}\lambda^3+\begin{pmatrix}0 & 0\\1 & 1\end{pmatrix}\lambda^2+\begin{pmatrix}0 & 2\\1 & 5\end{pmatrix}\lambda+\begin{pmatrix}0 & -1\\1 & 0\end{pmatrix}$$

[정의 6.2] $n\times n$ λ행렬 $A(\lambda)$가 다음과 같다고 하자.

$$A(\lambda)=A_p\lambda^p+A_{p-1}\lambda^{p-1}+\cdots+A_1\lambda+A_0,\ A_p\neq O_{(n)}$$

위 식의 오른편에 있는 다항식을 $A(\lambda)$의 **행렬 다항식 표현**(matrix-polynomial representation)이라 한다. $|A(\lambda)|$가 영다항식일 경우는 $A(\lambda)$를 특이행렬이라 하고 영다항식이 아닐 경우는 정칙행렬이라 한다. A_p가 특이행렬이면 $A(\lambda)$를 고유행렬(proper matrix)이라 하고 A_p가 정칙행렬이면 **비고유행렬**(improper matrix)이라 한다. p를 $A(\lambda)$의 **차수**(degree)라 하고 A_p를 $A(\lambda)$의 **선행계수**(leading coefficient)라 한다.

[예제 6.2] 예제 6.1에서 $A(\lambda)$는 4차의 정칙이고 비고유이며 선행계수가 $\begin{pmatrix}0 & 0\\0 & 1\end{pmatrix}$인 행렬이다.

[정리 6.2] $A(\lambda)$와 $B(\lambda)$가 $m\times n$ λ행렬이면 $A(\lambda)+B(\lambda)$도 λ행렬이고 차수가 $A(\lambda)$와 $B(\lambda)$의 두 차수 중 큰 차수 이하이다.

[정리 6.3] $A(\lambda)$와 $B(\lambda)$가 차수가 각각 p와 q인 $m\times n$ λ행렬이면 λ행렬 $A(\lambda)B(\lambda)$의 차수는 $p+q$ 이하이다. $A(\lambda)$와 $B(\lambda)$의 선행계수가 각각 A_p, B_q이고 $A_pB_q\neq O_{(n)}$이면 $A(\lambda)B(\lambda)$의 차수는 정확하게 $p+q$이고 선행계수는 A_pB_q이다.

[정리 6.4] (나눗셈 알고리즘)
$A(\lambda)$와 $B(\lambda)$를 차수가 각각 p와 q인 $n\times n$ λ행렬이라 하고 $B(\lambda)$는 고유행렬이라 하자. 그러면

$$A(\lambda)=Q_1(\lambda)B(\lambda)+R_1(\lambda),\quad A(\lambda)=B(\lambda)Q_2(\lambda)+R_2(\lambda)$$

$(R_1(\lambda)$와 $R_2(\lambda)$는 차수가 기껏해야 $q-1)$

인 $n\times n$ λ행렬 $Q_1(\lambda)$, $R_1(\lambda)$, $Q_2(\lambda)$, $R_2(\lambda)$가 단 하나 존재한다.

더욱이, $p<q$이면 $Q_1(\lambda)=Q_2(\lambda)=O_{(n)}$이며 $p\geq q$이면 $Q_1(\lambda)$와 $Q_2(\lambda)$의 차수는 각각 $p-q$이다.

6.2 Smith 표준형(The Smith normal form)

[정의 6.3] (기본 **λ**연산)
λ행렬에 대한 다음 연산을 기본**λ연산**(elementary lambda operation)이라 한다.
(Ⅰ) 두 행이나 두 열을 서로 바꾼다.
(Ⅱ) 한 행이나 한 열에 0이 아닌 상수를 곱한다.
(Ⅲ) 한 행(열)에 상수배를 하여 다른 행(열)에 더한다.

[정의 6.4] $A(\lambda)$와 $B(\lambda)$를 $m\times n$ λ행렬이라 하자. $A(\lambda)$에 유한번의 기본λ연산을 시행하여 $B(\lambda)$가 얻어지면 $A(\lambda)$와 $B(\lambda)$는 **λ동치**(lambda equivalent)라 하고 $A(\lambda)\sim_{\lambda E}B(\lambda)$라 쓴다.

가) 기본λ연산의 역연산도 역시 하나의 기본λ연산이며 λ동치는 하나의 동치관계이다.

[정의 6.5] $A(\lambda)$를 O이 아닌 λ행렬이라 하자. $A(\lambda)$의 위수 r의 소행렬식들이 모두는 O이 아닌 최대의 정수 r을 $A(\lambda)$의 계수(rank)라 하고 $r=\text{rank}\,A(\lambda)$라 쓴

다. $O(\lambda)$은 계수가 0이라 한다.

[정리 6.5] $A(\lambda) \sim_{\lambda E} B(\lambda)$이면 rank $A(\lambda)$=rank $B(\lambda)$이다.

증명 $B(\lambda)$의 i개의 행과 열을 갖는 모든 소행렬식은 $A(\lambda)$의 i개의 행과 열을 갖는 소행렬식이거나 $A(\lambda)$의 i개의 행과 열을 갖는 소행렬식의 0이 아닌 상수배이거나 혹은

$$M_1(\lambda) + f(\lambda)M_2(\lambda)$$

이다. 여기서 $M_1(\lambda)$와 $M_2(\lambda)$는 $A(\lambda)$의 i개의 행과 열을 갖는 소행렬식이고 $f(\lambda)$는 λ에 관한 다항식이다. 그러므로 rank $B(\lambda)$는 rank $A(\lambda)$보다 클 수는 없다. 그러나 $B(\lambda) \sim_{\lambda E} A(\lambda)$이므로 rank $A(\lambda)$는 rank $B(\lambda)$보다 클 수 없다. 따라서 rank $A(\lambda)$= rank $B(\lambda)$이다. ■

λ에 관한 다항식 $f(x)$의 최고차항의 계수가 1일 때 모닉(monic)이라 한다.

[정리 6.6] 계수가 r인 O이 아닌 λ행렬 $A(\lambda)$는 다음 중 하나의 λ행렬과 λ동치이다.

$$G, \begin{pmatrix} G & O \\ O & O \end{pmatrix}, \begin{pmatrix} G \\ O \end{pmatrix}, (G \quad O)$$

여기서 $G=diag(f_1(\lambda), f_2(\lambda), \cdots, f_r(\lambda))$이고 다항식 $f_i(\lambda)$는 모닉이고 $f_{i+1}(\lambda)$를 나눈다($i=1, 2, \cdots, r-1$).

증명 $A(\lambda)$와 λ동치인 모든 행렬의 원소는 λ에 관한 다항식이며 모든 그러한 다항식들의 집합에는 최저차수의 O이 아닌 다항식 $f_1(\lambda)$가 존재한다. 정의 6.3의 연산 (Ⅰ)과 (Ⅱ)의 기본λ연산들의 시행에 의하여 $f_1(\lambda)$는 모닉이며 $A(\lambda)$와 λ동치인 행렬 $A_1(\lambda)$의 가장 위쪽의 가장 왼쪽에 위치한다고 가정할 수 있다. 만일 $f(\lambda)$가 $A_1(\lambda)$의 첫 행이나 첫 열의 다른 원소라면, 나눗셈 알고리즘에 의하여

$$f(\lambda) = q(\lambda)f_1(\lambda) + r(\lambda)$$

가 된다. 여기서 $r(\lambda)$는 $f_1(\lambda)$보다 차수가 작은 다항식이다. $A_1(\lambda)$에 연산 (Ⅲ)의 기

본λ연산을 시행해서 $r(\lambda)$를 원소로 갖는 λ행렬을 얻을 수 있다. $f_1(\lambda)$의 정의에 의하여 $r(\lambda)\equiv 0$가 되어야 한다. 그러므로 $f_1(\lambda)$는 $A_1(\lambda)$의 첫 행의 모든 원소의 인수이고 $A_1(\lambda)$의 첫 열의 모든 원소의 인수이다. 따라서 연산 (Ⅲ)의 기본λ연산을 시행해서 $A_1(\lambda)$를 다음과 같은 형태로 바꿀 수 있다.

$$\begin{pmatrix} f_1(\lambda) & O \\ O & A_2(\lambda) \end{pmatrix} \tag{6.1}$$

이때 $A_2(\lambda)$가 O이 아니면 $A_2(\lambda)$에 위와 똑같은 과정을 시행한다. 그러나 (6.1)에서 기본λ연산을 $A_2(\lambda)$를 포함하는 행이나 열에 대해서만 시행하면 첫 행과 첫 열은 변하지 않는다. 따라서 $A(\lambda)$는 다음과 같은 λ행렬과 λ동치이다.

$$\begin{pmatrix} f_1(\lambda) & O & O \\ O & f_2(\lambda) & O \\ O & O & A_3(\lambda) \end{pmatrix}$$

여기서 $f_1(\lambda)$와 $f_2(\lambda)$는 모닉이다. $A_3(\lambda)\neq O$이면 이와같이 계속 시행한다. 그러므로 $A(\lambda)$는 다음과 같은 형태의 λ행렬 중 하나와 λ동치이다.

$$\mathrm{G},\ \begin{pmatrix} \mathrm{G} & \mathrm{O} \\ \mathrm{O} & \mathrm{O} \end{pmatrix},\ \begin{pmatrix} \mathrm{G} \\ \mathrm{O} \end{pmatrix},\ (\mathrm{G}\ \ \mathrm{O}) \tag{6.2}$$

여기서 λ행렬 (6.2)는 계수가 r이므로

$$\mathrm{G}=diag(f_1(\lambda),\ f_2(\lambda),\ \cdots,\ f_r(\lambda))$$

이고 각 $f_i(\lambda)$는 모닉이다. 더욱이, 각 $f_i(\lambda)$는 $A_i(\lambda)$와 λ동치인 모든 λ행렬들의 모든 원소들의 집합에서 최소차수이다. 이제

$$\begin{aligned} A_i(\lambda) &=_{\lambda E} \begin{pmatrix} f_i(\lambda) & O & O \\ O & f_{i+1}(\lambda) & O \\ O & O & A_{i+2}(\lambda) \end{pmatrix} \\ &=_{\lambda E} \begin{pmatrix} f_i(\lambda) & O & O \\ f_i(\lambda) & f_{i+1}(\lambda) & O \\ O & O & A_{i+2}(\lambda) \end{pmatrix} \end{aligned}$$

이다. 그러나 나눗셈 알고리즘에 의하여

$$f_{i+1}(\lambda)=s_i(\lambda)f_i(\lambda)+t_i(\lambda)$$

이다. 여기서 $t_i(\lambda)$의 차수는 $f_i(\lambda)$의 차수보다 작다. 만일 마지막 행렬의 첫 열을

$-s_i(\lambda)$배 하여 두 번째 열에 더하면

$$A_i(\lambda) =_{\lambda E} \begin{pmatrix} f_i(\lambda) & -s_i(\lambda)f_i(\lambda) & O \\ f_i(\lambda) & t_i(\lambda) & O \\ O & O & A_{i+2}(\lambda) \end{pmatrix}$$

가 된다. $f_i(\lambda)$의 정의에 의하여 $t_i(\lambda) \equiv 0$이고 그러므로 $f_i(\lambda)$는 $f_{i+1}(\lambda)$를 나눈다. ■

[정리 6.7] $A(\lambda)$가 λ행렬이고 $A(\lambda) \sim_{\lambda E} B(\lambda)$이며 $d_i(\lambda)$를 $A(\lambda)$의 i개의 행과 열을 갖는 모든 소행렬식들의 최대공약수라 하자. 그러면 $d_i(\lambda)$는 $B(\lambda)$의 i개의 행과 열을 갖는 모든 소행렬식들의 최대공약수이다.

증명 정리 6.5의 증명에서 언급한 것처럼 $B(\lambda)$의 i개의 행과 열을 갖는 모든 소행렬식은 $A(\lambda)$의 i개의 행과 열을 갖는 소행렬식이거나 $A(\lambda)$의 i개의 행과 열을 갖는 소행렬식의 0이 아닌 상수배이거나 혹은

$$M_1(\lambda) + f(\lambda)M_2(\lambda)$$

이다. 여기서 $M_1(\lambda)$와 $M_2(\lambda)$는 $A(\lambda)$의 i개의 행과 열을 갖는 소행렬식이고 $f(\lambda)$는 λ에 관한 다항식이다. $A(\lambda)$의 i개의 행과 열을 갖는 모든 소행렬식들의 임의의 약수는 $B(\lambda)$의 i개의 행과 열을 갖는 모든 소행렬식들의 약수이다. 그러나 $B(\lambda) \sim_{\lambda E} A(\lambda)$이므로 마찬가지로 $B(\lambda)$의 i개의 행과 열을 갖는 모든 소행렬식들의 임의의 약수들은 $A(\lambda)$의 i개의 행과 열을 갖는 모든 소행렬식들의 약수이다. 따라서 $d_i(\lambda)$는 $B(\lambda)$의 i개의 행과 열을 갖는 모든 소행렬식들의 최대공약수이다. ■

[따름정리 6.8] 계수가 r인 λ행렬 $A(\lambda)$의 $k(\le r)$개의 행과 열들로 이루어진 소행렬식들의 최대공약수 $d_k(\lambda)$은 다음과 같다.

$$d_k(\lambda) \equiv f_1(\lambda)f_2(\lambda)\cdots f_k(\lambda)$$

이다. 여기서 $f_i(\lambda)$는 정리 6.6에 있는 것이다.

[정리 6.9] 두 $m \times n$ λ행렬이 λ동치일 필요충분조건은 다음 두 조건이 성립하는 것이다.

(i) 두 λ행렬의 계수는 같다(r이라 하자).

(ii) 각 $k(1 \leq k \leq r)$에 대하여 한 λ행렬의 k개의 행들과 열들로 이루어진 소행렬식들의 최대공약수와, 다른 λ행렬의 k개의 행들과 열들로 이루어진 소행렬식들의 최대공약수는 같다.

증명 필요조건은 정리 6.7에 의하여 분명하다. 충분조건을 보기 위하여 각 행렬이 기본λ연산에 의하여 정리 6.6에 언급된 적절한 형태로 변형되었다고 가정하자. 두 번째 행렬의 형태를 첫 행렬의 형태와 구분짓기 위하여 *를 붙이면 따름정리 6.8에 의하여 다음이 성립한다.

$$
\begin{gathered}
f_1^*(\lambda) = f_1(\lambda), \\
f_1^*(\lambda) f_2^*(\lambda) = f_1(\lambda) f_2(\lambda), \\
\cdots \\
f_1^*(\lambda) \cdots f_r^*(\lambda) = f_1(\lambda) \cdots f_r(\lambda)
\end{gathered}
$$

어떠한 $f_k(\lambda)$나 $f_k^*(\lambda)$도 O가 아니므로 $k=1, 2, \cdots, r$에 대하여 $f_k^*(\lambda) = f_k(\lambda)$이다. 그러므로 두 λ행렬의 변형된 형태는 같다. 그러므로 두 λ행렬은 λ동치이다. ■

[따름정리 6.10] 주어진 λ행렬 $A(\lambda)$와 λ동치인 정리 6.6의 행렬은 유일하다.

[정의 6.6] 주어진 λ행렬 $A(\lambda)$와 λ동치인 정리 6.6의 유일한 행렬을 Smith 표준형(Smith normal form)이라 한다.

[예제 6.3] 다음 λ행렬 $A(\lambda)$을 Smith 표준형으로 변형하여라.

$$
A(\lambda) = \begin{pmatrix} \lambda & 1 & 0 \\ 1 & 1+\lambda & 0 \\ 0 & 0 & 1+\lambda \end{pmatrix}
$$

풀이 $A(\lambda) \rightarrow \begin{pmatrix} 1 & \lambda & 0 \\ 1+\lambda & 1 & 0 \\ 0 & 0 & 1+\lambda \end{pmatrix} \rightarrow \begin{pmatrix} 1 & 0 & 0 \\ 0 & -\lambda^2-\lambda+1 & 0 \\ 0 & 0 & 1+\lambda \end{pmatrix}$

$\rightarrow \begin{pmatrix} 1 & 0 & 0 \\ 0 & 1+\lambda & 0 \\ 0 & 0 & -\lambda^2-\lambda+1 \end{pmatrix} \rightarrow \begin{pmatrix} 1 & 0 & 0 \\ 0 & 1+\lambda & -\lambda^2-\lambda+1 \\ 0 & 0 & -\lambda^2-\lambda+1 \end{pmatrix}$

$\rightarrow A(\lambda) \rightarrow \begin{pmatrix} 1 & 0 & 0 \\ 0 & 1+\lambda & 1 \\ 0 & 0 & -\lambda^2-\lambda+1 \end{pmatrix} \rightarrow \begin{pmatrix} 1 & 0 & 0 \\ 0 & 0 & 1+\lambda \\ 0 & -\lambda^2-\lambda+1 & 0 \end{pmatrix}$

$\rightarrow \begin{pmatrix} 1 & 0 & 0 \\ 0 & 1 & 0 \\ 0 & -\lambda^2-\lambda+1 & (1+\lambda)(\lambda^2+\lambda-1) \end{pmatrix} \rightarrow \begin{pmatrix} 1 & 0 & 0 \\ 0 & 1 & 0 \\ 0 & 0 & (1+\lambda)(\lambda^2+\lambda-1) \end{pmatrix}$ □

[예제 6.4] 다음 λ행렬 $A(\lambda)$을 Smith 표준형으로 변형하여라.

$$A(\lambda) = \begin{pmatrix} 1+\lambda & 1 & 0 & 0 \\ 0 & 1+\lambda & 1 & 0 \\ 0 & 1 & 1+\lambda & 0 \\ 0 & 0 & 1 & 1+\lambda \end{pmatrix}$$

풀이 $A(\lambda) = \begin{pmatrix} 1+\lambda & 1 & 0 & 0 \\ 0 & 1+\lambda & 1 & 0 \\ 0 & 1 & 1+\lambda & 0 \\ 0 & 0 & 1 & 1+\lambda \end{pmatrix} \rightarrow \begin{pmatrix} 1 & 0 & 0 & 1+\lambda \\ 1+\lambda & 1 & 0 & 0 \\ 1 & 0 & 1+\lambda & 0 \\ 0 & 1 & 1+\lambda & 0 \end{pmatrix}$

$\rightarrow \begin{pmatrix} 1 & 0 & 0 & 0 \\ 1+\lambda & 1 & 0 & -(1+\lambda)^2 \\ 1 & 1+\lambda & 0 & -(1+\lambda) \\ 0 & 1 & 1+\lambda & 0 \end{pmatrix} \rightarrow \begin{pmatrix} 1 & 0 & 0 & 0 \\ 0 & 1 & 0 & -(1+\lambda)^2 \\ 0 & 1+\lambda & 0 & -(1+\lambda) \\ 0 & 1 & 1+\lambda & 0 \end{pmatrix}$

$\rightarrow \begin{pmatrix} 1 & 0 & 0 & 0 \\ 0 & 1 & 0 & -(1+\lambda)^2 \\ 0 & 0 & 0 & \lambda(1+\lambda)(2+\lambda) \\ 0 & 0 & 1+\lambda & (1+\lambda)^2 \end{pmatrix} \rightarrow \begin{pmatrix} 1 & 0 & 0 & 0 \\ 0 & 1 & 0 & -(1+\lambda)^2 \\ 0 & 0 & 1+\lambda & (1+\lambda)^2 \\ 0 & 0 & 0 & \lambda(1+\lambda)(2+\lambda) \end{pmatrix}$

$\rightarrow \begin{pmatrix} 1 & 0 & 0 & 0 \\ 0 & 1 & 0 & -(1+\lambda)^2 \\ 0 & 0 & 1+\lambda & 0 \\ 0 & 0 & 0 & \lambda(1+\lambda)(2+\lambda) \end{pmatrix} \rightarrow \begin{pmatrix} 1 & 0 & 0 & 0 \\ 0 & 1 & 0 & 0 \\ 0 & 0 & 1+\lambda & 0 \\ 0 & 0 & 0 & \lambda(1+\lambda)(2+\lambda) \end{pmatrix}$ □

[예제 6.5] 다음 λ행렬들을 Smith 표준형으로 변형하여라.

(i) $A(\lambda)=\begin{pmatrix} 1+\lambda & 0 & 0 & 0 & 0 & 0 \\ 0 & 1+\lambda & 0 & 0 & 0 & 0 \\ 0 & 1 & 1+\lambda & 0 & 0 & 0 \\ 0 & 0 & 0 & 1+\lambda & 0 & 0 \\ 0 & 0 & 0 & 1 & 1+\lambda & 0 \\ 0 & 0 & 0 & 0 & 1 & 1+\lambda \end{pmatrix}$

(ii) $B(\lambda)=\begin{pmatrix} 1+\lambda & 0 & 0 & 0 & 0 & 0 \\ 1 & 1+\lambda & 0 & 0 & 0 & 0 \\ 0 & 1 & 1+\lambda & 0 & 0 & 0 \\ 0 & 0 & 0 & 1+\lambda & 0 & 0 \\ 0 & 0 & 0 & 1 & 1+\lambda & 0 \\ 0 & 0 & 0 & 0 & 1 & 1+\lambda \end{pmatrix}$

풀이 (i) $A(\lambda) \to \begin{pmatrix} 1 & 0 & 0 & 0 & 0 & 0 \\ 0 & 1 & 0 & 0 & 0 & 0 \\ 0 & 0 & 1 & 0 & 0 & 0 \\ 0 & 0 & 0 & 1+\lambda & 0 & 0 \\ 0 & 0 & 0 & 0 & (1+\lambda)^2 & 0 \\ 0 & 0 & 0 & 0 & 0 & (1+\lambda)^3 \end{pmatrix}$

(ii) $B(\lambda) \to \begin{pmatrix} 1 & 0 & 0 & 0 & 0 & 0 \\ 0 & 1 & 0 & 0 & 0 & 0 \\ 0 & 0 & 1 & 0 & 0 & 0 \\ 0 & 0 & 0 & 1+\lambda & 0 & 0 \\ 0 & 0 & 0 & 0 & (1+\lambda)^2 & 0 \\ 0 & 0 & 0 & 0 & 0 & (1+\lambda)^3 \end{pmatrix}$ □

연습문제 (6.2)

1. (a) 다음 λ행렬 $A(\lambda)$의 행렬 다항식 표현, 차수 그리고 선행계수를 구하여라.

$$A(\lambda)=\begin{pmatrix} \lambda^2 & \lambda+1 \\ \lambda-2 & \lambda^2+2 \end{pmatrix}$$

(b) $A(\lambda)$가 정칙임을 보여라.

2. 하나의 기본λ연산의 역도 기본λ연산임을 보여라.

3. λ행렬들의 λ동치성은 동치관계임을 보여라.

4. 다음 λ행렬들의 Smith 표준형을 구하여라.

(a) $\begin{pmatrix} \lambda & \lambda+1 \\ \lambda+2 & \lambda+3 \end{pmatrix}$ (b) $\begin{pmatrix} \lambda^2 & \lambda+1 \\ \lambda-1 & \lambda^2 \end{pmatrix}$

(c) $\begin{pmatrix} \lambda^2+\lambda-2 & 0 \\ 0 & \lambda^2+2\lambda-3 \end{pmatrix}$

5. 다음 λ행렬의 Smith 표준형을 구하여라.

$$A(\lambda)=\begin{pmatrix} \lambda & 1 & 0 & 0 \\ 1 & \lambda+1 & 1 & 0 \\ 0 & 1 & \lambda & 1 \\ 0 & 0 & 1 & \lambda+1 \end{pmatrix}$$

6. 다음 λ행렬의 Smith 표준형을 구하여라.

(a) $\begin{pmatrix} \lambda+1 & 1 & 0 & 0 & 0 \\ 1 & \lambda+1 & 1 & 0 & 0 \\ 0 & 1 & \lambda+1 & 1 & 0 \\ 0 & 0 & 1 & \lambda+1 & 1 \\ 0 & 0 & 0 & 1 & \lambda \end{pmatrix}$ (b) $\begin{pmatrix} \lambda & 1 & 0 & 0 & 0 \\ 1 & \lambda & 1 & 0 & 0 \\ 0 & 1 & \lambda+1 & 1 & 0 \\ 0 & 0 & 1 & \lambda+1 & 1 \\ 0 & 0 & 0 & 1 & \lambda \end{pmatrix}$

6.3 불변인수와 기본약수
(Invariant factors and elementary divisors)

[정의 6.7] 계수 r인 λ행렬 $A(\lambda)$의 Smith 표준형의 주대각선의 0이 아닌 다항식들 $f_1(\lambda), f_2(\lambda), \cdots, f_r(\lambda)$를 $A(\lambda)$의 **불변인수**(invariant factor)들이라 한다.

다음 정리는 따름정리 6.10에 의하여 얻어진다.

[정리 6.11] 두 $m\times n$ λ행렬이 λ동치일 필요충분조건은 이들 두 λ행렬이 같은 불변인수를 갖는 것이다.

다음 정리는 따름정리 6.8에 의하여 얻어진다.

[정리 6.12] $f_1(\lambda)$, $f_2(\lambda)$, $\cdots$, $f_r(\lambda)$를 계수가 r인 λ행렬 $A(\lambda)$의 차수가 증가하는 순서대로 나열한 불변인수들이라 하고 $d_k(\lambda)$를 $A(\lambda)$의 k개의 행과 열들을 갖는 소행렬식들의 최대공약수라고 하자. 그러면 다음이 성립한다.

$$f_i(\lambda)=\begin{cases} d_1(\lambda), & i=1 \\ d_i(\lambda)/f_1(\lambda)\cdots f_{i-1}(\lambda), & i=2, \cdots, r \end{cases}$$

[정의 6.8] $m\times n$ λ행렬 $A(\lambda)$의 계수가 r이고 $f_i(\lambda)(i=1, \cdots, r)$가 차수가 증가하는 순서대로 나열한 $A(\lambda)$의 불변인수들이라 하자. c_1, $\cdots$, c_s가 방정식 $f_r(\lambda)=0$의 서로 다른 복소근(complex root)인 다항식을

$$f_r(\lambda)=(\lambda-c_1)^{e_{r1}}\cdots(\lambda-c_s)^{e_{rs}}$$

라 하자. $f_i(\lambda)$가 $f_{i+1}(\lambda)$ $(i=1, \cdots, r-1)$를 나누기 때문에

$$f_i(\lambda)=(\lambda-c_1)^{e_{i1}}\cdots(\lambda-c_s)^{e_{is}}$$

가 된다. 여기서 $0\le e_{ij}\le e_{i+1,\,j}(i=1, \cdots, r-1;j=1, \cdots, s)$이다. rs개의 다항식들

$$g_{ij}(\lambda)\equiv(\lambda-c_j)^{e_{ij}}$$

를 $A(\lambda)$의 기본약수(elementary divisor)들이라 한다.

[예제 6.6] λ행렬 $A(\lambda)$의 불변인수들이 다음과 같다고 하자.

$$1,\ 1,\ \lambda,\ \lambda^2(\lambda-1),\ \lambda^2(\lambda-1)^2(\lambda+1)$$

여기서 $r=5$, $s=3$이다. $A(\lambda)$의 $5\times3=15$개의 기본약수들은 다음과 같다.

$$\lambda^2,\ (\lambda-1)^2,\ \lambda+1;\quad \lambda^2,\ \lambda-1,\ 1;$$
$$\lambda,\ 1,\ 1;\quad 1,\ 1,\ 1;\quad 1,\ 1,\ 1$$

[정리 6.13] (1) λ행렬 $A(\lambda)$의 불변인수들은 $A(\lambda)$의 기본약수들을 유일하게 결정하며 역도 성립한다.

(2) (i) λ행렬 $A(\lambda)$의 계수와 1이 아닌 불변인수들은 $A(\lambda)$의 기본약수들을 유일하게 결정한다.

(ii) λ행렬 $A(\lambda)$의 계수와 1이 아닌 기본약수들은 $A(\lambda)$의 기본인수들을 유일하게 결정한다.

다음 정리는 정리 6.11과 정리 6.13에 의하여 얻어진다.

[정리 6.14] 두 $m\times n$ λ행렬들이 λ동치일 필요충분조건은 두 행렬들이 같은 기본약수들을 갖는 것이다.

다음 정리는 정리 6.12에 의하여 얻어진다.

[정리 6.15] $g_1(\lambda), \cdots, g_t(\lambda)$가 쌍마다 서로소인 모닉다항식이라 하자. 그러면

$$A(\lambda)=diag(g_1(\lambda),\ \cdots,\ g_t(\lambda))$$

의 유일한 1이 아닌 불변인수는 $g_1(\lambda)\cdots g_t(\lambda)$이다.

[정리 6.16] $c_1, \cdots, c_t$를 서로 다른 복소수라 하고 $n_i>0$인 정수에 대하여 $g_i(\lambda)=(\lambda-c_i)^{n_i}$라 하자. 그러면 행렬

$$A(\lambda)=diag(g_1(\lambda),\ \cdots,\ g_t(\lambda))$$

는 $g_i(\lambda)$를 1이 아닌 기본약수들로 갖는다.

증명 $g_i(\lambda)$들은 모닉이고 쌍마다 서로소이다. 정리 6.15에 의하여 $A(\lambda)$의 1이 아닌 유일한 불변인수는 곱 $g_1(\lambda)\cdots g_t(\lambda)$이다. 그러므로 $A(\lambda)$의 1이 아닌 기본약수들은 $g_1(\lambda)$, $\cdots$, $g_t(\lambda)$이다. ■

연습문제 (6.3)

1. λ행렬 $A(\lambda)$의 기본약수가 주어졌을 때, $A(\lambda)$의 불변인수를 찾는 과정을 설명하여라.

2. 정리 6.13을 증명하여라.

3. 정리 6.15를 증명하여라.

4. 다음 다항식들은 어떤 λ행렬의 불변인수들이다. 기본약수들을 구하여라.
   (a) $1,\ 1,\ (\lambda-1)(\lambda+1),\ \lambda(\lambda-1)(\lambda+1)^2,\ \lambda^2(\lambda-1)^2(\lambda+1)^2(\lambda-3)$
   (b) $\lambda^2+1,\ \lambda^3+\lambda,\ \lambda^5+2\lambda^4+\lambda^3$

5. 다음 다항식들은 계수가 5인 λ행렬의 0이 아닌 불변인수들이다. 기본약수들을 구하여라.
   (a) $1,\ 1,\ \lambda^2+1,\ (\lambda^2+1)^3,\ (\lambda^2+1)^4$
   (b) $1,\ \lambda,\ \lambda^3+\lambda,\ \lambda^5+2\lambda^3+\lambda,\ \lambda^6+\lambda^5+2\lambda^4+2\lambda^3+\lambda^2+\lambda$

6. 다음 다항식들은 계수가 5인 λ행렬의 1이 아닌 기본약수들이다. 불변인수들을 구하여라.
   (a) $\lambda-1,\ (\lambda-1)^2,\ (\lambda-1)^3,\ \lambda+1,\ (\lambda+1)^2$
   (b) $\lambda,\ \lambda^2,\ \lambda^2,\ \lambda^3,\ \lambda-1,\ (\lambda-1)^2,\ (\lambda+1)^4$

7. 정리 6.12를 이용하여 $c_1c_2c_3\neq 0$인 다음 λ행렬의 불변인수들을 구하여라.

$$A(\lambda)=\begin{pmatrix} a-\lambda & c_1 & 0 & 0 \\ 0 & a-\lambda & c_2 & 0 \\ 0 & 0 & a-\lambda & c_3 \\ 0 & 0 & 0 & a-\lambda \end{pmatrix}$$

6.4 고유값과 고유벡터(Eigen values and eigen vectors)

A가 $n\times n$ 행렬일 때 $n\times n$ 연립일차방정식 $A\mathbf{x}=\lambda\mathbf{x}$가 $\mathbf{0}$이 아닌 해를 갖기 위한 스칼라 λ를 결정하는 것을 생각해보자.

> [정의 6.9] A가 $n\times n$ 행렬이고 λ가 스칼라일 때, $A\mathbf{x}=\lambda\mathbf{x}$를 만족하는 영벡터가 아닌 벡터 $\mathbf{x}$가 존재하면, λ를 행렬 A의 **고유값**(eigen value) 또는 **특성값**(characteristic value)이라고 한다. 벡터 $\mathbf{x}$는 고유값 λ에 대응하는 **고유벡터**(eigen vector) 또는 **특성벡터**(characteristic vector)라고 한다.

[예제 6.7] $A=\begin{pmatrix}4 & -2\\ 1 & 1\end{pmatrix}$이고 $\mathbf{x}=\begin{pmatrix}2\\ 1\end{pmatrix}$일 때 $\lambda=3$은 행렬 A의 고유값이고, $\mathbf{x}=(2,\ 1)^T$, $(4,\ 2)^T$는 고유값 $\lambda=3$에 대응하는 고유벡터임을 보여라.

풀이 $A\mathbf{x}=\begin{pmatrix}4 & -2\\ 1 & 1\end{pmatrix}\begin{pmatrix}2\\ 1\end{pmatrix}=\begin{pmatrix}6\\ 3\end{pmatrix}=3\begin{pmatrix}2\\ 1\end{pmatrix}=3\mathbf{x}$ 가 성립하며, 그리고

$$\begin{pmatrix}4 & -2\\ 1 & 1\end{pmatrix}\begin{pmatrix}4\\ 2\end{pmatrix}=\begin{pmatrix}12\\ 6\end{pmatrix}=3\begin{pmatrix}4\\ 2\end{pmatrix}$$

도 쉽게 알 수 있다. □

[예제 6.8] $\mathbf{x}=\begin{pmatrix}1\\ 0\end{pmatrix}$일 때 $\lambda=1$은 $A=\begin{pmatrix}1 & 2\\ 0 & 1\end{pmatrix}$의 고유값이 됨을 보이고, $\lambda=1$에 대응하는 고유벡터를 모두 구하여라.

풀이 $A\mathbf{x}=\begin{pmatrix}1 & 2\\ 0 & 1\end{pmatrix}\begin{pmatrix}1\\ 0\end{pmatrix}=\begin{pmatrix}1\\ 0\end{pmatrix}=\mathbf{x}$ 임을 알수 있다. 특히, 임의의 실수 x_1에 대하여 $\mathbf{x}=\begin{pmatrix}x_1\\ 0\end{pmatrix}$이라 하면 $A\mathbf{x}=\begin{pmatrix}1 & 2\\ 0 & 1\end{pmatrix}\begin{pmatrix}x_1\\ 0\end{pmatrix}=\begin{pmatrix}x_1\\ 0\end{pmatrix}=\mathbf{x}$이 성립함을 알 수 있으며 주어진 고유값에 대응하는 고유벡터는 무수히 많으며 $\mathbf{0}$을 포함하면 벡터공간이 된다는 것을 암시하고 있다. □

지금부터 고유값과 고유벡터를 구할 수 있는 방법을 모색하여 보자.

> [정의 6.10] A가 $n\times n$ 행렬이고 λ가 스칼라일 때, $A\mathbf{x}=\lambda\mathbf{x}$는 $(A-\lambda I)\mathbf{x}=\mathbf{0}$으로 고쳐 쓸 수 있으며 λ가 행렬 A의 고유값이 될 필요충분조건은 자명하지 않는 해가 존재하는 것이다. $(A-\lambda I)\mathbf{x}=\mathbf{0}$의 해집합은 $\mathrm{N}(A-\lambda I)$이며 $\mathbb{R}^n$의 부분공간이다. λ가 행렬 A의 고유값이면, $\mathrm{N}(A-\lambda I)\neq\{\mathbf{0}\}$이고, $\mathrm{N}(A-\lambda I)$에 있는 영이 아닌 벡터는 λ에 대응하는 고유벡터이다. 부분공간 $\mathrm{N}(A-\lambda I)$를 고유값 λ에 대응하는 고유공간(eigenspace)이라 한다.

[특성다항식, 특성방정식]

$A\mathbf{x}=\lambda\mathbf{x}$가 자명하지 않는 해를 가질 필요충분조건은 $A-\lambda I$가 정칙행렬이 아니거나, 또는

$$|A-\lambda I|=0$$

인 것이다. 이 행렬식을 풀면 변수 λ에 관한 n차 다항식

$$p(\lambda)=|A-\lambda I|$$

을 얻을 수 있는데 이 n차 다항식 $p(\lambda)$를 행렬 A의 **특성다항식**(characteristic polynomial)이라 하고, $|A-\lambda I|=0$을 행렬 A의 **특성방정식**(characteristic equation)이라 한다. 특성방정식의 중복도까지 고려하면 정확히 n개 고유값을 가지며 고유값이 복소수인 경우를 고려하기 위하여 스칼라의 범위를 복소수까지 확장시켜야 하고 벡터와 행렬에도 복소수 개념을 도입해야 한다.

λ가 A의 고유값인 동치조건을 정리하면 다음과 같다.

<λ가 행렬 A의 고유값이 되기 위한 동치 조건>

(a) λ가 A의 고유값이다.
$\Leftrightarrow$ (b) $(A-\lambda I)\mathbf{x}=\mathbf{0}$가 자명하지 않는 해를 갖는다.
$\Leftrightarrow$ (c) $\mathrm{N}(A-\lambda I)\neq\{\mathbf{0}\}$이다.
$\Leftrightarrow$ (d) $A-\lambda I$ 가 정칙행렬이 아니다(특이행렬이다).
$\Leftrightarrow$ (e) $|A-\lambda I|=0$이다.

[예제 6.9] $A=\begin{pmatrix}1 & 0\\ 1 & 2\end{pmatrix}$의 고유값과 그에 대응하는 고유벡터를 구하여라.

풀이 특성방정식은

$$\begin{vmatrix}1-\lambda & 0\\ 1 & 2-\lambda\end{vmatrix}=0 \Leftrightarrow \lambda^2-3\lambda+2=(\lambda-1)(\lambda-2)=0$$

이므로 $\lambda=1,\ 2$이다.

(i) $\lambda=1$인 경우 :

$x_2=-x_1$가 얻어지고 $\begin{pmatrix}x_1\\ x_2\end{pmatrix}=\begin{pmatrix}1\\ -1\end{pmatrix}$의 0이 아닌 상수 배가 고유벡터이다.

(ii) $\lambda=2$인 경우 :

$x_1=0$이고 x_2는 임의의 수이므로 $\begin{pmatrix}x_1\\ x_2\end{pmatrix}=\begin{pmatrix}0\\ 1\end{pmatrix}$의 0이 아닌 상수 배가 고유벡터이다. □

[예제 6.10] 행렬 $A=\begin{pmatrix}2 & -3 & 1\\ 1 & -2 & 1\\ 1 & -3 & 2\end{pmatrix}$의 고유값과 그에 대응하는 고유공간을 구하여라.

풀이 A의 특성방정식은

$$\begin{vmatrix}2-\lambda & -3 & 1\\ 1 & -2-\lambda & 1\\ 1 & -3 & 2-\lambda\end{vmatrix}=-\lambda(\lambda-1)^2$$

이므로 $\lambda_1=0,\ \lambda_2=\lambda_3=1$이다.

(i) $\lambda=0$에 대응하는 고유공간 :

이 공간은 $N(A)$인데 이는 통상적인 방법으로 결정된다.

$$\begin{vmatrix}2 & -3 & 1 & 0\\ 1 & -2 & 1 & 0\\ 1 & -3 & 2 & 0\end{vmatrix} \to \begin{vmatrix}1 & 0 & -1 & 0\\ 0 & 1 & -1 & 0\\ 0 & 0 & 0 & 0\end{vmatrix}$$

$x_3=\alpha$로 두어 $x_1=x_2=x_3=\alpha$를 구할 수 있다. 따라서, $\lambda=0$에 대응하는 고유공간은 $\alpha(1,\ 1,\ 1)^T$ 모양의 모든 벡터들로 구성된다.

(ii) $\lambda=1$에 대응하는 고유공간 :

$$\begin{vmatrix}1 & -3 & 1 & 0\\ 1 & -3 & 1 & 0\\ 1 & -3 & 1 & 0\end{vmatrix} \to \begin{vmatrix}1 & -3 & 1 & 0\\ 0 & 0 & 0 & 0\\ 0 & 0 & 0 & 0\end{vmatrix}$$

$x_2=\alpha$, $x_3=\beta$로 두어 $x_1=3\alpha-\beta$를 얻는다. 따라서, $\lambda=1$에 대응하는 고유공간은

$$\begin{pmatrix} 3\alpha-\beta \\ \alpha \\ \beta \end{pmatrix}=\alpha\begin{pmatrix} 3 \\ 1 \\ 0 \end{pmatrix}+\beta\begin{pmatrix} -1 \\ 0 \\ 1 \end{pmatrix}$$

모양의 모든 벡터들로 구성된다. □

[예제 6.11] $A=\begin{pmatrix} 0 & -1 \\ 1 & 0 \end{pmatrix}$의 고유값과 그에 대응하는 고유벡터를 구하여라.

풀이 $\begin{vmatrix} -\lambda & -1 \\ 1 & -\lambda \end{vmatrix}=\lambda^2+1=0$이므로 $\lambda=\pm i$가 되어 실수상에서 정의된 벡터공간에서는 해가 존재하지 않는다. 따라서, 고유벡터도 존재하지 않는다. □

[주] 앞의 예제는 다음의 행렬

$$A=\begin{pmatrix} \cos\theta & -\sin\theta \\ \sin\theta & \cos\theta \end{pmatrix}$$

에서 $\theta=\frac{\pi}{2}$인 경우이다. 즉,

$$\begin{pmatrix} 0 & -1 \\ 1 & 0 \end{pmatrix}\begin{pmatrix} x_1 \\ x_2 \end{pmatrix}=\begin{pmatrix} -x_2 \\ x_1 \end{pmatrix}\neq\lambda\begin{pmatrix} x_1 \\ x_2 \end{pmatrix}$$

이 되어 실수 범위 내에서는 이러한 변환은 존재하지 않는다. 물론 스칼라집합을 실수에서 복소수로 확대하여 복소수상의 벡터공간에서 고려하면 고유값은 존재한다. 이 때 $\lambda=i$에 대응하는 고유벡터는 $\mathbf{x}=\begin{pmatrix} i \\ 1 \end{pmatrix}$이고, $\lambda=-i$에 대응하는 고유벡터는 $\mathbf{x}=\begin{pmatrix} 1 \\ i \end{pmatrix}$이다.

> **[정의 6.11]** 행렬 A의 모든 대각성분의 합을 A의 대각합(diagonal sum)이라고 하고 $\mathrm{tr}(A)$로 나타낸다.

A를 $n\times n$ 행렬, $p(\lambda)$를 A의 특성다항식이라면

$$p(\lambda)=|A-\lambda I|=\begin{vmatrix} a_{11}-\lambda & a_{12} & \cdots & a_{1n} \\ a_{21} & a_{22}-\lambda & \cdots & a_{2n} \\ \vdots & \vdots & \ddots & \vdots \\ a_{n1} & a_{n2} & \cdots & a_{nn}-\lambda \end{vmatrix}$$

는 λ의 n차 다항식이다. 이 식을 전개할 때 λ^n의 계수는 $(-1)^n$이 되고, 이때 $\lambda_1, \cdots, \lambda_n$이 A의 고유값이면

$$\begin{aligned} p(\lambda) &= (-1)^n(\lambda-\lambda_1)(\lambda-\lambda_2)\cdots(\lambda-\lambda_n) \\ &= (\lambda_1-\lambda)(\lambda_2-\lambda)\cdots(\lambda_n-\lambda) \end{aligned}$$

이다. 그러므로 다음 식이 성립함을 알 수 있다.

$$|A|=p(0)=\lambda_1\lambda_2\cdots\lambda_n$$

$(-\lambda)^{n-1}$의 계수를 구하면 $\sum_{i=1}^{n}\lambda_i$가 되므로

$$\mathrm{tr}(A)=\sum_{i=1}^{n}a_{ii}=\sum_{i=1}^{n}\lambda_i$$

가 성립함을 알 수 있다.

[예제 6.12] 행렬 $A=\begin{pmatrix} 5 & -18 \\ 1 & -1 \end{pmatrix}$일 때, 행렬 A의 대각합을 구하여라.

풀이 $|A|=-5+18=13$, $\mathrm{tr}(A)=5-1=4$, $\begin{vmatrix} 5-\lambda & -18 \\ 1 & -1-\lambda \end{vmatrix}=\lambda^2-4\lambda+13$으로 주어지고 A의 고유값은 $\lambda_1=2+3i$, $\lambda_2=2-3i$이다. 그러므로

$$\lambda_1+\lambda_2=4=\mathrm{tr}(A),\ \lambda_1\lambda_2=13=|A|$$

□

> **[정리 6.17]** $\lambda_1, \lambda_2, \cdots, \lambda_k$가 위수가 n인 행렬의 서로 다른 고유값이며 $X_1, X_2, \cdots, X_k$가 각각 고유값들에 대응하는 고유벡터라고 하자. 그러면 $X_1, X_2, \cdots, X_k$은 일차독립이다.

증명 $d_1, d_2, \cdots, d_k$가 스칼라로서

$$d_1X_1+d_2X_2+\cdots+d_kX_k=O \tag{6.3}$$

를 만족한다고 하자. (6.3)의 양변에 A를 곱하면

$$d_1AX_1+d_2AX_2+\cdots+d_kAX_k=O \tag{6.4}$$

이다. 각 $j(j=1, 2, \cdots, k)$에 대하여 $AX_j=\lambda_jX_j$이므로 (6.4)는

$$d_1\lambda_1X_1+d_2\lambda_2X_2+\cdots+d_k\lambda_kX_k=O$$

가 된다. 같은 방법으로 계속하면 다음 식을 얻는다.

$$\begin{aligned} d_1\lambda_1X_1+d_2\lambda_2X_2+\cdots+d_k\lambda_kX_k &= O \\ d_1\lambda_1^2X_1+d_2\lambda_2^2X_2+\cdots+d_k\lambda_k^2X_k &= O \\ &\cdots \\ d_1\lambda_1^{k-1}X_1+d_2\lambda_2^{k-1}X_2+\cdots+d_k\lambda_k^{k-1}X_k &= O \end{aligned} \tag{6.5}$$

(6.5)를 다음과 같은 형태로 표현할 수 있다.

$$[d_1X_1,\ d_2X_2,\ \cdots,\ d_kX_k]\begin{pmatrix} 1 & \lambda_1 & \lambda_1^2 & \cdots & \lambda_1^{k-1} \\ 1 & \lambda_2 & \lambda_2^2 & \cdots & \lambda_2^{k-1} \\ \vdots & \vdots & \vdots & \ddots & \vdots \\ 1 & \lambda_k & \lambda_k^2 & \cdots & \lambda_k^{k-1} \end{pmatrix}=O \tag{6.6}$$

(6.6)의 왼편에 있는 $k\times k$행렬은 Vandermonde(: $=V$)의 행렬이고 λ_i들이 서로 다르므로 V는 정칙행렬이다. 그러므로 $[d_1X_1, d_2X_2, \cdots, d_kX_k]=O$이다. $X_i\neq O$이므로 $d_1=d_2=\cdots=d_k=0$이다. 따라서 X_i들은 일차독립이다. ■

[따름정리 6.17] $X=[X_1, X_2, \cdots, X_n]$은 정칙행렬이다. 여기서 $X_1, X_2, \cdots, X_n$은 정리 6.17의 서로 다른 고유값들에 대응하는 고유벡터들이다.

다음 정리는 자주 이용되는 정리이다.

[정리 6.18] (Cayley-Hamilton 정리)
A가 $n\times n$ 행렬이고

$$f(\lambda) \equiv (-1)^n[\lambda^n - a_1\lambda^{n-1} + a_2\lambda^{n-2} + \cdots + (-1)^n a_n]$$

가 A의 특성다항식이라 하자. 그러면

$$A^n - a_1A^{n-1} + a_2A^{n-2} + \cdots + (-1)^n a_n I_{(n)} = O_{(n)}$$

이다.

연습문제 (6.4)

1. 다음 행렬들의 특성다항식과 고유값들을 구하여라.

   (a) $A=\begin{pmatrix} 1 & -1 & 0 \\ 2 & 3 & 2 \\ 1 & 1 & 2 \end{pmatrix}$ (b) $B=\begin{pmatrix} 0 & 0 & -1 \\ 1 & 0 & -3 \\ 0 & 1 & -3 \end{pmatrix}$

2. $\lambda=0$가 정방행렬 A의 고유값일 필요충분조건은 A가 특이행렬임을 보여라.

3. 행렬 $\begin{pmatrix} a & b \\ c & d \end{pmatrix}$의 고유값이 하나일 필요충분조건을 구하여라. 여기서, $a, b, c, d \in \mathbb{R}$.

4. 다음 행렬의 고유값을 구하여라.

$$\begin{pmatrix} a_1 & a_2 & \cdots & a_n \\ a_1 & a_2 & \cdots & a_n \\ \vdots & \vdots & \ddots & \vdots \\ a_1 & a_2 & \cdots & a_n \end{pmatrix}$$

5. 위수가 n인 두 행렬 A, P에 대하여 P가 정칙이라고 하자. A와 $P^{-1}AP$는 같은 고유값을 가짐을 보여라.

6. 다음 행렬의 특성다항식이 $\lambda^3 + a_1\lambda^2 + a_2\lambda + a_3$임을 보여라.

$$\begin{pmatrix} 0 & 1 & 0 \\ 0 & 0 & 1 \\ -a_3 & -a_2 & -a_1 \end{pmatrix}$$

7. $b(\lambda)$가 λ에 관한 다항식이며 A는 $n\times n$ 행렬이라 하자. $b(A)=O$일 필요충분조건은 A의 특성행렬이 $b(\lambda)I_{(n)}$을 나누는 것임을 보여라.

8. $b(\lambda)$가 λ에 관한 다항식이며 $n\times n$ 행렬 A의 고유값들이 $\lambda_1, \lambda_2, \cdots, \lambda_n$이라 할 때, 다음을 보여라.

$$|b(A)| = b(\lambda_1)b(\lambda_2)\cdots b(\lambda_n)$$

9. λ_1이 정방행렬 A의 고유값이라 할 때, 다음을 보여라.
   (a) k가 0이 아닌 스칼라이면 $k\lambda_1$은 kA의 고유값이다.
   (b) r이 양의 정수이면 $(\lambda_1)^r$은 A^r의 고유값이다.
   (c) A가 정칙이면 $\dfrac{1}{\lambda_1}$은 A^{-1}의 고유값이다.

10. A와 P가 위수 n인 행렬이고 P가 정칙행렬이라 하자. X가 λ에 대응하는 A의 고유벡터이면 $P^{-1}X$는 λ에 대응하는 $P^{-1}AP$의 고유벡터임을 보여라.

11. A와 B가 위수가 n인 곱셈에 대한 교환법칙이 성립하는 행렬들이라 하자. X가 λ에 대응하는 A의 고유벡터이고 $BX\neq O$이면 BX는 λ에 대응하는 A의 고유벡터임을 보여라.

12. $X_1, X_2, \cdots, X_n$을 각각 $\lambda_1, \lambda_2, \cdots, \lambda_n$에 대응하는 $A_{(n)}$의 고유벡터들이라 하자. X_i들이 일차독립이면 λ_i들은 A의 고유값들임을 보여라.

13. $X_1, \cdots, X_n$이 n개의 각각 $\lambda_1, \cdots, \lambda_n$에 대응하는 $A_{(n)}, B_{(n)}$의 일차독립인 고유벡터들이면 $A=B$임을 보여라.

14. A가 정칙이면 A와 A^{-1}가 같은 고유벡터를 가짐을 보여라.

15. $A_{(n)}$의 고유값들이 서로 다르며 또한 $B_{(n)}$의 고유값들도 서로 다를 때, $AB=BA$일 필요충분조건은 A와 B가 같은 고유벡터들을 가지는 것임을 보여라.

16. X_1과 X_2가 각각 λ_1과 $\lambda_2(\lambda_1 \neq \lambda_2)$에 대응하는 A의 고유벡터들이고 c_1과 c_2가 스칼라일 때, $c_1X_1 + c_2X_2$가 A의 고유벡터일 조건을 구하여라.

17. 차수가 $n \geq 1$인 다항식

$$p(\lambda) = (-1)^n(\lambda^n - a_{n-1}\lambda^{n-1} - \cdots - a_1\lambda - a_0)$$

에 대하여

$$C = \begin{pmatrix} a_{n-1} & a_{n-2} & \cdots & a_1 & a_0 \\ 1 & 0 & \cdots & 0 & 0 \\ 0 & 1 & \cdots & 0 & 0 \\ \vdots & \vdots & \ddots & \vdots & \vdots \\ 0 & 0 & \cdots & 1 & 0 \end{pmatrix}$$

라 하자.

(a) λ_i가 $p(\lambda)=0$의 근이면, λ_i는 고유벡터 $\mathbf{x} = (\lambda_i^{n-1}, \lambda_i^{n-2}, \cdots, \lambda_i, 1)^T$를 갖는 C의 고유값임을 보여라.

(b) (a)를 이용하여 $p(\lambda)$는 C의 특성다항식임을 보여라.

[참고] 행렬 C를 $p(\lambda)$의 **동반행렬**(companion matrix)이라 한다.

6.5 정방행렬의 최소다항식 (The minimal polynomial of a square matrix)

[정의 6.12] A가 $n \times n$ 행렬이고 m을 $I_{(n)}, A, A^2, \cdots, A^m$이 일차종속이 되는 최소의 음이 아닌 정수라 할 때, m을 행렬 A의 **인덱스**(index)라 한다.

Cayley-Hamilton 정리에 의하여 다음 정리를 얻는다.

[정리 6.19] m이 $n \times n$ 행렬 A의 인덱스라면 $m \leq n$이다.

[예제 6.13] $A=I_{(2)}$이면 $m=1$, $n=2$이다.

[정리 6.20] 위수가 n이고 인덱스가 m인 주어진 정방행렬 A에 대하여 차수가 m인 유일한 모닉다항식

$$m(\lambda) \equiv \lambda^m + c_1\lambda^{m-1} + \cdots + c_{m-1}\lambda + c_m$$

이 존재하여

$$m(A) \equiv A^m + c_1 A^{m-1} + \cdots + c_{m-1}A + c_m I_{(n)} = O_{(n)}$$

이 성립한다.

증명 A의 인덱스가 m이므로 $I_{(n)}$, A, A^2, $\cdots$, A^m은 일차종속이다. 즉, 모두는 0이 아닌 상수 a_0, a_1, $\cdots$, a_m이 존재하여

$$a_0A^m + a_1A^{m-1} + \cdots + a_{m-1}A + a_m I_{(n)} = O_{(n)}$$

이다. a_0가 0이면 $I_{(n)}$, A, A^2, $\cdots$, A^{m-1}이 일차종속이므로 모순이 된다. 따라서 $a_0 \neq 0$이다. 그러므로

$$m(A) \equiv A^m + \frac{a_1}{a_0}A^{m-1} + \cdots + \frac{a_{m-1}}{a_0}A + \frac{a_m}{a_0}I_{(n)} = O_{(n)}$$

을 얻는다. 따라서 요구한 다항식을 하나 얻었다. 이 다항식이 유일함을 보이기 위하여

$$p(A) \equiv A^m + d_1A^{m-1} + \cdots + d_{m-1}A + d_m I_{(n)} = O_{(n)}$$

라 하자. 그러면

$$m(A) - p(A) \equiv (c_1 - d_1)A^{m-1} + \cdots + (c_m - d_m)I_{(n)} = O_{(n)}$$

이다. 모든 $i(i=1, \cdots, m)$에 대하여 $c_i = d_i$이 아니라면 이것은 A의 인덱스가 m이라는 사실에 모순이 된다. 그러므로 $p(A) \equiv m(A)$이다. ■

[정의 6.13] 정리 6.20의 유일한 모닉다항식

$$m(\lambda) \equiv \lambda^m + c_1\lambda^{m-1} + \cdots + c_{m-1}\lambda + c_m$$

을 A의 최소다항식(minimal polynomial)이라 한다.

[정리 6.21] A가 $n \times n$ 행렬이면 $p(A) = O_{(n)}$을 만족하는 모든 다항식 $p(\lambda)$는 A의 최소다항식에 의해서 나누어진다.

증명 다항식에 대한 나눗셈 알고리즘에 의하여

$$p(\lambda) \equiv m(\lambda)q(\lambda) + r(\lambda)$$

이 성립한다. 여기서 $q(\lambda)$와 $r(\lambda)$는 다항식이며 $r(\lambda)$의 차수는 m보다 작다. 그러므로

$$p(A) \equiv m(A)q(A) + r(A)$$

이며 $p(A) = m(A) = O_{(n)}$이므로 $r(A) = O_{(n)}$이다. $r(\lambda)$의 차수가 m보다 낮으므로 $r(\lambda) \equiv 0$가 아니면 $m(\lambda)$는 최소다항식이 되지 못한다. 그러므로 $p(\lambda) \equiv m(\lambda)q(\lambda)$이다. ■

[따름정리 6.22] 정방행렬 A의 최소다항식은 A의 특성다항식을 나눈다.

[정리 6.23] 위수 n인 행렬 A의 특성다항식 $f(\lambda)$의 모든 일차 인수 $\lambda - \lambda_1$은 A의 최소다항식 $m(\lambda)$의 인수이다.

증명 다항식에 대한 나눗셈 알고리즘에 의하여

$$m(\lambda) \equiv (\lambda - \lambda_1)q(\lambda) + r$$

을 얻는다. 여기서 r은 스칼라이다. 그러므로

$$m(A) \equiv (A - \lambda_1 I_{(n)})q(A) + rI_{(n)} = O_{(n)}$$

을 얻는다. 즉,

$$(A - \lambda_1 I_{(n)})q(A) = -rI_{(n)}$$

이다. 따라서

$$|A-\lambda_1 I_{(n)}|\,|q(A)| = -r^n$$

이다. $|A-\lambda_1 I_{(n)}|=0$이므로 $r=0$이며 그러므로 $m(\lambda)\equiv(\lambda-\lambda_1)q(\lambda)$이다. ■

[따름정리 6.24] 위수가 n이고 n개의 고유값들이 서로 다른 행렬 A에 대하여 $f(\lambda)$와 $m(\lambda)$를 각각 A의 특성다항식과 최소다항식이라 하자. 그러면 $f(\lambda)\equiv(-1)^n m(\lambda)$이다.

[정의 6.14] 정방행렬 A에 대하여 A의 인덱스가 A의 위수보다 작을 때, A를 부족행렬(derogatory matrix)이라 한다.

[따름정리 6.25] 정방행렬 A의 고유값들이 모두 같으면 A는 부족행렬이 된다.

증명 A의 위수를 $n(>1)$이라 하고 A의 고유값들을 $\lambda_1=\lambda_2=\cdots=\lambda_n=\mu$라 하자. 그러면 $p(\lambda)=(-1)^n(\lambda-\mu)^n$이다. 그러므로 A의 최소다항식 $m(\lambda)=\lambda-\mu$가 된다. $m(A)=A-\mu I=O$이므로 A의 인덱스는 1이 되어 $1<n$이므로 A는 부족행렬이다. ■

다음의 예제는 따름정리 6.25의 역은 일반적으로 성립하지 않음을 보여준다.

[예제 6.14] $A=\begin{pmatrix}2&0&0\\0&4&0\\1&0&2\end{pmatrix}$, $B=\begin{pmatrix}2&0&0\\-1&4&0\\-3&6&2\end{pmatrix}$라 하면 A와 B의 고유값은 $\lambda_1=4$, $\lambda_2=\lambda_3=2$이다.

$$aI_{(3)}+bA+cA^2=a\begin{pmatrix}1&0&0\\0&1&0\\0&0&1\end{pmatrix}+b\begin{pmatrix}2&0&0\\0&4&0\\1&0&2\end{pmatrix}+c\begin{pmatrix}4&0&0\\0&16&0\\4&0&4\end{pmatrix}=\begin{pmatrix}0&0&0\\0&0&0\\0&0&0\end{pmatrix}$$

라 하면 $a=b=c=0$이다.

$$aI_{(3)}+bA+cA^2+dA^3=a\begin{pmatrix}1&0&0\\0&1&0\\0&0&1\end{pmatrix}+b\begin{pmatrix}2&0&0\\0&4&0\\1&0&2\end{pmatrix}+c\begin{pmatrix}4&0&0\\0&16&0\\4&0&4\end{pmatrix}+d\begin{pmatrix}8&0&0\\0&64&0\\12&0&8\end{pmatrix}$$
$$=\begin{pmatrix}0&0&0\\0&0&0\\0&0&0\end{pmatrix}$$

라 하면 $a=-16\alpha$, $b=-44\alpha$, $c=8\alpha$, $d=\alpha$, $\alpha\in\mathbb{R}$이므로 A의 인덱스가 3이므로 부족행렬이 아니다.

$$aI_{(3)}+bB+cB^2=a\begin{pmatrix}1&0&0\\0&1&0\\0&0&1\end{pmatrix}+b\begin{pmatrix}2&0&0\\-1&4&0\\-3&6&2\end{pmatrix}+c\begin{pmatrix}4&0&0\\-6&32&0\\-18&36&4\end{pmatrix}=\begin{pmatrix}0&0&0\\0&0&0\\0&0&0\end{pmatrix}$$

라 하면 $a=8\alpha$, $b=-6\alpha$, $c=\alpha$, $\alpha\in\mathbb{R}$가 되어 B의 인덱스가 3보다 작기 때문에 부족행렬이다.

연습문제 (6.5)

1. 인덱스 m인 행렬 A에 대하여 A^m의 다항식 함수는 차수가 기껏해야 $m-1$인 A의 다항식 함수로서 표시할 수 있음을 보여라.

2. A가 정칙이고 인덱스가 m이면 A^{-1}는 차수가 기껏해야 $m-1$인 A의 다항식 함수로서 표시할 수 있음을 보여라.

3. 행렬 A가 거듭제곱이 O 행렬이 되는 행렬일 필요충분조건은 A의 고유값들이 모두 0임을 보여라.

4. $A^2=A$를 만족하는 행렬 A의 고유값들이 0 또는 1임을 보여라. 또한 rank(A)는 고유값들이 1이 되는 고유값들의 개수임을 보여라.

5. 다음 행렬 A가 부족행렬임을 보여라.

$$A=\begin{pmatrix}7&4&-1\\4&7&-1\\-4&-4&4\end{pmatrix}$$

6.6 정방행렬의 최소다항식 구하기 (Finding the minimal polynomial of a square matrix)

다음 정리는 정방행렬의 최소다항식을 구하는 방법을 제시하는 자주 이용되는 정리이다.

> **[정리 6.26]** $f(\lambda)$를 위수가 $n>1$인 정방행렬 A의 특성다항식이라 하고 $h(\lambda)$를 $A-\lambda I$의 $n-1$개의 행과 열들을 갖는 소행렬식들의 최대공약수라고 하자. 그러면 다항식
>
> $$g(\lambda) \equiv f(\lambda)/h(\lambda)$$
>
> 는 A의 최소다항식이다.

증명 A의 특성다항식은

$$|A-\lambda I| = f(\lambda) = g(\lambda)h(\lambda)$$

이 되고

$$\mathrm{adj}(A-\lambda I) = h(\lambda)B(\lambda)$$

이다. 여기서 $B(\lambda)$의 원소들의 최대공약수는 1이다.

$$(A-\lambda I)[\mathrm{adj}(A-\lambda I)] \equiv f(\lambda)I$$

이므로

$$(A-\lambda I)h(\lambda)B(\lambda) \equiv g(\lambda)h(\lambda)I$$

즉,

(1) $$(A-\lambda I)B(\lambda) \equiv g(\lambda)I$$

이다. 그러므로 Cayley-Hamilton 정리에 의하여 $g(A)=O$이며 A의 최소다항식 $m(\lambda)$는 $g(\lambda)$를 나눈다. 따라서

(2) $$g(\lambda) = q(\lambda)m(\lambda)$$

라 하자. $m(A)=O$이므로 $\lambda I-A$는 $m(\lambda)I$의 인수가 되고 따라서 $\lambda I-A$도 $m(\lambda)A$의 인수가 된다. 그러므로

(3) $$m(\lambda)I=(A-\lambda I)C(\lambda)$$

라 하자. (1), (2) 그리고 (3)에 의하여

$$(A-\lambda I)B(\lambda)\equiv g(\lambda)I\equiv q(\lambda)m(\lambda)I\equiv q(\lambda)(A-\lambda I)C(\lambda)$$

이므로

$$B(\lambda)=q(\lambda)C(\lambda)$$

이다. $q(\lambda)$는 $B(\lambda)$의 모든 원소를 나누므로 $q(\lambda)=1$이다. 따라서 $g(\lambda)=m(\lambda)$이다. ■

[따름정리 6.27] 위수 n인 정방행렬의 최소다항식은 $A-\lambda I$의 최고 차수의 불변인수이다.

증명 $n=1$이면 분명하다. $n>1$이라 하자. λ행렬 $A-\lambda I$의 계수는 n이다. $g_1(\lambda), \cdots, g_n(\lambda)$를 차수가 순서대로 커지는 A의 불변인수들이라 하자. 그러면 따름정리 6.8에 의하여

$$|A-\lambda I|=f(\lambda)=g_1(\lambda)g_2(\lambda)\cdots g_n(\lambda)$$

이고

$$h(\lambda)=g_1(\lambda)g_2(\lambda)\cdots g_{n-1}(\lambda)$$

이므로

$$m(\lambda)=\frac{f(\lambda)}{h(\lambda)}=g_n(\lambda)$$

이다. ■

[따름정리 6.28] 위수 n인 정방행렬 A가 부족행렬이 아닐 필요충분조건은 $A-\lambda I$가 오직 하나의 1이 아닌 불변인수를 갖는 것이다.

증명 $A-\lambda I$가 $k(1\le k\le n))$개의 1이 아닌 불변인수 $g_1(\lambda), g_2(\lambda), \cdots, g_k(\lambda)$를 갖는다

면 $|A-\lambda I|=f(\lambda)=g_1(\lambda)g_2(\lambda)\cdots g_k(\lambda)$이다. $f(A)=O$이므로 $g_i(A)=O$가 되는 i가 존재한다. $g_i(\lambda)$의 차수가 n보다 작기 때문에 A는 부족행렬이 된다. 역으로, $A-\lambda I$가 오직 하나의 1이 아닌 불변인수를 갖는다면 A의 특성다항식과 최소다항식이 같다. 그러므로 A의 인덱스가 n이다. 따라서 A는 부족행렬이 아니다.

[예제 6.15] 다음 행렬 A의 최소다항식을 구하여라.

$$A=\begin{pmatrix}0&1&0\\1&1&0\\0&0&1\end{pmatrix}$$

풀이 예제 6.3에 의하여

$$A(\lambda)\rightarrow\begin{pmatrix}1&0&0\\0&1&0\\0&0&-(\lambda-1)(\lambda^2-\lambda-1)\end{pmatrix}$$

이 되어 A의 최소다항식은 $(\lambda-1)(\lambda^2-\lambda-1)$이다. □

[예제 6.16] 다음 행렬들의 최소다항식을 구하여라.

$$(\text{i})\ A=\begin{pmatrix}1&0&0&0&0&0\\0&1&0&0&0&0\\0&1&1&0&0&0\\0&0&0&1&0&0\\0&0&0&1&1&0\\0&0&0&0&1&1\end{pmatrix}\qquad(\text{ii})\ B=\begin{pmatrix}1&0&0&0&0&0\\1&1&0&0&0&0\\0&1&1&0&0&0\\0&0&0&1&0&0\\0&0&0&1&1&0\\0&0&0&0&1&1\end{pmatrix}$$

풀이 (i) $A(\lambda)\rightarrow\begin{pmatrix}1&0&0&0&0&0\\0&1&0&0&0&0\\0&0&1&0&0&0\\0&0&0&1-\lambda&0&0\\0&0&0&0&(1-\lambda)^2&0\\0&0&0&0&0&(1-\lambda)^3\end{pmatrix}$

이 되므로 A의 최소다항식은 $(\lambda-1)^3$이다.

$$(\text{ii})\ B(\lambda) \rightarrow \begin{pmatrix} 1 & 0 & 0 & 0 & 0 & 0 \\ 0 & 1 & 0 & 0 & 0 & 0 \\ 0 & 0 & 1 & 0 & 0 & 0 \\ 0 & 0 & 0 & 1-\lambda & 0 & 0 \\ 0 & 0 & 0 & 0 & (1-\lambda)^2 & 0 \\ 0 & 0 & 0 & 0 & 0 & (1-\lambda)^3 \end{pmatrix}$$

이 되므로 B의 최소다항식은 $(\lambda-1)^3$이다. □

연습문제 (6.6)

1. 다음 행렬의 최소다항식을 구하여라.

$$A=\begin{pmatrix} 1 & -1 & 0 \\ 2 & 3 & 2 \\ 1 & 1 & 2 \end{pmatrix}$$

2. 위수가 n인 행렬 A가 부족행렬이 아닐 필요충분조건은 $A-\lambda I$의 모든 $(n-1)$개의 행과 열들로 이루어진 소행렬식들의 최대공약수가 1임을 보여라.

3. A와 B가 위수가 n인 정방행렬이고 $r(\lambda)$와 $s(\lambda)$가 각각 AB와 BA의 최소다항식이라 하자. 다음을 증명하여라.
   (a) A와 B중 적어도 하나가 정칙이면 $r(\lambda)=s(\lambda)$이다.
   (b) A와 B가 특이행렬이면 $r(\lambda)$와 $s(\lambda)$는 기껏해야 λ배 만큼 차이가 난다.

4. A는 위수가 (n, m)인 행렬이고 B는 위수가 (m, n)인 행렬이라 하자. 여기서 $m>n$이다. $r(\lambda)$와 $s(\lambda)$를 각각 AB와 BA의 특성다항식이라 할 때, $r(\lambda)=\lambda^{m-n}s(\lambda)$임을 증명하여라.

5. 두 정방행렬 A_1과 A_2(위수가 서로 같을 필요는 없다.)의 최소다항식이 각각 $m_1(\lambda)$와 $m_2(\lambda)$라면 $A=diag(A_1, A_2)$의 최소다항식은 $m_1(\lambda)$와 $m_2(\lambda)$의 최소공배수임을 보여라.

6. 다음 행렬 A에 대하여

$$A=\begin{pmatrix}1&1&1&0&0&0\\1&0&0&0&0&0\\0&1&0&0&0&0\\0&0&0&0&1&0\\0&0&0&1&0&0\\0&0&0&0&0&1\end{pmatrix}$$

(a) A의 특성다항식을 구하여라.

(b) A의 최소다항식을 구하여라.

(c) A의 1인 아닌 불변인수들을 구하여라.

(d) A의 1이 아닌 기약인수들을 구하여라.

(e) A의 최소다항식을 이용하여 A^{-1}을 구하여라.

7. 다음 행렬 A에 대하여

$$B=\begin{pmatrix}1&1&1&0&0&0\\1&0&0&0&0&0\\0&1&0&0&0&0\\0&0&0&1&1&1\\0&0&0&1&0&0\\0&0&0&0&1&0\end{pmatrix}$$

(a) A의 특성다항식을 구하여라.

(b) A의 최소다항식을 구하여라.

(c) A의 1인 아닌 불변인수들을 구하여라.

(d) A의 1이 아닌 기약인수들을 구하여라.

(e) A의 최소다항식을 이용하여 A^{-1}을 구하여라.

8. 나음의 동반행렬 A에 대하어

$$A=\begin{pmatrix}0&0&1&1\\1&0&0&0\\0&1&0&0\\0&0&1&0\end{pmatrix}$$

(a) A의 특성다항식을 구하여라.

(b) A의 최소다항식을 구하여라.

(c) (a)의 결과와 (b)의 결과가 같음을 확인하여라.

9. 다음의 동반행렬 A에 대하여

$$A=\begin{pmatrix} -1 & 0 & 1 & -1 \\ 1 & 0 & 0 & 0 \\ 0 & 1 & 0 & 0 \\ 0 & 0 & 1 & 0 \end{pmatrix}$$

(a) A의 특성다항식을 구하여라.
(b) A의 최소다항식을 구하여라.
(c) (a)의 결과와 (b)의 결과가 같음을 확인하여라.

10. 행렬 A를 위수가 n인 동반행렬이라 하면, A의 최소다항식과 특성다항식이 같음을 보여라.

6.7 대각행렬 및 닮음행렬 (Diagonalizable and similar matrices)

[정의 6.15] $n\times n$ 행렬 A에 대하여 $X^{-1}AX=D$인 정칙행렬 X와 대각행렬 D가 존재하면, A를 대각화 가능(diagonalizable)이라고 하고, X는 A를 대각화한다고 한다. 그리고 X를 A의 **대각행렬**(diagonalizable matrix)이라 한다.

다음의 정리는 행렬의 대각화의 가능성을 판별하고, 주어진 행렬의 대각행렬과 고유값과의 관계를 알려준다.

[정리 6.29] $n\times n$ 행렬 A가 대각화 가능일 필요충분조건은 A가 n개의 일차독립인 고유벡터를 갖는 것이다.

증명 행렬 A가 n개의 일차독립인 고유벡터 $X_1, X_2, \cdots, X_n$을 갖는다고 가정하자. 그리고 λ_i를 각 i에 대하여 고유벡터 X_i에 대응하는 고유값이라고 하자. (λ_i 중에는 같은 것도 있을 수 있다) 또, $j=1, \cdots, n$에 대하여, X를 j번째 열벡터가 X_j인 행렬이라 하자.

그러면, AX의 j번째 열벡터는 $AX_j=\lambda_j X_j$ 이다. 그러므로

$$AX=(AX_1,\ AX_2,\ \cdots,\ AX_n)=(\lambda_1 X_1,\ \lambda_2 X_2,\ \cdots,\ \lambda_n X_n)$$
$$=(X_1,\ X_2,\ \cdots,\ X_n)\begin{pmatrix}\lambda_1 & & & \\ & \lambda_2 & & \\ & & \ddots & \\ & & & \lambda_n\end{pmatrix}=XD$$

이다. X가 n개의 일차독립인 열벡터를 가지므로, X는 정칙이고

$$D=X^{-1}XD=X^{-1}AX$$

이다. 역으로, A가 대각화 가능이라고 하자. 그러면 $AX=XD$인 정칙행렬 X가 존재한다. 만약 $X_1,\ X_2,\ \cdots,\ X_n$이 X의 열벡터라고 하면, 각 j에 대하여

$$AX_j=\lambda_j X_j\ \ (\lambda_j=d_{jj})$$

이다. 그러므로 각 j에 대하여, λ_j는 A의 고유값이고 X_j는 λ_j에 대응하는 고유벡터이다. X의 열벡터가 일차독립이므로, A는 n개의 일차독립인 고유벡터를 갖는다. ■

[예제 6.17] $A=\begin{pmatrix}4 & 1\\ -2 & 1\end{pmatrix}$라 할 때, A의 고유값은 $\lambda_1=3$과 $\lambda_2=2$이고, λ_1과 λ_2에 대응하는 고유벡터는 각각 $X_1=\begin{pmatrix}1\\ -1\end{pmatrix}$과 $X_2=\begin{pmatrix}1\\ -2\end{pmatrix}$이다. $X=\begin{pmatrix}1 & 1\\ -1 & -2\end{pmatrix}$라 하면,

$$X^{-1}AX=\begin{pmatrix}1 & 1\\ -1 & -2\end{pmatrix}^{-1}\begin{pmatrix}4 & 1\\ -2 & 1\end{pmatrix}\begin{pmatrix}1 & 1\\ -1 & -2\end{pmatrix}=\begin{pmatrix}3 & 0\\ 0 & 2\end{pmatrix}$$

이고

$$XDX^{-1}=\begin{pmatrix}1 & 1\\ -1 & -2\end{pmatrix}\begin{pmatrix}3 & 0\\ 0 & 2\end{pmatrix}\begin{pmatrix}1 & 1\\ -1 & -2\end{pmatrix}^{-1}=\begin{pmatrix}4 & 1\\ -2 & 1\end{pmatrix}=A$$

가 됨을 알 수 있다.

[예제 6.18] $A=\begin{pmatrix}1 & 2\\ 0 & 1\end{pmatrix}$라 하자. A의 고유값은 1 뿐이다. $\lambda=1$에 대응하는 임의의 고유벡터는 $X_1=\begin{pmatrix}1\\ 0\end{pmatrix}$의 스칼라 배이다. 따라서, A는 부족행렬이고, 대각화 가능하지 않다.

정의 5.5에서 정의한 닮음을 다시 한번 언급한다.

[정의 6.16] 위수가 같은 두 정방행렬 A와 B에 대하여 정칙행렬 P가 존재하여 $B=P^{-1}AP$를 만족하면 B가 A와 닮았다(similar)고 하고 $B=_S A$라 쓴다.

[정리 6.30] 행렬의 닮음은 동치관계이다.

증명 A, B, C를 위수가 같은 정방행렬들이라 하자. $A=I^{-1}AI$이므로 $A=_S A$이다. $A=_S B$라 하자. 그러면 정칙행렬 P가 존재하여 $A=P^{-1}AP$이다. 그러므로 $B=PAP^{-1}=(P^{-1})^{-1}AP^{-1}$이다. 따라서 $B=_S A$이다. 마지막으로 $A=_S B$이고 $B=_S C$라 하자. 그러면 정칙행렬 P와 Q가 존재하여 $A=P^{-1}BP$이고 $B=Q^{-1}CQ$이다. 그러므로 $A=P^{-1}(Q^{-1}CQ)P=(QP)^{-1}C(QP)$이다. 즉 $A=_S C$이다. ■

[정리 6.31] 닮음행렬들은 같은 고유값을 갖는다.

증명 $A=_S B$라 하자. 그러면 정칙행렬 P가 존재하여 $A=P^{-1}BP$이다. 그러므로

$$\begin{aligned}|A-\lambda I| &= |P^{-1}||A-\lambda I||P| = |P^{-1}(A-\lambda I)P| \\ &= |P^{-1}AP-\lambda P^{-1}IP| = |P^{-1}AP-\lambda I| \\ &= |B-\lambda I|\end{aligned}$$

이다. ■

[따름정리 6.32] $A=_S B$이면 tr A=tr B이고 $|A|=|B|$이다.

[정리 6.33] $n\times n$ 행렬 A가 대각행렬 D와 닮을 필요충분조건은 A가 n개의 일차독립인 고유벡터를 갖는 것이다.

증명 $A=_S D$이고 $D=diag(d_1, d_2, \cdots, d_n)$이라 하자. 그러면 정칙행렬 P가 존재하여 $D=P^{-1}AP$ 즉 $AP=PD$이다. $P_i(i=1, \cdots, n)$를 P의 i번째 열이라 하자. 즉

$$P=[P_1,\ P_2,\ \cdots,\ P_n]$$

그러면

$$AP=A[P_1,\ \cdots,\ P_n]=[P_1,\ \cdots,\ P_n]diag(d_1,\ \cdots,\ d_n)$$

가 되어 각 $i(i=1,\ \cdots,\ n)$에 대하여

$$AP_i=d_iP_i$$

이고 $P_1,\ P_2,\ \cdots,\ P_n$은 A의 고유벡터들이다. P가 정칙이므로 $P_1,\ P_2,\ \cdots,\ P_n$은 일차독립이다.

역으로, $P_1,\ P_2,\ \cdots,\ P_n$이 일차독립인 A의 고유벡터들이고 $d_1,\ d_2,\ \cdots,\ d_n$이 대응하는 A의 고유값들이라 하자. 그러면 각 $i(i=1,\ \cdots,\ n)$에 대하여

$$AP_i=d_iP_i$$

이다.

$$P=[P_1,\ P_2,\ \cdots,\ P_n],\ D=diag(d_1,\ d_2,\ \cdots,\ d_n)$$

라 두면 $AP=PD$이 된다. P_i들이 일차독립이므로 P는 정칙이다. 따라서 P^{-1}가 존재한다. 그러므로 $D=P^{-1}AP$가 된다. 따라서 $A=_SD$이다. ■

[따름정리 6.34] A가 대각행렬 D와 닮으면 D의 주대각성분들이 A의 고유값들이 된다.

[따름정리 6.35] A의 고유값들이 서로 다르면 대각행렬 D와 닮는다.

증명 A의 고유값들이 서로 다르므로 정리 6.17에 의하여 고유값들에 대응하는 고유벡터들은 일차독립이다. 그러므로 정리 6.33에 의하여 A는 대각화가능하다. 따라서 정칙행렬 P가 존재하여 $D=P^{-1}AP$가 된다. 즉, $A=_SD$이다. ■

연습문제 (6.7)

1. 다음 행렬을 대각화하여라.

(1) $\begin{pmatrix} 2 & -3 \\ 2 & -5 \end{pmatrix}$ (2) $\begin{pmatrix} 1 & 1 \\ 1 & 2 \end{pmatrix}$

(3) $\begin{pmatrix} 1 & 2 \\ 2 & -1 \end{pmatrix}$ (4) $\begin{pmatrix} 3 & -1 \\ -1 & 2 \end{pmatrix}$

(5) $\begin{pmatrix} 1 & -1 \\ 1 & 2 \end{pmatrix}$ (6) $\begin{pmatrix} 1 & 1 & 2 \\ 1 & 1 & -1 \\ 3 & -3 & 0 \end{pmatrix}$

2. 다음 행렬들의 고유값과 고유벡터를 구하고 대각화 가능한가를 보여라.

(1) $\begin{pmatrix} 1 & 0 \\ 1 & 1 \end{pmatrix}$ (2) $\begin{pmatrix} 1 & -1 \\ 1 & 1 \end{pmatrix}$

(3) $\begin{pmatrix} 1 & 2 & 2 \\ 0 & 2 & 1 \\ -1 & 2 & 2 \end{pmatrix}$ (4) $\begin{pmatrix} 1 & 1 & 2 \\ -1 & 2 & 1 \\ 0 & 1 & -1 \end{pmatrix}$

3. 수열 1, 1, 2, 3, 5, 8, 15, …와 같이 바로 앞의 두 항의 합으로 다음 항이 주어지는 수열을 **피보나치 수열**(Fibonacci sequence)이라 한다. $(k+2)$번째 항이 $x_{k+2}=x_{k+1}+x_k$로써 주어질 때 다음을 증명하여라.

(1) $\mathbf{x}_k=\begin{pmatrix} x_{k+1} \\ x_k \end{pmatrix}$라 두면, $\mathbf{x}_{k+1}=\begin{pmatrix} 1 & 1 \\ 1 & 0 \end{pmatrix}\mathbf{x}_k=A\mathbf{x}_k$가 성립함을 보여라. 여기서, $A=\begin{pmatrix} 1 & 1 \\ 1 & 0 \end{pmatrix}$이다.

(2) $A=XDX^{-1}$로 대각화하여라.

(3) A^k를 구하여라.

(4) $x_k=\dfrac{1}{\sqrt{5}}\left[\left(\dfrac{1+\sqrt{5}}{2}\right)^k-\left(\dfrac{1-\sqrt{5}}{2}\right)^k\right]$가 성립함을 보여라.

4. $A=\begin{pmatrix} a & b \\ b & c \end{pmatrix}$, 즉 A가 대칭행렬이면 A가 대각화 가능임을 보여라.

5. 정칙행렬 S에 대하여 $B=S^{-1}AS$라 하자. B와 A는 똑같은 고유값을 가짐을 증명하여라.

6.8 응용문제(Problems with applications)

이 절에서는 0과 1로만 이루어진 공간 {0, 1}위에서의 연산 $\oplus$을 다음과 같이 정의한다.

$$0\oplus0=0,\ 1\oplus0=1,\ 0\oplus1=1,\ 1\oplus1=0$$

가) $a\oplus b$를 a와 b의 XOR합(XOR sum)이라 한다.

> **[정의 6.17]** $n\times n$ 행렬 $A=(A_{ij})$이 다음을 만족할 때, A를 삼중대각행렬(tri-diagonal matrix)이라 한다.
>
> $$A_{ij}=\begin{cases}0 & \text{if } |i-j|>1,\\ a_i & \text{if } i=j,\\ l_i & \text{if } i=j+1,\\ u_i & \text{if } i=j-1\end{cases}\qquad (\text{단, } a_1, \cdots, a_n, l_2, \cdots, l_n, u_1, \cdots, u_{n-1}\in\{0, 1\}$$
>
> 특히 $l_i=1(i=2, \cdots, n)$, $u_i=1(i=1, \cdots, n-1)$인 경우 $A=[a_1, a_2, \cdots, a_n]$라 쓰기로 한다.

[예제 6.19] (a) $A=[1, 1, 0]$이면 A는 다음과 같다.

$$A=\begin{pmatrix}1 & 1 & 0\\ 1 & 1 & 1\\ 0 & 1 & 0\end{pmatrix}$$

(b) $A=[1, 1, 0, 1]$이면 A는 다음과 같다.

$$A=\begin{pmatrix}1 & 1 & 0 & 0\\ 1 & 1 & 1 & 0\\ 0 & 1 & 0 & 1\\ 0 & 0 & 1 & 1\end{pmatrix}$$

n차 삼중대각행렬 A의 특성다항식 Δ를 다음과 같이 정의한다.

$$\Delta_n = |A - xI_{(n)}| \tag{6.7}$$

행렬 A의 첫번째부터 k번째까지의 행과 열로 이루어진 행렬을 $A_k(=A_{1,k})$라 하고, 그 특성다항식은 간단히 $\Delta_{1,k}=\Delta_k$로 쓴다. 그리고 $\Delta_{1,n-1}$, $\Delta_{2,n}$를 A의 부분다항식(subpolynomial)이라고 정의한다.

행렬 A의 특성다항식은 다음 점화식을 만족한다. 이 점화식은 Δ_n을 n번째 행에 관하여 전개하면 증명된다.

> [정리 6.36] $\Delta_{-1}=0$, $\Delta_0=1$라 두면 다음이 성립한다.
>
> $$\Delta_k=(x+d_k)\Delta_{k-1}+\Delta_{k-2},\ k=1, 2, \cdots, n \tag{6.8}$$

또한 Δ_n을 첫 번째 행에 대해 전개하면 다음 관계식을 만족함을 간단히 보일 수 있다.

$$\Delta_k=(x+d_1)\Delta_{2,k}+\Delta_{3,k} \tag{6.9}$$

점화식 (6.8) $\Delta_k=(x+d_k)\Delta_{k-1}+\Delta_{k-2}$에서 Δ_k를 피제수, Δ_{k-1}을 제수, $x+d_k$를 몫, Δ_{k-2}를 나머지라고 하면 이 식은 유클리드 호제법을 만족한다. 즉, Δ_k와 Δ_{k-1}가 $x+d_k$와 Δ_{k-2}를 유일하게 결정하게 된다. 여기서 중요한 사실은 몫이 항상 일차인 것이다.

Δ_n과 Δ_{n-1}을 알고 있다고 가정하면 유클리드 호제법에 의하여 $x+d_n$와 Δ_{n-2}가 유일하게 결정될 것이다. 다시 Δ_{n-1}과 Δ_{n-2}에 유클리드 호제법을 적용하면 $x+d_{n-1}$과 Δ_{n-3}을 계산할 수 있다. 이 과정을 $x+d_1$과 $\Delta_{-1}=0$을 구할 때까지 반복한다. 유클리드 호제법의 반복적 적용은 A의 특성다항식 계산의 역과 같다. 다시 말하면, 유클리드 호제법을 이용하여 특성다항식으로부터 A를 구할 수 있다.

다음은 Δ_n과 Δ_{n-1}을 알고 있을 때 유클리드 호제법을 이용하여 그 특성다항식을 갖는 행렬을 구하는 예이다.

[예제 6.20] $\Delta_4=x^4+x^3+1$, $\Delta_3=x^3+x+1$라 하자.

피제수	제수	몫	나머지
x^4+x^3+1	x^3+x+1	$x+1$	x^2
x^3+x+1	x^2	x	$x+1$
x^2	$x+1$	$x+1$	1
$x+1$	1	$x+1$	0

여기서 몫의 상수항을 역순으로 쓰면 구하고자 하는 행렬 $A=[1, 1, 0, 1]$이다. 이 행렬이 특성다항식이 x^4+x^3+1인 행렬이다.

연습문제 (6.8)

1. 특성다항식이 x^3+x+1인 삼중대각행렬을 구하여라. ($\Delta_2=x^2+x+1$)

2. 특성다항식이 x^3+x^2+1인 삼중대각행렬을 구하여라. ($\Delta_2=x^2+x+1$)

3. 특성다항식이 x^4+x+1인 삼중대각행렬을 구하여라. ($\Delta_3=x^3+x^2$)

4. 특성다항식이 x^5+x^2+1인 삼중대각행렬을 구하여라. ($\Delta_4=x^4+x^2+1$)

5. 특성다항식이 x^5+x^3+1인 삼중대각행렬을 구하여라. ($\Delta_4=x^4+x$)

6. 특성다항식이 $x^5+x^4+x^3+x^2+1$인 삼중대각행렬을 구하여라. ($\Delta_5=x^5+x^3+1$)

제 7 장 산술 수행 시간

7.1 여러 가지 밑수로 나타낸 수 (Numbers in different bases)

n을 음이 아닌 정수라 할 때, n을 b진법으로 나타낸 수를

$$n=(d_{k-1}d_{k-2}\cdots d_1d_0)_b$$

로 나타낸다. 여기서 d_i(각 $0\le i\le k-1$에 대하여 $0\le d_i\le b-1$)들을 자릿수(digit)라 부른다. 이때 b를 밑수(base)라 한다.

$n=(d_{k-1}d_{k-2}\cdots d_1d_0)_b$은 $n=d_{k-1}b^{k-1}+d_{k-2}b^{k-2}+\cdots+d_1b+d_0$을 의미한다. 여기서 $d_{k-1}\neq 0$이다. n을 k자리 b진법으로 나타낸 수(k-digit base-b number)라고 부른다. $b^{k-1}\le n<b^k$를 만족하는 정수 n을 b진법으로 나타내면 자릿수는 k자리이다.

정수를 10진법(decimal notation)으로 나타낼 때에는 괄호와 밑수 10을 생략한다. 다른 밑수에 대해서도 문맥상 의미가 분명할 때는 괄호와 밑수를 생략한다.

<진법의 변환>

진법의 변환에 대한 몇 가지 예를 살펴보자.

[참고] (1) 분수도 임의의 밑수에 대하여 나타낼 수 있다. 즉, 분수는 $(d_{k-1}d_{k-2}\cdots d_1d_0.d_{-1}d_{-2}\cdots)_b$로 나타낼 수 있으며,

$$d_{k-1}b^{k-1}+\cdots+d_1b+d_0b^0+d_{-1}b^{-1}+d_{-2}b^{-2}+\cdots$$

을 의미한다.

$$925.35=9\times10^2+2\times10^1+5\times10^0+3\times10^{-1}+5\times10^{-2}$$

(2) 밑수가 $b>10$일 때 자릿수는 0, 1, 2, 3, 4, 5, 6, 7, 8, 9와 9보다 큰 자릿수에 대하여 문자를 사용한다. 또는 모든 자릿수에 문자를 사용할 수도 있다.

자연수를 16진법으로 나타낼 때에는 16개의 기호

$$0, 1, 2, \cdots, 9, A, B, C, D, E, F$$

를 사용하는데 A, B, C, D, E, F는 각각 10, 11, 12, 13, 14, 15를 의미한다.

[예제 7.1] (a) $(11001001)_2$은 10진법으로 나타내면 $1\cdot2^7+1\cdot2^6+0\cdot2^5+0\cdot2^4+1\cdot2^3+0\cdot2^2+0\cdot2+1=201$이다.

(b) 밑수가 $b=26$일 때 26개의 기호 A~Z이 각각 0~25를 나타낸다고 가정하자. 그러면 $(BAD)_{26}$은 10진법으로 나타내면 $B\cdot26^2+A\cdot26+D=1\cdot26^2+0\cdot26+3=676+3=679$이다. 또 $(B.AD)_{26}$은 10진법으로 나타내면 $B+A\cdot26^{-1}+D\cdot26^{-2}=1\frac{3}{676}$이다.

<10진수-2진수 변환>

10진수 정수를 타 진수로 변환하기 위해서는, 변환시키려는 밑수로 나누어 그 몫이 0이 될 때까지 계속 나누어 가며 그 나머지를 역순으로 모으면 된다.

[예제 7.2] 160과 199를 7진법으로 나타낸 다음 곱하여라.

풀이 160을 7진법으로 나타내면 $(316)_7$이고 199를 7진법으로 나타내면 $(403)_7$이므로 두 수를 곱하면 다음과 같다.

```
          3  1  6
       ×  4  0  3
       ----------
       1  2  5  4
 1  6  0  3  0
 ----------------
 1  6  1  5  5  4
```

따라서 $(316)_7 \times (403)_7 = (161554)_7$이다. □

[예제 7.3] (a) $(11001001)_2$를 $(100111)_2$로 나누어라.
(b) $(HAPPY)_{26}$를 $(SAD)_{26}$로 나누어라.

풀이 (a)

```
                          1 0 1   110/100111
              ----------------------------
1 0 0 1 1 1 | 1 1 0 0 1 0 0 1
              1 0 0 1 1 1
              -----------
                  1 0 1 1 0 1
                  1 0 0 1 1 1
                  -----------
                        1 1 0
```

(b)

```
            K D   MLP/SAD
       -----------------
S A D | H A P P Y
        G Y B E
        -------
          C O L Y
          C C A J
          -------
            M L P
```

□

[예제 7.4] 10^6을 2진법, 7진법, 26진법으로 나타내어라.

풀이 $10^6 = (11110100001001000000)_2 = (11333311)_7 = (CEXHO)_{26}$ □

10진수의 소수 부분의 2진수 변환은 2를 곱해서 정수로 올라가는 수를 순서대로 나열하여 2진수로 나타낸다.

[예제 7.5] 69.1415926…에 대하여 다음을 구하여라.
(1) 2진법으로 나타내어라.
(2) 26진법으로 나타내어라(소수점 아래 3자리까지 계산).

풀이 (1) 정수부분 69를 2로 나누고 몫과 나머지를 계산한다. 나머지를 순서대로 적어

두고 몫을 다시 2로 나눈다. 최종적으로 그 몫이 0이 될 때까지 반복한다.

	몫		나머지	2진수
2	69			
2	34	…	1	1
2	17	…	0	01
2	8	…	1	101
2	4	…	0	0101
2	2	…	0	00101
2	1	…	0	000101
	0	…	1	1000101

위 과정과 같이 화살표 방향으로 순서대로 읽어나가면 2진수로 표현된다. 즉 10진수 69는 2진수 1000101_2로 표현된다. 소수부분을 2진법으로 나타낼 때는 2를 곱한 다음 곱한 수의 정수부분을 d_{-1}로 하고, 남은 소수부분에 2를 곱한 다음 곱한 수의 정수부분을 d_{-2}로 하고, 남은 소수부분에 2를 곱한 다음 곱한 수의 정수부분을 d_{-3}로 하는 등, 이 방법을 계속해나가면 된다.

$$69.1415926\cdots = (1000101.001001000011111\cdots)_2$$

2진수	정수	소수	
	0	· 1 4 1 5 9 2 6 …	
	×	2	
0 · 0	0	· 2 8 3 1 8 5 2 …	
	×	2	
0 · 00	0	· 5 6 6 3 7 0 4 …	곱셈결과
	×	2	
0 · 001	1	· 1 3 2 7 4 0 8 …	정수를
	×	2	적는다.
0 · 0010	0	· 2 6 5 4 8 1 6 …	
	×	2	
0 · 00100	0	· 5 3 0 9 6 3 2 …	
	×	2	
0 · 001001	1	· 0 6 2 9 2 6 4 …	소수 부분이 0이 될 때까지 계산한다.

(2) 정수부분 69는 26진수 $(CR)_{26}$으로 표현된다.

26	69		나머지		26진수
26	2	⋯	17	↑	R
	0	⋯	2		C
	몫				

소수부분 0.1415926⋯을 26진법으로 나타낼 때는 26을 곱한 다음 곱한 수의 정수부분을 d_{-1}로 하고, 남은 소수부분에 26을 곱한 다음 곱한 수의 정수부분을 d_{-2}로 하고, 남은 소수부분에 26을 곱한 다음 곱한 수의 정수부분을 d_{-3}로 하는 등, 이 방법을 계속해 나가면 된다.

$$69.1415926\cdots = (CR.DRS\cdots)_{26}$$

$$\begin{array}{r} 0.1415926\cdots \\ \times \quad 26 \\ \hline 3.6814076\cdots \end{array} \qquad \begin{array}{r} 0.6814076\cdots \\ \times \quad 26 \\ \hline 17.7165976\cdots \end{array} \qquad \begin{array}{r} 0.71659760\cdots \\ \times \quad 26 \\ \hline 18.6315376\cdots \end{array}$$

□

<자릿수의 개수>

$b^{k-1} \leq n < b^k$를 만족하는 정수 n을 b진법으로 나타내면 자릿수는 k자리이다. 로그의 정의에 의하면 다음을 얻는다. 여기서 $[x]$는 x를 넘지 않는 최대의 정수이며, 이를 최대정수함수(greatest integer function)라고 한다.

$$\begin{aligned} & b^{k-1} \leq n < b^k \\ \Leftrightarrow\ & \log_b b^{k-1} \leq \log_b n < \log_b b^k \\ \Leftrightarrow\ & k-1 \leq \log_b n < k \\ \Leftrightarrow\ & [\log_b n] = k-1 \\ \Leftrightarrow\ & k = [\log_b n] + 1 \\ \Leftrightarrow\ & k = \left[\frac{\log n}{\log b}\right] + 1 \end{aligned}$$

따라서 $b^{k-1} \leq n < b^k$를 만족하는 정수 n을 b진법으로 나타냈을 때 자릿수는 $[\log_b n]+1 = \left[\frac{\log n}{\log b}\right]+1$이다. 여기서 log는 자연로그 $\log_e$를 의미한다.

[예제 7.6] 105를 이진수로 나타내면 1101001_2이다. $k=[\log_2 105]+1=6+1=7$이므로 105는 7자리 이진수이다.

[예제 7.7] 7자리 10진수 $10^6=1000000$를 이진수로 표현하면 $[\log_2 10^6]+1=[6\log_2 10]+1=20$자리 이진수가 된다.

<비트 연산>

여러 가지 암호학적 응용분야에서 정수들을 더하고 곱하고 나눈다. 그런 응용분야에서 **실행시간**(running time: 컴퓨터가 컴파일된 목적 프로그램을 실행하는데 소요되는 경과 시간)을 계산하기 위하여 덧셈, 곱셈, 나눗셈을 수행하는데 걸리는 시간을 알아야 한다. 그렇게 하기 위하여 실제 컴퓨터에서와 유사한 계산 모델을 선택해야 한다.

모든 자료의 처리가 이진수로 다루어지는 컴퓨터에서 처리하는 계산량에 관하여 알아보자.

계산량의 단위는 한 자리의 두 이진수의 합을 구하는 과정을 **1회 연산**(one bit operation)으로 정의하고 두 이진수의 사칙연산을 시행할 때, 시행되는 연산의 수에 관하여 알아본다.

먼저 가장 간단한 이진수의 덧셈에 대하여 알아보자.

<이진수의 덧셈>

두 이진수 a와 b가 각각 k자리 $a_k a_{k-1}\cdots a_1$와 n자리 $b_n b_{n-1}\cdots b_1$으로 표현될 때, 덧셈 $a+b=c=(c_i)$에 관하여 살펴보자.

$k>n$이라면 이진수 b의 표현에서 $b_{n+1}=\cdots=b_k=0$으로 처리하여 같은 k자리 덧셈으로 만든 뒤에 다음의 과정 중에서 하나를 1회 연산으로 한다.

예를 들어, 11101010+110011을 계산하는데 8회의 연산이 필요하다.

[이진수의 덧셈]

1	1	1				1				(자리올림)
	1	1	1	0	1	0	1	0	←	234
+	0	0	1	1	0	0	1	1	←	51
1	0	0	0	1	1	1	0	1	←	285

두 k자리 이진수를 더할 때 다음 단계를 k번 수행한다.

① 위 비트와 아래 비트를 살펴 자리올림(carry)이 있는지를 확인한다.

② $a_i=0$, $b_i=0$이고 자리올림이 없을 때, $c_i=0$이고 자리올림이 없다.

③ $a_i=0$, $b_i=0$이고 자리올림이 있을 때 또는
$a_i=1$, $b_i=0$이고 자리올림이 없을 때 또는
$a_i=0$, $b_i=1$이고 자리올림이 없을 때,
$c_i=1$이고 자리올림이 없다.

④ $a_i=1$, $b_i=0$이고 자리올림이 있을 때 또는
$a_i=0$, $b_i=1$이고 자리올림이 있을 때 또는
$a_i=1$, $b_i=1$이고 자리올림이 없을 때,
$c_i=0$이고 자리올림이 있다.

⑤ $a_i=1$, $b_i=1$이고 자리올림이 있을 때,
$c_i=1$이고 자리올림이 있다.

따라서 $c=a+b$를 구하는데 필요한 연산의 수는 자리의 수 k와 같다. 이를테면, 11101010+110011을 계산하는데 8회의 연산이 필요하다.

[이진수의 덧셈]

1	1	1				1			(자리올림)
	1	1	1	0	1	0	1	0	
+	0	0	1	1	0	0	1	1	
1	0	0	0	1	1	1	0	1	
	④	④	④	③	③	③	④	③	

컴퓨터가 한 작업을 수행하는데 걸리는 시간은 본질적인 면에서 비트연산의 수에 비례한다.

<이진수의 곱셈>

k비트 이진 정수와 l비트 이진 정수를 곱하는 과정을 살펴보자. 예를 들어 $n=11101$, $m=1101$일 때 $n\times m=11101\times1101$이 계산되는 과정을 살펴보자.

```
    11101                 11101
  × 1101                × 1101
  ------                ------
    11101  ①              11101  ① ← 5자리의 수
   00000   ②            1110100  ⑤ ← 7자리의 수
  11101    ③           11101000  ⑥ ← 8자리의 수
 11101     ④          ---------
---------             101111001
101111001
```

②와 ③을 ⑤처럼 00000을 쓰지 않고 단지 11101의 오른쪽에 0을 추가한다. 8비트 이진수 3개를 더한 값 ①+⑤+⑥ 즉 11101+1110100+11101000을 계산하면 된다. 이 과정을 일반화하여 k비트 정수 $n=a_k a_{k-1}\cdots a_1=(a_i)$과 l비트 정수 $m=b_l b_{l-1}\cdots b_1=(b_i)$을 곱하는 과정에 적용한다고 가정하자. $k\ge l$라 가정하자.

n과 m을 곱하면 최대 l개의 행이 생기는데, m에 있는 0의 개수만큼 행이 줄어들게 되므로 기껏해야 l개의 행이 생긴다. 각 행은 적당히 왼쪽으로 이동된 n으로 구성되어 있으며 오른쪽 끝은 0으로 채운다.

$l'(\le l)$개의 행이 존재한다고 가정하자.

$(a_i)=a_k a_{k-1}\cdots a_1$는 위에 $(b_i)=b_l b_{l-1}\cdots b_1$를 밑에 쓰고 생각하면,

(1) 각 b_i에 대하여 (a_i)를 나열하거나 또는 적당히 왼쪽으로 이동된 (a_i)이므로 각 행은 $k+l-1$자리의 수이고 이 과정은 연산 횟수로는 계산되지 않는다.

이진수 (a_i)를 왼쪽으로 이동시키는 것은 비트 연산에 비하여 빨리 수행되므로 이에 관한 계산량은 무시한다.

(2) $l'(\le l)$개의 행이 존재하므로 l'개의 $k+l-1$자리의 수가 존재한다.

(3) $l'(\le l)$개의 $k+l-1$자리의 수를 순차적으로 합하면 된다. 따라서 $(k+l-1)(l'-1)$회의 비트연산이 시행된다.

따라서 k비트 정수 $n=a_k a_{k-1}\cdots a_1=(a_i)$과 l비트 정수 $m=b_l b_{l-1}\cdots b_1=(b_i)$을 곱하는데 걸리는 계산량은, $l'-1<l'\le l$을 이용하면 $(k+l-1)(l'-1)<(k+l-1)l'\le(k+l-1)l<kl+ll\le 2kl$이다.

즉 $k\ge l$일 때 k비트 정수 $n=a_k a_{k-1}\cdots a_1=(a_i)$과 l비트 정수 $m=b_l b_{l-1}\cdots b_1=(b_i)$을 곱하는데 걸리는 계산량은 기껏해야 $2kl$의 비트 연산을 시행하면 충분하다.

또는 다음 예를 통해 비트연산이 kl 보다 작다는 것을 알 수 있다.

```
    11101
  × 1101
  --------
    11101  ① ← 5자리의 수
  1110100  ⑤ ← 7자리의 수
 11101000  ⑥ ← 8자리의 수
 ---------
101111001
```

①+⑤=10010001이고 이 값을 ⑥과 더하면 마지막 3자리 001은 그대로 쓰고 남은 5비트 10010을 $n=11101$에 더하면 $10010+11101=101111$이므로 101111의 오른쪽에 001을 덧붙이면 101111001을 얻는다. 그러므로 연산비트수는 $n=11101$의 비트 수와 행의 수 3의 곱이다. 즉 $n=11101$의 비트수 5와 $m=1101$의 비트수 4의 곱보다 작다. 그러므로 다음을 알 수 있다.

$$\text{Time}(k\text{비트 수와 } l\text{비트 수의 곱}) < kl$$

특별한 경우로 다음을 얻는다.

$$\text{Time}(\text{두 } k\text{비트 수의 곱}) < k^2$$

[예제 7.8] 이진수로 표현된 두 자연수 a와 b를 곱할 때, 각각의 자리수는 $1+[\log_2 a]$와 $1+[\log_2 b]$이므로 필요한 비트 연산의 시행횟수는 $(1+[\log_2 a])(1+[\log_2 b])$이다. 특히, $a=b$일 때 $O([\log_2 a]^2)$이다.

마지막으로, 자릿수의 개수에 대한 위 공식을 이용하여 n과 m에 의하여 kl을 다음과 같이 쓸 수 있다.

$$k=[\log_2 n]+1 \le \frac{\log n}{\log 2}+1,$$

$$l=[\log_2 m]+1 \le \frac{\log m}{\log 2}+1$$

[예제 7.9] $n!$을 계산하는데 걸리는 비트연산수에 대한 상한을 구하여라.

풀이 먼저 2와 3을 곱한 다음 4를 곱하고 5를 곱하는 식으로 n까지 계속 곱해나간다. $j=2, 3, \cdots, n-1$에 대하여 $(j-1)$번째 단계에서 $j!$에 $j+1$을 곱한다. 즉 $n-2$번

곱셈

$$2\times 3,\ (2\times 3)\times 4,\ \cdots,\ (n-1)!\times n$$

을 하면 $n!$을 얻는다.

중간결과들 2×3, $(2\times 3)\times 4$, $\cdots$, $(n-1)!\times n$이 매우 큰 수일 수 있다. 중간결과들의 비트수를 최악의 경우인 $n!$의 비트수라고 가정하고 계산을 하자.

두 수의 곱의 비트연산수를 계산하기 위하여 두 수의 곱에 있는 자릿수의 개수는 두 수의 자릿수의 개수의 합이거나 그 합보다 1이 작다는 사실을 이용하자. 이로부터 n개의 k비트 정수의 곱은 기껏해야 nk비트가 될 것이다. 그러므로 만일 n이 k비트 정수이면 ── 이 경우 n보다 작은 모든 정수는 기껏해야 k비트 정수이다 ── $n!$는 기껏해야 nk 비트이다. 그러므로 $n!$을 계산하는데 필요한 $n-2$개의 곱셈 각각은 기껏해야 k비트인 정수(말하자면 $j+1$)에 기껏해야 nk비트인 정수(말하자면 $j!$)를 곱하는 것이다. 이때 기껏해야 nk^2번의 비트연산이 필요하다. 이것을 $n-2$번 해야 하므로 총비트연산수의 상한은 $(n-2)nk^2=n(n-2)([\log_2 n]+1)^2$이다. 간단히 표현하면 계산량은 대략 $n^2(\log_2 n)^2$이다. □

[예제 7.10] 차수가 n_1 이하인 다항식 $\sum a_i x^i=a_0+a_1x+\cdots+a_sx^s$과 차수가 n_2 이하인 다항식 $\sum b_j x^j=b_0+b_1x+\cdots+b_tx^t$을 곱하는데 걸리는 비트연산수에 대한 상한을 구하여라. 여기서 각 계수는 m 이하인 양의 정수이다. $n_2\le n_1$이라 가정하자.

풀이 두 다항식의 곱 $(\sum a_i x^i)(\sum b_j x^j)=\sum_{u=0}^{n_1+n_2}(\sum_{i+j=u} a_i b_j)x^u$에서 x^u의 계수 $\sum_{i+j=u} a_i b_j$를 계산하는데 기껏해야 n_2+1번의 곱셈과 n_2번의 덧셈이 필요하다. 다항식의 각 계수가 m 이하이므로 각 a_ib_j는 m^2 이하이다. 그러나 n_2개의 중간합들을 더해야 하므로 더할 수들의 크기의 상한은 $(n_2+1)m^2$을 택해야 할 것이다. 그러므로 x^u의 계수를 계산할 때 필요한 비트연산수는 기껏해야

$$(n_2+1)([\log_2 m]+1)^2+n_2([\log_2(n_2m^2)]+1)$$

이다. n_1+n_2+1개의 u가 있으므로 다항식 곱셈의 계산량은

$$(n_1+n_2+1)((n_2+1)([\log_2 m]+1)^2+n_2([\log_2(n_2m^2)]+1))$$

이다. 조금 더 간단한 식을 얻기 위하여 위 식에서 1을 제거하면 다음을 얻는다.

$$\frac{n_2(n_1+n_2)}{\log 2}\left(\frac{(\log m)^2}{\log 2}+(\log n_2+2\log m)\right)$$

위 식은 $n_1 \geq n_2$인 경우이므로 일반적으로는

$$\frac{\min(n_1,\ n_2)(n_1+n_2)}{\log 2}\left(\frac{(\log m)^2}{\log 2}+(\log \min(n_1,\ n_2)+2\log m)\right)$$

이 된다. □

[참고] $n=n_1 \geq n_2$이라 하고 $m \geq 16$, $m \geq \sqrt{n_2}$(실제로 대부분의 경우 성립하는 조건이다)이면 마지막 식은 훨씬 더 간단한 $4n^2(\log_2 m)^2$으로 대체될 수 있다. 왜냐하면 $\log_2 m \geq \frac{1}{2}\log_2 n_2$이고 $\log_2 m \geq 4$이기 때문이다. 이 예로부터 일반적으로 주어진 작업의 실행시간의 상한을 구하는 문제에서는 단 하나의 "올바른 답"이 없음을 보여준다.

입력자료(이 문제에서는 n_1, n_2, m)에 대한 상한 함수가 간단한 형태이기를 바라며 동시에 대부분의 입력자료에 대하여 실제 필요한 비트연산수와 어느 정도 같은 계산량을 나타내는 상한을 얻기를 바란다. 그러므로 예를 들어 예제 7.10에서 $4n^2m$과 같은 값으로 대체하는 것은 바람직하지 않다. 그 이유는 m이 클 때 $4n^2(\log_2 m)^2$에 비해 $4n^2m$값은 아주 큰 값이 되기 때문이다.

지금까지 k비트 정수와 l비트 정수의 덧셈과 곱셈에 대해서만 살펴보았다. 뺄셈과 나눗셈도 각각 덧셈과 곱셈과 같은 계산량을 갖는다.

$$\text{Time}(l\text{비트 정수에서 } k\text{비트 정수를 뺌}) \leq \max(k,\ l),$$
$$\text{Time}(k\text{비트 정수를 } l\text{비트 정수로 나눔}) \leq kl$$

더 정확히 표현하면, 뺄셈을 다루려면 0 또는 1에서(자리내림(borrow)을 이용하여) 0 또는 1을 빼는 연산을 포함하기 위하여 비트연산의 정의를 확장해야 한다.

이진법으로 나타낸 수에 대한 나눗셈을 분석하기 위하여 예제 7.3에서 했던 것 같은 상황을 살펴보자. $k \geq l$이라 가정하자.(만일 $k < l$이면 나눗셈은 자명하다. 즉 몫은 0이고 피제수 k비트 정수가 바로 나머지이다.) 몫과 나머지를 구하는데 기껏해야 $k-l+1$번의 뺄셈이 필요하다. 각 뺄셈은 l 또는 $l+1$번의 비트연산이 필요하다. 그러나 $l+1$번의 비트연산이 필요한 경우 뺀 결과값의 가장 왼쪽 비트는 항상 0비트이

므로 그 비트 연산은 생략할 수 있다. 이와 유사하게 이진수를 비교하는데 걸리는 시간(즉 피제수와 제수를 비교하는 시간)이라든지 자리올림을 처리하는 것 같은 작업시간을 무시하면 계산량이 단지 $(k-l+1)l \le kl$이 된다.

[예제 7.11] $\binom{n}{m}$을 계산하는데 걸리는 비트연산수에 대한 상한을 구하여라.

풀이 $\binom{n}{m}=\binom{n}{n-m}$이므로 일반성을 잃지 않고 $m \le \frac{n}{2}$이라 가정할 수 있다.

$$\binom{n}{m}=\frac{n(n-1)(n-2)\cdots(n-m+1)}{(2\cdot 3\cdot \cdots \cdot m)}$$

을 계산하려면 $m-1$번 곱한 다음 $m-1$번 나누어야 한다. m개의 k비트 정수의 곱은 mk비트일 것이다. 그러므로 n이 k비트의 정수이면 $n(n-1)\cdots(n-m+1)$은 기껏해야 mk비트이다. $n(n-1)\cdots(n-m+j)$을 계산하는 데는 $mk \times k$번의 비트연산이 필요하다. $n(n-1)\cdots(n-m+1)$을 얻는 데는 총 $m-2$번의 연산이 필요하므로 총비트연산수의 상한은 $m(m-1)k^2=m(m-1)[\log_2 n+1]^2$이다. m과 n이 큰 수일 때 본질적으로 $2m^2(\log_2 n)^2$이다. □

문제를 해결하는데 걸리는 시간을 나타내는 매우 편리한 기호를 도입하자.

<O-기호>

O-기호는 입력의 크기가 증가함에 따라서 알고리즘의 수행시간이 어떻게 변화되는지를 개략적으로 조사하는 유용한 수학적 표현이다. O-기호는 1982년에 Paul Bachmann에 의해서 소개되었으며 컴퓨터 과학자 Donald Knuth에 의해서 대중화되기 시작했다.

정의구역이 양의 정수이고 공역이 음이 아닌 실수인 함수 $f(n)$와 $g(n)$에 대하여 다음과 같은 기호를 도입한다.

[정의 7.1] $n_0 \in \mathbb{N}$, $C(>0)$가 존재하여 $n \ge n_0$에 대하여 $f(n) < C\cdot g(n)$을 만족할 때, $f(n)$은 $g(n)$에 의하여 제한된다고 하고 $f(n)=O(g(n))$라 쓴다.

이를 간단하게 $f=O(g)$으로 표현한다.

[참고] $n_0=1$이고 $C=1$인 경우는 모든 양의 정수 n에 대해서 $f(n)<g(n)$이다.

[정리 7.1] f와 g가 양수값을 갖는 함수라 하면 다음이 성립한다.

(a) $c>0$이면 $cO(g)=O(g)$이며 $O(cg)=O(g)$이다.

(b) $O(f+g)=O(f)+O(g)$

(c) $O(\max\{f, g\})=O(f)+O(g)$

(d) $O(fg)=O(f)O(g)$

(e) $O(O(f))=O(f)$

증명 (a) $f=cO(g)$라 하면 $\frac{1}{c}f=O(g)$이므로 $n \geq n_f$에 대하여 $\frac{1}{c}f(n)<C_f g(n)$이 성립하는 n_f와 C_f가 존재한다. 따라서 $f(n)<(cC_f)g(n)=C_f(cg)(n)$이다. 그러므로 $f=O(cg)=O(g)$이다.

(b) $h_1=O(f)$, $h_2=O(g)$라 하면 $n \geq n_1$에 대하여 $h_1(x)<C_1 f(n)$이 성립하는 n_1와 C_1이 존재하고, $n \geq n_2$에 대하여 $h_2(x)<C_2 g(n)$이 성립하는 n_2와 C_2가 존재한다. $(h_1+h_2)(n)=h_1(n)+h_2(n)<C_1 f(n)+C_2 g(n)$가 성립하므로 $n_0=\max(n_1, n_2)$, $C=\max(C_1, C_2)$라 두면 $n \geq n_0$일 때 $(h_1+h_2)(n)<C\cdot(f+g)(n)$이다. 그러므로 $h_1+h_2=O(f+g)$이다.

(c), (d) : (b)와 유사한 방법으로 증명할 수 있다.

(e) $A(n)=O(O(f(n)))$, $B(n)=O(f(n))$라 하면 $n \geq n_2$에 대하여 $B(n)<Df(n)$이 성립하는 n_2, $D(>0)$가 존재하고 $n \geq n_2$에 대하여 $A(n)<C\cdot O(f(n))=C\cdot B(n)$이 성립하는 n_1, $C(>0)$가 존재한다. $A(n)<CB(n)<CDf(n)$이므로 $A(n)=O(f(n))=B(n)$이다. ■

[따름정리 7.2] $O(f^n)=O(f)^n$

[예제 7.12] (a) $f(n)$이 최고차항의 계수가 양수이고 차수가 d인 다항식이라면,

$f(n)=O(n^d)$. 더 일반적으로 $\lim_{n\to\infty}\frac{f(n)}{g(n)}$이 유한이면 $f=O(g)$임을 증명할 수 있다.

(b) 임의의 상수 $c>0$에 대하여, c가 아무리 작다 하더라도, $\log n=O(n^c)$임을 증명할 수 있다.(즉, 큰 n에 대하여 $\log n$은 c가 아무리 작다 하더라도 n^c 보다 작다는 것을 의미한다.) 실제로 이것은 로피탈의 규칙을 이용하면 $\lim_{n\to\infty}\frac{\log n}{n^c}=0$이므로 성립한다.

(c) $f(n)$이 양의 정수 n의 이진표현의 자릿수라면 $f(n)=O(\log n)$이다. 여기서 $\log n$은 n의 자연로그 $\log_e n$을 나타낸다. n_0를 2 이상인 자연수로 잡으면

$$f(n)=[\log_2 n]+1\le \log_2 n+1=\frac{\log n}{\log 2}+1$$
$$<\frac{\log n}{\log 2}+\log n=\left(\frac{1}{\log 2}+1\right)\log n$$

이다. 따라서 $n\ge n_0$인 모든 n에 대하여 $f(n)<\left(\frac{1}{\log 2}+1\right)\log n$ 인 양수 $\frac{1}{\log 2}+1$가 존재하므로 $f(n)=O(\log n)$이다.

또한 $f(n,\ b)$이 양의 정수 n의 b진 표현의 자릿수라면 $f(n,\ b)=O(\log_b n)$이다. 왜냐하면 n_0를 충분히 큰 자연수로 잡으면 $n\ge n_0$일 때

$$f(n,\ b)=[\log_b n]+1\le \log_b n+1\le K\log_b n$$

(여기서 K는 $\log_b n+1\le K\log_b n$을 만족하는 자연수)

이므로 $f(n,\ b)=O(\log_b n)=O\left(\frac{\log n}{\log b}\right)$이다.

(d) $\mathrm{Time}(n\cdot m)=O(\log n\cdot\log m)$이다. 여기서 좌변은 n과 m을 곱하는 계산량이다.

(e) 예제 7.9에서 $\mathrm{Time}(n!)=O((n\log n)^2)$이다.

(f) 예제 7.10에서 다음을 알 수 있다.

$$\mathrm{Time}(\sum a_i x^i\cdot\sum b_j x^j)=O(n_1 n_2((\log m)^2+\log(\min(n_1,\ n_2))))$$

풀이
$$\frac{\min(n_1,\ n_2)(n_1+n_2)}{\log 2}\left(\frac{(\log m)^2}{\log 2}+(\log(\min(n_1,\ n_2))+2\log m)\right)$$
$$\le\frac{2n_2n_1}{\log 2}\left(2\frac{(\log m)^2}{\log 2}+\left(\frac{4}{\log 2}\log(\min(n_1,\ n_2))+\frac{2}{\log 2}(\log m)^2\right)\right)$$

$$< \frac{8}{(\log 2)^2} n_2 n_1 \left((\log m)^2 + \log(\min(n_1,\ n_2))\right)$$ □

함수들 $f(n)$은 각각 정수 n을 입력으로 산술작업을 수행하는 데 필요한 계산량으로 사용하고 있다. 상한으로 적절한 $g(n)$을 구하기를 원하되 필요 이상으로 아주 큰 $g(n)$을 원하지는 않는다.

대략적으로 말하면 $f(n)=O(n^d)$는 함수 f가 대략 n^d정도로 증가한다는 것을 의미한다. 예를 들어 $f(n)=O(n^3)$은 n이 2배가 되면 f는 대략 2^3배 정도로 증가한다는 것을 의미한다. $f(n)=O(\log^d n)$은 f가 n을 이진수로 나타냈을 때 그 자릿수의 개수의 d승 정도로 증가함을 의미한다(여기서 $\log^d n$은 $(\log n)^d$을 의미한다). 그것은 상수 배수를 무시했을 때 비트의 수가 대략 $\log n$이기 때문이다. 그러므로 예를 들어 $f(n)=O(\log^3 n)$인 경우 n에 있는 비트의 개수를 2배로 늘렸을 때 f가 2^3배 정도로 증가한다는 것을 의미한다.

$f(n)=O(1)$이라는 것은 모든 자연수 n에 대해서 $f(n)<C$인 상수 C가 존재한다는 것이다.

[참고] 똑같은 크기의 두 k비트 정수를 곱할 때 계산량이 Time(k비트 · k비트)= $O(k^2)$임을 보았다. 아주 큰 k에 대하여 k비트 정수 두 개를 곱하는 계산량을 감소시키기 위한 연구가 수행되었다. 고급 곱셈 기법을 이용하여 계산량이 단지 $O(k \log k \log\log k)$인 두 k비트 정수 곱셈 절차가 발견되었다([13] 311쪽 참조). 이것은 $O(k^2)$보다 나은 방법이며 심지어 임의의 $c>0$에 대하여 $O(k^{1+c})$보다도 나은 방법이다. 그러나 이 책에서는 Time(k비트 · k비트) $=O(k^2)$을 이용할 것이다.

일반적으로 어떤 문제의 계산량을 추정할 때 첫 단계는 그 문제를 수행하는 상세한 절차를 결정하고 그 과정을 작성해야 한다. 주어진 문제를 효율적으로 해결하기 위하여 단계별로 나열한 명령들의 집합을 **알고리즘**(algorithm)이라고 한다. 물론 한 가지 문제를 푸는 여러 가지 알고리즘이 존재할 수 있다. 문제를 풀 알고리즘을 결정할 때는 알고리즘의 작성이 쉽거나 속도가 빠르거나 아니면 작성의 용이성과 속도의 절충점을 고려하여야 한다.

[예제 7.13] k비트 정수를 10진법으로 나타낼 때 계산량을 구하여라.

풀이 n을 k비트 이진 정수라 하자. 10진법으로 변환하는 알고리즘은 다음과 같다. n을 $10=(1010)_2$로 나누면 나머지는 정수들 0, 1, 10, 11, 100, 101, 111, 1000, 1001 중 하나인 한 자릿수 d_0가 될 것이다. n을 몫으로 대체하고 그 과정을 반복 수행한다. 그 몫을 $(1010)_2$로 나누고 나머지를 d_1이라 한다. 이때 생기는 몫을 다시 $(1010)_2$로 나눈다. 이 과정을 n의 10진 자릿수의 개수 $\left[\frac{\log n}{\log 10}\right]+1=O(k)$만큼 반복하면 알고리즘이 끝이 난다(10진 자릿수의 목록 즉, 모든 나눗셈에서 생긴 나머지의 목록)을 작성하여 0, 1, 10, 11, …, 1001을 각각 0, 1, 2, 3, …, 9로 대체하여 더 익숙한 기호로 변경하자). 예를 들면

$$\begin{aligned} 10011001_2 \div 1010_2 &= 1111 \cdots 11_2 \quad (=3) \\ 1111_2 \div 1010_2 &= 1_2 \quad \cdots 101_2\,(=5) \\ 1_2 \div 1010_2 &= 0 \quad \cdots 1_2 \quad (=1) \end{aligned}$$

이므로 $10011001_2=153$ □

이렇게 하는데 얼마나 많은 계산량이 필요한가? $O(k)$만큼의 나눗셈이 있고 각 나눗셈은(4비트 수 $(1010)_2$로 기껏해야 k비트인 수를 나누기 때문에) $O(4k)$번의 연산이 필요하다. 그러나 $O(4k)$는 $O(k)$와 같으므로 (O-기호에서는 상수배수는 무시한다) 총 계산량은 $O(k)\cdot O(k)=O(k^2)$이다. 이 식에서 k를 n으로 바꾸면 $k=O(\log n)$이므로 Time(n을 10진수로 변환) $=O(\log^2 n)$이다.

[예제 7.14] k비트 정수 n을 b진법으로 나타낼 때 계산량을 구하여라. 여기서 b는 큰 정수일 수 있다.

풀이 n을 l비트 정수 b로 나눈다는 점을 제외하고 예제 7.13에서와 똑같은 알고리즘을 사용하면 각 나눗셈은(l이 크다면) 더 큰 $O(kl)$비트 연산이 필요하다. 몇 번을 나누어야 하는가? n을 b진법으로 나타낼 때 자릿수의 개수는 $O(k/l)$이다(예제 7.12(c)). 그러므로 필요한 모든 나눗셈을 수행하는 총계산량은 $O(k/l)\cdot O(kl)=O(k^2)$이다. 이 결과는 예제 7.13과 같다. k비트 정수 n을 다른 진법으로 변경하고자 할 때(그 진법의 크기에 관계없이) 진법에 의존하지 않는다. 그 이유는 각 자릿수를 구하는 계산량은 크지만 반대로 구할 자릿수의 개수가 작아져 서로 상쇄되기 때문이다. □

[예제 7.15] 다음을 계산하는데 걸리는 시간을 O-기호를 사용하여 표현하여라.

(a) $n!$　　　　　　(b) $\binom{n}{m}$

풀이 (a) $O(n^2\log^2 n)$

(b) $O(m^2\log^2 n)$ □

> [정의 7.2] 다항식 시간 알고리즘(polynomial time algorithm)이란 각각 $k_1, k_2, \cdots, k_r$ 비트인 정수들 $n_1, n_2, \cdots, n_r$을 입력으로 하여 알고리즘을 수행할 때 수행시간이 $O(k_1^{d_1}k_2^{d_2}\cdots k_r^{d_r})$인 정수 $d_1, d_2, \cdots, d_r$가 존재하는 알고리즘을 말한다.

그러므로 보통 산술연산 +, −, ×, ÷는 다항식시간 알고리즘의 예들이다. 그러므로 진법 변환 알고리즘도 다항식시간 알고리즘이다. 그렇지만 $n!$의 계산은 다항식시간 알고리즘이 아니다.(그러나 $n!$의 상위 1000비트 정도만 알기를 원한다면 $n!$에 대한 Stirling 근사공식($n! \approx \sqrt{2\pi n}\cdot\left(\frac{n}{e}\right)^n$)을 이용하여 다항식시간 알고리즘으로 구할 수 있다).

연습문제 (7.1)

1. (a) $(43210A)_{16}$을 2진수로 나타내어라.
   (b) 두 이진수 $(1111100111)_2$와 $(1011000)_2$를 더하여라.
   (c) 두 16진수 $(FEED)_{16}$와 $(BEEF)_{16}$를 더하여라.
   (d) 두 6진수 $(123443215)_6$와 $(543223411)_6$을 더하여라.
   (e) 두 3진수 $(212)_3$와 $(122)_3$를 곱하여라.

2. (a) $(276)_8$을 $(167)_8$로 나누어라.
   (b) $(40122)_7$를 $(126)_7$로 나누어라.

3. (a) 두 이진수 $(101010)_2$와 $(1101010)_2$을 곱하여라.
   (b) 이진수 $(101010)_2$을 이진수 $(1111)_2$로 나누어라.

4. 26진법에서는 26개의 기호 A~Z이 각각 0~25를 나타낸다.
   (a) YES와 NO를 곱하여라.
   (b) JQVXHJ를 WE로 나누어라.

5. $e=2.7182818\cdots$을
   (a) 2진법으로 나타내고(소수점 아래 15자리까지 계산하여라),
   (b) 26진법으로 나타내어라(소수점 아래 3자리까지 계산하여라).

6. b진법에 관한 **주기**(period) n인 **순순환소수**(pure repeating fraction)란 b진법으로 나타내었을 때 소숫점 아래에서 n개의 항이 반복적으로 순환하는 0과 1 사이의 수이다. 예를 들어, 1/3은 10진법으로 나타내었을 때 $0.333\cdots=0.\overline{3}$이므로 주기 1인 순순환소수이고, 1/7은 10진법으로 나타내었을 때 $0.142857142857\cdots=0.\overline{142857}$이므로 주기 6인 순순환소수이다. 0과 1 사이의 기약소수 c/d가 b진법에 관하여 주기 n인 순순환소수일 필요충분조건은 b^n-1이 d의 배수임을 보여라.

7. (a) 자연수를 16진법으로 나타낼 때에는 16개의 기호 0, 1, 2, …, 9, A, B, C, D, E, F를 사용하는데 A, B, C, D, E, F는 각각 10, 11, 12, 13, 14, 15를 뜻한다. 두 16진수 $(F)_{16}$과 $(10FDA5)_{16}$을 곱하여라. 또 $(131B6C3)_{16}$을 $(1A2F)_{16}$으로 나누어라.
   (b) 정수의 이진법과 16진법 사이의 진법변환방법을 설명하여라. 이진법으로 나타낸 수를 b진법으로 변환시키는데 걸리는 시간이 예제 7.13에서 주어진 일반적인 추정치보다 훨씬 작은 이유를 설명하여라.

8. 두 이진수를 덧셈하는 5가지 방법에 대응하는 두 이진수를 뺄셈하는 5가지 방법을 제시하여라.

9. (a) O-기호를 이용하여 3^n을 이진법으로 나타내는데 필요한 비트연산수를 n에 관한 간단한 함수로 나타내어라.
   (b) O-기호를 이용하여 n^n을 이진법으로 나타내는데 필요한 비트연산수를 n에 관한 간단한 함수로 나타내어라.

10. N^n을 계산하는데 걸리는 비트연산수를 n과 N에 관한 간단한 함수로 나타내어라.

11. 처음부터 n개의 완전제곱수의 합에 대하여 다음 등식이 성립한다.

$$\sum_{j=1}^{n} j^2 = \frac{n(n+1)(2n+1)}{6}$$

(a) O-기호를 사용하여 이 등식의 좌변을 계산하는데 필요한 비트연산수를 추정하여라.

(b) O-기호를 사용하여 이 등식의 우변을 계산하는데 필요한 비트연산수를 추정하여라.

12. O-기호를 사용하여 $r \times n$ 행렬과 $n \times s$ 행렬을 곱하는데 필요한 비트연산수를 구하여라. 여기서 행렬의 각 성분은 m 이하이다.

13. 이 문제의 목적은 n보다 작은 모든 소수의 곱을 계산하는데 필요한 비트연산수를 n에 관한 함수로 나타내고자 하는 것이다. 여기서 n 이하의 모든 소수를 포함하는 매우 긴 목록이 마련되어 있다고 가정하자.

(a) 소수개수정리(Prime Number Theorem)에 의하면, 임의의 자연수 n에 대하여 1에서 n 이하까지 소수의 개수를 $\pi(n)$라 하면, $\pi(n)$은 $\left[\frac{n}{\log n}\right]$에 수렴한다. n이 한없이 커짐에 따라 $n/\log n$에 대한 $\pi(n)$의 비는 1에 가까워진다. 즉, $\lim_{n\to\infty} \frac{\pi(n)}{n/\log n} = 1$이라는 의미이다.

소수개수정리는 1793년 가우스에 의해 예측된 이래 100년 이상 증명하지 못하다가 1896년 프랑스 수학자 J. Hadamard와 벨기에 수학자 C.J. Vallée-Poussin가 각각 독자적으로 이 정리를 증명하였다. 그후 여러 가지 증명이 알려져 있으나 모두가 복잡하거나 난해한 수학이론을 사용하기 때문에 증명을 생략한다.

소수개수정리를 이용하여 n보다 작은 모든 소수의 곱에 있는 이진 자릿수의 개수를 추정하여라.

(b) n보다 작은 모든 소수의 곱을 계산할 때, 한 곱셈에 필요한 비트연산수에 대한 상한을 추정하여라.

(c) n보다 작은 모든 소수의 곱을 계산하는데 필요한 비트연산수를 추정하여라.

14. (a) 큰 홀수 n이 소수인지를 검사하기 위하여 $\sqrt{n}$ 보다 크지 않은 모든 홀수로 n을 일일이 나누어본다고 가정하자. 이렇게 하는데 걸리는 비트연산수를 추정하여라.

(b) 큰 홀수 n이 소수인지를 검사할 때 $\sqrt{n}$ 보다 크지 않은 모든 소수의 목록

을 가지고 있다고 가정하고 그 홀수들에 대하여 일일이 나누어본다고 가정하자. 이렇게 하는데 걸리는 비트연산수를 추정하여라. 소수개수정리를 사용하여라.

15. n이 m 이하인 한 소수에 의하여 나누어지는지를 검사하는데 필요한 시간을 추정하여라. 여기서 m 이하의 모든 소수의 목록을 가지고 있고 소수개수정리를 사용한다고 가정한다.

16. n이 이진수로 나타낸 매우 큰 정수라 하자. $[\sqrt{n}]$을 구하는 비트연산수가 $O(\log^3 n)$인 간단한 알고리즘을 작성하여라.

7.2 나눗셈 성질과 유클리드 알고리즘 (Divisibility and the Euclidean algorithm)

> [정의 7.3] 두 정수 a, b에 대하여 $b=ad$인 정수 d가 존재할 때, 'a는 b를 나눈다'라고 하거나 또는 'b는 a로 나누어 떨어진다.'고 하고 이 사실을 $a|b$로 나타낸다. 또, 이 경우에 a를 b의 약수(divisor) 또는 인수(factor)라 하고 b를 a의 배수(multiple)라고 한다. 그리고, $a|b$가 아닐 때, 이 사실을 $a \nmid b$로 나타낸다.

모든 정수 $b>1$는 1과 b로 나누어진다. b의 고유 약수(proper divisor)는 b가 아닌 양의 약수를 의미한다. b의 자명하지 않은 약수(nontrivial divisor)는 1과 b가 아닌 양의 약수를 의미한다.

[예제 7.16] (a) $3 \cdot 4=12$이므로 3은 12의 약수이다. 즉 $3|12$이다.
(b) $7 \cdot 0=0$이므로 7은 0의 약수이다. 즉 $7|0$이다.
(c) $5 \nmid 12$이다. 왜냐하면 $12=5k$를 만족하는 정수 k가 존재하지 않기 때문이다.

> [정의 7.4] 1보다 큰 정수 p의 양의 약수가 1과 p 뿐일 때, p를 소수(prime number)라고 한다.

[정의 7.5] 1보다 큰 정수 n이 소수가 아닐 때, 즉

$$n=de,\ 1<d\le e<n$$

인 두 정수 d, e가 존재할 때 n을 **합성수**(composite number)라고 한다. 즉 1보다 큰 정수 n이 1, n 이외의 양의 약수를 가지면 이 정수 n을 합성수라고 한다.

[예제 7.17] 100보다 작은 소수는 다음과 같은 25개다. 2, 3, 5, 7, 11, 13, 17, 19, 23, 29, 31, 37, 41, 43, 47, 53, 59, 61, 67, 71, 73, 79, 83, 89, 97. 특히, 짝수인 소수는 2뿐이다.

[정리 7.3] (정수론의 기본정리, 유일 인수분해정리(Unique Factorization Theorem))

(i) 각 양의 정수 $n(n\ge 2)$은 유한개의 소수 $p_1, \cdots, p_k$의 곱 $n=p_1\cdots p_k$으로 소인수분해된다.

(ii) $n(n\ge 2)$의 소인수분해는 본질적으로 단 한 가지뿐이다. 즉,

$$n=p_1\cdots p_s,\ n=q_1\cdots q_t(p_1, \cdots, p_s\,;\,q_1, \cdots, q_t\text{는 소수})$$

을 n의 소인수분해라고 하면, $s=t$이고 또 $p_1, \cdots, p_s$와 $q_1, \cdots, q_t$는 그 순서만이 다를 뿐이다.

양의 정수 $n(n\ge 2)$의 서로 다른 소인수가 $p_1, \cdots, p_r$일 때, n은 단 한 가지 방법으로 다음과 같이 소인수분해된다.

$$n=p_1^{e_1}\cdots p_r^{e_r}(p_1, \cdots, p_r\text{는 서로 다른 소수이고 } e_1\ge 1, \cdots, e_r\ge 1)$$

양의 정수 $n(n\ge 2)$을 위와 같은 꼴로 나타낸 것을 n의 **표준분해**(standard decomposition)라고 한다. 예를 들어 $4200=2^3\cdot 3\cdot 5^2\cdot 7$이다.

[정의 7.6] 두 정수 a, b에 대하여 $e|a$, $e|b$인 정수 e를 a와 b의 공약수

(common divisor)라고 한다.

양의 정수 n에 대하여 n의 양의 약수 전체의 개수에 대하여 논한다.

먼저 p가 소수일 때, p^e의 약수는 $1, p, p^2, \cdots, p^e$ 뿐이므로 p^e의 약수의 개수는 $e+1$이다.

정수 $n(n \geq 2)$의 표준분해가 $n=p_1^{e_1}p_2^{e_2}\cdots p_r^{e_r}$일 때, n의 양의 약수 d는 모두 $d=p_1^{f_1}p_2^{f_2}\cdots p_r^{f_r}$ $(0 \leq f_i \leq e_i)$와 같은 꼴로 나타내어지므로 n의 약수의 개수는 $(e_1+1)(e_2+1)\cdots(e_r+1)$이다. 예를 들어 $4200=2^3 \cdot 3 \cdot 5^2 \cdot 7$의 약수의 개수는 $(3+1)(1+1)(2+1)(1+1)=48$이다.

[정의 7.7] 두 정수 a, b가 동시에 0이 아닐 때 a와 b의 공약수 중 가장 큰 정수를 a와 b의 **최대공약수**(greatest common divisor)라 하고, $\gcd(a, b)$ 또는 (a, b)로 나타낸다.

$\gcd(a, b)$는 다음 두 조건을 만족하는 유일한 양의 정수 d이다.

(i) $d|a$, $d|b$ 즉, d는 a와 b의 공약수이다.

(ii) $e|a$, $e|b \Rightarrow e|d$

[정리 7.4] 두 수 $a=p_1^{e_1}p_2^{e_2}\cdots p_r^{e_r}$, $b=p_1^{f_1}p_2^{f_2}\cdots p_r^{f_r}$ $(e_i, f_i \geq 0)$일 때 각 i에 대하여 $g_i=\min(e_i, f_i)$라면 $\gcd(a, b)=p_1^{g_1}p_2^{g_2}\cdots p_r^{g_r}$이다.

[예제 7.18] $4200=2^3 \cdot 3 \cdot 5^2 \cdot 7$와 $10780=2^2 \cdot 5 \cdot 7^2 \cdot 11$로부터 $\gcd(4200, 10780)=2^2 \cdot 5 \cdot 7=140$임을 알 수 있다.

[정의 7.8] 두 정수 a, b가 동시에 0이 아닐 때 a와 b의 공배수 중 가장 작은 정수를 a와 b의 **최소공배수**(least common multiple)라 하고, $\mathrm{lcm}(a, b)$으로 나타낸다.

$\text{lcm}(a, b)$은 다음 두 조건을 만족하는 유일한 양의 정수 d이다.

(i) $a|d$, $b|d$ 즉, d는 a와 b의 공배수이다.

(ii) $a|e$, $b|e \Rightarrow d|e$

> **[정리 7.5]** 두 수 $a=p_1^{e_1}p_2^{e_2}\cdots p_r^{e_r}$, $b=p_1^{f_1}p_2^{f_2}\cdots p_r^{f_r}$ $(e_i, f_i \geq 0)$일 때 각 i에 대하여 $g_i=\max(e_i, f_i)$라면 $\text{lcm}(a, b)=p_1^{g_1}p_2^{g_2}\cdots p_r^{g_r}$이다.

[예제 7.19] $4200=2^3\cdot 3\cdot 5^2\cdot 7$와 $10780=2^2\cdot 5\cdot 7^2\cdot 11$로부터 $\text{lcm}(4200, 10780)=2^3\cdot 3\cdot 5^2\cdot 7^2\cdot 11=323400$임을 알 수 있다.

> **[정리 7.6]** 양의 정수 a와 b에 대하여 $\gcd(a, b)\text{lcm}(a, b)=ab$이다.

> **[정리 7.7]** (a) $a|b$이면, 임의의 정수 k에 대하여 $a|kb$이다.
> (b) $a|b$, $b|c$이면 $a|c$이다.
> (c) $a|b$, $a|c$이면 임의의 정수 x, y에 대하여 $a|(bx+cy)$이다.

증명 (a) $a|b$이므로 $b=ad$인 정수 d가 존재한다. 그러면 $kb=k(ad)=a(dk)$이 성립하므로 $a|kb$이다.

(b) $a|b$, $b|c$이므로 $b=ah$, $c=bk$인 정수 h, k가 존재한다. 그러면 $c=bk=(ah)k=a(hk)$이므로 $a|c$이다.

(c) $a|b$, $a|c$이므로 $b=as$, $c=at$인 정수 s, t가 존재한다. 그러면 $bx+cy=(as)x+(at)y=a(sx+ty)$이므로 $a|(bx+cy)$이다. ■

<유클리드 알고리즘(Euclidean algorithm)>

주어진 자연수가 대단히 큰 수인 경우에는, 이 수의 소인수분해를 구하는 일은 대단히 어렵거나 거의 불가능하므로 소인수분해를 이용하여 두 자연수의 최대공약수와 최소공배수를 구하는 방법은 실용성이 없다. 실제로 정수론에서 큰 정수를 소인수분해하는 빠른 방법을 찾는 것이 중요 연구과제이다. 다행히 a 또는 b의 소인수분해를 모르더라도 $\gcd(a, b)$를 구하는 비교적 빠른 방법이 존재한다. 그 방법이 유클리드 알고리즘이다.

[보조정리 7.8] 음이 아닌 정수 a와 양의 정수 b에 대하여 $r = a \bmod b$이면 $\gcd(a, b) = \gcd(b, r)$이 성립한다.
여기서 $a \bmod b$는 a를 b로 나누었을 때 나머지를 의미한다.

유클리드 알고리즘은 다음과 같다.

[정리 7.9] 유클리드 알고리즘(Euclidean algorithm)
두 양의 정수 a, $b(a > b)$에 대하여 다음이 성립한다고 하자.

$$\begin{aligned} a &= q_1 b + r_1 \\ b &= q_2 r_1 + r_2 \\ r_1 &= q_3 r_2 + r_3 \\ &\vdots \\ r_{k-2} &= q_k r_{k-1} + r_k \\ r_{k-1} &= q_{k+1} r_k \end{aligned}$$

이 때, $\gcd(a, b) = r_k$이다.

[예제 7.20] $\gcd(1547, 560)$을 구하여라.

풀이 $1547 = 2 \cdot 560 + 427$
$560 = 1 \cdot 427 + 133$
$427 = 3 \cdot 133 + 28$
$133 = 4 \cdot 28 + 21$
$28 = 1 \cdot 21 + 7$

$7 | 21$이므로 $\gcd(1547, 560) = 7$이다. □

[정리 7.10] 유클리드 알고리즘에 의하여 유한 단계 후에 반드시 최대공약수가 존재한다. 게다가 $a>b$일 때 유클리드 알고리즘에 의하여

$$\text{Time}(\gcd(a,\ b)\text{의 계산})=O(\log^3(a))$$

이다.

증명 유클리드 알고리즘은 유한 단계 후에 반드시 최대공약수를 구한다는 증명은 많은 정수론 책에 상세하게 설명되어 있으므로 생략한다. 여기서는

$$\text{Time}(\gcd(a,\ b)\text{의 계산})=O(\log^3(a))$$

을 증명한다. 해결해야 할 문제는 나눗셈을 얼마나 많이 수행하느냐 하는 것이다. 단계가 진행될 때마다 나머지가 감소할 뿐만 아니라 아주 빠르게 감소한다는 것을 보여야 한다.

먼저 $r_{j+1} \le \frac{1}{2}r_j$ 라면 $r_{j+2} < r_{j+1} \le \frac{1}{2}r_j$이므로 성립한다. 그러므로 $r_{j+1} > \frac{1}{2}r_j$라고 가정하자. 이 경우에 다음 단계의 나눗셈은 $r_j=1\cdot r_{j+1}+r_{j+2}$이므로 $r_{j+2}=r_j-r_{j+1} < \frac{1}{2}r_j$이 성립한다. 따라서 두 단계가 진행될 때마다 나머지가 반으로 줄어든다. 그러므로 $r_2 < \frac{b}{2}$이다.

나눗셈을 4번 한 뒤 나머지 r_4는 $\left(\frac{1}{2}\right)^2 b$보다 작다. 즉, $r_4 < \frac{r_2}{2} < \left(\frac{1}{2}\right)^2 b$.

이와같이 계속하면 나눗셈을 $2n$번 한 뒤 나머지는 $\left(\frac{1}{2}\right)^n b$보다 작을 것이다.

나머지가 1 이하일 때 유클리드 알고리즘은 끝난다.

$\left(\frac{1}{2}\right)^n b \le 1$인 n을 구해보자.

$$\left(\frac{1}{2}\right)^n b=1 \Leftrightarrow b=2^n \Leftrightarrow \log_2 b=n$$

$$\left(\frac{1}{2}\right)^n b \le 1 \Leftrightarrow b \le 2^n \Leftrightarrow \log_2 b \le n$$

n이 $\log_2 b$ 이상이면 $\left(\frac{1}{2}\right)^n b \le 1$이므로 나머지는 0이다. 즉 나눗셈을 $2\log_2 b$번 시행하면($\log_2 b$가 정수가 아닌 경우는 $\log_2 b$ 대신 $[\log_2 b]+1$을 사용한다.) 유클리드 알고리즘은 끝나고 두 수 $a,\ b(a>b)$의 최대공약수 $\gcd(a,\ b)$를 얻는다. 그러므로 나눗셈 횟수의 계산량은 $O(\log a)$이다. 각 나눗셈은 a 이하의 정수만을 포함하므로 나눗셈을 수행하는 계산량은 $O(\log^2 a)$이다. 그러므로 총계산량은 $O(\log a)\cdot O(\log^2 a)$

$=O(\log^3 a)$이다. ■

[참고] 계산량에 대하여 좀 더 분석해보면, 각 나눗셈에 나타나는 수가 작아진다는 것을 고려하면 유클리드 알고리즘의 계산량을 $O(\log^2 a)$까지 개선시킬 수 있다.(연습문제 10 참조)

[정리 7.11] $a>b$일 때 $d=\gcd(a, b)$라고 하자. 그러면 $d=ua+bv$인 정수 u, v가 존재한다. 다시 말하면, 두 수의 최대공약수는 그 두 수의 일차결합으로 표현될 수 있다. 게다가 정수 u와 v를 계산하는 계산량은 $O(\log^3 a)$이다.

증명 유클리드 알고리즘의 각 등식을 역순으로 적용하면 $d=\gcd(a, b)$를 a와 b의 일차결합으로 표현할 수 있다. 각 단계에서 한 번의 곱셈과 한 번의 덧셈 또는 뺄셈이 필요하다. 그러므로 계산량이 $O(\log^3 a)$임을 쉽게 알 수 있다. ■

[예제 7.20 계속] 7을 1547과 560의 일차결합으로 표현하려면 다음과 같이 역순으로 계속해 나가면 된다.

$$\begin{aligned}7&=28-1\cdot 21=28-1(133-4\cdot 28)\\&=5\cdot 28-1\cdot 133=5(427-3\cdot 133)-1\cdot 133\\&=5\cdot 427-16\cdot 133=5\cdot 427-16(520-1\cdot 427)\\&=21\cdot 427-16\cdot 560=21(1547-2\cdot 560)-16\cdot 560\\&=21\cdot 1547-58\cdot 560.\end{aligned}$$

[정의 7.9] 두 정수 a와 b의 최대공약수가 1일 때, 즉 $\gcd(a, b)=1$일 때, a와 b는 서로소(relatively prime)라고 한다.

[따름정리 7.12] 두 정수 a, b에 대하여 다음 두 조건은 서로 동치이다.

(1) $\gcd(a, b)=1$

(2) $as+bt=1$인 두 정수 s, t가 존재한다.

또한 $as+bt=1$인 두 정수 s, t를 다항식 시간에 구할 수 있다. 정확히 표현하면

$a > b$일 때 계산량은 $O(\log^3 a)$이다.

[정리 7.13] (a) 소수 p와 두 정수 a, b에 대하여 $p|ab$이면 $p|a$ 또는 $p|b$이다.
(b) $m|a$, $n|a$이고 m과 n이 1보다 큰 공약수가 없다면 $mn|a$이다.

증명 (a) $p|ab$, $p \nmid a$라고 가정하자. 이 때, $\gcd(a, p)=1$이므로 적당한 정수 s, t에 대하여 $as+pt=1$이고 이 경우에

$$asb+ptb=b,\ p|asb,\ p|ptb$$

이므로 $p|b$이다. 따라서 정리가 성립한다.

(b) $\gcd(m, n)=1$이므로 $mm'+nn'=1$인 정수 m'과 n'이 존재한다. 또한 $m|a$이고 $n|a$이므로 $a=mm''=nn''$인 정수 m''과 n''이 존재한다. 따라서

$$\begin{aligned} a &= a \cdot 1 = a(mm'+nn') \\ &= a(mm')+a(nn') = (nn'')(mm')+(mm'')(nn') = mn(m'n''+m''n') \end{aligned}$$

이므로 $mn|a$이다. ■

정리 7.13과 수학적귀납법에 의하여 다음 따름정리를 얻는다.

[따름정리 7.14] p가 소수일 때 다음이 성립한다.
(1) 정수 $a_1, a_2, \cdots, a_n$에 대하여 $p \mid a_1 a_2 \cdots a_n$이면 $p \mid a_i$인 a_i가 존재한다.
(2) 정수 a, $n(n \geq 1)$에 대하여, $p \mid a^n$이면 $p \mid a$이다.

[정의 7.10] 양의 정수 n에 대하여 정수 $0, 1, \cdots, n-1$중에서 n과 서로소인 정수의 개수를 $\phi(n)$으로 나타낸다. 즉

$$\phi(n) = |\{0 \leq b < n | \gcd(b, n)=1\}|$$

함수 $\phi : \mathbb{N} \rightarrow \mathbb{N}$, $n \mapsto \phi(n)$을 오일러의 ϕ함수(Euler phi-function)라고 한다.

분명히 $\phi(1)=1$이고 p가 소수일 때 $\phi(p)=p-1$이다.

[정리 7.15] p가 소수일 때 다음이 성립한다.
$\phi(p^k)=p^k-p^{k-1}=p^{k-1}(p-1)=p^k\left(1-\frac{1}{p}\right)$이다.
특히 $\phi(2^k)=2^{k-1}$이다.

증명 정수 a에 대하여

$$\gcd(a,\ p^k)=1 \Leftrightarrow \gcd(a,\ p)=1$$

이다. 한편 $1, \cdots, p, \cdots, p^k$ 중에서 p의 배수인 정수는 $1\cdot p, 2\cdot p, \cdots, p^{k-1}\cdot p$의 p^{k-1}개다. 따라서 $1, \cdots, p, \cdots, p^k$ 중에서 p와 서로소인 정수의 개수는 p^k-p^{k-1}이다. ■

다음 절에서 오일러의 ϕ함수가 곱셈함수임을 보일 것이다. 즉 다음이 성립한다.

$$\gcd(m,\ n)=1 \Rightarrow \phi(mn)=\phi(m)\phi(n)$$

그러면 정수 $m(m\geq 2)$의 소인수분해가 $m=p_1^{e_1}p_2^{e_2}\cdots p_r^{e_r}$일 때,

$$\begin{aligned}\phi(m)&=\phi(p_1^{e_1})\phi(p_2^{e_2})\cdots\phi(p_r^{e_r})\\&=(p_1^{e_1}-p_1^{e_1-1})(p_2^{e_2}-p_2^{e_2-1})\cdots(p_r^{e_r}-p_r^{e_r-1})\\&=p_1^{e_1}\left(1-\frac{1}{p_1}\right)p_2^{e_2}\left(1-\frac{1}{p_2}\right)\cdots p_r^{e_r}\left(1-\frac{1}{p_r}\right)\\&=m\left(1-\frac{1}{p_1}\right)\left(1-\frac{1}{p_2}\right)\cdots\left(1-\frac{1}{p_r}\right)\end{aligned}$$

[예제 7.21] $\phi(720)=\phi(2^4\cdot 3^2\cdot 5)=\phi(2^4)\phi(3^2)\phi(5)$
$=2^3\cdot(3^2-3)\cdot 4=8\cdot 6\cdot 4=192$

와 같이 쉽게 계산을 할 수 있다.

[정의 7.11] 양의 정수 b를 나누어 떨어뜨리는 소수 p의 최대거듭제곱이 p^e일 때, 즉 $p^e|b$, $p^{e+1}\nmid b$일 때, 이 사실을 $p^e||b$로 나타낸다. 이 경우에 p^e가 b를 정확히 나눈다고 한다.

연습문제 (7.2)

1. 보조정리 7.8을 증명하여라.

2. (a) 소수 p와 양의 정수 a, b에 대하여 다음이 성립함을 증명하여라.
   (1) $p^e||a$, $p^f||b$이면 $p^{e+f}||ab$이다.
   (2) $p^e||a$, $p^f||b$, 그리고 $e<f$이면 $p^e||a\pm b$이다.
   (b) 소수 p와 양의 정수 a, b에 대하여 다음이 성립하지 않는 반례를 제시하여라.
   $p^e||a$, $p^e||b$이면 $p^e||a+b$이다.

3. (a) 양의 정수 n과 소수 p에 대하여 $p^e||n!$일 때

$$e=\left[\frac{n}{p}\right]+\left[\frac{n}{p^2}\right]+\left[\frac{n}{p^3}\right]+\cdots=\sum_{k=1}^{n}\left[\frac{n}{p^k}\right]$$

(적당한 양의 정수 i에 대하여 $p^i\le n<p^{i+1}$이면

$$\left[\frac{n}{p^i}\right]\ge 1,\ \left[\frac{n}{p^{i+1}}\right]=\left[\frac{n}{p^{i+2}}\right]=\cdots=0\text{이다.)}$$

   (b) 100!의 표준분해를 구하기 위하여 다음을 풀어라.
   (1) $2^e||100!$인 지수 e를 구하여라.
   (2) $3^f||100!$인 지수 f를 구하여라.
   (3) $5^g||100!$인 지수 g를 구하여라.
   (4) $7^h||100!$인 지수 h를 구하여라.
   (5) 100!의 표준분해를 구하여라.
   (c) $S_b(n)$은 n을 b진법으로 나타내었을 때 자릿수의 합이라 하자. $2^e||n!$ 인 e는 $n-S_2(n)$임을 증명하여라.

임의의 소수 p에 대하여 $p^e || n!$ 인 e에 대하여 유사한 공식을 구하고 이를 증명하여라.

4. n을 양의 홀수라 하자.
   (a) $\sqrt{n}$ 보다 작은 n의 약수의 개수와 $\sqrt{n}$보다 큰 n의 약수의 개수가 같음을 증명하여라.(여기서 n은 홀수가 아니어도 성립한다)
   (b) $\sqrt{n}$ 이상인 n의 약수의 개수와 음이 아닌 두 정수 s, t에 대하여 n을 s^2-t^2로 쓰는 모든 방법의 수는 같음을 증명하여라.(예를 들어 $\sqrt{15}$ 이상인 15의 약수는 5, 15이고 $15=4^2-1^2=8^2-7^2$이다.)
   (c) 945를 음이 아닌 두 정수 s, t에 대하여 s^2-t^2로 쓰는 모든 방법을 나열하여라.

5. 다음과 같은 두 정수의 각 쌍에 대하여 유클리드 알고리즘을 이용하여 최대공약수를 구하고, 최대공약수를 두 수의 일차결합으로 나타내어라.
   (a) 26, 19
   (b) 187, 34
   (c) 841, 160
   (d) 2613, 2171

6. 두 가지 방법으로 $d=\gcd(360, 294)$를 구하여라.
   (a) 소인수분해를 이용하여 두 자연수의 최대공약수를 구하여라.
   (b) 유클리드 알고리즘을 이용하여 두 자연수의 최대공약수를 구하여라.

7. 나눗셈을 수행할 때 음인 나머지를 허용하면 유클리드 알고리즘을 조금 빠르게 수행할 수도 있다. 즉, $r_j=q_{j+2}r_{j+1}+r_{j+2}$ 뿐만 아니라 $r_j=q_{j+2}r_{j+1}-r_{j+2}$도 허용한다. 여기서 r_{j+2}는 가장 작은 음이 아닌 정수이다. 이 방법으로 하면 항상 $r_{j+2} \le \frac{1}{2}r_{j+1}$이 성립한다. 이 방법을 이용하여 문제 5의 4가지 경우에 대하여 최대공약수를 구하여라.

8. (a) 다음 알고리즘이 유한 단계 후에 $d=\gcd(a, b)$를 구한다는 것을 증명하여라. 먼저 $\gcd(a, b)=\gcd(|a|, |b|)$이므로 일반성을 잃지 않고 a와 b가 양수라고 가정할 수 있다. a, b가 모두 짝수이면 $d=2d'(d'=\gcd(2/a, b/2))$라 하자. a, b중 하나가 홀수라면 그것을 a라 하고 $d=d'(d'=\gcd(a, b/2))$라 하자. a, b 모두 홀수이며 $a>b$라면 $d=d'(d'=\gcd(a-b, b))$라 하자. 마지막으로 $a=b$이면 $d=a$라 하자. 이 과정을 두 정수가 같을 때까지 반복하여라.

(b) (a)의 알고리즘을 이용하여

$$\gcd((101000110101)_2,\ (100001111011)_2)$$

을 구하여라.

9. 양의 정수 a, b에 대하여 a가 b보다 매우 크다고 가정하자. $\gcd(a, b)$를 계산하는 $O(\log^3 a)$ 보다 더 나은 O-기호 추정치를 구하여라.

10. 이 문제의 목적은 유클리드 알고리즘에서 필요한 나눗셈의 횟수에 대한 "최선의" 추정치를 얻고자 하는 것이다. 피보나치 수는 점화식 $f_1=1$, $f_2=1$, $f_{n+1}=f_n+f_{n-1}\,(n\geq 2)$에 의해서 정의하거나 행렬방정식

$$\begin{pmatrix} f_{n+1} & f_n \\ f_n & f_{n-1} \end{pmatrix} = \begin{pmatrix} 1 & 1 \\ 1 & 0 \end{pmatrix}^n$$

에 의해 정의할 수 있다.

(a) $a>b>0$라 가정하고(나머지를 음이 아닌 정수로 제한하는) 유클리드 알고리즘에 의해서 $\gcd(a, b)$를 구하는데 k번의 나눗셈이 필요하다고 가정하면 $a\geq f_{k+2}$임을 보여라.

(b) f_n의 행렬 정의를 이용하여 $f_n=\dfrac{\alpha^n-\alpha'^n}{\sqrt{5}}$임을 증명하여라. 여기서 $\alpha=\dfrac{1+\sqrt{5}}{2}$, $\alpha'=\dfrac{1-\sqrt{5}}{2}$이다.

(c) (a)와 (b)를 이용하여 k의 상한을 a로 나타내어라.

11. 이 문제의 목적은 ($a>b$일 때) $\gcd(a, b)$의 계산량을 구하는데 정리 7.10에서의 추정치보다 더 나은 추정치를 얻고자 하는 것이다.

(a) 나눗셈 $a=qb+r$을 수행하는데 필요한 비트연산수가 $O((\log b)(1+\log q))$임을 보여라.

(b) $r_{i-1}=q_{i+1}r_i+r_{i+1}$ 형태의 $O(\log a)$번의 나눗셈의 모든 경우에 (a)를 적용하면 시간 추정치가 $O((\log b)(\log a))$임을 보여라.

12. 계수가 실수인 다항식을 살펴보자(이 문제는 계수가 임의의 체의 원소인 다항식에 대해서도 마찬가지로 적용된다). 두 다항식 f와 g에 대하여 $g=fh$인 다항식 h가 존재할 때 f를 g의 약수 또는 인수라 하고 g를 f의 배수라고 한다. 또

이 사실을 $f|g$로 나타낸다. f와 g의 최대공약수 $\gcd(f, g)$는 정수에서의 최대공약수와 본질적으로 같은 방법으로 정의된다. 즉 $\gcd(f, g)$는 f와 g의 인수 중에서 차수가 가장 큰 다항식으로 정의하면 $\gcd(f, g)$는 유일하지 않다. 왜냐하면 그런 다항식에 0이 아닌 상수를 곱하면 f와 g의 인수이면서 차수가 같은 다항식이 생기기 때문이다. 그러므로 $\gcd(f, g)$를 f와 g의 인수 중에서 최고차항의 계수가 1인 차수가 가장 큰 다항식으로 정의하면 $\gcd(f, g)$는 유일하게 된다. 두 다항식 f와 g의 최대공약수가 "상수 다항식" 1일 때 이 두 다항식은 서로소라고 한다. 두 정수에 대한 유클리드 알고리즘과 완전히 유사한 방법으로 두 다항식의 최대공약수를 구하는 알고리즘을 작성하여라. 이것을 다항식에 대한 유클리드 알고리즘이라고 한다. 그리고 다항식에 대한 유클리드 알고리즘을 이용하여 다음을 구하여라.

(a) $\gcd(x^4+x^2+1,\ x^2+1)$

(b) $\gcd(x^4-4x^3+6x^2-4x+1,\ x^3-x^2+x-1)$

위 두 가지 각 경우에 최대공약수가 $u(x)f(x)+v(x)g(x)$로 표현되는 다항식 $u(x)$와 $v(x)$를 구하여라.

13. 대수학에서 다항식이 이중근을 가질 필요충분조건은 그 다항식이 도함수와 공통인수를 갖는 것이다. 그 경우에 $f(x)$의 이중근들은 $\gcd(f, f')$의 근들이다. 다항식 $x^4-2x^3-x^2+2x+1$의 이중근들을 구하여라.

14. (먼저 복소수 산술에 대하여 생각해보자. $(a+bi)(a-bi)$는 실수 a^2+b^2이므로 $\dfrac{c+di}{a+bi}=\dfrac{(c+di)(a-bi)}{(a+bi)(a-bi)}=\dfrac{(c+di)(a-bi)}{a^2+b^2}=\dfrac{(ac+bd)+(ad-bc)i}{a^2+b^2}$로 써서 나눌 수 있다.) **가우스 정수**(Gaussian integer)는 a와 b가 정수인 복소수 $a+bi$이다. 각 복소수는 **복소평면**(complex plane) 위에 나타낼 수 있는데 가우스 정수는 이 복소평면에서 x 좌표와 y 좌표가 정수인 점이다. $a+bi$와 $c+di$가 가우스 정수일 때, $\dfrac{c+di}{a+bi}=\dfrac{(ac+bd)+(ad-bc)i}{a^2+b^2}$이므로 a^2+b^2이 $ac+bd$와 $ad-bc$를 나눈다면 $\dfrac{c+di}{a+bi}$는 가우스 정수이다. α와 β가 가우스 정수일 때 $\beta=\alpha\gamma$인 가우스 정수 γ가 존재할 때 'α는 β를 나누어 떨어뜨린다'고 말하거나 또는 'β는 α로 나누어 떨어진다'고 말하고 이 사실을 $\alpha|\beta$로 나타낸다. $\gcd(\alpha, \beta)$는 α와 β를 나누어 떨어뜨리는 가우스 정수 중 절대값이 가장 큰 가우스 정수 δ로 정의한다.(절대

값 $|\delta|$는 원점 0으로부터의 거리이다.) 두 가우스 정수 α와 β의 $\gcd(\alpha, \beta)$는 유일하지 않다. 왜냐하면 $\gcd(\alpha, \beta)$를 δ라 할 때 δ에 ± 1 또는 $\pm i$를 곱한 복소수는 α와 β를 나누어 떨어뜨리면서 δ와 똑같은 절대값을 갖는 가우스 정수이기 때문이다. $\gcd(\alpha, \beta)$는 4가지가 가능하기 때문에 앞으로 $\gcd(\alpha, \beta)$라 할 때 이 4가지 중 어느 하나라고 생각하면 된다. 임의의 복소수는 실수부와 허수부가 각각 $-1/2$과 $1/2$사이인 복소수와, 가우스 정수의 합으로 쓸 수 있다는 것에 주목하여라. 이 사실이, 한 가우스 정수 α를 다른 가우스 정수 β로 나누면 몫이 가우스 정수이고 나머지는 절대값이 β의 절대값보다 작은 가우스 정수가 되도록 할 수 있다는 것을 의미함을 보여라. 이 사실을 이용하여 두 가우스 정수에 대한 유클리드 알고리즘을 작성하여라. 이 유클리드 알고리즘을 이용하여 다음을 구하여라.

(a) $\gcd(5+6i,\ 3-2i)$ (b) $\gcd(7-11i,\ 8-19i)$

각 경우에 최대공약수를 $u\alpha+v\beta$ (u, v는 가우스 정수) 형태의 일차결합으로 나타내어라.

15. 큰 소수를 두 완전제곱수의 합으로 나타내는 효율적인 방법을 얻는데 적용될 수 있는 문제를 다루고자 한다. 예를 들어 소수 p가 b^6+1 형태의 수를 나눈다고 가정하자. p를 정수 c, d에 대하여 $p=c^2+d^2$으로 나타내고자 한다. $c^2+d^2=(c+di)(c-di)$이므로 이 사실은 p의 자명하지 않은 가우스 정수를 구하는 문제와 동치이다. 다음과 같이 진행할 수 있다. $b^6+1=(b^2+1)(b^4-b^2+1)$와 $b^4-b^2+1=(b^2-1)^2+b^2$를 이용하자. 그러면 정리 7.13에 의하여 소수 p는 $b^6+1=(b^2+1)(b^4-b^2+1)$의 우변의 두 인수 중 하나를 나눈다.

(1) $p|b^2+1=(b+i)(b-i)$이면 $\gcd(p,\ b+i)$가 바라던 대로 $c+di$일 것이다.

(2) $p|b^4-b^2+1=((b^2-1)+bi)((b^2-1)-bi)$이면 $\gcd(p,\ (b^2-1)+bi)$는 바라던 대로 $c+di$일 것이다.

예를 들어 소수 12277은 $20^6+1=(20^2+1)(20^4-20^2+1)$의 두 번째 인수 20^4-20^2+1를 나눈다. 그러므로 $\gcd(12277,\ 399+20i)$를 다음과 같이 구한다.

$$12277=(31-2i)(399+20i)+(-132+178i),$$
$$399+20i=(-1-i)(-132+178i)+(89+66i),$$
$$-132+178i=(2i)(89+66i)$$

이므로 $\gcd(12277,\ 399+20i)=89+66i$이다. 즉, $12277=89^2+66^2$이다.

(a) $19^6+1=2\cdot 13^2\cdot 181\cdot 769$와 가우스 정수에 대한 유클리드 알고리즘을 이용하여 769를 두 완전제곱수의 합으로 나타내어라.

(b) 15^6+1을 나누는 소수 3877을 두 완전제곱수의 합으로 나타내어라.

(c) $2^{36}+1$을 나누는 소수 38737을 두 완전제곱수의 합으로 나타내어라.

7.3 합동식(Congruence)

[정의 7.12] 고정된 양의 정수 m에 대하여, 두 정수 a, b의 차가 m의 배수일 때, 즉 $m|(a-b)$일 때 이 사실을 $a\equiv b \pmod m$으로 나타내고 a는 **법**(modulus) m에 관하여 b에 합동이다(a is congruent to b modulo m)라고 한다. 그리고 합동기호 $\equiv$가 들어 있는 식을 **합동식**(congruence)이라고 한다. 한편, $m\nmid(a-b)$인 경우에, 이 사실을 $a\not\equiv b \pmod m$으로 나타내고 이 때 a와 b는 법 m에 관하여 합동이 아니라고 한다.

합동식에 대하여 다음이 성립한다.

[정리 7.16] (1) $a\equiv a \pmod m$
(2) $a\equiv b \pmod m \ \Leftrightarrow\ b\equiv a \pmod m$
(3) $a\equiv b \pmod m,\ b\equiv c \pmod m \ \Rightarrow\ a\equiv c \pmod m$

[정리 7.17] (1) $a\equiv b \pmod m$, $c\equiv d \pmod m$일 때 $a\pm c\equiv b\pm d \pmod m$, $ac\equiv bd \pmod m$이다.
(2) $d|m$일 때, $a\equiv b \pmod m$이면 $a\equiv b \pmod d$이다.
(3) $\gcd(m,\ n)=1$일 때 $a\equiv b \pmod m$, $a\equiv b \pmod n$일 필요충분조건은 $a\equiv b \pmod{mn}$이다.

증명 (1) $a \equiv b(\text{mod } m)$, $c \equiv d(\text{mod } m)$이므로 $a-b=sm$, $c-d=tm$인 정수 s, t가 존재한다.

$(a+c)-(b+d)=(a-b)+(c-d)=sm+tm=(s+t)m$이므로

$m|[(a+c)-(b+d)]$이다. 즉, $a+c \equiv b+d(\text{mod } m)$이다.

$(a-c)-(b-d)=(a-b)-(c-d)=sm-tm=(s-t)m$이므로

$m|[(a-c)-(b-d)]$이다. 즉, $a-c \equiv b-d(\text{mod } m)$이다.

$ac-bd=ac-bc+bc-bd=(a-b)c+(c-d)b=csm+btm=(cs+bt)m$이므로

$m|(ac-bd)$이다. 즉, $ac \equiv bd(\text{mod } m)$이다.

(2) $d|m$일 때 $m|(a-b)$이면 $d|(a-b)$이다.

(3) $a \equiv b(\text{mod } m)$, $a \equiv b(\text{mod } n)$이므로 $b-a=m_1 m$, $b-a=n_1 n$인 정수 m_1, n_1이 존재하고, $\gcd(m, n)=1$이므로 $mm'+nn'=1$인 정수 m', n'이 존재한다. $b-a=(b-a)(mm'+nn')=(nn_1)mm'+(mm_1)nn'=(n_1 m'+m_1 n')mn$이다. 역은 분명하다. ■

[정의 7.13] 정수 전체의 집합 $\mathbb{Z}$ 위에 정의된 합동관계 $a \equiv b(\text{mod } m)$에 의해 결정되는 **동치류**(equivalence class)를 법 m에 관한 **잉여류**(residue class)라고 한다. 이때 a를 포함하는 잉여류 $\bar{a}$는 다음과 같다.

$$\bar{a}=\{x \in \mathbb{Z} \mid x \equiv a \text{ mod } m\}=\{a+mk \mid k \in \mathbb{Z}\}$$

법 m에 관한 잉여류 전체의 집합을 $\mathbb{Z}/m\mathbb{Z}$이라고 하면 다음이 성립한다.

각 정수 $a \in \mathbb{Z}$에 대하여 $\bar{a}=\bar{r}$인 정수 $r \in \{0, 1, \cdots, m-1\}$가 단 하나 존재한다. 법 m에 관한 m개의 잉여류 $\bar{0}$, $\bar{1}$, $\cdots$, $\overline{m-1}$에서 정수를 각각 한 개씩 택하여 만든 집합 $S=\{s_0, s_1, \cdots, s_{m-1}\}$을 법 m에 관한 **완전잉여계**(complete set of residues modulo m)라고 한다. $\mathbb{Z}/m\mathbb{Z}$의 원소 $\bar{a}$를 간단히 a로 쓰기도 한다.

[정리 7.18] (1) a가 법 m에 관한 역원이 존재하면 즉, $ab \equiv 1 \text{ mod } m$인 b가 존재하면 $\gcd(a, m)=1$이다.

(2) $\gcd(a, m)=1$이면 $ab \equiv 1 \text{ mod } m$인 정수 b가 존재하고, 그런 b를 구하는 계산량은 $O(\log^3 m)$이다.

증명 (1) $d=\gcd(a, m)>1$이면 임의의 b에 대하여 $ab \equiv 1 \bmod m$일 수 없다. 왜냐하면 $ab \equiv 1 \bmod m$이 성립한다면 $d \mid (ab-1)$이므로 $d \mid a$와 함께 $d \mid 1$이 되어 모순이기 때문이다.

(2) $\gcd(a, m)=1$이면 $a<m$이라 가정할 수 있다. 그러면 정리 7.11에 의하여 $ba+vm=1$을 만족하는 계산량이 $O(\log^3 m)$인 정수 b와 v가 존재한다. 따라서 $ab \equiv 1 \bmod m$가 성립한다. ■

[참고] $\gcd(a, m)=1$이면 $a^{-n} \bmod m$은 $ab \equiv 1 \bmod m$인 정수 b에 대하여 $b^n \bmod m$을 의미한다.

[예제 7.22] $160^{-1} \bmod 841$을 구하여라.

풀이 (a) 연습문제 (7.2) 문제 5(c)에 의하면 205이다. □

> **[따름정리 7.19]** p가 소수이면 0이 아닌 모든 잉여류는 역원을 가지며 그 역원을 구하는 계산량은 $O(\log^3 p)$이다.

p가 소수일 때 $\mathbb{Z}/p\mathbb{Z}$는 체(field)이다. 이 체 $\mathbb{Z}/p\mathbb{Z}$를 F_p로 나타낸다. 체는 8장에서 논한다.

> **[따름정리 7.20]** 일차합동식 $ax \equiv b \bmod m$을 풀 때 일반성을 잃지 않고 $0 \geq a,\ b<m$이라 가정할 수 있다.
>
> (1) $\gcd(a, m)=1$일 때 $ax \equiv b \bmod m$은 해 x_0를 가지며, 해를 구하는 계산량은 $O(\log^3 m)$이다. 또한 모든 해는 $x=x_0+mn$(n은 정수) 형태이다.
>
> (2) $d=\gcd(a, m)$라 가정하자. 합동식 $ax \equiv b \bmod m$이 해를 가지기 위한 필요충분조건은 $d \mid b$인 것이다. $d \mid b$일 때(해가 같다는 의미에서)
>
> $$ax \equiv b \bmod m \Leftrightarrow \frac{a}{d}x \equiv \frac{b}{d} \bmod \frac{m}{d}$$
>
> 이다.

증명 (1) 가정에 의하여 $as+mt=1$을 만족하는 정수 s, t가 존재하고 이때 $asb+mtb=b$이므로 $a(sb)\equiv b(\text{mod } m)$이다. 따라서 $x\equiv sb(\text{mod } m)$는 주어진 합동식의 해이다. 그리고 $x\equiv x_1(\text{mod } m)$, $x\equiv x_2(\text{mod } m)$를 이 합동식의 해라고 하면, $ax_1\equiv b\equiv ax_2(\text{mod } m)$이고 또 $\gcd(a, m)=1$이므로 $x_1\equiv x_2(\text{mod } m)$이다. 따라서 이 합동식의 해는 한 개뿐이다.

(2) 먼저 일차합동식 $ax\equiv b(\text{mod } m)$가 해 $x\equiv c(\text{mod } m)$를 가지면, $ac\equiv b(\text{mod } m)$이므로 적당한 정수 k에 대하여 $ac+mk=b$이고 이때 $d|a$, $d|m$이므로 $d|b$이다.

이제 $d|b$라 하자. 이 때, 주어진 합동식은 합동식

$$\frac{a}{d}x\equiv\frac{b}{d}(\text{mod } \frac{m}{d}),\quad \left(\frac{a}{d},\ \frac{m}{d}\right)=1$$

과 동치이다. 그런데 (1)에 의하여 이 합동식은 법 $\frac{m}{d}$에 관하여 단 한 개의 해 $x\equiv c(\text{mod } \frac{m}{d})$를 가지며 이것은 법 m에 관한 d개의 합동식

$$x\equiv x_0+\frac{m}{d}t(\text{mod } m)(t=0,\ 1,\ \cdots,\ d-1)$$

로 고쳐 쓸 수 있다. 따라서 정리가 성립한다. ■

따름정리 7.19는 정리 7.18의 특별한 경우일 뿐이다. 실수 계수 일차방정식을 풀 때처럼 계수가 $\mathbb{Z}/m\mathbb{Z}$의 원소인 일차방정식을 풀 때 방정식의 양변에 계수의 역원을 곱한다. 일반적으로 법 m에 관하여 "0이 아닌"이란 말은 종종 "m과 서로소"라는 뜻이다. 앞에서 실수 계수 일차방정식에서처럼 합동식을 더하고 빼고 곱할 수 있다는 것을 보았다.

> [따름정리 7.21] $a\equiv b \text{ mod } m$, $c\equiv d \text{ mod } m$이고 $\gcd(c, m)=1$일 때(이 경우 $\gcd(d, m)=1$이다) $ac^{-1}\equiv bd^{-1} \text{ mod } m$이다.
> (여기서 c^{-1}와 d^{-1}는 법 m에 관하여 각각 c와 d의 역원인 정수이다.)

증명 $c(ac^{-1}-bd^{-1})\equiv acc^{-1}-bdd^{-1}\equiv a-b\equiv 0 \text{ mod } m$이고 $\gcd(c, m)=1$이므로 $m|(ac^{-1}-bd^{-1})$이다. ■

[정리 7.22] 페르마의 정리(Fermat's Little Theorem)
소수 p에 대하여 다음이 성립한다.
(1) $\gcd(a, p)=1$인 정수 a에 대하여 $a^{p-1} \equiv 1 \bmod p$이다.
(2) 임의의 정수 a에 대하여 $a^p \equiv a \bmod p$이다.
(임의의 양의 정수 b에 대하여 $b^n \equiv b(\bmod n)$을 만족하는 합성수 n을 b를 밑으로 하는 의사소수(pseudoprime)라 한다.)

증명 (1) $p \nmid a$라 가정하자. 그러면 $\gcd(a, p)=1$이다. 먼저 $\{0a, 1a, 2a, 3a, \cdots, (p-1)a\}$이 법 p에 관한 완전잉여계임을 증명하자. $ia \equiv ja \bmod p$이면 $\gcd(a, p)=1$이므로 $i \equiv j \bmod p$이고 또한 $i, j < p$이므로 $i=j$가 된다. 따라서 $i \neq j$이면 $ia \not\equiv ja \bmod p$이기 때문에 $\{ia \bmod p \mid 1 \leq i \leq p-1\} = \{1, 2, 3, \cdots, p-1\}$이다. 그러므로

$$1 \times 2 \times \cdots \times (p-1) \equiv a \times 2a \times \cdots \times (p-1)a \bmod p$$

즉 $(p-1)! \equiv (p-1)!a^{p-1} \bmod p$이다. $\gcd((p-1)!, p)=1$이므로 양변에서 $(p-1)!$을 소거하면 $a^{p-1} \equiv 1 \bmod p$이 된다.

(2) (i) $p \nmid a$인 경우 $a^{p-1} \equiv 1 \bmod p$의 양변에 a를 곱하면 $a^p \equiv a \bmod p$이 성립한다.
(ii) $p \mid a$인 경우 $a^p \equiv 0 \bmod p$이고 $a \equiv 0 \bmod p$이므로 $a^p \equiv a \bmod p$이 성립한다. ■

[예제 7.23] (1) 페르마의 정리에 의하여 $5^{10} \equiv 1(\bmod 11)$이다. 따라서

$$\begin{aligned} 5^{38} &\equiv 5^{30+8} \equiv (5^{10})^3 \cdot 5^8 \equiv 1^3 \cdot 5^8 \\ &\equiv (5^2)^4 \equiv 3^4 \equiv (-2)^2 \equiv 4(\bmod 11) \end{aligned}$$

(2) 모든 정수 a에 대하여 $a^{21} \equiv a(\bmod 15)$임을 보이자. 먼저 페르마의 정리에 의하여 $a^3 \equiv a(\bmod 3)$, $a^5 \equiv a(\bmod 5)$이므로 다음이 성립한다.

$$a^{21} \equiv (a^3)^7 \equiv a^7 \equiv a^{6+1} \equiv (a^3)^2 a \equiv a^2 a \equiv a^3 \equiv a(\bmod 3)$$
$$a^{21} \equiv a^{5 \cdot 4+1} \equiv (a^5)^4 a \equiv a^4 a \equiv a^5 \equiv a(\bmod 5)$$

한편 $\gcd(3, 5)=1$이므로 $a^{21} \equiv a(\bmod 15)$이다.

[따름정리 7.23] $\gcd(a, p)=1$이고 $n \equiv m \bmod (p-1)$이면

$$a^n \equiv a^m \bmod p$$

이다.

증명 일반성을 잃지 않고 $n > m$이라 가정하자. $(p-1)\mid(n-m)$이므로 적당한 정수 c에 대하여 $n=m+c(p-1)$이다. $a^{p-1} \equiv 1 \bmod p$을 c번 곱하면 $a^{c(p-1)} \equiv 1 \bmod p$이므로 $a^{n-m} \equiv 1 \bmod p$이다. 그러므로 $a^n \equiv a^m \bmod p$이다. ■

[예제 7.24] $2^{1000000}$을 7진수로 나타냈을 때 1의 자릿수를 구하여라.

풀이 $p=7$로 놓자. 1000000을 $p-1=6$으로 나누었을 때 나머지가 4이므로 $2^{1000000} \equiv 2^4 = 16 \equiv 2 \bmod 7$이다. 그러므로 $2^{1000000}$을 7진수로 나타냈을 때 1의 자릿수는 2이다. □

[정리 7.24] (중국인의 나머지 정리)
양의 정수 $m_1, \cdots, m_r$이 쌍마다 서로소일 때 $M=m_1 \cdots m_r$이라 하면 다음 연립 일차방정식

$$x \equiv a_1 \bmod m_1,\ x \equiv a_2 \bmod m_2,\ \cdots,\ x \equiv a_r \bmod m_r$$

은 법 M에 관하여 유일한 해를 가진다. 실제로

$$M_i = \frac{M}{m_i} = m_1 \cdots m_{i-1} m_{i+1} \cdots m_r \text{이고 } M_i N_i \equiv 1 \pmod{m_i}\ (i=1, \cdots, r)$$

일 때 이 연립방정식의 해는 $x = \sum_{i=1}^{r} a_i M_i N_i \bmod M$이다.

증명 $M_i = \frac{M}{m_i} = m_1 \cdots m_{i-1} m_{i+1} \cdots m_r\ (i=1, \cdots, r)$이라고 놓으면, $i \neq j$일 때 $\gcd(m_i, m_j)=1$이므로 $\gcd(M_i, m_i)=1$이고 따라서 $M_i N_i \equiv 1 \pmod{m_i}\ (i=1, \cdots, r)$인 정수 N_i가 존재한다.(유클리드 알고리즘으로 구한다). 이제

$$u = a_1 M_1 N_1 + a_2 M_2 N_2 + \cdots + a_r M_r N_r = \sum_{i=1}^{r} a_i M_i N_i$$

라 놓으면, $i \neq j$일 때 $M_j = m_1 \cdots m_{j-1} m_{j+1} \cdots m_n \equiv 0 \bmod m_i$ $(i=1, \cdots, r)$이므로 $u \equiv a_i M_i N_i \equiv a_i \bmod m_i$ $(i=1, \cdots, r)$이고 따라서 주어진 연립합동식은 다음과 같이 고쳐 쓸 수 있다.

$$\begin{cases} x \equiv u \bmod m_1 \\ x \equiv u \bmod m_2 \\ \quad \vdots \\ x \equiv u \bmod m_r \end{cases}$$

한편 정리 7.17(3)에 의하여 위의 연립합동식은 $x \equiv u \pmod M$과 동치이므로, 주어진 연립합동식은 단 한 개의 해 $x \equiv u \pmod M$를 가진다. ■

[예제 7.25] 다음 연립일차합동식의 해를 구하여라.

(1) $\begin{cases} x \equiv 2 \pmod 4 \\ x \equiv 4 \pmod 6 \end{cases}$ (2) $\begin{cases} x \equiv 1 \pmod 2 \\ x \equiv 2 \pmod 3 \\ x \equiv 3 \pmod 5 \end{cases}$

(3) $\begin{cases} x \equiv 1 \pmod 4 \\ x \equiv 3 \pmod 5 \\ x \equiv 2 \pmod 7 \end{cases}$

풀이 (1) 먼저 첫째 합동식은

$$x = 4t + 2 \, (t \in \mathbb{Z}) \tag{7.1}$$

와 동치이다. 이를 둘째 합동식에 대입하면 다음을 얻는다.

$$4t + 2 \equiv 4 \pmod 6 \quad \text{즉} \quad 4t \equiv 2 \pmod 6$$

여기서 $\gcd(4, 6) = 2$이고 $2|2$이므로 이 합동식은

$$2t \equiv 1 \pmod 3$$

과 동치이다. 한편, 이 합동식의 해는 $t \equiv 2 \pmod 3$이고, 이것은

$$t = 3u + 2 \, (u \in \mathbb{Z})$$

와 동치이며, 이 식을 (7.1)에 대입하여 다음 결과를 얻는다.

$$x = 4(3u+2) + 2 \quad \text{즉} \quad x = 12u + 10 \, (u \in \mathbb{Z})$$

따라서 구하는 해는 $x \equiv 10 \pmod{12}$이다.

(2) 먼저

$$30=2\cdot3\cdot5=2\cdot15=3\cdot10=5\cdot6,$$
$$15\cdot1\equiv1(\text{mod } 2),\ 10\cdot1\equiv1(\text{mod } 3),\ 6\cdot1\equiv1(\text{mod } 5)$$

이므로 구하는 해는 다음과 같다.

$$x\equiv u\equiv15\cdot1\cdot1+10\cdot1\cdot2+6\cdot1\cdot3\equiv15+20+18\equiv23(\text{mod } 30)$$

(3) $x\equiv93(\text{mod } 140)$ □

> [따름정리 7.25] 오일러의 ϕ함수는 곱셈함수이다. 즉 다음이 성립한다.
>
> $$\gcd(m,\ n)=1\ \Rightarrow\ \phi(mn)=\phi(m)\phi(n)$$

증명 0, 1, ⋯, $mn-1$중에서 mn과 서로소인 정수의 개수를 세어보자.
각 $j\in\{0,\ 1,\ \cdots,\ mn-1\}$에 대하여 j_1을 j의 법 m에 관한 최소양잉여라 하고(즉 $0\le j_1<m$이고 $j\equiv j_1 \text{ mod } m$), j_2을 j의 법 n에 관한 최소양잉여라 하자(즉 $0\le j_2<n$이고 $j\equiv j_2 \text{ mod } n$). 중국인의 나머지 정리로부터 각 쌍 j_1, j_2에 대하여 0과 $mn-1$ 사이에 $j\equiv j_1 \text{ mod } m$, $j\equiv j_2 \text{ mod } n$인 단 하나의 j가 존재한다.

$$\gcd(j,\ mn)=1\ \Leftrightarrow\ \gcd(j,\ m)=1\text{이고 }\gcd(j,\ n)=1$$

이므로 구하고자 하는 j는 $0\le j_1<m$, $\gcd(j_1,\ m)=1$와 $0\le j_2<n$, $\gcd(j_2,\ n)=1$이 성립하는 쌍 j_1, j_2들과 일대일대응 관계에 있다. 가능한 j_1의 개수는 $\phi(m)$이고 가능한 j_2의 개수는 $\phi(n)$이므로 구하는 쌍의 개수는 $\phi(m)\phi(n)$이다. ■

> [따름정리 7.26] p가 소수이면 다음이 성립한다.
> (1) p가 n의 약수이면 $\phi(pn)=p\phi(n)$이다.
> (2) p가 n의 약수가 아니면 $\phi(pn)=(p-1)\phi(n)$이다.

증명 $\phi(pn)$을 구하기 위하여 다음 배열을 생각해보자.

$$in+1,\ in+2,\ \cdots,\ in+n(i=0,\ 1,\ \cdots,\ p-1)$$

각 i에 대하여 $\gcd(n,\ j)>1$인 j를 다 소거하면 $p\phi(n)$개의 정수들이 남는다. $p\mid n$이므로 남은 정수들 모두가 pn과 서로소가 된다. $p\nmid n$이면 따름정리 7.25에 의하여 성

립한다. ■

> **[정리 7.27]** 정수 $m(m \geq 2)$의 표준분해가 $m = p_1^{e_1}p_2^{e_2}\cdots p_r^{e_r}$일 때,
>
> $$\begin{aligned}\phi(m) &= \phi(p_1^{e_1})\phi(p_2^{e_2})\cdots\phi(p_r^{e_r}) \\ &= p_1^{e_1}\left(1-\frac{1}{p_1}\right)p_2^{e_2}\left(1-\frac{1}{p_2}\right)\cdots p_r^{e_r}\left(1-\frac{1}{p_r}\right) \\ &= m\left(1-\frac{1}{p_1}\right)\left(1-\frac{1}{p_2}\right)\cdots\left(1-\frac{1}{p_r}\right) = m\prod_{p|m}\left(1-\frac{1}{p}\right)\end{aligned}$$

[예제 7.26]

(1) $\phi(720)=\phi(2^4\cdot 3^2\cdot 5)=\phi(2^4)\phi(3^2)\phi(5)=2^3\cdot(3^2-3)\cdot 4=8\cdot 6\cdot 4=192$

(2) $\phi(900)=\phi(3\cdot 300)=3\cdot\phi(300)=3\cdot\phi(2^2\cdot 3\cdot 5^2)=3\cdot 2\cdot 2\cdot 20=240$

> **[정리 7.28]** n이 서로 다른 두 소수 p, q의 곱이라 가정하자. n의 두 소인수 p, q를 아는 것과 $\phi(n)$을 아는 것은 동치다. 정확히 표현하면, p, q를 이용하여 $\phi(n)$을 계산할 수 있으며 그 계산량은 $O(\log n)$이고 n과 $\phi(n)$으로부터 p와 q를 계산할 수 있으며 그 계산량은 $O(\log^3 n)$이다.

증명 n이 짝수이면 바로 $p=2$, $q=\frac{n}{2}$임을 알 수 있고 $\phi(n)=\phi(2\cdot\frac{n}{2})=\phi(2)\phi(\frac{n}{2})=\phi(\frac{n}{2})=\frac{n}{2}-1$을 알 수 있기 때문에 성립한다. 그러므로 n이 홀수라 가정하자. ϕ가 곱셈함수이므로 n의 두 소인수 p, q를 알면 등식 $\phi(n)=\phi(pq)=\phi(p)\phi(q)=(p-1)(q-1)=n+1-(p+q)$을 이용하여 $\phi(n)$의 값을 구할 수 있고, 이때 계산량은 1번의 덧셈과 1번의 뺄셈이다. 역으로, n과 $\phi(n)$의 값을 알고 있고 p와 q를 모른다고 가정하자. p, q를 미지수로 생각한다. $\phi(n)=(p-1)(q-1)=pq-(p+q)+1$이므로 $p+q=n+1-\phi(n)$, $pq=n$이고, 따라서 p, q는 이차방정식 $x^2-(n+1-\phi(n))x+n=0$의 근이다. 그러므로 p와 q는 $\frac{n+1-\phi(n)}{2}\pm\sqrt{\left(\frac{n+1-\phi(n)}{2}\right)^2-n}$이다. 이 계산에서 가장 시간이 많이 걸리는 부분은 이중근호의 계산이고 7.1절 문제 16에 의하면 그 계산량은 $O(\log^3 n)$이다. ■

다음 오일러의 정리는 페르마의 정리를 확장한 것이다.

[정리 7.29] (오일러의 정리)
$\gcd(a, m)=1$이면 $a^{\phi(m)} \equiv 1 \bmod m$이다.

증명 먼저 m이 소수의 거듭제곱인 경우에 대하여 증명하자. 즉 $m=p^{\alpha}$. α에 대한 귀납법을 이용한다. $\alpha=1$인 경우는 바로 페르마의 정리이다. $\alpha \geq 2$라 하고 이때 준 식이 $p^{\alpha-1}$에 대하여 성립한다고 가정하자. 즉 $a^{\phi(p^{\alpha-1})} \equiv 1 \bmod p^{\alpha-1}$. 그러면 귀납 가정에 의하면 적당한 정수 b에 대하여 $a^{p^{\alpha-1}-p^{\alpha-2}}=1+p^{\alpha-1}b$이다.

$$\left(a^{p^{\alpha-1}-p^{\alpha-2}}\right)^p=(1+p^{\alpha-1}b)^p=1+p(p^{\alpha-1}b)+\cdots+(p^{\alpha-1})^p b^p$$

이므로 $a^{\phi(p^{\alpha})} \equiv 1 \pmod{p^{\alpha}}$이다.

마지막으로 이 식은 각 $p^{\alpha}||m$에 대하여 성립하고 $m=p_1^{\alpha_1}\cdots p_r^{\alpha_r}$일 때 각 $p_i(1 \leq i \leq r)$에 대하여 $a^{\phi(p_i^{\alpha_i})} \equiv 1 \bmod p_i^{\alpha}$가 성립한다. ϕ가 곱셈함수이므로 각 p_i에 대하여

$$a^{\phi(m)} \equiv \left(a^{\phi(p_i^{\alpha_i})}\right)^{\phi(p_1^{\alpha_1})\cdots\phi(p_{i-1}^{\alpha_{i-1}})\phi(p_{i+1}^{\alpha_{i+1}})\cdots\phi(p_r^{\alpha_r})} \equiv 1 \bmod p_i^{\alpha}$$

가 성립한다. 각 p_i가 서로 다른 소수이므로 정리 7.17 (3)에 의하여

$$a^{\phi(m)} \equiv 1 \bmod m$$

이 성립한다. ■

[따름정리 7.30] $\gcd(a, m)=1$이고 n'이 법 $\phi(m)$에 관한 n의 최소양잉여라면 $a^n \equiv a^{n'} \bmod m$이다.

증명 어떤 정수 k에 대하여 $n-n'=\phi(m)\cdot k$라 하자. 그러면 $n=n'+\phi(m)\cdot k$이다. $a^{\phi(m)} \equiv 1 \pmod m$의 양변을 각각 k번 곱함으로써 $a^n \equiv a^{n'} \pmod m$을 얻는다. ■

[참고] 정리 7.29 증명에서 알 수 있듯이 $a^k \equiv 1 \bmod m$인 k 중 가장 작은 자연수가 존재한다. 그 수는 각 $p^{\alpha}||m$에 대하여 1과 합동인 a의 거듭제곱들의 최소공배수이다. 예를 들어 $12=\mathrm{lcm}(\phi(3), \phi(5), \phi(7))$이므로 a가 105와 서로소일 때, $a^{12} \equiv$

1 mod 105가 성립한다. 이때 $\phi(105)=48$이다.

[예제 7.27] $2^{1000000}$ mod 77을 계산하여라.

풀이 30은 $\phi(7)=6$과 $\phi(11)=10$의 최소공배수이므로 위 참고에 의하면 $2^{30}\equiv 1 \bmod 77$이 성립한다. $1000000=30\cdot 33333+10$이므로 $2^{1000000}\equiv 2^{10}\equiv 23 \bmod 77$이 성립한다. 두 번째 방법으로는 먼저 $2^{1000000} \bmod 7$을 계산한 다음($1000000=6\cdot 166666+4$이므로 $2^{1000000}\equiv 2^4\equiv 2 \bmod 7$이다) $2^{1000000} \bmod 11$을 계산한다.(1000000이 11−1의 배수이므로 $2^{1000000}\equiv 1 \bmod 11$이다). $2^{1000000}\equiv 2 \bmod 7$, $2^{1000000}\equiv 1 \bmod 11$이다. 중국인의 나머지 정리에 의하여 $11\cdot 2\equiv 1 \pmod 7$이고 $7\cdot 8\equiv 1 \pmod{11}$이므로 $x\equiv 11\cdot 2\cdot 2+7\cdot 8\cdot 1\equiv 23 \pmod{77}$. □

<반복제곱방법(repeated squaring method)에 의한 법 지수승계산>

법 연산에서 흔히 만나게 되는 기본적인 계산은 m과 n이 매우 큰 수일 때 지수승 $b^n \bmod m$(즉 $b^n \bmod m$의 최소 양의 잉여를 구하는 것)을 계산하는 것이다. b를 반복해서 계속 곱하는 것보다 훨씬 빠르게 수행하는 효과적인 방법이 있다. 이 절에서는 $b<m$이라 가정하고 곱셈을 수행할 때마다 바로 그 곱셈을 법 m에 관하여 감소시킨다(즉 그 곱셈의 최소 양의 잉여로 대체한다). 이런 식으로 하면 m^2보다 큰 어떠한 정수도 생기지 않는다. 지금부터 알고리즘에 관하여 살펴보자.

지수승 $b^n \bmod m$을 계산할 때 중간 결과를 a로 나타내자. 중간 결과 a는 항상 법 m에 관한 최소 양의 잉여로 택한다.

먼저 $a=1$로 택한다. n을 이진수열 $n=(n_{k-1}n_{k-2}\cdots n_1n_0)$로 나타낸다. 즉 $n=n_0+2n_1+4n_2+\cdots+2^{k-1}n_{k-1}$.

각 n_j는 0 또는 1이다. $n_0=0$이면 $a=1$을 그대로 두고, $n_0=1$이면 a를 b로 바꾼다. 그런 다음 b를 제곱하고 $b_1=b^2 \bmod m$으로 둔다(즉 b_1은 법 m에 관한 b^2의 최소 양의 잉여이다). $n_1=1$이면 a에 b_1을 곱하고 법 m에 관하여 감소시킨다. $n_1=0$이면 a를 그대로 놔둔다. 다음에 b_1을 제곱하고 $b_2=b_1^2 \bmod m$으로 둔다. $n_2=1$이면 a에 b_2를 곱하고 $n_2=0$이면 a를 그대로 놔둔다. 이 방식으로 계속해 나간다. j번째 단계에서 $b_j\equiv b^{2^j} \bmod m$이 계산된다. $n_j=1$이면 즉 n의 이진 전개식에서 2^j가 나타나면 a에 b_j를 곱하고, 만일 n의 이진 전개식에서 2^j가 나타나지 않으면 a에 b_j를 곱하지 않는다. $(k-1)$번째 단계 후에 $a \equiv b^n \bmod m$을 얻게 됨을 쉽게 알 수 있다.

[예제 7.28] (1) $3^{20} \pmod{50}$을 계산하여라.

(2) $3^{100} \pmod{50}$을 계산하여라.

(3) $2^{34} \pmod{35}$와 $2^{644} \pmod{645}$을 계산하여라.

풀이 (1) $20=(10100)_2$이므로 $n_0=0,\ n_1=0,\ n_2=1,\ n_3=0,\ n_4=1$이다. 따라서

$n_0=0 \quad a=1$	$b_1=3^2$
$n_1=0 \quad a=1$	$b_2=b_1^2=3^{2^2} \equiv 31 \pmod{50}$
$n_2=1 \quad a=1 \cdot b_2 \equiv 31 \pmod{50}$	$b_3=b_2^2=3^{2^3}$
$n_3=0 \quad a=31$	$b_4=3^{2^4} \equiv 31^4 \equiv 21 \pmod{50}$
$n_4=1 \quad a=31 \cdot b_4=31 \cdot 21 \equiv 1 \pmod{50}$	$b_5=3^{2^5}$

그러므로 $1 \equiv 3^{20} \pmod{50}$

(2) 정리 7.29에 의하여 $3^{20}=3^{\phi(50)} \equiv 1 \pmod{50}$.

(3) (i) $34=(100010)_2$이므로 $2^{34}=2^{2^1+2^5} \equiv 4 \cdot 11 \equiv 9 \pmod{35}$

(ii) $644=(1010000100)_2$이므로

$$\begin{aligned} 2^{644} &= 2^{2^9+2^7+2^2} \equiv 256 \cdot 391 \cdot 16 = 1,601,536 \equiv 1 \pmod{645} \\ &\equiv 226 \times 391 = 88,366 \equiv 1 \pmod{645} \end{aligned}$$

□

이 방법으로 $b^n \bmod m$을 계산하는데 얼마나 많은 비트연산이 필요한가? 각 단계에서 m^2보다 작은 수를 1번 곱하거나 2번 곱하는 $(k-1)$번의 단계가 있다. 각 단계는 계산량이 $O(\log^2(m^2))=O(\log^2 m)$이므로 다음을 얻는다.

[정리 7.31] $Time(b^n \bmod m)=O((\log n)(\log^2 m))$

[참고] 정리 7.31에서 n이 매우 크다면 정리 7.29를 이용하여 n을 법 $\phi(m)$에 관한 최소 양의 잉여로 바꾸어 계산하고 싶을 것이다. 그러나 이 정리를 사용하려면

$\phi(m)$을 알아야 한다. 만약 $\phi(m)$을 알고 $\gcd(b, m)=1$일 때 n을 법 $\phi(m)$에 관한 최소 양의 잉여로 바꾸면 정리 7.31의 우변은 $O(\log^3 m)$으로 대체될 수 있다.

[정리 7.32] $\sum_{d|n}\phi(d)=n$

증명 $f(n)=\sum_{d|n}\phi(d)$라 하자. $f(n)=n$임을 보이기 위하여 먼저 $f(n)$이 곱셈함수임을 보이자. 즉 $\gcd(m, n)=1$이면 $f(mn)=f(m)f(n)$임을 보이자. mn의 약수 d는 모두 $d=d_1d_2$ $(d_1|m,\ d_2|n)$의 꼴로 유일하게 나타내어지므로 $\gcd(d_1, d_2)=1$이고 ϕ가 곱셈함수이므로 $\phi(d)=\phi(d_1)\phi(d_2)$가 성립한다. mn의 모든 약수의 집합은 $d_1|m$, $d_2|n$ 인 d_1d_2 전체의 집합이므로

$$f(mn)=\sum_{d|mn}\phi(d)=\sum_{d_1|m,\ d_2|n}\phi(d_1d_2)=\left(\sum_{d_1|m}\phi(d_1)\right)\left(\sum_{d_2|n}\phi(d_2)\right)=f(m)f(n)$$

따라서 f는 곱셈함수이다. n의 소인수분해를 $n=p_1^{\alpha_1}\cdots p_r^{\alpha_r}$라 하자. f가 곱셈함수이므로 $f(n)=f(p_1^{\alpha_1})\cdots f(p_r^{\alpha_r})$이다. 그러므로 각 $i(1\le i\le r)$에 대하여 $f(p_i^{\alpha_i})=p_i^{\alpha_i}$임을 증명하면 된다. $p_i^{\alpha_i}$의 약수는 모두 $p_i^j(0\le j\le \alpha_i)$꼴이므로

$$f(p_i^{\alpha_i})=\sum_{j=0}^{\alpha_i}\phi(p_i^j)=1+\sum_{j=1}^{\alpha_i}(p_i^j-p_i^{j-1})=p_i^{\alpha_i}$$

이다. 따라서 $\sum_{d|n}\phi(d)=n$이다. ■

[예제 7.29] $\phi(1)+\phi(2)+\phi(4)+\phi(5)+\phi(10)+\phi(20)+\phi(25)+\phi(50)+\phi(100)$
$=1+1+2+4+4+8+20+20+40=100.$

연습문제 (7.3)

1. 다음 일차합동식을 풀어라.
   (a) $3x \equiv 4 \bmod 7$
   (b) $3x \equiv 4 \bmod 12$
   (c) $9x \equiv 12 \bmod 21$
   (d) $27x \equiv 25 \bmod 256$
   (e) $27x \equiv 72 \bmod 900$
   (f) $103x \equiv 612 \bmod 676$

2. 완전제곱수를 16진법으로 나타냈을 때 일의 자릿수로 가능한 값은 무엇인가?

3. 두 개의 연속된 양의 홀수를 12진법으로 나타냈을 때 일의 자릿수로 가능한 값은 무엇인가?

4. 정수 $n=a_n 10^n + a_{n-1}10^{n-1} + \cdots + a_1 10 + a_0$에 대하여 다음이 성립함을 보여라.
   (a) n이 3의 배수일 필요충분조건은 $a_n + a_{n-1} + \cdots + a_1 + a_0 \equiv 0 \bmod 3$인 것이다.
   (b) n이 9의 배수일 필요충분조건은 $a_n + a_{n-1} + \cdots + a_1 + a_0 \equiv 0 \bmod 9$인 것이다.

5. $n^5 - n$은 항상 30으로 나누어 떨어진다는 것을 증명하여라.

6. 8ft×9ft인 마루에 타일을 붙이기 위하여 72개의 타일을 구입하였는데 그 값을 기억하지 못한다고 하자. 영수증에는 $100 이하인 가격이 적혀있는데 첫 자리와 마지막 자리는 판독이 불가능하다. 영수증에는 $?0.6?이라고 적혀있다. 타일 한 장의 가격은 얼마인가?

7. (a) $m=p^\alpha$(p는 홀수인 소수)이거나 $m=2p^\alpha$(p는 홀수인 소수)라 가정하자. 만일 $x^2 \equiv 1 \bmod m$이면 $x \equiv 1 \bmod m$ 또는 $x \equiv -1 \bmod m$임을 증명하여라.
   (b) 홀수인 소수 p에 대하여 $m \neq 2p^\alpha$, $m \neq 2p^\alpha$, 그리고 $m \neq 4$라면 (a)는 항상 거짓임을 증명하여라.
   (c) m이 r개의 서로 다른 소수로 나누어 떨어지는 홀수라면 합동식 $x^2 \equiv 1 \bmod m$은 0과 m 사이에서 2^r개의 서로 다른 해를 가진다.

8. (a) (Wilson의 정리) 소수 p에 대하여 다음이 성립함을 증명하여라.

$$(p-1)! \equiv -1 \bmod p$$

   (b) n이 소수가 아니면 $(n-1)! \not\equiv -1 \bmod n$임을 증명하여라.

9. 7, 9, 11로 나눌 때 나머지가 4인 3자리(10진)수를 찾아라.

10. 11로 나누면 나머지가 1이고 12로 나누면 나머지가 2이며 13으로 나누면 나머지가 3이 되는 최소의 양의 정수를 구하여라.

11. 다음 연립일차합동식의 해들 중 음이 아닌 가장 작은 수를 구하여라.

(a) $\begin{cases} x \equiv 2 \bmod 3 \\ x \equiv 3 \bmod 5 \\ x \equiv 4 \bmod 11 \\ x \equiv 5 \bmod 16 \end{cases}$ (b) $\begin{cases} x \equiv 12 \bmod 31 \\ x \equiv 87 \bmod 127 \\ x \equiv 91 \bmod 255 \end{cases}$

12. 9 또는 10으로 나누면 나머지가 7이고, 11로 나누면 나머지가 3인 3자리(10진) 양의 정수로 9로 나누면 나머지가 8이고, 10으로 나누면 나머지가 7이고, 11로 나누면 나머지가 1인 6자리(10진) 정수를 나누면 나누어 떨어진다고 가정하자. 이때 그 몫을 구하여라.

13. 중국인의 나머지 정리와 같은 상황에서 B가 법들 $m_1, m_2, \cdots, m_r$ 보다 큰 수라 하고 모든 $j \in \{1, 2, \cdots, r\}$에 대하여 $0 \le a_j < m_j < B$라 가정하자. r도 또한 큰 수라 가정하자. 주어진 연립일차방정식을 푸는데 필요한 계산량을 구하여라. 계산량을 B와 r에 대한 함수로 나타내고, B에 있는 비트의 수와 비교할 때 r이 매우 크거나 또는 매우 작은 경우를 포함하여라.

14. $38^{75} \bmod 103$을 반복제곱방법을 이용하여 풀어라.

15. 법 연산이 아니라 정확한 정수 산술에서 반복제곱방법은 계산량을 얼마나 감소시키는가? O-기호를 이용하여 설명하여라.

16. p와 서로소인 정수 a에 대하여 a^{p-2}는 법 p에 관한 a의 역수임을 알고 있다. p가 매우 큰 소수라고 가정하자. 다음 각 경우에 a^{p-2}를 반복제곱방법을 이용하여 구하는 것과 $a^{-1} \bmod p$를 구하는 효율적인 수단으로서 유클리드 알고리즘을 이용하는 것을 비교하여라.

(a) a가 p와 거의 같은 자릿수를 갖는 경우

(b) a가 p보다 훨씬 작은 자릿수를 갖는 경우

17. 양의 정수 $n(90 \le n \le 100)$에 대하여 $\phi(n)$의 값을 구하여라.

18. $\phi(n) \le 12$인 모든 n의 목록을 작성하고, 이 목록이 완전한지를 증명하여라.

19. n이 완전제곱수가 아니고 $n-1 > \phi(n) \geq n-n^{\frac{2}{3}}$라 가정하자. 그러면 n은 서로 다른 두 소수의 곱임을 증명하여라.

20. $m \geq 8$이 2의 거듭제곱이면 정리 7.29의 지수는 $\frac{\phi(m)}{2}$으로 대체할 수 있음을 증명하여라.

21. $m = 778556219723001720 0 = 2^4 \cdot 3^3 \cdot 5^2 \cdot 7 \cdot 11 \cdot 13 \cdot 19 \cdot 31 \cdot 37 \cdot 41 \cdot 61 \cdot 73 \cdot 181$
181이라 하자.
   (a) $6647^{362} \bmod m$의 최소 양의 잉여를 구하여라.
   (b) a를 $\gcd(a, m) = 1$인 정수 m 보다 작은 양의 정수라 하자.
   먼저 $a^{-1} \bmod m$을 반드시 구해주는 500보다 작은 a의 양의 거듭제곱을 구하여라. 그런 다음 법 m에 관하여 $a^{-1} \bmod m$을 구해주는 a의 양의 거듭제곱을 구하는 알고리즘을 작성하여라. 이 알고리즘을 실행하는데 곱셈과 나눗셈이 얼마나 많이 필요한가?(법 m에 관하여 수를 감소시키는 것을 나눗셈 한 번으로 계산한다). 이 알고리즘의 수행과정에서 생기는 정수들의 최대 비트수는 무엇인가? 마지막으로 이 방법으로 $a^{-1} \bmod m$을 구하는 비트수에 대한 좋은 추정치를 제시하여라(여기서는 O-기호를 이용하지 말고 구체적인 수를 제시하여라).

22. 정리 7.32를 다음과 같이 증명할 수도 있다. n의 각 약수 d에 대하여 S_d를 $\frac{n}{d}$의 모든 배수들로 구성된 $\mathbb{Z}/n\mathbb{Z}$의 부분집합(실제로 부분군이다)이라 하면 S_d는 d개의 원소를 가진다.
   (a) S_d는(법 n에 관하여 고려했을 때) x의 배수들의 집합이 S_d가 된다는 의미에서 S_d를 생성하는 $\phi(d)$개의 서로 다른 원소 x를 가진다.
   (b) 모든 원소 x가 S_d의 하나를 생성하므로 $\mathbb{Z}/n\mathbb{Z}$의 원소의 개수는 S_d를 생성하는 원소의 개수에 대한 (약수들 d에 관하여 택한) 합과 같다는 것을 증명하여라.
   이로부터 (a)에 의하여 정리 7.32가 성립함을 알 수 있다.

23. (a) 정수론의 기본정리를 이용하여 $\prod_{\text{모든소수 } p} \frac{1}{1-\frac{1}{p}}$가 무한대로 발산함을 증명하여라.

(b) (a)를 이용하여 소수들의 역수의 합이 발산함을 증명하여라.

(c) $\lim_{j\to\infty}\frac{\phi(n_j)}{n_j}=1$인 무한대 ∞로 발산하는 수열 n_j를 구하고 $\lim_{j\to\infty}\frac{\phi(n_j)}{n_j}=0$인 수열 n_j를 구하여라.

24. 미사일 시스템을 푸는데 사용되는 아주 큰 비밀 정수를 N이라 하자. 즉 N을 알면 미사일들을 발사할 수 있게 된다. 한 명의 대장과 n명의 중장으로 구성된 미사일 위원회가 있다. 대장은 N을 알고 있고 중장들은 N에 대한 부분정보만 알고 있다. 미사일을 발사해야 할 위급한 상황에서(N을 알고 있는) 대장이 미사일을 발사할 수 없는 상황이 발생했을 때, 중장들 중 임의의 3명이 모여서 동의하면 각자가 알고 있는 부분정보를 이용하여 N을 알게 되어 미사일을 발사할 수 있고 그들 중 임의의 2명이 모이면 N을 알 수 없다고 가정하자.

(a) $p_1, \cdots, p_n$가 모두 $\sqrt[3]{N}$보다는 크고 $\sqrt{N}$보다는 훨씬 작은 n개의 서로 다른 소수라고 하자. p_i를 이용하여 중장에게 분배할 N에 대한 부분정보를 제시하여라.

(b) 중장들 중 임의의 k명 $(k \geq 2)$이 모여서 동의하면 각자가 알고 있는 부분정보를 이용하여 N을 알게 되어 미사일을 발사할 수 있고 그들 중 임의의 $k-1$명이 모이면 N을 알 수 없도록, 비밀공유 미사일 발사체계를 일반화하여라. 그러한 비밀공유 미사일 발사 체계를 k-**임계치 체계**(k-threshold system)라고 한다.

7.4 인수분해의 응용

[정리 7.33] 임의의 정수 b와 자연수 n에 대하여 다음이 성립한다.

$$b^n-1=(b-1)(b^{n-1}+b^{n-2}+\cdots+b^2+b+1)$$

증명 1이 x^n-1의 근이므로 $x-1$은 x^n-1을 나누어 떨어뜨린다. 즉

$$x^n-1=(x-1)(x^{n-1}+x^{n-2}+\cdots+x^2+x+1)$$

$$[(x-1)(x^{n-1}+x^{n-2}+\cdots+x^2+x+1)$$
$$=x(x^{n-1}+x^{n-2}+\cdots+x^2+x+1)-(x^{n-1}+x^{n-2}+\cdots+x^2+x+1)$$
$$=x^n-1]$$

$x^n-1=(x-1)(x^{n-1}+x^{n-2}+\cdots+x^2+x+1)$에서 x를 b로 대체하면 준 식을 얻는다.

두 번째 증명방법은 b진법 연산을 이용하는 것이다. b진법으로 나타내면 b^n-1은 n개의 $b-1$로 이루어진다(예를 들어 $10^6-1=999999$). 한편 $b^{n-1}+b^{n-2}+\cdots+b^2+b+1$은 b진법으로 나타내면 n개의 1로 이루어진다. $111\cdots111$에 한 자리수 $b-1$을 곱하면

$$(b-1)(b-1)(b-1)\cdots(b-1)(b-1)(b-1)_b=b^n-1$$

이다. ■

[따름정리 7.34] 임의의 정수 b와 양의 정수 m과 n에 대하여 다음이 성립한다.

$$b^{mn}-1=(b^m-1)(b^{m(n-1)}+b^{m(n-2)}+\cdots+b^{2m}+b^m+1)$$

증명 정리 7.33에서 b를 b^m으로 대체하면 성립한다. ■

다음 예는 따름정리 7.34를 이용한다. $2^{35}-1$은 $2^5-1=31$과 $2^7-1=127$의 배수이다. 말하자면 $b=2$, $m=5$, $n=7$ 또는 $b=2$, $m=7n=5$로 놓으면 성립한다.

[정리 7.35] $\gcd(b, m)=1$이고 a와 c가 양의 정수라 하자. $b^a\equiv 1 \bmod m$, $b^c\equiv 1 \bmod m$이고 $d=\gcd(a, c)$이면 $b^d\equiv 1 \bmod m$이다.

증명 유클리드 알고리즘을 이용하여 적당한 정수 u, v에 대하여 $d=ua+vc$이고 이 경우에 u, v 중 하나는 양수이고 다른 하나는 음수 또는 0임을 쉽게 알 수 있다. 일반성을 잃지 않고 $u>0$, $v\le 0$라 가정할 수 있다. 합동식 $b^a\equiv 1 \bmod m$의 양변을 u승 하면 $b^{au}\equiv 1 \bmod m$이고 $b^c\equiv 1 \bmod m$의 양변을 $(-v)$승 하면 $b^{c(-v)}\equiv 1 \bmod m$이다. $b^{au}\equiv 1 \bmod m$와 $b^{c(-v)}\equiv 1 \bmod m$로부터 $b^{au-c(-v)}\equiv 1 \bmod m$을 얻는다. $d=ua+vc$이므로 $b^d\equiv 1 \bmod m$이다. ■

[정리 7.36] (1) 소수 p가 b^n-1의 약수라면 다음 중 하나가 성립한다.

(i) n의 적당한 약수 $d(1<d<n)$에 대하여 $p|b^d-1$이 성립한다.

(ii) $p \equiv 1 \bmod n$이 성립한다.

(2) 소수 p가 홀수인 소수이고 n이 홀수일 때 $p \equiv 1 \bmod n$이면 $p \equiv 1 \bmod 2n$이다.

증명 (1) 소수 p가 b^n-1의 약수이므로 $b^n \equiv 1 \bmod p$이 성립하고 페르마의 정리에 의하여 $b^{p-1} \equiv 1 \bmod p$이다. 정리 7.35에 의하여 $d=\gcd(n, p-1)$일 때 $b^d \equiv 1 \bmod p$이다. 먼저 $d<n$이라면 n의 적당한 약수 $d(1<d<n)$에 대하여 $p|b^d-1$이 성립한다. 한편 $d=n$이라면 $d|p-1$이므로 $p \equiv 1 \bmod n$이 성립한다.

(2) p와 n이 홀수이고 $n|p-1$이면 분명히 $2n|p-1$이다. ■

[정의 7.14] 양의 정수 $M_m=2^m-1(m \geq 1)$을 Mersenne 수(Mersenne number)라고 한다. 특히,

$$M_p=2^p-1\,(p : \text{소수})$$

가 소수일 때, M_p를 Mersenne 소수(Mersenne prime)라 한다. 예를 들어, 다음 정수는 Mersenne 소수이다.

$$M_2=2^2-1=3, \quad M_3=2^3-1=7,$$
$$M_5=2^5-1=31, \quad M_7=2^7-1=127$$

정리 7.36이 몇 가지 형태의 큰 정수를 인수분해하는데 어떻게 이용되는지를 다음 예제들을 통하여 알아보자.

[예제 7.30] (1) $2^{11}-1=2047$을 소인수분해하여라. $p|2^{11}-1$이면 정리 7.36에 의하여 $p \equiv 1 \bmod 22$이어야 한다. 그러므로 $p=23, 67, 89, \cdots$에 대하여 검사해야 한다(실제로 $\sqrt{2047}=45.\cdots$보다 작은 소수까지만 검사하면 된다). 바로 2047의 소인수분해 $2047=23 \cdot 89$를 얻는다. 이와 똑같은 방법으로 $2^{13}-1=8191$이 소수임을 금방 보일 수 있다. $p|2^{13}-1$이면 정리 7.36에 의하여 $p \equiv 1 \bmod 26$이어야

한다. 그러므로 $p=79, 131, 157, \cdots$이며 $\sqrt{8191}=90.\cdots$이고 $79 \nmid 8191$이므로 8191는 소수이다.

(2) $3^{12}-1=531440$을 소인수분해하여라. 정리 7.36에 의하여 먼저 아주 작은 수들 3^1-1, 3^2-1, 3^3-1, 3^4-1이 $3^{12}-1$의 인수인지를 검사하고 $3^6-1=(3^3-1)(3^3+1)$의 인수들이 $3^{12}-1$의 인수인지를 검사해보면 3^3-1이 약수인지를 안다. 이로부터 $2^4\cdot5\cdot7\cdot13$이 인수임을 알 수 있다. $\dfrac{531440}{2^4\cdot5\cdot7\cdot13}=73$이 소수이므로 증명이 끝난다. 예측했던 것처럼 12의 약수 $d(1\le d<12)$에 대하여 3^d-1꼴이 아닌 임의의 소수는 —— 예를 들어 73 —— 법 12에 관하여 1과 합동이다.

(3) $2^{35}-1=34359738367$을 소인수분해하여라. $d=1, 5, 7$일 때 2^d-1 꼴의 인수를 생각해보자. 이중 31과 127이 소인수이고 $\dfrac{2^{35}-1}{31\cdot127}=8727391$이다. 정리에 따라 남은 소인수들은 법 70에 관하여 1과 합동이어야 한다. 그러므로 71, 211, 281, …이 8727391의 약수인지를 검사하자. 먼저 $\sqrt{8727391}=2954.\cdots$ 보다 작은 이와 같은 수들을 검사할 생각을 하면 걱정이 되지만 바로 $8727391=71\cdot122921$임을 알 수 있다. 그런 다음 $\sqrt{122921}=350.\cdots$ 보다 작은 이와같은 수들만 검사하면 되는데 이런 수 중 약수가 없으므로 122921이 소수임을 알게 된다. 따라서 $2^{35}-1=31\cdot71\cdot127\cdot122921$

[참고] 예제 7.30의 (3)에서 예를 들어 8자리 정수만을 보여주는 계산기를 이용한다면 산술을 어떻게 할 수 있는가? 주어진 수를 단지 나누어 계산을 수행한다. 예를 들어 2^{35}을 계산할 때 계산기는 $2^{26}=67108864$ 까지만 보여줄 수 있을 것이다. 2^{26}에 $2^9=512$를 곱하면

$$\begin{aligned}2^{35}&=512\cdot(67108\cdot1000+864)\\&=34359296\cdot1000+442368\\&=34359738368\end{aligned}$$

이다. 다음에 $2^{35}-1$을 $31\cdot127=3937$로 나눌 때 먼저 34359738을 3937로 나눈다. $\dfrac{34359738}{3937}$의 정수부분은 $\left[\dfrac{34359738}{3937}\right]=8727$이다. 다음에

$$34359738=3937\cdot8727+1539$$

라 쓴다. 그러면

$$\begin{aligned}\frac{34359738}{3937} &= \frac{(3937 \cdot 8727 + 1539) \cdot 1000 + 367}{3937} \\ &= 8727000 + \frac{1539367}{3937} \\ &= 8727391\end{aligned}$$

이다.

연습문제 (7.4)

1. n이 홀수일 때 다음 식을 다항식의 항등식을 이용하여 증명하고 또한 b진법 연산을 이용하여 증명하여라.

$$a^n + 1 = (a+1)(a^{n-1} - a^{n-2} + \cdots + a^2 - a + 1)$$

2. (1) 양의 정수 n에 대하여 $2^n - 1$이 소수이면 n도 소수임을 증명하여라.
   (2) 양의 정수 n에 대하여 $2^n + 1$이 소수이면 $n = 2^k (k \geq 0)$임을 증명하여라. $2^n + 1$ 형태의 소수를 페르마 소수라고 한다. 처음부터 몇 개의 Mersenne 소수는 3, 7, 31, 127이고 첫 몇개의 페르마 소수는 3, 5, 17, 257이다.

3. $\gcd(b, m) = 1$, $(m > 2)$이고 a와 c가 양의 정수라 하자.
   $b^a \equiv -1 \bmod m$, $b^c \equiv \pm 1 \bmod m$, 그리고 $d = \gcd(a, c)$이면
   $b^d \equiv -1 \bmod m$이 성립하고 $\frac{a}{d}$는 홀수임을 보여라.

4. $p | b^n + 1$이면 다음 중 하나가 성립함을 보여라.
   (i) n의 소인수 d $(1 \leq d < n)$에 대하여 $\frac{n}{d}$이 홀수일 때 $p | b^d + 1$이다.
   (ii) $p \equiv 1 \bmod 2n$이다.

5. $m = 2^{24} + 1 = 16777217$이라 하자.

(a) m의 약수인 페르마 소수를 하나 구하여라.

(b) m의 소인수 중 페르마 소수가 아닌 소수 p는 법 48에 관하여 1과 합동임을 증명하여라.

(c) m의 완전한 소인수분해를 구하여라.

6. $3^{15}-1$과 $3^{24}-1$을 소인수분해하여라.

7. $5^{12}-1$을 인수분해하여라.

8. 10^5-1, 10^6-1 그리고 10^8-1을 소인수분해하여라.

9. $2^{33}-1$과 $2^{21}-1$을 소인수분해하여라.

10. $2^{15}-1$, $2^{30}-1$ 그리고 $2^{60}-1$을 소인수분해하여라.

11. (a) 정수 $b(b \geq 2)$와 두 양의 정수 m, n에 대하여 다음이 성립함을 보여라.

$$\gcd(b^m-1,\ b^n-1)=b^{\gcd(m,\ n)}-1$$

(b) k가 매우 큰 정수일 때 두 개의 k-비트 정수 a와 b를 곱한다고 가정하자. l를 k보다 훨씬 작은 고정된 정수라 하자. $1 \leq i \leq r$인 각 i에 대하여, $1 \leq i \leq r$인 모든 i에 대하여 $\frac{l}{2}<m_i<l$이고 $i \neq j$일 때 $\gcd(m_i,\ m_j)=1$인 m_i의 한 집합을 선택하자. a와 같은 큰 정수가 r-쌍 $(a_1,\ a_2,\ \cdots,\ a_r)$으로 저장된다고 가정하자. 여기서 $1 \leq i \leq r$인 각 i에 대하여 a_i는 법 $2^{m_i}-1$에 관한 a의 최소 양의 잉여이다. a, b, 그리고 ab는 각각 대응하는 r-쌍들에 의하여 유일하게 결정되고 a, b에 대응하는 r-쌍들로부터 ab에 대응하는 r-쌍을 계산하는데 걸리는 계산량을 구하여라.

제 8 장 유한체와 이차잉여

8.1 유한체(Finite fields)

이 장에서는 체에 대한 기본적인 정의와 기본적인 성질들에 대하여 알고 있다고 가정할 것이다. 여기서 체에 대한 기본 개념과 중요한 정리를 간단히 소개한다.

[정의 8.1] 집합 G위에 정의된 이항 연산 $\cdot$에 대하여 다음 세 조건을 만족하면, $(G, \cdot)$를 군(group)이라 한다.

(a) 임의의 원소 $a, b, c \in G$에 대하여 $a \cdot (b \cdot c) = (a \cdot b) \cdot c$가 성립한다 [결합법칙]

(b) 임의의 원소 $a \in G$에 대하여 $a \cdot e = e \cdot a$를 만족하는 $e \in G$가 존재한다[항등원(identity element)의 존재성]

(c) 각 원소 $a \in G$에 대하여 $a \cdot a^{-1} = a^{-1} \cdot a = e$를 만족하는 $a^{-1} \in G$가 존재한다 [역원(inverse element)의 존재성]

[정의 8.2] 군 $(G, \cdot)$에 대하여 다음이 성립할 때, $(G, \cdot)$를 가환(abelian, commutative)군이라 한다.

$$a \cdot b = b \cdot a \quad (a, b \in G) \text{ [교환법칙]}$$

[정의 8.3] G를 덧셈연산을 갖는 정수들의 집합이라 하자. 두 정수의 합은 정수이며 결합법칙도 만족하고 항등원은 0이며 정수 a의 역원은 $-a$이다. 이 집합을 $\mathbb{Z}$라 하자. 유리수 전체의 집합 $\mathbb{Q}$, 실수 전체의 집합 $\mathbb{R}$도 덧셈에 관하여 가환군을 이룬다. 또한, 집합 $\mathbb{Q}^* = \mathbb{Q} - \{0\}$, $\mathbb{R}^* = \mathbb{R} - \{0\}$은 곱셈에 관하여 가환군을 이룬다.

[정의 8.4] 군 $(G, \cdot)$에서 G의 부분집합 $H(\neq \varnothing)$가 G의 연산 $\cdot$에 관하여 군을 이룰 때, 즉 $(H, \cdot)$가 군인 경우에 H를 군 G의 부분군(subgroup)이라고 한다.

군 G에서 $\{e\}$와 G 자신은 분명히 G의 부분군이다.

[정리 8.1] G가 군일 때, G의 부분집합 $H(\neq \varnothing)$에 대하여 다음 세 조건은 서로 동치이다.

(1) H는 군 G의 부분군이다.

(2) $a, b \in H$이면, $ab \in H$이고 $a^{-1} \in H$이다.

(3) $a, b \in H$이면, $ab^{-1} \in H$이다.

특히, H가 유한집합이면, 위의 각 조건은 조건 '$a, b \in H$이면 $ab \in H$'와 동치이다.

[정의 8.5] 군 G에서, 각 원소 $a \in G$에 대하여

$$\langle a \rangle = \{a^i \mid i \in \mathbb{Z}\} = \{\cdots, a^{-2}, a^{-1}, e, a, a^2, \cdots\}$$

이라고 할 때, $\langle a \rangle$는 군 G의 부분군을 이룬다. 부분군 $\langle a \rangle$를 a에 의해 생성된 순환부분군(cyclic subgroup)이라고 한다. 그리고 G의 적당한 원소 a에 대하여

$G=\langle a\rangle$일 때, G를 순환군(cyclic group)이라 하고, 이 때 a를 G의 순환군의 생성원(generator)이라 한다.
순환부분군 $\langle a\rangle$는 가환군이다.

[정의 8.6] 군 G의 원소 a에 대하여 $a^m=e$인 양의 정수 m이 존재할 때, a를 유한 위수를 가진 원소라 하고, $a^n=e$를 만족하는 가장 작은 양의 정수 n을 a의 위수(order)라고 하고, $\mathrm{ord}(a)=n$으로 나타낸다.

[정리 8.2] 군 G의 원소 g의 위수가 r일 때,

$$\langle g\rangle=\{e,\ g,\ \cdots,\ g^{r-1}\},\ g^r=e$$

이고, 따라서 $|\langle g\rangle|=r$이다.

[정리 8.3] 군 G의 원소 g의 위수가 r일 때, 다음이 성립한다.
(1) 임의의 정수 m에 대하여, $g^m=e$이면 r은 m의 약수이다.
(2) 임의의 정수 m에 대하여, g^m의 위수는 $\dfrac{r}{\gcd(m,\ r)}$이다.
(3) $\gcd(m,\ r)=1$일 때 그리고 이때에만 g^m의 위수는 r이다.
(4) 가환군 G의 두 원소 g와 h에 대하여 g의 위수가 r이고 h의 위수가 s이고 $\gcd(r,\ s)=1$이면, gh의 위수는 rs이다.

[예제 8.1] 군 G의 원소 g의 위수가 12라 가정할 때 $\langle g\rangle=\{e,\ g,\ g^2,\ \cdots,\ g^{11}\}$, $g^{12}=e$임을 알 수 있다. 정리 8.3(2)에 의해서 $\mathrm{ord}(g^i)$ $(i=0,\ 1,\ \cdots,\ 11)$를 계산하면 다음 표와 같다. 각 $\mathrm{ord}(g^i)$는 모두 12의 약수이고, $\gcd(i,\ 12)=1$인 $i=1,\ 5,\ 7,\ 11$일 때에만 g^i의 위수가 $r=12$이다.

i	gcd $(i, 12) = 1$	ord (g^i)
0	12	1
1	1	12
2	2	6
3	3	4
4	4	3
5	1	12
6	6	2
7	1	12
8	4	3
9	3	4
10	2	6
11	1	12

[정의 8.7] 집합 S의 곱집합 $S \times S$의 부분집합 R이 다음 성질들을 만족할 때 R을 S위에서의 **동치관계**(equivalence relation)라고 한다.

(a) 모든 $s \in S$에 대하여 $(s, s) \in R$이다.

(b) $(s, t) \in R$이면 $(t, s) \in R$이다.

(c) $(s, t), (t, u) \in R$이면 $(s, u) \in R$이다.

집합 S위에서의 동치관계 R에 의하여 집합 S를 **분할**(partition)할 수 있다. 한 원소 $s \in S$와 동치인 원소들의 집합을 s의 **동치류**(equivalence class)라 하고

$$[s] = \{t \in S : (s, t) \in R\}$$

라 쓴다.

분명히 $(s, t) \in R$이면 $[s] = [t]$이다.

임의의 두 정수 a, b와 자연수 n에 대하여 $a-b$가 n의 배수일 때, 법 n에 대하여 a는 b에 합동이라 하고 $a \equiv b \bmod n$라 쓴다. 합동 $\bmod n$은 정수의 집합 $\mathbb{Z}$위에서 동치관계이다.

[예제 8.2] 합동 $\bmod n$은 $\mathbb{Z}$를 다음과 같은 동치류들로 분할한다.

$$[0] = \{\cdots, -2n, -n, 0, n, 2n, \cdots\},$$
$$[1] = \{\cdots, -2n+1, -n+1, 1, n+1, 2n+1, \cdots\},$$

$$\vdots$$
$$[n-1] = \{\cdots, -n-1, -1, n-1, 2n-1, 3n-1, \cdots\}.$$

동치류들의 집합 $\{[0], [1], \cdots, [n-1]\}$ 위에서 이항 연산 +를 다음과 같이 정의할 수 있다.

$$[a]+[b]=[a+b]$$

[정의 8.8] 유한개(무한개)의 원소를 갖는 군 G를 유한(무한)군(finite(infinite) group)이라 한다. 유한군의 원소의 개수를 G의 위수(order)라 하며 $|G|$라 쓴다.

[정의 8.9] H가 군 G의 부분군이라 하고 $a \in G$라 하자.
(a) $aH=\{ah : h \in H\}$을 mod H에 관한 좌잉여류(left coset)라고 한다.
(b) $Ha=\{ha : h \in H\}$을 mod H에 관한 우잉여류(right coset)라고 한다.
G가 덧셈에 관한 군이면 aH를 $a+H$라 쓰고 Ha는 $H+a$라 쓴다.

[예제 8.3] $G=\mathbb{Z}_{12}$라 하고 $H=\{[0], [3], [6], [9]\}$라 하자. 그러면 mod H에 관한 G의 서로 다른 좌잉여류들은 다음과 같다.

$$[0]+H=\{[0], [3], [6], [9]\},$$
$$[1]+H=\{[1], [4], [7], [10]\},$$
$$[2]+H=\{[2], [5], [8], [11]\}$$

[정리 8.4] H가 G의 유한 부분군이면, mod H에 관한 G의 모든 좌(우)잉여류들의 개수는 H의 원소의 개수와 같다.

[정의 8.10] G의 부분군 H가 mod H에 관한 유한개의 서로 다른 G의 좌잉여류를 가지면 그러한 잉여류들의 개수를 G에서의 H의 인덱스(index)라고 한다.

[정리 8.5] 유한군 G의 위수는 G의 부분군 H의 위수와 H의 인덱스의 곱이다. 특히, H의 위수는 G의 위수를 나눈다. 또한 $a \in G$의 위수는 G의 위수를 나눈다.

[정리 8.6] (1) 순환군의 모든 부분군은 순환군이다.

(2) 위수 m의 유한 순환군 $\langle a \rangle$에서 a^k는 위수 $m/\gcd(k, m)$의 부분군을 생성한다.

(3) $d>0$가 유한 순환군 $\langle a \rangle$의 위수 m의 약수이면, $\langle a \rangle$는 인덱스 d의 부분군을 단 한개만 갖는다. m의 양의 약수 h에 대하여 $\langle a \rangle$는 위수 h의 부분군을 단 한개만 갖는다.

(4) $h>0$가 유한 순환군 $\langle a \rangle$의 위수의 약수라면 $\langle a \rangle$는 위수 h인 원소들을 $\phi(h)$개 갖는다.

(5) 위수 m의 유한 순환군 $\langle a \rangle$는 $\phi(m)$개의 생성원을 갖는다.

증명 (1) $H \neq \langle e \rangle$를 순환군 $\langle a \rangle$의 부분군이라 하자. $a^n \in H$이면 $a^{-1} \in H$이므로 $a^i \in H$인 자연수 i가 적어도 하나 존재한다. d를 $a^d \in H$인 최소의 양의 정수라 하고 $a^s \in H$라 하자. $s=qd+r$, $0 \le r < d$, q, $r \in \mathbb{Z}$라 하면 $a^s(a^{-d})^q = a^r \in H$이므로 $r=0$가 되어야 한다. 그러므로 $H=\langle a^d \rangle$.

(2) $d=\gcd(k, m)$이고 $|\langle a^k \rangle| = \min\{n \mid a^{kn}=e\} = j$라 하자. 그러면 m은 kj의 약수이다. 또한 m/d는 $(k/d)j$를 나눈다. m/d와 k/d는 서로소이므로 m/d는 j를 나눈다. 그런데 $a^{k \cdot m/d}=e$이므로 j는 m/d를 나눈다. 따라서 $j=m/d=m/\gcd(k, m)$이다.

(3) 가정에 의하여 $\langle a^d \rangle$는 위수 m/d인 부분군이며 따라서 (2)에 의하여 $\langle a^d \rangle$은 인덱스가 d이다. 만약 $\langle a^k \rangle$이 인덱스 d의 또 다른 부분군이라면 그것의 위수는 m/d이고 따라서 (2)에 의하여 $d=\gcd(k, m)$이다. 특히 d는 k를 나누기 때문에 $a^k \in \langle a^d \rangle$이고 $\langle a^k \rangle$는 $\langle a^d \rangle$의 부분군이다. 그러나 두 군의 위수가 같기 때문에 $\langle a^k \rangle = \langle a^d \rangle$이다. 위수가 h인 부분군들은 정확하게 인덱스가 m/h인 부분군들이기 때문에 $\langle a \rangle$는 위수 h의 부분군을 단 한개만 가져야 한다.

(4) $|\langle a \rangle| = m$이고 $m=dj$라 하자. (2)에 의하여 원소 a^k의 위수가 h일 필요충분조건은 $|\{k \mid 1 \le k \le m,\ \gcd(k, m)=d\}|$이다. $k=dh(1 \le h \le j)$라 하면 $\gcd(k, m)=d$는 $\gcd(j, h)=1$와 같은 조건이다. 따라서 이러한 j들의 개수는 $\phi(h)$이다.

(5) $\langle a \rangle$의 생성원들은 정확하게 위수 m인 원소들이다. 그러므로 (4)에 의하여 $\langle a \rangle$는 $\phi(m)$개의 생성원을 갖는다. ■

[정의 8.11] 공집합이 아닌 집합 F위에 정의된 두 연산 $+$와 $\cdot$에 대하여 다음 조건들을 만족하면, $(F, +, \cdot)$를 **체(field)**라고 한다.
(a) $(F, +)$는 항등원 0을 가지는 가환군
(b) $(F-\{0\}, \cdot)$는 가환군
(c) 임의의 $a, b, c \in F$에 대하여 $a \cdot (b+c) = a \cdot b + a \cdot c$(분배법칙)
특히, F가 유한집합일 때, $(F, +, \cdot)$를 **유한체(finite field)**라고 한다.

[예제 8.4] (1) 정수 전체의 집합 $\mathbb{Z}$는 체는 아니다.
(2) 유리수 전체의 집합 $\mathbb{Q}$는 흔히 사용하는 덧셈과 곱셈에 관하여 체를 이룬다.
(3) 실수 전체의 집합 $\mathbb{R}$은 흔히 사용하는 덧셈과 곱셈에 관하여 체를 이룬다.
(4) 복소수 전체의 집합 $\mathbb{C}$은 흔히 사용하는 덧셈과 곱셈에 관하여 체를 이룬다.
(5) 소수 p에 대하여 정수환 $\mathbb{Z}/p\mathbb{Z} = \{0, 1, \cdots, p-1\}$은 체이다.

체 F를 포함하는 체 K를 F의 **확대체(extension field)**라고 한다. 체 K가 체 F의 확대체일 때, 임의의 $\alpha_1, \alpha_2 \in K$와 $c \in F$에 대하여

$$\alpha_1 + \alpha_2 \in K, \ c\alpha_1 \in K$$

이므로 K를 체 F위의 벡터공간으로 볼 수 있다. 체 K가 체 F의 확대체일 때, 벡터공간으로서 K가 체 F위의 유한차원 벡터공간인 경우에 K를 F의 **유한확대체(finite extension field)**라고 한다. 벡터공간으로서 K의 차원을 K의 F위에서의 **차수(degree)**라고 한다.

[예제 8.5] 실수체 $\mathbb{R}$는 유리수체 $\mathbb{Q}$의 확대체이다.

[정의 8.12] 체 F위의 **다항식(polynomial)** 전체의 집합을 $F[x] = \{a_0 + a_1 x + \cdots + a_n x^n \mid a_0, a_1, \cdots, a_n \in F\}$로 나타낸다. 체 K가 체 F의 확대체이고 $\alpha \in K$일 때 $F(\alpha)$를 다음과 같이 정의된 집합이라고 하자.

$$F(\alpha)=\left\{\frac{f(\alpha)}{g(\alpha)} \mid f(x),\ g(x)\in F[x],\ g(\alpha)\neq 0\right\}$$

$F(\alpha)$는 체 F와 α를 포함하는 F의 확대체이다. 이 때, 체 $F(\alpha)$를 F에 한 원소 α를 첨가하여(adjoining) 얻은 단순(simple) 확대체라고 한다.

<다항식환>

다항식환(polynomial ring) $F[x]$은 임의의 체 F위에서 정의될 수 있다. 두 다항식 $f(x)$, $g(x)$가 주어져 있을 때, 이 두 다항식을

$$f(x)=a_0+a_1x+\cdots+a_nx^n,\ g(x)=b_0+b_1x+\cdots+b_nx^n$$

와 같이 나타낼 수 있고 이 때 이 두 다항식의 상등관계와 합 $f(x)+g(x)$를 다음과 같이 정의한다.

$$f(x)=g(x) \Leftrightarrow a_0=b_0,\ a_1=b_1,\ \cdots,\ a_n=b_n$$

$$f(x)+g(x)=(a_0+b_0)+(a_1+b_1)x+\cdots+(a_n+b_n)x^n$$

그리고 두 다항식

$$f(x)=a_0+a_1x+\cdots+a_nx^n,\quad g(x)=b_0+b_1x+\cdots+b_mx^m$$

와 $k\in F$에 대하여 곱 $f(x)g(x)$와 상수곱 $kf(x)$를 다음과 같이 정의한다.

$$\begin{aligned} f(x)g(x) &= (a_nb_m)x^{n+m}+(a_{n-1}b_m+a_nb_{m-1})x^{n+m-1}+\cdots \\ &\quad +(a_0b_1+a_1b_0)x+(a_0b_0) \\ &= \sum_{i=0}^{n+m} c_ix^i,\ c_i=a_0b_i+\cdots+a_ib_0=\sum_{k=0}^{i} a_kb_{i-k} \end{aligned}$$

$$c_0=a_0b_0$$

$$c_1=a_0b_1+a_1b_0$$

$$c_2=a_0b_2+a_1b_1+a_2b_0$$

$$c_3=a_0b_3+a_1b_2+a_2b_1+a_3b_0$$

$$c_4=a_0b_4+a_1b_3+a_2b_2+a_3b_1+a_4b_0$$

$$c_5 = a_0b_5 + a_1b_4 + a_2b_3 + a_3b_2 + a_4b_1 + a_5b_0$$

$$\cdots$$

$$kf(x) = ka_0 + ka_1x + \cdots + ka_nx^n$$

[정의 8.13] 체 F 위의 다항식 $f(x)$, $g(x) \in F[x]$에 대하여

$$f(x) = g(x)h(x)$$

인 다항식 $h(x) \in F[x]$가 존재할 때, $g(x)$를 $f(x)$의 약수(divisor) 또는 인수(factor)라 하고 $f(x)$를 $g(x)$의 배수라고 한다. 또 이 사실을 $g(x) | f(x)$로 나타낸다.

[정의 8.14] 체 F 위의 다항식 $p(x)$, $\deg p(x) \geq 1$에 대하여 다음이 성립할 때, $p(x)$를 $F[x]$의 **기약다항식**(irreducible polynomial) 또는 체 F 위에서 기약인 다항식이라고 한다.

$$f(x) | p(x) \Rightarrow \text{적당한 } a \in F^* = F - \{0\}\text{에 대하여}$$
$$f(x) = a \text{ 또는 } f(x) = ap(x)$$

한편, 체 F 위의 다항식 $p(x)$, $\deg p(x) \geq 1$가 기약다항식이 아닐 때, 즉

$$p(x) = f(x)g(x), \quad \deg f(x) \geq 1, \ \deg g(x) \geq 1$$

인 다항식 $f(x)$, $g(x) \in F[x]$가 존재할 때, $p(x)$를 $F[x]$의 **가약다항식**(reducible polynomial) 또는 F 위에서 가약인 다항식이라고 한다.

다항식환 $F[x]$에서의 기약다항식의 개념은 정수환 $\mathbb{Z}$에서의 소수의 개념과 유사하다.

[정리 8.7] (유일 인수분해 정리(Unique Factorization Theorem))
체 F위의 다항식환 $F[x]$에서 임의의 다항식 $f(x) \in F[x]$, $\deg f(x) \geq 1$는 다음과 같은 꼴로 인수분해된다.

$$f(x)=ap_1(x)\cdots p_k(x)$$

여기서 $a\in F^*=F-\{0\}$이고 각 $p_i(x)$는 모닉 기약다항식이다.

그리고 위의 등식에서 기약다항식 $p_1(x), \cdots, p_k(x)$의 순서를 무시한다면 이와 같은 인수분해는 단 한 가지뿐이다.

[정의 8.15] 체 K를 체 F의 확대체라 하고 $\alpha\in K$라고 하자. 영다항식이 아닌 적당한 다항식 $f(x)=a_0+a_1x+\cdots+a_nx^n\in F[x]$에 대하여

$$f(\alpha)=0 \quad 즉 \quad f(\alpha)=a_0+a_1\alpha+\cdots+a_n\alpha^n=0$$

일 때, α를 체 F 위에서 **대수적 원소**(algebraic element)라고 한다.

[예제 8.6] 복소수체 $\mathbb{C}$는 유리수체 $\mathbb{Q}$의 확대체이고, $\sqrt{2}, \sqrt{-1}$는 각각 유리수체 $\mathbb{Q}$위의 다항식

$$p(x)=x^2-2,\ q(x)=x^2+1\in\mathbb{Q}[x]$$

의 근이므로 $\sqrt{2}, \sqrt{-1}$는 $\mathbb{Q}$위에서 대수적이다. 더욱이, 다항식 $p(x)$, $q(x)$는 모두 유리수체 $\mathbb{Q}$위에서 기약이다.

[정리 8.8] 체 K가 체 F의 확대체일 때, 원소 $\alpha\in K$가 체 F 위에서 대수적이면 다음 세 조건을 만족시키는 다항식 $p(x)\in F[x]$가 단 하나 존재한다.

(1) $\deg p(x)\geq 1$이고 $p(x)$는 모닉다항식이다.

(2) $p(\alpha)=0$

(3) 다항식 $f(x)\in F[x]$에 대하여

$$f(\alpha)=0 \Leftrightarrow p(x)\mid f(x) \quad (F[x]에서)$$

여기서 $p(x)$가 체 F에서 기약인 다항식임을 쉽게 알 수 있다.

다항식 $p(x)$를 체 F 위에서의 α의 **최소다항식**(minimal polynomial)이라고 한다.

[정리 8.9] K가 체 F의 확대체이고 $\alpha \in K$가 F 위에서 대수적일 때, α의 최소다항식 $p(x)$의 차수가 d라면 $F(\alpha)$는 체 F 위에서 $\{1, \alpha, \cdots, \alpha^{d-1}\}$를 기저로 가지는 d차원 벡터공간이다. 따라서

$$F(\alpha)=\{a_0+a_1\alpha+\cdots+a_{d-1}\alpha^{d-1} \mid a_0, a_1, \cdots, a_{d-1} \in F\}$$

이고 또 각 원소 $\beta \in F(\alpha)$는 단 한 가지 방법으로

$$\beta=a_0+a_1\alpha+\cdots+a_{d-1}\alpha^{d-1} \quad (a_0, a_1, \cdots, a_{d-1} \in F)$$

의 꼴로 나타내어진다.

[정의 8.16] K를 체 F의 확대체라 하고 $\alpha, \alpha' \in K$를 F 위에서 대수적인 원소라고 하자. 두 원소 α, α'가 F 위에서 동일한 기약다항식의 근일 때, α와 α'는 F위에서 **켤레원소**(conjugate elements)라고 한다.

두 체 $F(\alpha)$와 $F(\alpha')$은 $F(\alpha)$의 원소 $a_0+a_1\alpha+\cdots+a_{d-1}\alpha^{d-1}$을 $F(\alpha')$의 원소 $a_0+a_1\alpha'+\cdots+a_{d-1}(\alpha')^{d-1}$로 보내는 사상에 의하여 **동형**(isomorphic)이다. "동형"이라는 말은 덧셈과 곱셈을 보존하는 일대일대응이 존재한다는 것을 의미한다. 어떤 경우에 두 체 $F(\alpha)$와 $F(\alpha')$는 동일하므로 이 경우에는 **자기동형사상**(automorphism)을 얻는다. 예를 들어 $\sqrt{2}$와 $-\sqrt{2}$는 동일한 기약다항식 x^2-2의 근이므로 $\sqrt{2}$와 $-\sqrt{2}$는 $\mathbb{Q}$위에서 서로 켤레근이고 $\sigma : \mathbb{Q}(\sqrt{2}) \to \mathbb{Q}(\sqrt{2})$, $\sigma(a+b\sqrt{2})=a-b\sqrt{2}$는 체 $\mathbb{Q}(\sqrt{2})$의 자기동형사상이다. ($\mathbb{Q}(\sqrt{2})=\{a+b\sqrt{2} \mid a, b \in \mathbb{Q}\}$이다.) α의 모든 켤레원소가 체 $F(\alpha)$에 있다면 $F(\alpha)$를 F의 **갈루아 확대체**(Galois extension field)라고 한다.

[정의 8.17] 다항식 $f(x)=a_0+a_1x+\cdots+a_nx^n \in F[x]$에 대하여

$$f'(x)=a_1+2a_2x+\cdots+na_nx^{n-1}\in F[x]$$

를 $f(x)$의 **형식적 미분**(formal derivative)이라고 한다.

d차 다항식 $f(x)=a_0+a_1x+\cdots+a_dx^d\in F[x]$은 근(root) $r\in F$을 가질 수도 있고 근을 가지지 않을 수도 있다. 여기서 $f(r)=a_0+a_1r+\cdots+a_dr^d=0$일 때 r을 $f(x)$의 근이라고 한다.

$f(r)=0$일 때 $(x-r)|f(x)$이다. $(x-r)^m|f(x)$, $(x-r)^{m+1}\nmid f(x)$인 양의 정수 m을 근 r의 **중복도**(multiplicity)라고 한다. 유일 인수분해 정리에 의하면 F에서 $f(x)$의 근의 총개수는 중복도까지 세어서 d 이하이다. 2차 이상의 다항식 $f(x)\in F[x]$이 중근 $r\in F$을 갖는다면 $d(r)=0$이다. 단 $d(x)=\gcd(f(x), f'(x))$.

[정의 8.18] 체 F 위의 다항식 $f(x)$, $\deg f(x)=d\geq 1$에 대하여 다음 두 조건을 만족시키는 F의 확대체 K를 다항식 $f(x)$의 **분해체**(splitting field)라고 한다.

(i) $f(x)$는 K 안에서 중복을 허락하여 d개의 근 $\alpha_1, \cdots, \alpha_d$을 가지며 $f(x)$는 K에서 다음과 같이 일차식의 곱으로 인수분해된다.

$$f(x)=a(x-\alpha_1)\cdots(x-\alpha_d)\quad(a\in F)$$

(ii) K는 이와 같은 F의 확대체 중에서 가장 작다.

체 F 위의 다항식 $f(x)$, $\deg f(x)=n\geq 1$에 대하여 $f(x)$의 분해체는 본질적으로 단 하나 뿐이다. 즉 F위에서의 $f(X)$의 또다른 분해체를 K'라 할 때 덧셈과 곱셈을 보존하는 일대일대응 $K\xrightarrow{\sim}K'$이 존재한다.

예를 들어 $\mathbb{Q}(\sqrt{2})$는 $f(X)=X^2-2$의 분해체이다. $f(X)=X^3-2$의 분해체를 얻으려면 $\mathbb{Q}$에 $\sqrt[3]{2}$와 $\sqrt{-3}$을 첨가해야 한다.

[정의 8.19] 체 F의 단위원 1에 대하여

$$n1=1+\cdots+1=0 \ (1\text{이 } n\text{개})$$

인 양의 정수가 존재하는 경우에 이와 같은 양의 정수 중에서 가장 작은 n을 체 F의 **표수**(characteristic)라고 한다. 이와 같은 양의 정수가 존재하지 않는 경우에 F는 표수 0인 체라고 한다. 유리수체 $\mathbb{Q}$, 실수체 $\mathbb{R}$, 복소수체 $\mathbb{C}$는 모두 표수 0인 체이다. 그리고, 임의의 소수 p에 대하여, 체 $\mathbb{Z}/p\mathbb{Z}=\{0, 1, \cdots, p-1\}$의 표수는 p이다.

[정의 8.20] 체 F에서 단위원 1을 포함하는 가장 작은 F의 부분체를 체 F의 소체(prime field)라고 한다.

[예제 8.7] 유리수들의 집합 $\mathbb{Q}$는 표수가 0인 체이다. 표수가 p인 체 F는 $\mathbb{Z}/p\mathbb{Z}$와 동형인 체를 포함한다. $\mathbb{Z}/p\mathbb{Z}$를 F의 소체(prime field)라고 한다.

F_q를 원소의 개수가 q개인 체를 나타낸다고 하자. 분명히 유한체의 표수는 0이 아니다. 그러므로 F_q의 표수를 p라 하자. 그러면 F_q는 소체 $F_p=\mathbb{Z}/p\mathbb{Z}$를 포함하므로 F_p 위의 (유한차원) 벡터공간이 된다. F_q를 F_p-벡터공간으로 볼 때 F_q의 차원을 f라 하자. 기저를 하나 선택하여 f차원 벡터공간의 원소의 집합과 F_p의 원소로 이루어진 모든 f-쌍의 집합 사이에 일대일대응을 줄 수 있으므로 F_q의 원소는 p^f개가 된다. 즉 q는 표수 p의 거듭제곱이다. 나중에 소수 p의 임의의 거듭제곱 $q=p^f$에 대하여 원소의 개수가 q인 유한체가 존재하고 (동형을 무시하면) 유일함을 알게 될 것이다.

[정의 8.21] $F_q^*=F_q-\{0\}$의 원소 a에 대하여 $a^r=1$을 만족시키는 가장 작은 양의 정수 r을 a의 위수(order)라고 한다.

<유한체의 곱셈에 대한 생성원의 존재성>

유한체 F_q에서 곱셈군 $F_q^*=F_q-\{0\}$은 위수 $q-1$인 순환군이다. 즉 F_q^*의 임의의 두 원소의 곱은 F_q^*의 원소이고, 결합법칙, 교환법칙이 성립하고, 항등원 1이 존재하고, F_q^*의 임의의 원소는 역원을 가진다. 유한군의 임의의 원소의 위수는 그 군의 원소의 개수의 약수라는 것은 유한군의 기본적인 성질이다. 완전성을 위하여 유한군 F_q^*의 경우에 대하여 증명을 소개한다.

[정리 8.10] F_q^*의 임의의 원소 a의 위수는 $q-1$의 약수이다.

증명 $a^d=1$을 만족시키는 가장 작은 양의 정수를 d라 하자.(유한집합 F_q^*에서 a의 거듭제곱들이 모두 다를 수는 없으므로 $a^i=a^j$인 $i,\ j(j>i)$가 존재하고 이때 $a^{j-i}=1$이 되므로 a의 거듭제곱 중 1이 되는 경우가 있다.) a의 모든 거듭제곱의 집합을 $S=\{1,\ a,\ a^2,\ \cdots,\ a^{d-1}\}$라 하고 임의의 $b\in F_q^*$에 대하여 **잉여류**(coset) bS를 $bS=\{ba^j \mid j=0,\ 1,\ \cdots,\ d-1\}$라 하자(예를 들어 $1S=S$이다). 임의의 $b_1,\ b_2\in F_q^*$에 대하여 $b_1S=b_2S$ 또는 $b_1S\cap b_2S=\varnothing$임을 쉽게 보일 수 있다($b_1a^i\in b_1S$이고 $b_1a^i\in b_2S$이면 적당한 j에 대하여 $b_1a^i=b_2a^j$이 된다. b_1S의 임의의 원소 $b_1a^{i'}$에 대하여 $b_1a^{i'}=b_1a^ia^{i'-i}=b_2a^ja^{i'-i}=b_2a^{j+i'-i}$이기 때문에 $b_1a^{i'}$는 b_2S의 원소이다). 한편 각 $b\in F_q^*$에 대하여 잉여류 bS의 원소의 개수는 d개다. $\bigcup_{b\in F_q^*} bS=F_q^*$이므로 F_q^*는 각각 d개의 원소로 이루어진 서로소인 집합들의 합집합이므로 $d\mid(q-1)$이 성립한다. ■

[정의 8.22] 유한체 F_q의 **생성원**(generator) g는 위수 $q-1$인 원소이다. 달리 표현하면 g의 거듭제곱으로 F_q^*의 모든 원소를 얻을 수 있다. 즉, $\{g,\ g^2,\ \cdots,\ g^{q-1}\}=F_q^*$.

다음 정리는 유한체에 대한 가장 기본적인 사실 중의 하나이다. 유한체 F_q의 영원이 아닌 임의의 원소 g에 대하여 $\{1,\ g,\ g^2,\ \cdots,\ g^{q-2}\}$는 **순환군**(cyclic group)이다.

[정리 8.11] 모든 유한체는 생성원을 갖는다. g가 F_q^*의 생성원일 때 g^j가 생성원일 필요충분조건은 $\gcd(j,\ q-1)=1$인 것이다. 특히 F_q^*에는 $\phi(q-1)$개의 생

성원이 존재한다.

증명 $a \in F_q^*$의 위수가 d라 하자. 즉 d가 $a^d=1$을 만족하는 가장 작은 양의 정수라 하자. 정리 8.5에 의하여 $d \mid (q-1)$이다. d가 $a^d=1$을 만족하는 가장 작은 양의 정수이므로 $a, a^2, \cdots, a^d=1$은 서로 다른 원소들이다. $\gcd(j, d)=1$을 만족하는 $\phi(d)$개 원소 a^j의 위수가 d임을 보이자. 먼저 $a, a^2, \cdots, a^d=1$가 모두 $x^d=1$을 만족하므로 이들은 모두 $x^d=1$의 근이다. 그러므로 위수 d인 원소는 $a, a^2, \cdots, a^d$ 중에 있다. 그러나 a의 모든 거듭제곱의 위수가 d는 아니다. 왜냐하면 $\gcd(j, d)=d'>1$이면 a^j의 위수는 d보다 작기 때문이다. d/d'과 j/d'이 정수이므로 $(a^j)^{d/d'}=(a^d)^{j/d'}=1$이 된다.

역으로 $\gcd(j, d)=1$인 j에 대하여 a^j의 위수가 d임을 보이자. $\gcd(j, d)=1$이고 a^j의 위수 d''가 d보다 작다면 $(a^{d''})^j=1$이거나 $(a^{d''})^d=1$이 될 것이다. 그러므로 $(a^{d''})^{\gcd(j, d)}=1$이 된다. 그런데 $\gcd(j, d)=1$이므로 $a^{d''}=1$이 된다. 이것은 모순이다. 왜냐하면 a의 위수가 d이므로 $d''<d$인 d''에 대하여 $a^{d''} \neq 1$이기 때문이다. 따라서 a^j의 위수가 d일 필요충분조건은 $\gcd(j, d)=1$인 것이다. 이것은 위수 d인 원소가 존재한다면 정확히 $\phi(d)$개 존재한다는 것을 의미한다. 그러므로 $d \mid (q-1)$인 모든 d에 대하여 단지 두 가지 가능성만이 존재한다.

(1) 위수 d인 원소가 하나도 없다.

(2) 위수 d인 원소가 $\phi(d)$개 존재한다.

이제 모든 원소가 $d \mid (q-1)$인 위수 d를 가진다. 그리고 위수 d인 원소가 없거나 $\phi(d)$개 존재한다. 그런데 정리 7.32에 의하여 $\sum_{d \mid (q-1)} \phi(d)=q-1$이 성립한다. 즉 $\sum_{d \mid (q-1)} \varphi(d)$는 F_q^*에 있는 원소의 개수 $q-1$이다. 그러므로 모든 원소가 $d \mid (q-1)$인 위수 d를 가질 수 있는 유일한 방법은 위수 d인 원소가 항상 $\phi(d)$(분명히 0은 아님)개 존재할 때이다. 특히 위수 $q-1$인 $\phi(q-1)$개 원소가 존재한다. 이전 단락에서 보았듯이 g가 위수 $q-1$인 원소이면 위수 $q-1$인 다른 원소는 $\gcd(j, q-1)=1$을 만족하는 g^j들이다. 따라서 정리는 성립한다. ■

[따름정리 8.12] 모든 소수 p에 대하여 $\{g^i \bmod p \mid 1 \le i \le p-1\}=F_p^*$인 정수 g가 존재한다.

[예제 8.8] 법 19에 관하여

$$\{2^i \bmod 19 \mid 1 \le i \le 18\}$$
$$=\{2, 4, 8, 16, 13, 7, 14, 9, 18, 17, 15, 11, 3, 6, 12, 5, 10, 1\}$$
$$=\{1, 2, 3, 4, 5, 6, 7, 8, 9, 10, 11, 12, 13, 14, 15, 16, 17, 18\}$$

소수 p에 대하여 F_p와 같은 유한체에서 생성원을 찾는 것이 유용하다. $g \in F_p^*$를 임의로 선택하는 경우 g가 생성원일 확률을 구해보자. 달리 표현하면, F_p^*에 생성원이 어느 정도 분포해있는지를 알아보자. 정리 8.11에 따르면 F_p^*에는 $\phi(p-1)$개의 생성원이 있으므로 임의로 선택한 원소 $g \in F_p^*$가 생성원일 확률은 $\dfrac{\phi(p-1)}{p-1} = \prod_{l \mid (p-1)} \left(1-\dfrac{1}{l}\right)$이다. 그러므로 임의로 선택한 원소 $g \in F_p^*$가 생성원일 가능성은 $p-1$의 인수분해에 크게 의존한다. 예를 들어 다음을 증명할 수 있다.

> [정리 8.13] 임의의 $g \in F_p^*$가 생성원일 확률이 0에 수렴하는 소수들 p의 수열이 존재한다.

증명 $\{n_j\}$는 n_2는 2로 나누어 떨어지고, n_3는 2, 3으로 나누어 떨어지고, n_4는 2, 3, 5로 나누어 떨어지는 등 $j \to \infty$에 따라 수열의 각 항이 연이은 소수들 2, 3, 5, 7, ⋯에 의해 나누어 떨어지는 양의 정수의 수열이라 하자. 예를 들어 $n_j = j!$로 택할 수 있다. p_j를 $p_j \equiv 1 \bmod n_j$인 임의의 소수로 선택하자. 그런 소수가 존재한다는 것을 어떻게 알 수 있는가? 프랑스 수학자 디리클레(Dirichlet)는 서로 소인 두 양의 정수 n, k에 대하여 법 n에 관하여 k와 합동인 소수가 무한히 많다는 정리를 증명했다. 이 정리로부터 $p_j \equiv 1 \bmod n_j$인 소수 p_j가 존재한다는 것을 알 수 있다(실제로 법 n에 관하여 k와 합동인 소수의 비율은 $\dfrac{1}{\phi(n)}$이다. 그러나 여기서 이 사실은 필요하지 않다). 그러면 $p_j - 1$를 나누는 소수들은 n_j를 나누는 모든 소수를 포함하므로 $\dfrac{\phi(p_j-1)}{p_j-1} \le \prod_{\substack{l \mid n_j \\ l:\,소수}} \left(1-\dfrac{1}{l}\right)$이다. 왜냐하면 $\{p : p \mid n_j\} \subseteq \{p : p \mid p_j - 1\}$이므로 $\dfrac{\phi(p_j-1)}{p_j-1} = \prod_{n \mid p_j - 1} \left(1-\dfrac{1}{n}\right) \le \prod_{l \mid n_j} \left(1-\dfrac{1}{l}\right)$이다. 그러나 $j \to \infty$이면 $\prod_{\substack{l \mid n_j \\ l:\,소수}} \left(1-\dfrac{1}{l}\right)$은 $\prod_{l:\,소수} \left(1-\dfrac{1}{l}\right) = 0$에 수렴한다. ■

<임의의 소수의 거듭제곱이 위수인 유한체의 존재성과 유일성>

$q=p^f$개의 원소를 갖는 유한체가 다항식 X^q-X의 분해체라는 것을 보임으로써 존재성과 유일성을 증명하고자 한다. 다음 정리는 임의의 소수의 거듭제곱인 $q=p^f$에 대하여 q개의 원소를 갖는 유한체가 (동형을 무시했을 때) 단 한 개 존재한다는 것을 보여준다.

> [정리 8.14] F_q가 $q=p^f$개의 원소를 갖는 체라면 F_q의 모든 원소는 방정식 $X^q-X=0$의 근이다. 또한 F_q는 정확히 방정식 $X^q-X=0$의 근의 집합이다. 역으로 모든 소수 거듭제곱 $q=p^f$에 대하여 다항식 X^q-X의 F_p위의 분해체는 q개의 원소를 갖는 체이다.

증명 먼저 F_q가 $q=p^f$개의 원소를 갖는 유한체라고 가정하자. F_q의 영원이 아닌 임의의 원소의 위수는 $q-1$을 나누기 때문에 영원이 아닌 모든 원소는 방정식 $X^{q-1}=1$을 만족한다. 그러므로 방정식 $X^{q-1}=1$의 양변에 X를 곱하면 방정식 $X^q=X$을 얻는다. 물론 영원 0도 $X^q=X$의 근이다. 그러므로 F_q의 q개 원소 모두는 q차 다항식 X^q-X의 근이다. 이 다항식 X^q-X의 근은 q개 이하이므로 그 근들은 정확히 F_q의 원소들이다. 이로부터 F_q가 다항식 X^q-X의 분해체임을 알 수 있다. 즉 F_q가 모든 근을 포함하는 F_p의 가장 작은 확대체이다.

역으로 $q=p^f$라 하고 F를 다항식 X^q-X의 F_p위의 분해체라고 하자. X^q-X의 도함수는 $qX^{q-1}-1=-1$이다(정수 q는 p의 배수이므로 체 F_p에서는 0과 같기 때문이다). 그러므로 다항식 X^q-X는 자신의 도함수 -1과 공통근이 없으므로 X^q-X는 중근을 가지지 않는다(X^q-X의 도함수 -1은 근이 하나도 없기 때문이다). 그러므로 F는 적어도 X^q-X의 서로 다른 근 q개를 포함해야 한다. 그러나 바로 그 q개 근의 집합이 이미 체임을 보일 수 있다. 두 근의 합 또는 곱이 역시 근이라는 사실로부터 알 수 있다. 말하자면 a와 b가 다항식 X^q-X을 만족한다면 $a^q=a$, $b^q=b$가 성립하므로 $(ab)^q=ab$이다. 즉 곱 ab도 X^q-X의 근이다. 합 $a+b$도 또한 $X^q-X=0$을 만족한다는 것을 보이기 위하여 표수가 p인 임의의 체에 대한 다음과 같은 기본적인 사실이 필요하다. ■

> [보조정리 8.15] 표수가 p인 임의의 유한체에서 $(a+b)^p=a^p+b^p$이다.

증명 $0<j<p$인 모든 j에 대하여 $\dfrac{p!}{(p-j)!j!}$가 p의 배수이므로 $(a+b)^p$의 이항 전개식 $\sum_{j=0}^{p}\binom{p}{j}a^{p-j}b^j$에서 a^p와 b^p를 제외한 중간항들은 모두 0이 되므로 $(a+b)^p=a^p+b^p$이다. ■

위 보조정리를 반복 적용하면 다음을 얻는다.

$$a^p+b^p=(a+b)^p,\ a^{p^2}+b^{p^2}=(a^p+b^p)^p=(a+b)^{p^2},\ \cdots,$$
$$a^q+b^q=(a+b)^q$$

그러므로 $a^q=a$, $b^q=b$이면 $(a+b)^q=a+b$가 되므로 $a+b$ 또한 X^q-X의 한 근이다. 이로부터 q개의 근의 집합이 바로 X^q-X의 근들을 포함하는 가장 작은 체라는 것을 알 수 있다. 즉 이 다항식의 분해체는 q개의 원소를 갖는 체이다. 따라서 정리는 성립한다.

이 증명 과정에서 표수가 p인 유한체 F_q에서 임의의 a, $b\in F_q$는 모든 $t\geq 0$에 대하여 $(a+b)^{p^t}=a^{p^t}+b^{p^t}$, $(ab)^{p^t}=a^{p^t}b^{p^t}$을 만족한다는 것을 보였다. 이 보조정리를 이용하여 다음 정리와 같은 중요한 결과를 얻는다.

[정의 8.23] 다음 두 조건을 만족하는 사상 $\sigma:K\to K$을 자기동형사상(automorphism)이라고 한다.
(1) 모든 α, $\beta\in K$에 대하여

$$\sigma(\alpha+\beta)=\sigma(\alpha)+\sigma(\beta),\ \sigma(\alpha\beta)=\sigma(\alpha)\sigma(\beta)$$

(2) $\sigma:K\to K$는 일대일대응이다.

[정리 8.16] F_q를 $q=p^f$개의 원소를 갖는 유한체라고 가정하자. 그러면 사상 $\sigma:F_q\to F_q$, $\sigma(\alpha)=\alpha^p$은 체 F_q의 자기동형사상이다. σ에 의하여 변하지 않는 F_q의 원소들은 정확히 소체 F_p에 있는 원소들이다. 사상 σ에 대하여 σ^f은 항등사상이고 $j<f$인 j에 대하여 σ^j는 항등사상이 아니다.

증명 각 원소를 거듭제곱으로 보내는 사상은 항상 곱셈을 보존하므로 σ는 곱셈을 보존하는 사상이다. σ가 덧셈을 보존한다는 사실은 보조정리 8.15에 의하여 성립한다. 임의의 j에 대하여 (σ를 j번 반복 적용하는 함수인) $\sigma^j : F_q \to F_q$는 $\sigma^j(a) = a^{p^j}$이다. 그러므로 σ^j에 의하여 변하지 않는 원소들은 $X^{p^j} - X$의 근이다. $j=1$이면 이것은 정확히 소체 F_p의 p개 원소이다(이것은 정리 8.14에서 $q=p$인 특별한 경우이다. 이것은 페르마의 정리이다). σ^f에 의하여 변하지 않는 원소는 $X^q - X$의 근들 즉 F_q의 모든 원소이다. σ^f가 항등사상이므로 σ는 일대일대응이어야 한다(역사상은 $\sigma^{f-1} : a \mapsto a^{p^{f-1}}$이다). $j < f$인 모든 j에 대하여 F_q의 모든 원소가 $X^{p^j} - X$의 근이 될 수 없기 때문에 σ^j는 항등사상이 아니다. 따라서 정리는 성립한다. ■

> **[정리 8.17]** F_q를 $q=p^f$개의 원소를 갖는 유한체라고 가정하자. α가 F_q의 임의의 원소이면 F_p위에서 α의 **켤레원(conjugate)**들은 $\sigma^j(\alpha) = \alpha^{p^j}$이다. 여기서 F_p 위에서 α의 켤레원이란 F_p에서 계수를 갖는 똑같은 모닉 기약다항식을 만족하는 F_q의 원소들이다.

증명 d를 F_p의 확대체로서 생각한 $F_p(\alpha)$의 차수라 하자. 즉 $F_p(\alpha)$는 F_{p^d}와 동형이다. 그러면 α는 $X^{p^d} - X$를 만족하지만 임의의 $j < d$에 대하여 $X^{p^j} - X$를 만족하지 않는다. 그러므로 α에 σ를 반복 적용하면 d개의 서로 다른 원소 $\alpha, \sigma(\alpha), \cdots, \sigma^{d-1}(\alpha)$를 얻는다. 이제 $\alpha, \sigma(\alpha), \cdots, \sigma^{d-1}(\alpha)$가 모두 똑같은 모닉 기약다항식 $f(X)$를 만족한다는 것을 보이면 충분하다. 이 경우 $\alpha, \sigma(\alpha), \cdots, \sigma^{d-1}(\alpha)$가 바로 $f(X)$의 서로 다른 d개의 근이다. 이것을 보이기 위하여 α가 다항식 $f(X) \in F_p[X]$을 만족하면 α^p도 $f(X)$를 만족한다는 것을 증명하면 충분하다. $f(X) = \sum a_j X^j$, $a_j \in F_p$라 하자. 그러면 $0 = f(\alpha) = \sum a_j \alpha^j$이다. 양변을 p제곱하면 $0 = \sum (a_j \alpha^j)^p$이다(여기서 $(a+b)^p = a^p + b^p$를 이용한다). 그러나 페르마의 정리에 의하여 $a_j^p = a_j$이므로 $0 = \sum a_j (\alpha^p)^j = f(\alpha^p)$를 얻는다. 따라서 정리는 성립한다. ■

<유한체의 구성>

지금까지 유한체에 대한 논의는 다소 이론적이었다. 실제적인 예로는 $F_p = \mathbb{Z}/p\mathbb{Z}$ 형태의 체 뿐이었다. 이제부터 F_p의 유한 확대체를 구성하는 방법에 대하여 알아보

자. 이 시점에서 유리수체 $\mathbb{Q}$의 확대체 $\mathbb{Q}(\sqrt{2})$에 대하여 알아보자. 말하자면 방정식 X^2-2의 한 근 α를 택한 다음 $a+b\alpha$ 형태의 식들에 α^2을 2로 대체하는 것만 예외로 두고 통상적인 방법으로 덧셈과 곱셈을 도입하면 체 $\mathbb{Q}(\sqrt{2})$를 얻는다 ($\mathbb{Q}(\sqrt[3]{2})$의 경우에는 $a+b\alpha+c\alpha^2$ 형태의 식에 α^3을 2로 대체하는 것만 예외로 두고 통상적인 방법으로 덧셈과 곱셈을 도입하면 체 $\mathbb{Q}(\sqrt[3]{2})$를 얻는다). 이와 똑같은 접근 방법을 유한체에 대하여 적용하여 유한 확대체를 얻을 수 있다.

[예제 8.9] 체 F_9를 구성하기 위하여 F_3에서 근을 가지지 않는 $F_3[x]$에 있는 모닉 이차다항식을 선택한다. 그런 모닉 이차다항식을 선택하기 위하여, 계수로서 가능한 모든 경우와 0, $\pm 1 \in F_3$이 근이 되는지 여부를 검사하면 다음과 같은 3개의 모닉 기약 이차다항식이 있다는 것을 알 수 있다. X^2+1, X^2+-X-1. $X^2+X+1=(X+2)(X-1)$은 기약이 아니다. 예를 들어 α가 X^2+1의 한 근이라면 (−1의 제곱근 i를 F_3에 첨가하여 F_3의 확대체를 얻고자 하는 것이므로 α대신 i로 쓰기로 하자) $F_9=\{a+bi \mid a, b\in\{-1, 0, 1\}\}$이다. F_9에서의 산술은 계수 a, b가 아주 조그만 체 F_3의 원소라는 점만을 제외하면 가우스 정수(7.2절 문제 14 참조)에서의 산술과 매우 유사한 방식이다. 첨가한 원소 i의 위수는 $q-1=8$이 아니라 4이기 때문에 i는 F_9^*의 생성원이 아니다. 그렇지만 X^2-X-1의 한 근 α를 첨가한다면 α의 연이은 곱 $\alpha, \alpha^2, \alpha^3, \alpha^4, \alpha^5, \alpha^6, \alpha^7, \alpha^8$을 구하여 F_9의 영원이 아닌 모든 원소를 얻을 수 있다(α가 $X^2=X+1$을 만족하기 때문에 α^2을 $\alpha+1$로 대체해야 한다).

$$\alpha^1=\alpha,\ \alpha^2=\alpha+1,\ \alpha^3=-\alpha+1,\ \alpha^4=-1,$$
$$\alpha^5=-\alpha,\ \alpha^6=-\alpha-1,\ \alpha^7=\alpha-1,\ \alpha^8=1.$$

기약다항식 X^2-X-1의 임의의 근이 체 F_9의 영원이 아닌 모든 원소로 이루어진 곱셈군 F_9^*의 생성원이라는 의미에서 다항식 X^2-X-1을 **원시다항식**(primitive polynomial)이라고 한다. 정리 8.11에 의하면 F_9^*에는 $4=\phi(8)$개의 생성원이 존재한다. 그중 2개는 X^2-X-1의 근이고 다른 2개는 X^2+X-1의 근이다(X^2-X-1의 다른 한 근은 α의 켤레원 즉 $\sigma(\alpha)=\alpha^3=-\alpha+1$이다). 남은 4개의 영원이 아닌 원소들 중에 2개는 X^2+1의 근이고(말하자면 $\pm i=\pm(\alpha+1)$) 남은 2개는 F_3의 영원이 아닌 두 원소 ± 1이다.(이것은 1차 모닉 기약다항식 $X-1$과 $X+1$의 근들이다.)

i	α^i	3진 표현	최소다항식
0	1	01	$X-1$
1	α	10	X^2-X-1
2	$\alpha+1$	11	X^2+1
3	$2\alpha+1$	21	X^2-X-1
4	2	02	$X+1$
5	2α	20	X^2+X-1
6	$2\alpha+2$	22	X^2+1
7	$\alpha+2$	12	X^2+X-1

일반적으로 임의의 유한체 F_q, $q=p^f$에서 각 원소 α는 F_p위에서 단 하나의 차수 d의 모닉 기약다항식을 만족한다. 그러면 소체 F_p에 이 원소 α를 첨가하여 얻은 체 $F_p(\alpha)$는 F_q에 포함되는 차수 d인 F_p의 확대체이다. 즉 $F_p(\alpha)$는 F_{p^d}와 동형이다. 큰 체 F_{p^f}는 F_{p^d}를 포함하고 적당한 f'차원 F_{p^d}-벡터공간이므로 F_{p^f}의 원소의 개수는 $(p^d)^{f'}$이어야 한다. 즉 $f=df'$. 그러므로 $d|f$이다. 역으로 임의의 $d|f$에 대하여 유한체 F_{p^d}는 F_q에 포함된다. 왜냐하면 $X^{p^d}=X$의 임의의 근이 또한 $X^{p^f}=X$의 근이기 때문이다($dd'=f$인 d'에 대하여 $X^{p^d}=X$의 좌변에서 X를 d'번 반복해서 X^{p^d}로 대체하면 $X^{p^{dd'}}=X$을 얻을 수 있다). 그러므로 다음 정리를 얻는다.

[정리 8.18] 임의의 소수 p와 양의 정수 f에 대하여 다음이 성립한다.

(1) 유한체 F_{p^f}의 부분체는 모두

$$F_{p^d}\ (d\text{는 } f\text{의 양의 약수})$$

와 같은 꼴의 유한체이다.

(2) F_{p^f}의 한 원소가 F_p에 첨가되면 F_{p^f}의 부분체 중 하나를 얻는다.

[예제 8.10] $f(x)=x^4+x+1$이고 $f(\alpha)=0$라 하자. 그러면

$$F_{2^4}=\{0,\ 1,\ \alpha,\ \alpha^2,\ \cdots,\ \alpha^{14}\}$$

이다. $\beta=\alpha^5$라 하자. 그러면

$$\beta^0=1=0001,\ \beta^1=\alpha^5=0110,\ \beta^2=\alpha^{10}=0111\text{이며 } \beta^3=\alpha^{15}=1$$

이다. 따라서 $F_2(\beta)=\{0,\ 1,\ \beta,\ \beta^2\}=F_{2^2}$이며

$$F_{2^4}=\{0,\ 1,\ \alpha,\ \beta+\alpha,\ \beta+\beta^2\alpha,\\ 1+\alpha,\ \beta,\ \beta\alpha,\ \beta^2+\beta\alpha,\ \beta^2+\alpha,\ \beta+\beta\alpha,\ \beta^2,\ \beta^2\alpha,\ 1+\beta^2\alpha,\ 1+\beta\alpha,\ \beta^2+\beta^2\alpha\}$$

이다. 예를 들어 $\alpha^2=0100=0110+0010=\beta+\alpha$이다.

이제 주어진 차수의 기약다항식의 개수를 결정하는데 유용한 공식을 쉽게 증명할 수 있다.

[정리 8.19] 체 F_p 위에서 다항식 $X^q-X(q=p^f)$의 모든 기약인수의 차수는 f의 약수이다. 그리고 f의 임의의 양의 약수 d에 대하여 체 F_p 위에서의 d차의 기약다항식은 모두 X^q-X의 인수이다.

증명 F_p에 차수 $d|f$인 임의의 모닉 기약다항식의 한 근 α를 첨가하면 F_{p^f}에 포함되는 F_{p^d}와 동형인 체를 얻는다. 그러면 α가 $X^q-X=0$을 만족하기 때문에 그 모닉 기약다항식은 다항식 X^q-X을 나누어야 한다. 역으로 $f(X)$를 X^q-X를 나누는 모닉 기약다항식이라 하자. 그러면 $f(X)$의 근들은 F_q에 있어야 한다(X^q-X의 모든 근들이 F_q에 있기 때문이다). 그러므로 정리 8.18에 의하여 $f(X)$의 차수는 f의 약수이다. 왜냐하면 한 근을 첨가하면 F_q의 부분체를 얻기 때문이다. 그러므로 X^q-X를 나누는 모닉 기약다항식의 차수는 f의 약수들이다. X^q-X가 중근이 없다는 것을 알고 있으므로 X^q-X는 방금 증명한 바와 같이 f의 약수인 차수를 갖는 모든 기약다항식의 곱과 같다. ■

[예제 8.11] $X^8-X=X(X+1)(X^3+X+1)(X^3+X^2+1)$.

$X^{16}-X=X(X+1)(X^2+X+1)(X^4+X+1)(X^4+X^3+1)(X^4+X^3+X^2+X+1)$

[따름정리 8.20] f가 소수이면 $F_p[x]$에는 차수 f인 모닉 기약다항식이

$\frac{p^f-p}{f}$개 존재한다.

증명 소수 f에 대한 페르마의 정리에 의하면 $p^f \equiv p \bmod f$이므로 $\frac{p^f-p}{f}$는 정수이다. 따름정리를 증명하기 위하여 n을 차수 f인 모닉 기약다항식의 개수라 하자. 위의 정리에 따르면 차수 p^f인 다항식 $X^{p^f}-X$는 차수 f인 n개의 다항식과 차수 1인 p개의 기약다항식 $X-a$, $(a \in F_p)$의 곱이다. 그러므로 차수를 비교해보면 $p^f=nf+p$이다. 그러므로 $n=\frac{p^f-p}{f}$이다. ■

[참고] (a) 위수가 e이고 차수가 f인 기약다항식 $g(x)$의 개수 $n_{f,\,e}$는 다음과 같다.

$$n_{f,\,e}=\frac{\phi(e)}{f},\ e(\geq 2)=\mathrm{ord}(g),\ 2^f \equiv 1 (\mathrm{mod}\ e)$$

예를 들어 $n_{4,\,15}=2$이고 $n_{4,\,5}=1$이다.

(b) 원시다항식은 $\frac{\phi(p^f-1)}{f}$개 존재한다(f는 소수일 필요는 없다).

더 일반적으로 f가 반드시 소수일 필요는 없다고 가정하자. n_d를 F_p위에서 차수 d인 모닉 기약다항식들의 개수라 하면 $p^f=\sum_{d|f} dn_d=\sum_{\substack{d|f \\ d\neq f}} dn_d+fn_f$이다. 왜냐하면 $x^{p^f}-x=$"차수가 f의 약수인 $GF(p)$ 위에서의 모든 모닉기약다항식들의 곱"이므로

$$n_f=\frac{p^f-\sum_{\substack{d|f \\ d<f}} dn_d}{f}$$

이 성립한다.

이제 7장에서 논의한 법 p에 관한 산술에 대한 시간 추정치를 일반적인 유한체로 확장하자.

[정리 8.21] F_q, $q=p^f$가 유한체이고 $F(X)$를 F_p 위에서 차수 f인 기약다항식

이라 하자. 그러면 F_q의 두 원소를 $O(\log^3 q)$ 비트연산으로 곱하고 나눌 수 있다. k가 양의 정수이면 F_q의 원소를 k거듭제곱하는데 $O(\log k \cdot \log^3 q)$ 비트연산으로 가능하다.

증명 F_q의 한 원소는 $F(X)$를 법으로 할 때 $F_p=\mathbb{Z}/p\mathbb{Z}$에서 계수를 갖는 다항식이다. F_q의 두 원소를 곱하기 위하여, $F_p=\mathbb{Z}/p\mathbb{Z}$에서 계수를 갖는 두 다항식을 곱한다 —— 법 p에 관하여 $O(f^2)$번의 정수 곱셈이 필요하다(그리고 법 p에 관한 훨씬 적은 수의 정수 덧셈이 필요하다) —— 그리고 나서 그 곱을 $F(X)$로 나누면 구하고자 하는 나머지 다항식을 얻는다. 다항식 나눗셈은 법 p에 관하여 $O(f)$번의 정수 나눗셈이 필요하고 법 p에 관하여 $O(f^2)$번의 정수 곱셈이 필요하다. 법 p에 관한 곱셈은 $O(\log^2 p)$ 비트연산이 필요하고 나눗셈은 (예를 들어 유클리드 알고리즘을 이용하여) $O(\log^3 p)$ 비트연산이 필요하므로 총 비트연산수는

$$O(f^2\log^2 p+f\log^3 p)=O((f\log p)^3) \ =O(\log^3 q)$$

이다. 나눗셈에 대하여 똑같은 결과를 증명하기 위하여 한 원소의 역수를 $O(\log^3 q)$ 비트연산으로 발견할 수 있다는 것을 보이면 충분하다. 체 F_p위에서 다항식들에 대한 유클리드 알고리즘을 이용하여 1을 F_q에서 주어진 원소(즉 주어진 차수가 f 보다 작은 다항식)와 고정된 차수 f인 다항식 $F(X)$의 일차결합으로 써야 한다. 이것을 계산하는데 차수가 f보다 작은 $O(f)$번의 다항식 나눗셈이 필요하고 각 다항식 나눗셈은

$$O(f^2\log^2 p+f\log^3 p)=O(f^2\log^3 p)$$

비트연산이 필요하므로 총 비트연산수는 $O(f^3\log^3 p)=O(\log^3 q)$이다. 마지막으로 k 거듭제곱은 법 지수승 계산법(7.3절 끝부분 참조)과 똑같은 방법으로 반복제곱방법에 의하여 계산할 수 있다. 이것은 $O(\log k)$번의 F_q의 원소 곱셈(또는 제곱)이 필요하므로 $O(\log k \cdot \log^3 q)$번의 비트연산이 필요하다. 따라서 정리는 성립한다. ■

유한체 위에서의 다항식 계산의 예를 하나 살펴보고 이 절을 마치도록 하자. 유한체 $F_2=\{0, 1\}$ 위에서의 한 예를 생각해보자. $F_2[X]$에서의 다항식은 단지 X의 거듭제곱들의 합이다. 어떤 면에서 보면 F_p위의 다항식들은 밑수 p로 확장된 정수와 유사하다. 여기서 자릿수는 다항식의 계수와 유사하다. 예를 들어 이진 전개식에서 정수는 2의 거듭제곱들의 합(계수는 0 또는 1)으로 쓸 수 있고 F_2에서의 다항식은 X의 거듭제곱들의 합이다. 그렇지만 이런 비교는 흔히 오해를 불러일으킨다. 예를 들

어 차수 d인 임의의 개수의 다항식의 합은(기껏해야) 차수 d인 다항식인 반면 여러 개의 d비트 정수의 합은 d보다 더 큰 비트 수의 정수가 된다.

[예제 8.12] $f(X)=X^4+X^3+X^2+1$, $g(X)=X^3+1 \in F_2[X]$라 하자. 다항식에 대한 유클리드 알고리즘을 이용하여 $\gcd(f, g)$를 구하고, $\gcd(f, g)$를 $u(X)f(X)+v(X)g(X)$ 형태로 나타내어라.

풀이 유클리드 알고리즘에서 다항식 나눗셈은 다음과 같은 방정식의 열을 얻는다.

$$\begin{aligned} f &= (X+1)g+(X^2+X) \\ g &= (X+1)(X^2+X)+(X+1) \\ X^2+X &= X(X+1) \end{aligned}$$

그러므로 $\gcd(f, g)=X+1$임을 알 수 있다.
위 방정식의 열에서 역순으로 계산하면 $X+1$을 f와 g의 일차결합으로 나타낼 수 있다.
(그런데 표수 2인 체에서 덧셈과 뺄셈은 똑같다. 즉 $a-b=a+b-2b=a+b$이다.)

$$\begin{aligned} X+1 &= g+(X+1)(X^2+X) \\ &= g+(X+1)(f+(X+1)g) \\ &= (X+1)f+(X^2)g \end{aligned}$$

이므로 $X+1 = (X+1)f+(X^2)g$이다. □

연습문제 (8.1)

1. $p=2, 3, 5, 7, 11, 13, 17$일 때 F_p^*를 생성하는 가장 작은 자연수를 구하고 $1, 2, 3, \cdots, p-1$ 중 몇 개가 생성원인지를 결정하여라.

2. $(\mathbb{Z}/p^{\alpha}\mathbb{Z})^*$를 법 p^{α}에 관하여 가역(즉 p에 의해 나누어 떨어지지 않는)인 모든 잉여의 집합이라 하자.

   (a) g를 $p>2$일 때 F_p^*를 생성하는 정수라 하고 α를 1보다 큰 임의의 정수라

하자. g 또는 $(p+1)g$가 $(\mathbb{Z}/p^{\alpha}\mathbb{Z})^*$를 생성한다는 것을 증명하여라. 그러므로 $(\mathbb{Z}/p^{\alpha}\mathbb{Z})^*$는 순환군임을 보여라.

(b) $\alpha > 2$이면 $(\mathbb{Z}/2^{\alpha}\mathbb{Z})^*$는 순환군이 아니다. 그러나 수 5는 $(\mathbb{Z}/2^{\alpha}\mathbb{Z})^*$의 원소의 반(즉 법 4에 관하여 1과 합동인 원소들)으로 구성된 부분군을 생성함을 보여라.

3. 두 다항식 X^2+X+1과 X^3+X+1의 모든 근을 포함하는 F_5의 가장 작은 확대체에는 원소가 얼마나 많이 존재하는가?

4. 각 차수 $d \le 6$에 대하여 F_3위의 차수 d인 모닉 기약다항식의 개수를 구하고, $d \le 3$인 각 d에 대하여 모닉 기약다항식의 목록을 작성하여라.

5. 각 차수 $d \le 6$에 대하여 F_2위의 차수 d인 기약다항식의 개수를 구하고, 기약다항식의 목록을 작성하여라.

6. 다항식에서의 유클리드 알고리즘을 이용하여 다음 각 경우에 $f,\ g \in F_p[X]$에 대하여 $\gcd(f,\ g)$를 구하여라. 각 경우에 $\gcd(f,\ g)$를 f와 g의 일차결합 즉, $d(X)=u(X)f(X)+v(X)g(X)$형태로 표현하여라.

(a) $f=X^3+X+1,\ g=X^2+X+1,\ p=2$

(b) $f=X^6+X^5+X^4+X^3+X^2+X+1,\ g=X^4+X^2+X+1,\ p=2$

(c) $f=X^3-X+1,\ g=X^2+1,\ p=3$

(d) $f=X^5+X^4+X^3-X^2-X+1,\ g=X^3+X^2+X+1,\ p=3$

(e) $f=X^5+88X^4+73X^3+83X^2+51X+67,$
$g=X^3+97X^2+40X+38,\ p=101$

7. f가 소수 l의 거듭제곱이라고 가정하자. F_p위의 차수 f인 모닉 기약다항식들의 개수를 구하는 간단한 식을 구하여라.

8. $\alpha \in F_{p^2}$가 다항식 $X^2+aX+b(a,\ b \in F_p)$을 만족한다고 가정하자.

(a) α^p도 이 다항식을 만족한다는 것을 증명하여라.

(b) $\alpha \notin F_p$이면 $a=-\alpha-\alpha^p$이고 $b=\alpha^{p+1}$임을 증명하여라.

(c) $\alpha \notin F_p$이고 $c,\ d \in F_p$이면 $(c\alpha+d)^{p+1}=d^2-acd+bc^2\ (\in F_p)$임을 증명하여라.

(d) i를 F_{19^2}에서 -1의 제곱근이라 하자. $(2+3i)^{101}$을 구하기 위하여 (c)를 이용하여라(즉 $(2+3i)^{101}$을 $a+bi$ 형태로 써라. 여기서 $a, b \in F_{19}$).

9. $f(X)=X^7+X^5+X^4-X^3-X^2-X+1 \in F_3[X]$에 대하여 $\gcd(f, f')$를 계산하여 $f(X)=0$의 중근을 F_3의 분해체에서 구하여라.

10. d를 두 다항식 $f, g \in F_p[X]$의 최대 차수라 하자. 유클리드 알고리즘을 이용하여 $\gcd(f, g)$를 계산하는데 필요한 비트연산수를 d와 p를 이용하여 나타내어라.

11. $q=p^f$인 다음 각 체 F_q에 대하여 근 α가 원시근인 (즉 F_q^*를 생성하는) 소체에서 계수를 갖는 기약다항식을 구하고, α의 모든 거듭제곱을 차수가 f보다 작은 α에 대한 다항식으로 나타내어라.

(a) F_4 (b) F_8

(c) F_{27} (d) F_{25}

12. $F(X) \in F_2[X]$를 차수 f인 원시 기약다항식이라 하자. 만일 α가 $F(X)$의 한 근이라면 이것은 α의 거듭제곱으로 $F_{2^f}^*$의 모든 원소를 나타낼 수 있다는 것을 의미한다. O-기호를 이용하여 α의 모든 거듭제곱을 f보다 작은 차수의 α에 대한 다항식으로 나타내는데 필요한 비트연산수를 (f로) 나타내어라.

13. (a) 0과 1을 제외한 F_{p^f}의 모든 원소가 $F_{p^f}^*$의 생성원이 되려면 p와 f에 어떤 조건이 주어져야 하는가?

(b) 어떤 조건하에서 0과 1이 아닌 모든 원소가 생성원이나 생성원의 제곱이 되는가?

14. 고정된 소수 p에 대하여 다음과 같은 조건을 만족하는 p의 거듭제곱으로 이루어진 수열 $q_j=p^{f_j}$이 존재함을 보여라.

F_{q_j}에서 임의로 선택한 원소가 $F_{q_j}^*$의 생성원이 될 확률이 $j \to \infty$임에 따라 0에 다가간다.

15. $F_p[X]$에서 도함수가 항등적으로 0이 되는 다항식은 어떤 다항식인가?

16. b가 $F_{p^n}^*$의 생성원이고 $d|n$이면 $b^{\frac{p^n-1}{p^d-1}}$은 $F_{p^d}^*$의 생성원임을 증명하여라.

17. σ를 정리 8.16에 있는 F_q의 자기동형사상이라 하자. σ^j에 의하여 변하지 않는 원소의 집합이 체 F_{p^d}임을 증명하여라. 여기서 $d=\gcd(j, f)$이다.

8.2 이차잉여와 이차잉여의 상호법칙 (Quadratic residues and reciprocity)

<단위원의 제곱근>

여러 경우에 방정식 $x^n=1$의 근을 구하는 것이 유용하다. 이제부터 유한체 F_q에서 생각한다고 가정하자. 다음과 같은 질문을 생각해 볼 수 있다.

F_q에는 단위원의 n제곱근(n-th root of unity)이 얼마나 많이 존재하는가?

> [정리 8.22] g를 F_q^*의 생성원이라 하자. 그러면 g^j가 단위원의 n제곱근일 필요충분조건은 $nj \equiv 0 \bmod q-1$인 것이다. 단위원의 n제곱근의 개수는 $\gcd(n, q-1)$이다. 특히 F_q가 단위원의 원시 n제곱근(primitive n-th root of unity)(즉 $\{\xi^0, \xi^1, \xi^2, \cdots, \xi^{n-1}\}$이 단위원의 n개의 n제곱근이 되는 원소 ξ)을 가질 필요충분조건은 $n|(q-1)$인 것이다. ξ가 F_q에서 단위원의 원시 n제곱근일 때 ξ^j가 단위원의 원시 n제곱근일 필요충분조건은 $\gcd(j, n)=1$인 것이다.

증명 F_q^*의 임의의 원소는 생성원 g의 거듭제곱 g^j로 쓸 수 있다. $g^i=1$일 필요충분조건은 $(q-1)|i$인 것이다. 그러므로 g^j가 단위원의 원시 n제곱근일 필요충분조건은 $nj \equiv 0 \bmod (q-1)$인 것이다. 다음에 $d=\gcd(n, q-1)$이라 하자. 따름정리 7.20에 따르면 방정식 $nj \equiv 0 \bmod q-1$(j가 미지수)는 방정식 $\frac{n}{d}j \equiv 0 \bmod \frac{q-1}{d}$과 동치이다. $\frac{n}{d}$과 $\frac{q-1}{d}$이 서로소이므로 $\frac{n}{d}j \equiv 0 \bmod \frac{q-1}{d}$은 $\frac{q-1}{d}\,|\,j$와 동치이다. 달리 표현하면 $g^{\frac{q-1}{d}}$의 d개의 서로 다른 거듭제곱이 바로 단위원의 n제곱근이다. n개의 그런 근이

존재할 필요충분조건은 $d=n$ 즉 $n|(q-1)$인 것이다. 마지막으로 n이 $(q-1)$을 나눈다면 $\xi=g^{\frac{q-1}{n}}$라 놓자. 그러면 $\xi^j=1$일 필요충분조건은 $n|j$인 것이다. 그러므로 $(\xi^j)^k=1$일 필요충분조건은 $kj\equiv 0 \bmod n$인 것이다. 그러면 ξ^j가 위수 n(즉 이 방정식은 $k<n$인 임의의 양의 정수 k에 대하여 성립하지 않는다)일 필요충분조건이 $\gcd(j, n)=1$임을 쉽게 보일 수 있다. 그러므로 $n|(q-1)$이면 $\phi(n)$개의 단위원의 원시 n제곱근이 존재한다. 따라서 정리는 성립한다. ■

> [따름정리 8.23] $\gcd(n, q-1)=1$이면 1이 단위원의 유일한 n제곱근이다.

> [따름정리 8.24] $-1\in F_q$가 F_q에서 제곱근을 가질 필요충분조건은 $q\equiv 1 \bmod 4$인 것이다.

증명 ξ이 -1의 제곱근 $\Leftrightarrow$ ξ이 1의 원시 4제곱근 $\Leftrightarrow$ $4|(q-1)$. ■

따름정리 8.24는 $q\equiv 3 \bmod 4$이면 X^2+1의 한 근을 첨가하여(즉 "가우스 정수" 형태의 식 $a+bi$를 고려하여) 이차 확대체 F_{q^2}를 항상 얻을 수 있다는 것을 말한다. 지난 절에서 $q=3$인 경우에 대하여 이미 논의했었다. 예를 들어 p가 $p\equiv 3 \bmod 4$인 소수라고 가정하자. 체 F_{p^2}를 다른 상황에 일반화가 가능하도록 할 수 있는 좋은 방법이 있다. R이 가우스 정수 환을 나타낸다고 하자. 1과 i의 모든 정수 일차결합의 집합을 의미한다는 뜻에서 $R=\mathbb{Z}+\mathbb{Z}i$로 나타내기도 한다. m이 임의의 가우스 정수이고 $\alpha=a+bi$, $\beta=c+di$가 두 가우스 정수일 때 $\alpha-\beta$가 m으로 나누어지는 경우 즉 몫이 가우스 정수이면 $\alpha\equiv\beta \bmod m$으로 쓴다. 그러면 법 m에 관한 잉여류의 집합 R/mR을 생각해 볼 수 있다. 일반적인 정수에서와 마찬가지로 잉여류들은 더하고 곱할 수 있으며, 두 잉여류를 더하고 곱한 잉여류는 두 잉여류의 대표원에 의존하지 않는다. 이제 $m=p+0i$가 $m\equiv 3 \bmod 4$인 소수라면 R/pR이 체 F_{p^2}임을 보이는 것은 쉽다.

<이차잉여>

p가 홀수인 소수일 때, $F_p^*=\{1, 2, \cdots, p-1\}$의 원소 중 제곱근이 존재하는 원소

에 대하여 살펴보자. 만일 $a \in F_p^*$가 제곱수라면 예를 들어 $b^2 = a$라면 a는 정확히 두 개의 제곱근 $\pm b$를 갖는다(방정식 $X^2 - a = 0$가 하나의 체에서 기껏해야 두 개의 근을 갖기 때문이다). 그러므로 $b = 1, 2, 3, \cdots, \frac{p-1}{2}$에 대하여 $b^2 \bmod p$를 계산하여 F_p^*에서 제곱수들을 모두 구할 수 있다(남은 정수들 $\frac{p+1}{2}, \cdots, p-1$은 각각 $b = 1, 2, 3, \cdots, \frac{p-1}{2}$중 한 b에 대하여 $-b$와 합동이 된다). 그리고 F_p^*의 원소 중 정확히 반이 제곱수이다. 예를 들어 F_{11}에서 제곱수들은 다음과 같은 5개다. $1^2 = 1,\ 2^2 = 4,\ 3^2 = 9,\ 4^2 = 5,\ 5^2 = 3.$

[정의 8.24] F_p에서 제곱수들을 법 p에 관한 **이차잉여**(quadratic residue)라고 한다. 이차잉여가 아닌 영원이 아닌 원소들을 **이차비잉여**(quadratic nonresidue)라고 한다. $p = 11$인 경우 이차비잉여는 2, 6, 7, 8, 10이다. 이차잉여가 $\frac{p-1}{2}$개이고 이차비잉여가 $\frac{p-1}{2}$개다. g가 F_p의 생성원이면 F_p의 임의의 원소는 g^j 형태로 쓸 수 있다. 그러므로 F_p의 임의의 원소의 제곱은 g^j(j는 짝수) 형태이다. 즉 F_p의 이차잉여인 원소는 g^j(j는 짝수) 형태로 쓸 수 있다. 역으로 j가 짝수일 때 g^j 형태의 임의의 원소는 어떤 원소의 제곱 예를 들어 $\pm g^{\frac{j}{2}}$의 제곱이다.

[정의 8.25] (Legendre 기호)

p가 홀수인 소수일 때, 기호 $\left(\frac{a}{p}\right)$의 값을 다음과 같이 정의한다.

$$\left(\frac{a}{p}\right) = \begin{cases} 0, & (p \mid a\text{일 때}) \\ 1, & (a\text{가 법 } p\text{에 관한 이차잉여일 때}) \\ -1, & (a\text{가 법 } p\text{에 관한 이차비잉여일 때}) \end{cases}$$

기호 $\left(\frac{a}{p}\right)$를 **르장드르 기호**(Legendre symbol)라고 한다. 그러므로 르장드르 기호는 정수가 법 p에 관한 이차잉여인지 여부를 쉽게 판정해주는 한 방법이다.

[참고] (a) $\left(\frac{a}{p}\right)=1$이면 $x^2 \equiv a \pmod p$는 꼭 두 개의 근을 가진다.

(b) $\left(\frac{a}{p}\right)=-1$이면 $x^2 \equiv a \pmod p$는 근을 갖지 않는다.

(c) $\gcd(a, p)=\gcd(b, p)=1$, $a \equiv b \pmod p$이면 $\left(\frac{a}{p}\right)=\left(\frac{b}{p}\right)$이다.

[정리 8.25] $\left(\frac{a}{p}\right) \equiv a^{\frac{p-1}{2}} \bmod p$

증명 $p \mid a$이면 $\left(\frac{a}{p}\right)=0$이고 $a^{\frac{p-1}{2}} \equiv 0 \bmod p$이므로 $\left(\frac{a}{p}\right) \equiv a^{\frac{p-1}{2}} \bmod p$이 성립한다. $p \nmid a$라 가정하자. 페르마의 정리에 의하여 F_p에서 $a^{\frac{p-1}{2}}$의 제곱은 1이므로 $a^{\frac{p-1}{2}}$은 ± 1이다. g가 F_p^*의 생성원이고 $a=g^j$라 하자. a가 이차잉여일 필요충분조건은 j가 짝수인 것임을 알고 있다. 그리고 다음이 성립한다.

$$a^{\frac{p-1}{2}}=g^{\frac{j(p-1)}{2}}=1 \Leftrightarrow (p-1) \mid \frac{j(p-1)}{2} \Leftrightarrow j\text{가 짝수}$$

그러므로 합동식 $\left(\frac{a}{p}\right) \equiv a^{\frac{p-1}{2}} \bmod p$의 양변은 F_p에서 ± 1이고, 각 변이 $+1$일 필요충분조건은 j가 짝수인 것이다. 따라서 정리는 성립한다. ■

[정리 8.26] 르장드르 기호에 대하여 다음이 성립한다.

(a) $\left(\frac{a}{p}\right)$는 a가 법 p에 관한 이차잉여인지 여부에만 의존한다.

(b) $\left(\frac{ab}{p}\right)=\left(\frac{a}{p}\right)\left(\frac{b}{p}\right)$

(c) $\gcd(b, p)=1$인 정수 b에 대하여 $\left(\frac{ab^2}{p}\right)=\left(\frac{a}{p}\right)$

(d) $\left(\frac{1}{p}\right)=1$, $\left(\frac{-1}{p}\right)=(-1)^{\frac{p-1}{2}}$

증명 정의에 의해 (a)가 성립하고 정리 8.25에 의해 $\left(\frac{ab}{p}\right) \equiv (ab)^{\frac{p-1}{2}} \equiv a^{\frac{p-1}{2}} b^{\frac{p-1}{2}} \equiv \left(\frac{a}{p}\right)\left(\frac{b}{p}\right) \bmod p$이고 $\left(\frac{ab}{p}\right)$, $\left(\frac{a}{p}\right)$, $\left(\frac{b}{p}\right)$의 값은 1 또는 -1이므로 $\left(\frac{ab}{p}\right) = \left(\frac{a}{p}\right)\left(\frac{b}{p}\right)$이다. 그리고 $\left(\frac{b^2}{p}\right) = \left(\frac{b}{p}\right)\left(\frac{b}{p}\right) = 1$이므로 $\left(\frac{ab^2}{p}\right) = \left(\frac{a}{p}\right)\left(\frac{b^2}{p}\right) = \left(\frac{a}{p}\right)$이다. $1^2 = 1$이므로 $\left(\frac{1}{p}\right) = 1$이다. $\left(\frac{-1}{p}\right) \equiv (-1)^{\frac{p-1}{2}} \bmod p$이고 $\left(\frac{-1}{p}\right)$의 값은 1 또는 -1이므로 $\left(\frac{-1}{p}\right) = (-1)^{\frac{p-1}{2}}$이다 (또는 정리 8.25에서 $a = -1$로 놓으면 성립한다). ■

[예제 8.13] (a) $\left(\frac{30}{13}\right) = \left(\frac{4}{13}\right) = \left(\frac{2^2}{13}\right) = 1$

(b) $\left(\frac{-1}{5}\right) = \left(\frac{-1}{13}\right) = \left(\frac{-1}{29}\right) = \cdots = 1,$

$\left(\frac{-1}{3}\right) = \left(\frac{-1}{7}\right) = \left(\frac{-1}{11}\right) = \left(\frac{-1}{19}\right) = \left(\frac{-1}{23}\right) = \cdots = -1,$

(c) $\left(\frac{12}{13}\right) = \left(\frac{-1}{13}\right) = 1,\ \left(\frac{12}{13}\right) = \left(\frac{25}{13}\right) = \left(\frac{5^2}{13}\right) = 1$

정리 8.26의 (b)는 정수 a에 대하여 a를 인수분해하여 그 인수들의 르장드르 기호를 안다면 a가 법 p에 관한 이차잉여인지를 (즉 $\left(\frac{a}{p}\right)$를 계산할 수 있는지를)결정할 수 있다는 것을 보여준다. a를 2의 거듭제곱과 홀수와의 곱으로 쓴 다음 $\left(\frac{2}{p}\right)$를 계산하는 방법을 알아야 한다.

[정리 8.27] (가우스 정리)

$$\left(\frac{2}{p}\right) = (-1)^{\frac{p^2-1}{8}} = \begin{cases} 1 & (p \equiv \pm 1 \bmod 8) \\ -1 & (p \equiv \pm 3 \bmod 8) \end{cases}$$

증명 n이 홀수일 때 $f(n) = (-1)^{\frac{n^2-1}{8}}$, n이 짝수일 때 $f(n) = 0$이라 하자. $\left(\frac{2}{p}\right) = f(p)$임을 보이면 증명이 된다. 이것을 증명하는 여러 가지 방법이 있는데 여기서는 유한체를 이용한 효과적인 방법으로 증명을 할 것이다. 임의의 홀수인 소수 p는 $p^2 \equiv 1 \bmod 8$

을 만족하므로 체 F_{p^2}은 단위원의 원시 8 제곱근을 포함한다. $\xi \in F_{p^2}$을 단위원의 원시 8 제곱근이라 하자. 그러면 $\xi^4 = -1$이다. $G = \sum_{j=0}^{7} f(j)\xi^j$로 정의하자($G$는 이른바 **가우스 합**(Gauss sum)의 한 예이다). 그러면 ($\xi^5 = \xi^4\xi = -\xi$이고 $\xi^7 = -\xi^3$이므로) $G = \xi - \xi^3 - \xi^5 + \xi^7 = 2(\xi - \xi^3)$이고 $G^2 = 4(\xi^2 - 2\xi^4 + \xi^6) = 8$이다. 그러므로 정리 8.25와 정리 8.2.6 (c)에 의하여 F_{p^2}에서

$$G^p = (G^2)^{\frac{p-1}{2}} G = 8^{\frac{p-1}{2}} G = \left(\frac{8}{p}\right) G = \left(\frac{2}{p}\right) G$$

가 성립한다. 한편 G의 정의와 F_{p^2}에서 $(a+b)^p = a^p + b^p$이 성립한다는 사실과 $f(j)^p = f(j)$에 의하여 $G^p = \sum_{j=0}^{7} f(j)\xi^{pj}$임을 알 수 있다. $p^2 \equiv 1 \bmod 8$을 이용하면 $f(p)f(pj) = (-1)^{\frac{p^2-1}{8}} \cdot (-1)^{\frac{p^2j^2-1}{8}} = (-1)^{\frac{p^2(j^2-1)+2(p^2-1)}{8}} = (-1)^{\frac{j^2-1}{8}p^2} = f(j)^{p^2} = f(j)$이므로 $f(j) = f(p)f(pj)$가 성립한다. 그런 다음 변수 변환 $j' = pj$에 의하여 $(\{pj \bmod 8 \mid j = 0, 1, \cdots, 7\} = \{0, 1, \cdots, 7\})$ 다음이 성립한다.

$$G^p = \sum_{j=0}^{7} f(p)f(pj)\xi^{pj} = f(p)\sum_{j'=0}^{7} f(j')\xi^{j'} = f(p)G$$

G^p에 대한 위 두 등식을 비교하면 원하는 결과를 얻는다($G^2 = 8$이므로 G는 F_{p^2}에서 0이 아니고 따라서 G로 나눌 수 있다). ■

다음에 a의 홀수인 소인수를 다루어야 한다. q가 그런 홀수인 소인수라 하자.

[주의] 이 절의 남은 부분에서는 이전 절에서와는 달리 q가 p의 거듭제곱이 아니라 p와 다른 홀수인 소수이다.

(정리 8.26 (a)에 의해서) a가 p보다 작다고 가정할 수 있기 때문에 소인수들 q는 p보다 작을 것이다. 다음에 나오는 이차잉여의 상호법칙은 $\left(\frac{q}{p}\right)$와 $\left(\frac{p}{q}\right)$의 연관성을 보여준다. $\left(\frac{p}{q}\right)$에서 p를 법 q에 대한 최소 양의 잉여로 바로 바꿀 수 있어서 훨씬 작은 수에 관한 르장드르 기호로 바뀌게 되기 때문에 $\left(\frac{p}{q}\right)$를 계산하기가 훨씬 쉬울 것이다. 이차잉여의 상호법칙은 $\left(\frac{q}{p}\right)$와 $\left(\frac{p}{q}\right)$가 $p \not\equiv 3 \bmod 4$ 또는 $q \not\equiv 3 \bmod 4$라면

$\left(\frac{q}{p}\right)$와 $\left(\frac{p}{q}\right)$가 같다는 것을 주장한다. 한편 $p \equiv 3 \bmod 4$이고 $q \equiv 3 \bmod 4$이면 $\left(\frac{q}{p}\right) = -\left(\frac{p}{q}\right)$임을 주장한다. 이것은 두 소수 p, q가 $p \equiv 3 \bmod 4$, $q \equiv 3 \bmod 4$이 아닐 때 $\frac{(p-1)(q-1)}{4}$이 짝수이고 $p \equiv 3 \bmod 4$, $q \equiv 3 \bmod 4$일 때는 $\frac{(p-1)(q-1)}{4}$이 홀수라는 사실을 이용하여 다음과 같이 하나의 공식으로 표현할 수 있다.

다음 정리는 $x^2 \equiv p(\bmod q)$가 해를 가지면 $x^2 \equiv q(\bmod p)$도 해를 갖는다는 것을 보여준다.

[정리 8.28] (이차잉여의 상호법칙)
p와 q가 서로 다른 홀수인 소수일 때, 다음이 성립한다.

$$\left(\frac{q}{p}\right) = (-1)^{\frac{(p-1)(q-1)}{4}} \left(\frac{p}{q}\right) = \begin{cases} -\left(\frac{p}{q}\right) & (p \equiv q \equiv 3 \bmod 4) \\ \left(\frac{p}{q}\right) & (\text{나머지 경우}) \end{cases}$$

증명 이차잉여의 상호법칙에 대한 수십 가지 증명 방법이 있다. 여기서는 유한체를 이용하여 정리 8.27의 증명 방법을 따른 아주 짧은 증명방법을 제시한다. f를 $p^f \equiv 1 \bmod q$인 p의 거듭제곱이라 하자. 예를 들어 항상 $f = q-1$로 택할 수 있다. 그러면 정리 8.22에서 보았듯이 체 F_{p^f}는 단위원의 원시 q제곱근 ξ를 포함한다(q는 p^f가 아니라 p와 다른 소수임을 기억하라). "가우스 합" G를 $G = \sum_{j=0}^{q-1} \left(\frac{j}{q}\right)\xi^j$로 정의한다. 다음 보조정리에서 $G^2 = (-1)^{\frac{q-1}{2}} q$임을 증명할 것이다. 보조정리를 증명하기 전에 그 보조정리를 이용하여 정리를 먼저 증명하자. 증명은 정리 8.25의 증명방법과 매우 유사하다. 아래 보조정리와 정리 8.27에서 a를 q로 대체하여 다음을 얻는다(표수 p인 체 예를 들어 F_{p^f}에서 계산을 하기 때문에 법 p에 관하여 합동인 식은 같다).

$$\begin{aligned} G^p &= (G^2)^{\frac{p-1}{2}} G = \left((-1)^{\frac{q-1}{2}} q\right)^{\frac{p-1}{2}} G \\ &= (-1)^{\frac{(p-1)(q-1)}{4}} q^{\frac{p-1}{2}} G = (-1)^{\frac{(p-1)(q-1)}{4}} \left(\frac{q}{p}\right) G \end{aligned}$$

한편 G의 정의와 F_{p^f}에서 $(a+b)^p = a^p + b^p$이 성립한다는 사실과 $\left(\frac{j}{q}\right)^p = \left(\frac{j}{q}\right)$을 이용하여 정리 8.26의 (b)와 (c)에 의하여 다음을 계산할 수 있다.

$$G^p = \sum_{j=0}^{q-1}\left(\frac{j}{q}\right)\xi^{pj} = \sum_{j=0}^{q-1}\left(\frac{p}{q}\right)\left(\frac{pj}{q}\right)\xi^{pj} = \left(\frac{p}{q}\right)\sum_{j=0}^{q-1}\left(\frac{pj}{q}\right)\xi^{pj}$$

변수 변환 $j' = pj$을 하면 $G^p = \left(\frac{p}{q}\right)G$를 얻는다. G^p에 대한 위 두 등식으로부터 $(-1)^{\frac{(p-1)(q-1)}{4}}\left(\frac{q}{p}\right)G = \left(\frac{p}{q}\right)G$을 얻고 G로 나누면 이차잉여의 상호법칙을 얻는다. ($G^2 = \pm q$이므로 G가 F_{p^f}에서 영원이 아니므로 G로 나눌 수 있다). ■

[보조정리 8.29] $G^2 = (-1)^{\frac{q-1}{2}} q$

증명 G의 정의에서 합기호의 변수 j를 $-k$로 대체하여 다음을 얻는다($\left(\frac{0}{q}\right) = 0$이므로 합기호는 1에서부터 시작할 수 있다). $\left(\frac{-1}{q}\right)$을 $(-1)^{\frac{q-1}{2}}$로 대체하기 위하여 정리 8.26 (d)를 이용하고 각 j에 대하여 내부 합기호에서 변수변환 $k \leftrightarrow kj$을 한다(즉 각 고정된 j에 대하여 k가 1에서 $q-1$까지 움직일 때 kj도 1에서 $q-1$까지 움직인다. 또한 합기호들은 법 q에 대한 잉여에만 의존한다).

$$\begin{aligned} G^2 &= \left(\sum_{j=0}^{q-1}\left(\frac{j}{q}\right)\xi^j\right)\left(\sum_{j=0}^{q-1}\left(\frac{j}{q}\right)\xi^j\right) \\ &= \sum_{j,\ k=1}^{q-1}\left(\frac{j}{q}\right)\xi^j\left(\frac{-k}{q}\right)\xi^{-k} = \left(\frac{-1}{q}\right)\sum_{j=1}^{q-1}\sum_{k=1}^{q-1}\left(\frac{jk}{q}\right)\xi^{j-k} \\ &= (-1)^{\frac{q-1}{2}}\sum_{j=1}^{q-1}\sum_{k=1}^{q-1}\left(\frac{j^2k}{q}\right)\xi^{j(1-k)} \end{aligned}$$

다음에 정리 8.26 (c)를 이용하고 합의 순서를 교환한 다음 j에 대한 내부합 밖으로 $\left(\frac{k}{q}\right)$를 빼낸다. 그러면 이중합은 $\sum_{k=1}^{q-1}\left(\frac{k}{q}\right)\sum_{j=1}^{q-1}\xi^{j(1-k)}$가 된다. 그러나 $j=0$인 항들을 삽입할 수 있다. 왜냐하면 법 q에 관하여 이차잉여와 이차비잉여의 개수가 같으므로 $\sum_{k=1}^{q-1}\left(\frac{k}{q}\right) = 0$이 된다. 따라서

$$\sum_{k=1}^{q-1}\left(\frac{k}{q}\right)\sum_{j=1}^{q-1}\xi^{j(1-k)} = \sum_{k=1}^{q-1}\left(\frac{k}{q}\right)\sum_{j=1}^{q-1}\xi^{j(1-k)} + \sum_{k=1}^{q-1}\left(\frac{k}{q}\right)$$
$$= \sum_{k=1}^{q-1}\left(\frac{k}{q}\right)\sum_{j=0}^{q-1}\xi^{j(1-k)}$$

이다. 그러나 1이 아닌 각 k에 대하여 내부합은 사라진다. 그 이유는 단위원 ξ'의 자명하지 않은 (즉 $\neq 1$) 제곱근의 서로 다른 거듭제곱의 합이 0이기 때문이다. (이것을 아는 가장 간단한 방법은 그 합에 ξ'를 곱하면 단지 그 합을 재배열하는 것일뿐이므로 그 합에 $\xi'-1$을 곱하면 0이 된다는 것이다.) 그러므로 $k=1$인 경우만 고려하면 된다. 이로부터 다음을 얻는다.

$$G^2 = (-1)^{\frac{q-1}{2}}\left(\frac{1}{q}\right)\sum_{j=0}^{q-1}\xi^0 = (-1)^{\frac{q-1}{2}}q$$

따라서 보조정리가 성립하므로 이차잉여의 상호법칙의 증명이 끝났다. ■

[예제 8.14] (a) $x^2 \equiv 2 \pmod{59}$는 해를 갖지 않는다. 왜냐하면 $59 \equiv 3 \pmod 8$이면 $\left(\frac{2}{59}\right) = -1$이기 때문이다.

(b) $x^2 \equiv 11 \pmod{19}$는 해를 갖지 않는다. 왜냐하면

$$\left(\frac{11}{19}\right) = (-1)^{\frac{11-1}{2}\cdot\frac{19-1}{2}}\left(\frac{19}{11}\right) = -\left(\frac{19}{11}\right) = -\left(\frac{8}{11}\right) = -\left(\frac{2}{11}\right)^3 = -(-1)^3 = 1$$

이기 때문이다.

[예제 8.15] 7411이 소수 9283을 법으로 하여 이차잉여인지를 결정하여라.

풀이 7411과 9283이 모두 법 4에 관하여 3과 합동인 소수이므로 정리 8.28에 의하여 $\left(\frac{7411}{9283}\right) = -\left(\frac{9283}{7411}\right) = -\left(\frac{1872}{7411}\right)$이다. $1872 = 2^4\cdot 3^2\cdot 13$이므로 정리 8.26 (c)에 의하여 $-\left(\frac{1872}{7411}\right) = -\left(\frac{13}{7411}\right)$이다. 이차잉여의 상호법칙을 다시 적용하면 $13 \equiv 1 \bmod 4$이므로 $-\left(\frac{13}{7411}\right) = -\left(\frac{7411}{13}\right) = -\left(\frac{1}{13}\right) = -1$임을 알 수 있다. 달리 말하자면 7411은 이차비잉여이다. □

르장드르 기호를 이런 식으로 계산하는 한 가지 어려움은 각 단계에서 정리 8.28

을 적용하기 위하여 르장드르 기호의 위에 있는 수를 인수분해해야 한다는 것이다. 만약 수들이 아주 큰 수라면 이 수를 인수분해하는 시간은 아주 오랜 시간이 걸릴 것이다. 다행스럽게도 이차잉여의 상호법칙을 소수가 아닌 모든 양의 홀수에 대하여 일반화한다면(아주 쉬운 경우인 2의 거듭제곱인 경우를 제외하고도) 인수분해와 관련된 어려움을 피하는 것이 가능하다. 그러나 먼저 르장드르 기호를 더 일반화한 야코비 기호를 살펴보기로 하자.

<야코비 기호(Jacobi symbol)>

홀수 $n \geq 3$의 표준분해가 $n = p_1^{\alpha_1} p_2^{\alpha_2} \cdots p_r^{\alpha_r}$일 때, $\gcd(a, n) = 1$인 정수 a에 대하여 야코비 기호 $\left(\frac{a}{n}\right)$는 다음과 같이 정의한다.

$$\left(\frac{a}{n}\right) = \left(\frac{a}{p_1}\right)^{\alpha_1} \left(\frac{a}{p_2}\right)^{\alpha_2} \cdots \left(\frac{a}{p_r}\right)^{\alpha_r}$$

주의할 점은 합성수 n에 대하여 $\left(\frac{a}{n}\right) = 1$이라 하여도 a가 법 n에 관하여 반드시 이차잉여는 아니라는 것이다. 예를 들어 $\left(\frac{2}{15}\right) = \left(\frac{2}{3}\right)\left(\frac{2}{5}\right) = (-1)(-1) = 1$ 이지만 $x^2 \equiv 2 \bmod 15$는 해가 존재하지 않는다(왜냐하면 $x^2 \equiv 2 \bmod 3$, $x^2 \equiv 2 \bmod 5$가 해를 갖지 않기 때문이다).

이제 정리 8.27과 정리 8.28를 야코비 기호에 대하여 일반화하자.

> [정리 8.30] 임의의 양의 홀수 n에 대하여 $\left(\frac{2}{n}\right) = (-1)^{\frac{n^2-1}{8}}$ 이 성립한다.

증명 정리 8.27의 증명에서처럼 $f(n) = (-1)^{\frac{n^2-1}{8}}$ 이라 하자. 임의의 두 홀수 n_1과 n_2에 대하여 $16 \mid (n_1^2 - 1)(n_2^2 - 1)$이므로 $f(n_1 n_2) = f(n_1) f(n_2)$임을 쉽게 보일 수 있다. 이것은 정리 8.27에 의하여 등식의 우변이 $f(p_1)^{\alpha_1} \cdots f(p_r)^{\alpha_r} = \left(\frac{2}{p_1}\right)^{\alpha_1} \cdots \left(\frac{2}{p_r}\right)^{\alpha_r}$이라는 것을 의미한다. 그러나 정의에 의하여 이것은 $\left(\frac{2}{n}\right)$이다. ■

[예제 8.16] (a) $\left(\frac{7}{15}\right)=\left(\frac{7}{3}\right)\left(\frac{7}{5}\right)=\left(\frac{1}{3}\right)\left(\frac{2}{5}\right)=\left(\frac{2}{5}\right)=(-1)^{\frac{25-1}{8}}=-1$

(b) $\left(\frac{2}{45}\right)=\left(\frac{2}{3^2\cdot 5}\right)=\left(\frac{2}{3}\right)^2\left(\frac{2}{5}\right)=-1$

> [정리 8.31] 임의의 두 양의 홀수 m, n에 대하여
>
> $$\left(\frac{m}{n}\right)=(-1)^{\frac{(m-1)(n-1)}{4}}\left(\frac{n}{m}\right)$$
>
> 이 성립한다.

증명 먼저 m과 n이 공통인수를 갖는다면 르장드르 기호와 야코비 기호의 정의로부터 양변이 0임을 알 수 있다. 그러므로 $\gcd(m, n)=1$이라 가정할 수 있다. 다음에 m과 n의 소인수분해가 $m=p_1p_2\cdots p_r$, $n=q_1q_2\cdots q_s$라고 하자(m 또는 n이 제곱인수를 갖는다면 p와 q는 반복을 포함한다). $\left(\frac{m}{n}\right)=\prod_{i,j}\left(\frac{p_i}{q_j}\right)$를 $\left(\frac{n}{m}\right)=\prod_{i,j}\left(\frac{q_j}{p_i}\right)$로 변경하려면 르장드르 기호에 대하여 이차잉여의 상호법칙을 rs번 적용해야 한다. (-1)의 개수는 p_i와 q_j가 둘 다 법 4에 관하여 3과 합동이 되는 경우의 개수이다. 즉 (-1)의 개수는 m의 소인수분해에서 법 4에 관하여 3과 합동인 소수의 개수와 n의 소인수분해에서 법 4에 관하여 3과 합동인 소수의 개수의 곱이다. 그러므로 두 소인수분해에서 법 4에 관하여 3과 합동인 소수의 개수가 홀수개라면 $\left(\frac{m}{n}\right)=-\left(\frac{n}{m}\right)$이고 그렇지 않다면 $\left(\frac{m}{n}\right)=\left(\frac{n}{m}\right)$이다. 그러나 m 또는 n과 같은 홀수인 소수의 곱이 법 4에 관하여 3과 합동일 필요충분조건은 그 곱이 법 4에 관하여 3과 합동인 홀수개의 소수를 포함할 때이다. 증명된 바와 같이 m과 n이 모두 법 4에 관하여 3과 합동이 아니라면 $\left(\frac{m}{n}\right)=\left(\frac{n}{m}\right)$이 된다. 이것이 야코비 기호에 대한 이차잉여의 상호법칙이다. ■

[예제 8.17] (a) $\left(\frac{105}{317}\right)=(-1)^{\frac{105-1}{2}\cdot\frac{317-1}{2}}\left(\frac{317}{105}\right)=\left(\frac{317}{105}\right)=\left(\frac{2}{105}\right)=(-1)^{\frac{105^2-1}{8}}$ $=1$이므로 $x^2\equiv 105 \pmod{317}$은 두 개의 해를 갖는다.

(b) $\left(\frac{219}{383}\right)=(-1)^{109\cdot 191}\left(\frac{383}{219}\right)=-\left(\frac{383}{219}\right)=-\left(\frac{164}{219}\right)=-\left(\frac{4}{219}\right)\left(\frac{41}{219}\right)$

$$=-\left(\frac{41}{219}\right)=-(-1)^{20\cdot 109}\left(\frac{219}{41}\right)=-\left(\frac{219}{41}\right)=\left(\frac{14}{41}\right)=-\left(\frac{2}{41}\right)\left(\frac{7}{41}\right)$$

$$=-\left(\frac{7}{41}\right)=-\left(\frac{41}{7}\right)=-\left(\frac{-1}{7}\right)=1$$

이므로 $x^2 \equiv 219 (\mathrm{mod}\ 383)$은 두 개의 해를 갖는다.

[예제 8.18] 예제 8.15로 되돌아가서 2의 거듭제곱을 제거하는 것을 제외하고 1872를 인수분해하지 않고 르장드르 기호를 계산할 수 있다.

$$-\left(\frac{1872}{7411}\right)=-\left(\frac{16}{7411}\right)\left(\frac{117}{7411}\right)=-\left(\frac{7411}{117}\right)=-\left(\frac{40}{117}\right)=-\left(\frac{40}{3^2}\right)\left(\frac{40}{13}\right)=-\left(\frac{40}{13}\right)$$

$$=-\left(\frac{1}{13}\right)=-1$$

<법 p에 관한 제곱근>

이차잉여의 상호법칙을 이용하여 정수 a가 법 p에 관하여 이차잉여인지 여부를 빠르게 결정할 수 있다. 그렇지만 a가 이차잉여일지라도 합동식 $x^2 \equiv a \bmod p$의 해가 존재한다는 것을 알려줄 뿐 해를 발견하는 방법을 알려주지는 않는다. 임의의 이차비잉여 n을 아는 경우 이차잉여 a의 제곱근을 발견하는 알고리즘을 알아보도록 하자. p가 홀수인 소수이고 이차비잉여 n을 알고 있다고 가정하자. a가 $\left(\frac{a}{p}\right)=1$인 정수라 하자. $x^2 \equiv a \bmod p$인 정수 x를 찾고자 한다. 다음과 같이 x를 구할 수 있다. 먼저 $p-1$을 $2^{\alpha}\cdot s$(s는 홀수) 형태로 쓴다. 그런 다음 법 p에 관하여 n^s를 계산하고 그 값을 b라 하자. 다음에 법 p에 관하여 $a^{\frac{s+1}{2}}$을 계산하고 그 값을 r이라 하자. 제일 먼저 r이 a의 제곱근에 상당히 가까운 값이라는 것을 보이자. 더 정확히 표현하면 $\frac{r^2}{a}$는 법 p에 관하여 단위원의 $2^{\alpha-1}$제곱근이 된다(말하자면 간단히 하기 위하여 법 p에 관한 합동식을 등식으로 표현하고, a^{-1}을 법 p에 관한 a의 역수로 사용한다).

$$(a^{-1}r^2)^{2^{\alpha-1}}=a^{s2^{\alpha-1}}=a^{\frac{p-1}{2}}=\left(\frac{a}{p}\right)=1$$

을 계산한 다음 $\frac{x^2}{a}$이 1인 x를 구하기 위하여 r을 적절한 단위원의 2^α 제곱근으로 변형해야 한다. 이것을 하기 위하여 b가 단위원의 원시 2^α제곱근임을 주장한다. 즉 단위원의 2^α제곱근 모두가 b의 거듭제곱임을 주장한다. $b^{2^\alpha}=n^{2^\alpha s}=n^{p-1}=1$이므로 b는 1의 2^α제곱근이다. 만일 b가 원시근이 아니라면(2^α의 약수이면서) 2^α보다 작은 거듭제곱을 b에 하면 b가 1이 될 것이다. 그렇지만 b는 단위원의 원시 2^α 제곱근의 짝수 거듭제곱이므로 F_p^*에서 제곱수가 된다. 이것은(s가 홀수이고 n이 이차비잉여이므로) $\left(\frac{b}{p}\right)=\left(\frac{n}{p}\right)^s=-1$이기 때문에 불가능하다. 그러므로 b는 단위원의 원시 2^α 제곱근이다. 그러므로 $x=b^jr$이 a의 원하는 제곱근이 되는 적절한 거듭제곱 b^j, $0\le j<2^\alpha$를 찾으면 증명이 된다. 그렇게 하기 위하여 j를 2진수로 $j=j_0+2j_1+4j_2+\cdots+2^{\alpha-2}j_{\alpha-2}$와 같이 쓴 다음 $j_0, j_1, \cdots$이 0 또는 1인지를 계속해서 어떻게 결정하는지를 보이도록 한다($b^{2^{\alpha-1}}=(n^s)^{2^{\alpha-1}}=n^{\frac{p-1}{2}}=\left(\frac{n}{p}\right)=-1$이므로 $j<2^{\alpha-1}$이라 가정할 수 있으며 b^jr이 a의 다른 제곱근이 되는 또다른 j를 얻기 위하여 j를 $j=j_0+2j_1+4j_2+\cdots+2^{\alpha-2}j_{\alpha-2}+2^{\alpha-1}$로 변형할 수 있다. 왜냐하면 $b^{2^{\alpha-1}}\equiv-1$이기 때문이다). j의 2진 자릿수를 결정하는 귀납적인 절차는 다음과 같다.

(1) $\frac{r^2}{a}$을 $2^{\alpha-2}$ 거듭제곱을 한다. 이 수의 제곱이 1임을 증명했다. 그러므로 $\left(\frac{r^2}{a}\right)^{2^{\alpha-2}}$은 1 또는 -1이다. 만약 $\left(\frac{r^2}{a}\right)^{2^{\alpha-2}}$이 1이라면 $j_0=0$이라 하고 -1이라면 $j_0=1$이라 한다. j_0는 $\frac{(b^{j_0}r)^2}{a}$이 단위원의 $2^{\alpha-2}$ 제곱근이 되도록 선택한 것이다. 왜냐하면 $\left(\frac{(b^{j_0}r)^2}{a}\right)^{2^{\alpha-2}}=(b^{2^{\alpha-1}})^{j_0}\left(\frac{r^2}{a}\right)^{2^{\alpha-2}}=(-1)^{j_0}\cdot\left(\frac{r^2}{a}\right)^{2^{\alpha-2}}=1$. 따라서 $\left(\frac{r^2}{a}\right)^{2^{\alpha-2}}$이 1이라면 $j_0=0$이라 하고 -1이라면 $j_0=1$로 해야 한다.

(2) $(b^{j_0+2j_1+\cdots+2^{k-1}j_{k-1}}r)^2/a$가 단위원의 $2^{\alpha-k-1}$ 제곱근이 되는 $j_0, j_1, \cdots, j_{k-1}$을 찾았고 j_k를 찾고자 한다고 가정하자. 이 수를 거듭제곱을 하되, 거듭제곱한 수의 제곱이 1이 되도록 하고 거듭제곱한 수가 1이냐 -1이냐에 따라서 j_k를 선택한다.

$$\left(\frac{(b^{j_0+2j_1+\cdots+2^{k-1}j_{k-1}}r)^2}{a}\right)=1 \text{이면 } j_k=0\text{으로 택하고}$$

$$\left(\frac{(b^{j_0+2j_1+\cdots+2^{k-1}j_{k-1}}r)^2}{a}\right)=-1 \text{이면 } j_k=1\text{로 택한다.}$$

이렇게 선택한 j_k로 "정정된" 값이 a의 제곱근에 아주 가까운 수가 된다는 것을 쉽게 검사할 수 있다. 즉 $\frac{(b^{j_0+2j_1+\cdots+2^k j_k}r)^2}{a}$이 단위원의 $2^{\alpha-k-2}$ 제곱근이라는 것을 알게 된다. $k=\alpha-2$이고 $j_{\alpha-2}$를 구했을 때 $\frac{(b^{j_0+2j_1+\cdots+2^{\alpha-2}j_{\alpha-2}}r)^2}{a}=1$이 된다. 즉 원했던 그대로 $b^j r$이 a의 제곱근이 된다.

[예제 8.19] 위 알고리즘을 이용하여

(a) 법 $p=17$에 관하여 $a=2$의 제곱근을 구하여라.

(b) 법 $p=17$에 관하여 $a=8$의 제곱근을 구하여라.

(c) 법 $p=41$에 관하여 $a=2$의 제곱근을 구하여라.

(d) 법 $p=401$에 관하여 $a=186$의 제곱근을 구하여라.

풀이 (a) 첫 번째 이차비잉여는 $n=3$이다. $p-1=2^4\cdot 1(\alpha=4,\ s=1)$이므로 $b=3^1=3$이고 $r=a^{\frac{s+1}{2}}=2$이다(여기서 법 p에 관한 합동식을 적기 위하여 등식을 사용하였다). 먼저 $a^{-1}=9$을 계산하고 $\frac{r^2}{a}$을 계산하면 $\frac{r^2}{a}=36\equiv 2 \pmod{17}$이 된다. 이것은 1의 $2^{\alpha-1}=8$ 제곱근이다. $\left(\frac{r^2}{a}\right)^{2^{\alpha-2}}=2^4=16\equiv -1$이므로 $j_0=1$이다. $\left(\frac{(br)^2}{a}\right)^{2^{\alpha-3}}\equiv 1$이므로 $j_1=0$이고 $\left(\frac{(br)^2}{a}\right)^{2^{\alpha-2-2}}\equiv 9\times 2\equiv 1$이므로 $j_2=0$이다. 그러므로 $j=1$이고 원하는 제곱근은 $x=br=6$이다(또 다른 근은 $x\equiv b^{1+2^3}r\equiv b^9 r\equiv -6\equiv 11$이다).

(b) 첫 번째 이차비잉여는 $n=3$이다. $p-1=2^4\cdot 1(\alpha=4,\ s=1)$이므로 $b=3^1=3$이고 $r=a^{\frac{s+1}{2}}=8$이다. $\frac{r^2}{a}=8$는 1의 $2^{\alpha-1}=8$ 제곱근이다. $\left(\frac{r^2}{a}\right)^{2^{\alpha-2}}\equiv 8^4\equiv 16\equiv -1$이므로 $j_0=1$이다. $\left(\frac{(br)^2}{a}\right)^{2^{\alpha-3}}\equiv -1$이므로 $j_1=1$이고 $\left(\frac{(b^3r)^2}{a}\right)^{2^{\alpha-2-2}}\equiv 1$이므로 $j_2=0$이다. 그러므로 $j=1$이고 원하는 제곱근은 $x=b^3r=12$이다(또 다른 근은 $x\equiv b^{3+2^3}r\equiv b^{11}r\equiv -12\equiv 5$이다).

(c) 첫 번째 이차비잉여는 $n=3$이다. $p-1=2^3\cdot 5(\alpha=3,\ s=5)$이므로 $b=3^5=-3$이고 $r=a^{\frac{s+1}{2}}=8$이다. $\frac{r^2}{a}=32=-9$는 1의 $2^{\alpha-1}=4$ 제곱근이다. $\left(\frac{r^2}{a}\right)^{2^{\alpha-2}}=(-9)^2\equiv -1$이므로 $j_0=1$이다. $\left(\frac{(br)^2}{a}\right)^{2^{\alpha-3}}\equiv 1$이므로 $j_1=0$이므로 $j=1$이고 원하는 제곱근은 $x=br=17$이다(또 다른 근은 $x\equiv b^{1+2^2}r\equiv b^5r\equiv -17\equiv 24$이다).

(d) 첫 번째 이차비잉여는 $n=3$이다. $p-1=2^4\cdot 25(\alpha=4,\ s=25)$이므로 $b=3^{25}=268$이고 $r=a^{\frac{s+1}{2}}=103$이다(여기서 법 p에 관한 합동식을 적기 위하여 등식을 사용하였다). 먼저 $a^{-1}=235$을 계산하고 $\frac{r^2}{a}$를 계산하면 $\frac{r^2}{a}=98$이 된다. 이것은 1의 8제곱근이다. $\left(\frac{r^2}{a}\right)^{2^{\alpha-2}}=98^4\equiv -1$이므로 $j_0=1$이다. 따라서 $\left(\frac{(br)^2}{a}\right)^{2^{\alpha-3}}=1$. 이것의 거듭제곱이 1이므로 $j_1=0$이고 $\left(\frac{(br)^2}{a}\right)^{2^{\alpha-2-2}}=-1$이므로 $j_2=1$이다. 그러므로 $j=5$이고 원하는 제곱근은 $b^5r=304$이다(또 다른 근은 $x\equiv b^{5+2^3}r\equiv b^{13}r\equiv -304\equiv 97$이다). ■

[참고] (1) 이 알고리즘의 가장 쉬운 경우는 p가 $p\equiv 3 \bmod 4$인 소수일 때이다. 그러면 $\alpha=1$, $s=\frac{p-1}{2}$이므로 $\frac{s+1}{2}=\frac{p+1}{4}$이다. 그리고 $\alpha=1$, $j<2^{\alpha-1}=1$이므로 $j=0$이고 $x=b^jr=r$이다. 그러므로 $x=r=a^{\frac{p+1}{4}}$은 이미 바라던 제곱근이다.

(2) 이제 이 알고리즘의 시간 추정치에 대하여 논의하자. n이 이차비잉여라는 정보를 이미 알고 시작한다고 가정하자. s, b와 $r=a^{\frac{s+1}{2}}$를 구하는 단계들은(물론 법 p에 관하여) 기껏해야 $O(\log^3 p)$ 비트 연산이 걸린다. 그런 다음 j를 찾을 때 k번째 귀납단계에서 가장 시간이 많이 걸리는 부분은 수를 $2^{\alpha-k-2}$번 거듭제곱하는 것이고 이것은 p보다 작은 정수들을 법 p에 관하여 $\alpha-k-2$번 제곱하는 것을 의미한다. $\alpha-k-2<\alpha$이므로 각 단계마다 추정치는 $O(\alpha\log^2 p)$이다. $\alpha-1$ 단계가 있으므로 최종적인 추정치는 $O(\log^3 p+\alpha^2\log^2 p)=O(\log^2 p(\log p+\alpha^2))$이다. 최악의 경우에(만일 거의 모든 $p-1$이 2의 거듭제곱이라면) $\alpha<\log_2 p=O(\log p)$이기 때문에 최종적인 추정치는 $O(\log^4 p)$가 된다. 그러므로 법 p에 관한 이차비잉여가 주어지면(p에 있는 비트수의 네제곱이 상한인) 다항식 시간에 법 p에 관한 제곱근들을 추출해 낼 수 있다.

(3) 엄격하게 말하자면 다항식 시간에 법 p에 관한 이차비잉여를 찾는 알고리즘이

있는지 여부는(소위 “리만 가정”의 타당성을 가정하지 않는다면) 알려져있지 않다. 그렇지만 임의의 $\varepsilon > 0$이 주어지면 $1-\varepsilon$ 보다 더 큰 확률로 이차비잉여를 찾는 다항식 시간 알고리즘이 있다. 말하자면 임의로 선택한 수 n, $0 < n < p$은 50% 정도로 이차비잉여이고 이것은 다항식 시간에 검사할 수 있다.(아래 문제 18 참조). 만약 $\log_2\left(\frac{1}{\varepsilon}\right)$개 이상의 서로 다른 임의로 선택한 n에 대하여 이 검사를 선택한다면 $1-\varepsilon$ 보다 큰 확률로 그들 중 적어도 하나가 이차비잉여일 것이다.

(4) $3^1 \equiv 3,\ 3^2 \equiv 9,\ 3^3 \equiv 10,\ 3^4 \equiv 13,\ 3^5 \equiv 5,\ 3^6 \equiv 15,\ 3^7 \equiv 11,\ 3^8 \equiv -1,\ 3^9 \equiv -3,$
$3^{10} \equiv 8,\ 3^{11} \equiv 7,\ 3^{12} \equiv 4,\ 3^{13} \equiv 12,\ 3^{13} \equiv 12,\ 3^{14} \equiv 2,\ 3^{15} \equiv 6,\ 3^{16} \equiv 1 (\bmod 17)$

연습문제 (8.2)

1. p=3, 5, 7, 13, 17, 19일 때 법 p에 관한 모든 이차잉여와 이차비잉여를 보여주는 표를 작성하여라.

2. $p | 2^{2^k}+1,\ (k > 1)$라 가정하자.
   (a) $p \equiv 1 \bmod 2^{k+1}$을 증명하기 위하여 7.4절 문제 4를 이용하여라.
   (b) $p \equiv 1 \bmod 2^{k+2}$을 증명하기 위하여 정리 8.2.9를 이용하여라.
   (c) $2^{16}+1$이 소수임을 증명하기 위하여 (b)를 이용하여라.

3. 1의 84 제곱근이 11^3개의 원소를 갖는 체 안에 얼마나 많이 존재하는가?

4. $p \equiv 1 \bmod 8$ 또는 $p \equiv 3 \bmod 8$이면 $\left(\frac{-2}{p}\right)=1$이고, $p \equiv 5 \bmod 8$ 또는 $p \equiv 7 \bmod 8$이면 $\left(\frac{-2}{p}\right)=-1$임을 증명하여라.

5. 이차잉여의 상호법칙을 이용하여 $\left(\frac{91}{167}\right)$의 값을 구하여라.

6. 다음과 같은 각 경우에 대하여 가우스 합 $G=\sum_{j=1}^{q-1}\left(\frac{j}{q}\right)\xi^j$을 구하여라(여기서 ξ는 $p^f \equiv 1 \bmod q$일 때 F_{p^f}에서 1의 q제곱근이다).

(a) $q=7,\ p=29,\ f=1,\ \xi=7$

(b) $q=5,\ p=19,\ f=2,\ \xi=2-4i$ (i는 X^2+1의 한 근이다)

(c) $q=7,\ p=13,\ f=2,\ \xi=4+\alpha$ (α는 X^2-2의 한 근이다)

7. $m=a^4+1,\ a\geq 2$라 하자. $x^2\equiv 2 \bmod m$이 성립하는 0과 $\frac{m}{2}$ 사이의 양의 정수 x를 구하여라. 이 수 x를 이용하여 p가 다음 중 하나일 때 F_p에서 $\sqrt{2}$를 구하여라 : 페르마 수들 17, 257, 65537; $p=41=(3^4+1)/2$, $p=1297$, 그리고 $p=1201$ (힌트 : 정리 8.27의 증명 참조)

8. $m=p_1^{\alpha_1}\cdots p_r^{\alpha_r}$을 홀수라 하고 a는 m과 서로소이고 a는 법 m에 관하여 어떤 수의 제곱이라 가정하자. $x^2\equiv a \bmod m$이 성립하는 x를 찾는 것이 이 문제의 목적이다. 각 j에 대하여 법 p_j에 관하여 이차비잉여인 정수(즉 $\left(\frac{n_j}{p_j}\right)=-1$인 정수 n_j) 하나를 알고 있다고 가정하자.

   (a) 고정된 각 $p=p_j$와 $\alpha=\alpha_j$에 대하여 $x_0^2\equiv a \bmod p$가 성립하는 x_0를 구하기 위하여 이 책의 알고리즘을 사용한다고 가정하자. 그러면 $x^2\equiv a \bmod p^{\alpha}$가 성립하는 어떤 $x=x_0+x_1p+\cdots+x_{\alpha-1}p^{\alpha-1}$를 찾는 방법을 제시하여라.

   (b) $x^2\equiv a \bmod m$이 성립하는 하나의 x를 찾는 방법을 설명하여라.

   이 문제의 (a),(b)의 기법은 $F_{p_j}(1\leq j\leq r)$로부터 $\mathbb{Z}/m\mathbb{Z}$로 제곱근을 "리프팅(lifting)" 하는 것으로 알려져 있다.

9. 두 소수 $p,\ q$에 대하여 $q\equiv 1 \bmod p$라 하자. ξ를 F_q에서 단위원의 원시 p 제곱근이라 하자. F_q에서 $\left(\frac{-1}{p}\right)p$의 제곱근을 ξ에 관한 식으로 나타내어라.

10. 다음과 같은 두 가지 방법으로 르장드르 기호 $\left(\frac{1801}{8191}\right)$의 값을 구하여라.

   (a) 르장드르 기호에 대한 이차잉여의 상호법칙만을 이용하여라(즉 모든 수를 인수분해하여라).

   (b) 임의의 홀수를 인수분해하지 말고 야코비 기호에 대한 이차잉여의 상호법칙을 이용하여라.

11. (a) p가 홀수인 소수이고 $a \geq 2$일 때 $m=a^p-1$이라 하자. $x^2 \equiv \left(\frac{-1}{p}\right)p \bmod m$이 성립하는 0과 $\frac{m}{2}$ 사이의 양의 정수 x를 구하여라. 이 수 x를 이용하여 F_{31}에서 $\sqrt{5}$, F_{127}에서 $\sqrt{-7}$, F_{8191}에서 $\sqrt{13}$, F_{1093}에서 $\sqrt{-7}$를 구하여라.

    (b) $q=2^p-1$가 Mersenne 소수일 때 제곱한 수가 법 q에 관하여 $\left(\frac{-1}{p}\right)p$와 합동이 되는 최소 양의 정수에 대한 식을 구하여라.

12. (a) p를 홀수인 소수라 하자. -3이 F_p에서 이차잉여일 필요충분조건은 $p \equiv 1 \bmod 3$인 것임을 증명하여라.

    (b) 3이 3보다 큰 임의의 Mersenne 소수를 법으로 하여 이차비잉여임을 증명하여라.

13. 다음 르장드르 기호를 계산하여라.

    (a) $\left(\frac{11}{37}\right)$　　(b) $\left(\frac{19}{31}\right)$

    (c) $\left(\frac{97}{101}\right)$　　(d) $\left(\frac{31}{167}\right)$

    (e) $\left(\frac{5}{160465489}\right)$　　(f) $\left(\frac{3083}{3911}\right)$

    (g) $\left(\frac{43691}{65537}\right)$

14. 이차잉여는 F_p^*의 생성원이 될 수 없음을 증명하여라.

15. p를 10진수로 나타냈을 때, 5와 동치인 1의 자리의 수가 F_p에서 제곱수가 되기 위한 1의 자릿수에 대한 조건을 구하여라.

16. p를 Mersenne 소수라 하고, $q=p^2$, i를 $X^2+1=0$의 한 근이라 하면 $F_q=F_p(i)$이다.

    (a) 정수 a^2+b^2가 F_p^*의 생성원이라 가정하자. 그러면 $a+bi$가 F_q^*의 생성원임을 증명하여라.

    (b) $4+i$ 또는 $3+2i$가 $F_{31^2}^*$의 한 생성원임을 증명하여라.

17. p를 페르마 소수라 하자.

(a) 임의의 이차비잉여는 F_p^*의 생성원임을 보여라.

(b) 5는 $p=5$인 경우를 제외하고 F_p^*의 생성원임을 보여라.

(c) 7은 $p=3$인 경우를 제외하고 F_p^*의 생성원임을 보여라.

18. p가 홀수인 소수이고 a를 1과 $p-1$ 사이의 정수라 하자. $\left(\frac{a}{p}\right)$를 계산하는데 걸리는 계산량을 p로 표현하여라.

(a) 야코비 기호에 대한 이차잉여의 상호법칙을 이용하여라.

(b) 정리 8.25와 정리 7.31을 이용하여라.

19. $p=2081$이고 n을 법 p에 관한 가장 작은 양의 이차비잉여라 하자. n을 구하고 이 책의 방법을 이용하여 법 p에 관한 302의 한 제곱근을 구하여라.

20. 이 책에서 n이 홀수인 소수이고 $\gcd(b, n)=1$이면

$$b^{\frac{n-1}{2}} \equiv \left(\frac{b}{n}\right) \bmod n \tag{8.1}$$

임을 보였다. 이 문제의 목적은 n이 홀수인 합성수일 때 합동식 (8.1)이 $\gcd(b, n)=1$인 b중 적어도 50%의 b에 대해서는 거짓임을 보이는 것이다.

(a) (8.1)이 b_1에 대하여 참이고 b_2에 대하여 거짓이면 곱 b_1b_2에 대해서는 거짓이라는 것을 증명하여라. 이 사실을 이용하여 (8.1)이 심지어 한 개의 b에 대하여 거짓이면 (8.1)이 거짓인 b의 개수는 (8.1)이 참인 b의 개수 이상이라는 것을 증명하여라.

(b) n이 소수 p의 제곱에 의하여 나누어 떨어진다면 $b^{\frac{n-1}{2}} \not\equiv \pm 1 \bmod n$인 n과 서로소인 정수 b를 구하는 방법을 보여라.

(c) n이 서로 다른 소수의 곱이고 p가 그런 소수 중 하나이고 b가 $\left(\frac{b}{p}\right)=-1$, $b \equiv 1 \bmod \frac{n}{p}$을 만족한다면 (8.1)은 b에 대하여 거짓임을 증명하여라. 그리고 그런 b가 항상 존재한다는 것을 보여라.

21. 다음 확률적 알고리즘이 법 p에 관한 a의 제곱근을 구해주는 이유를 설명하여라. t^2-a가 법 p에 관한 제곱수가 되지 않는 t를 발견할 때까지 임의로 F_p에서 t

를 선택하여라. 이차확대체 F_{p^2}에 있는 원소 $\sqrt{t^2-a}$를 α로 적기로 하자. 그런 다음 $b=(t+\alpha)^{\frac{p+1}{2}}$을 계산하여라. $b\in F_p$이고 $b^2=a$가 성립함을 보여라.

22. (a) p가 홀수인 소수이고 a, b, c는 정수이고 $p \nmid a$라 하자. 합동식 $ax^2+bx+c \equiv 0 \bmod p$의 해들 $x\in\{0, 1, 2, \cdots, p-1\}$의 개수는 공식 $1+\left(\frac{D}{p}\right)$으로 나타낼 수 있다는 것을 증명하여라. 여기서 $D=b^2-4ac$는 판별식이다.

(b) 다음 방정식의 각 경우에 F_{83}에는 해가 몇 개 존재하는가?

(1) $x^2+1=0$ (2) $x^2+x+1=0$

(3) $x^2+21x-11=0$ (4) $x^2+x+21=0$

(5) $x^2-4x-13=0$

(c) 다음 방정식의 각 경우에 F_{97}에는 해가 몇 개 존재하는가?

(1) $x^2+1=0$ (2) $x^2+x+1=0$

(3) $x^2+21x-11=0$ (4) $x^2+x+21=0$

(5) $x^2-4x-13=0$

23. p가 $p\equiv 1 \bmod 4$인 소수이고 이차비잉여 n을 발견했다고 가정하자. p를 $O(\log^3 p)$ 시간에 두 제곱수의 합 $p=c^2+d^2$으로 표현하는 알고리즘을 제시하여라.

제 9 장 선형점화수열

9.1 선형점화수열의 정의
(Definition of Linear recurring sequence)

[정의 9.1] k가 양의 정수이고 a, a_0, $\cdots$, a_{k-1}를 유한체 $\mathbb{F}_q$의 원소라 하자. $\mathbb{F}_q$의 원소로 이루어진 수열 s_0, s_1, $\cdots$이 다음을 만족하면 k차 선형점화수열(kth-order linear recurring sequence)이라 한다.

$$s_{n+k}=a_{k-1}s_{n+k-1}+a_{k-2}s_{n+k-2}+\cdots+a_0s_n+a(n=0, 1, \cdots) \tag{9.1}$$

s_0, s_1, $\cdots$, s_{k-1}을 이 수열의 초기값(initial value)이라 하고, 이 초기값이 수열의 나머지 항들을 결정한다.

식 (9.1)과 같은 관계식을 k차 선형점화식(kth-order linear recurrence relation)이라 한다. 여기서 $a=0$인 경우에 동차 선형점화식(homogeneous linear recurrence relation)이라 하고 $a\neq 0$인 경우에 비동차 선형점화식(inhomogeneous linear recurrence relation)이라 한다. 선형점화수열의 생성은 피드백 쉬프트 레지스터(feedback shift register)로

구현할 수 있다. 이것은 전기적 스위치 회로의 특별한 종류로 $\mathbb{F}_q$의 원소를 다루며 4개의 장치로 구성되었다. 첫째, 두개의 입력을 더해서 하나의 결과를 출력하는 **덧셈기**(adder), 두 번째는 하나의 입력에 상수 a를 곱하는 **상수 곱셈기**(constant multiplier), 세 번째는 하나의 입력에 상수 b를 더하는 **상수 덧셈기**(constant adder), 네 번째 장치는 **지연소자**(flip-flop)로 하나의 입력 단자가 있고 클럭 펄스가 인가되었을 때 입력 신호가 1이면 1로, 0이면 0으로 자리잡는 지연소자로 일반적으로 입력 신호를 클럭 펄스의 시간 간격만큼 지연시켜 출력으로 내는 데 사용된다. [그림 9.1]은 피드백 쉬프트 레지스터를 구성하는 네가지 장치들을 나타내는 그림이다. 피드백 쉬프트 레지스터는 유한개의 덧셈기, 상수 곱셈기, 상수 덧셈기, 지연소자의 상호연결로 이루어진다. [그림 9.2]는 선형 점화수열을 생성하는 피드백 쉬프트 레지스터이다.

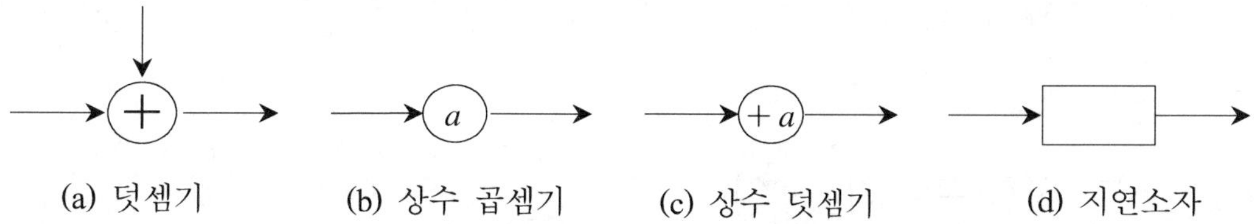

[그림 9.1] 피드백 쉬프트 레지스터를 구성하는 장치

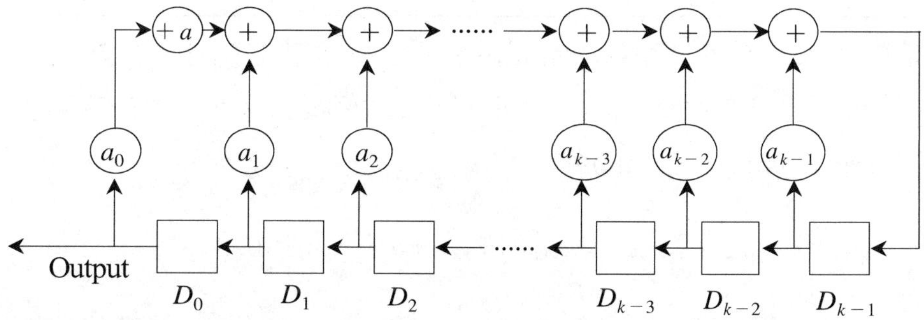

[그림 9.2] 선형점화수열을 생성하는 피드백 쉬프트 레지스터

[예제 9.1] $\mathbb{F}_5$에서 선형점화식 $s_{n+6}=s_{n+5}+2s_{n+4}+s_{n+1}+3s_n(n=0, 1, \cdots)$을 만족하는 선형점화수열을 생성하기위한 피드백 쉬프트 레지스터는 [그림 9.3]과 같다. 이 식에서 $a_2=a_3=0$이므로 두 점에서는 연결이 필요하지 않다.

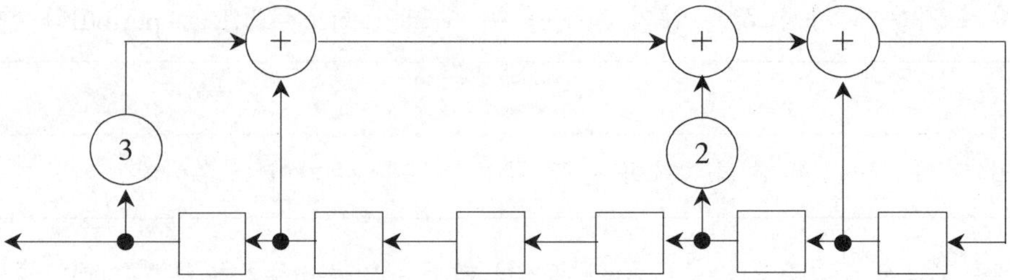

[그림 9.3] 피드백 쉬프트 레지스터($s_{n+6} = s_{n+5} + 2s_{n+4} + s_{n+1} + 3s_n$)

[예제 9.2] $\mathbb{F}_2$에서 선형점화식이 $s_{n+7}=s_{n+4}+s_{n+3}+s_{n+2}+s_n (n=0, 1, \cdots)$인 경우를 생각해 보자. $\mathbb{F}_2$에서 s_i의 계수는 0 또는 1이므로 상수곱셈기는 필요하지 않다. [그림 9.4]는 주어진 이진 선형점화수열을 생성하는 피드백 쉬프트 레지스터이다. 그러므로 이진 선형점화수열을 생성하기 위한 피드백 쉬프트 레지스터는 단지 지연소자, 덧셈기와 연결선만 필요하다.

$s_0, s_1, \cdots, s_{k-1}$를 식 (9.1)을 만족하는 $\mathbb{F}_q$에서의 k차 선형점화수열이라 하자. 이미 언급한 바와 같이 이 수열의 생성을 위한 피드백 쉬프트 레지스터는 [그림 9.2]와 같다. n이 음이 아닌 정수이면 n시간단위 후 지연소자 D_j, $j=0, 1, \cdots, k-1$는 s_{n+j}를 가지고 있다. 그러므로 선형점화수열의 n번째 **상태벡터**(nth state vector)를 행벡터 $\mathbf{s}_n=(s_n, s_{n+1}, \cdots, s_{n+k-1})$로 표현하는 것이 자연스럽다. 그리고 상태벡터 $\mathbf{s}_0=(s_0, s_1, \cdots, s_{k-1})$를 **초기상태벡터**(initial state vector)라 한다.

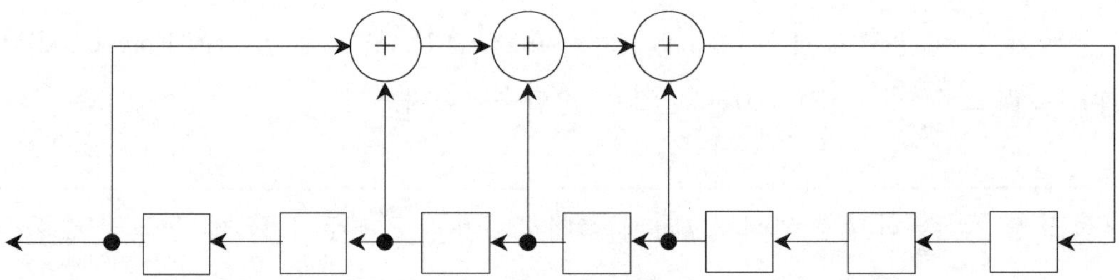

[그림 9.4] 이진점화수열 생성을 위한 피드백 쉬프트 레지스터

[정의 9.2] $s_0, s_1, \cdots$를 임의의 집합 S의 원소라 하자. 임의의 양의 정수 r과 적당한 양의 정수 n_0에 대하여 $s_{n+r}=s_n (n \geq n_0)$인 수열을 **궁극적 순환수열**(ultimate periodic sequence)이라 하고 이때 r을 이 수열의 **주기**(period)라 한다. 모든 가능

한 주기 가운데 가장 작은 양의 정수를 이 수열의 **최소주기**(least period)라 한다.

[정리 9.1] 궁극적 순환수열의 모든 주기는 최소주기의 배수이다.

증명 r을 궁극적 순환수열 $s_0, s_1, \cdots$의 주기라 하고 r_1을 최소주기라 하자. 그러면 n_1이 존재하여 $n \geq n_1$이면 $s_{n+r}=s_n$이다. 또한 n_0가 존재하여 $n \geq n_0$이면 $s_{n+r_1}=s_n$이다. r_1이 r을 나누지 않는다면 $r=mr_1+t$을 만족하는 $m \geq 1$와 $t(0<t<r_1)$가 존재한다. 그러므로 모든 $n \geq \max(n_0, n_1)$에 대하여

$$s_n = s_{n+r} = s_{n+mr_1+t} = s_{n+(m-1)r_1+t} = \cdots = s_{n+t}$$

이다. 즉, t는 주어진 수열의 주기가 된다. 이는 r_1이 최소주기라는 가정에 모순이 된다. 따라서 r_1은 r을 나눈다. ■

[정의 9.3] 최소주기가 r인 궁극적 순환수열 $s_0, s_1, \cdots$이 $s_{n+r}=s_n(n=0, 1, \cdots)$일 때 이 수열을 **순환수열**(periodic sequence)이라 한다.

수열 $s_0, s_1, \cdots$이 순환수열일 필요충분조건은 음이 아닌 임의의 정수 n에 대하여 $s_{n+r}=s_n$을 만족하는 r이 존재하는 것이다. 궁극적 순환수열 $s_0, s_1, \cdots$의 주기가 r이고 적당한 양의 정수 n_0에 대하여 $s_{n+r}=s_n(n \geq n_0)$일 때, n_0를 **이전주기**(preperiod)라 한다. 그러므로 이전주기가 0인 수열은 순환수열이다.

[정리 9.2] 유한체 $\mathbb{F}_q$위에서 k차 선형점화수열은 최소주기가 r인 궁극적 순환수열이다. 여기서 $r \leq q^k$이고 동차수열이면 $r \leq q^k-1$이다.

증명 $\mathbb{F}_q$위에서 주어진 k차 선형점화수열의 상태벡터 $\mathbf{s}_m(0 \leq m \leq q^k)$에 대하여 $\mathbf{s}_i=\mathbf{s}_j$를 만족하는 $i, j(0 \leq i < j \leq q^k)$가 존재한다. 수학적귀납법에 의하여 모든 $n>i$에 대하여

$$\mathbf{s}_n = \mathbf{s}_{i+(n-i)} = \mathbf{s}_{j+(n-i)} = \mathbf{s}_{n+j-i}$$

이 성립한다. 그러므로 선형점화수열은 최소주기 $r(\le j-i \le q^k)$을 갖는 궁극적 순환수열이다. 선형점화수열이 동차이고 초기상태벡터가 영벡터가 아닌 경우는 위와 같은 방법으로 최소주기 $r(\le q^k-1)$을 얻는다. 그러나 동차선형점화수열의 상태벡터들 중 하나가 영벡터라면 뒤이은 상태벡터들도 영벡터들이므로 그 수열은 최소주기 $r=1 \le q^k-1$을 갖는다. ■

[예제 9.3] $\mathbb{F}_q$위의 1차 동차 선형점화수열에서 최소주기는 $q-1$의 약수이다. 그러나 $k \ge 2$인 k차 동차 선형점화수열의 최소주기는 q^k-1의 약수일 필요는 없다. 예를 들어 $\mathbb{F}_5$에서 초기벡터가 $s_0=0$, $s_1=1$일 때 동차 선형점화식이 $s_{n+2}=s_{n+1}+s_n(n=0, 1, \cdots)$인 선형점화수열은 다음과 같다.

$$0, 1, 1, 2, 3, 0, 3, 3, 1, 4, 0, 4, 4, 3, 2, 0, 2, 2, 4, 1, 0, 1, 1, 2, 3, \cdots$$

이 수열의 최소주기는 20이고, 20은 $5^2-1=24$의 약수가 아니다.

> **[정리 9.3]** $s_0, s_1, \cdots$가 선형점화식 식 (9.1)을 만족하는 선형점화수열이고 $a_0 \ne 0$이면 수열 $s_0, s_1, \cdots$은 순환수열이다.

증명 정리 9.2에 의하여 주어진 선형점화수열은 궁극적 순환수열이다. r을 최소주기라 하고 n_0를 이전주기라 하면 모든 $n(\ge n_0)$에 대하여 $s_{n+r}=s_n$이다. $n_0 \ge 1$이라 하자. 식 (9.1)로부터 다음을 얻는다.

$$\begin{aligned} s_{n_0-1+r} &= a_0^{-1}(s_{n_0+k-1+r}-a_{k-1}s_{n_0+k-2+r}-\cdots-a_1s_{n_0+r}-a) \\ &= a_0^{-1}(s_{n_0+k-1}-a_{k-1}s_{n_0+k-2}-\cdots-a_1s_{n_0}-a) \\ &= s_{n_0-1} \end{aligned}$$

이는 이전주기가 n_0보다 작다는 것을 의미한다. 따라서 이전주기의 정의에 위배되므로 모순이다. 그러므로 $n_0=0$이다. 즉, $s_0, s_1, \cdots$은 순환수열이다. ■

$s_0, s_1, \cdots$을 다음 선형점화식을 만족하는 $\mathbb{F}_q$위의 k차 동차 선형점화수열이라 하자.

$$s_{n+k}=a_{k-1}s_{n+k-1}+a_{k-2}s_{n+k-2}+\cdots+a_0s_n(n=0, 1\cdots) \tag{9.2}$$

여기서 $a_j \in \mathbb{F}_q$이고 $0 \le j \le k-1$이다. 이러한 선형점화식은 $\mathbb{F}_q$위에서 $k \times k$ 행렬로 다음과 같이 나타낼 수 있다.

$$A=\begin{pmatrix} 0 & 0 & 0 & \cdots & 0 & a_0 \\ 1 & 0 & 0 & \cdots & 0 & a_1 \\ 0 & 1 & 0 & \cdots & 0 & a_2 \\ \vdots & \vdots & \vdots & & \vdots & \vdots \\ 0 & 0 & 0 & \cdots & 1 & a_{k-1} \end{pmatrix} \tag{9.3}$$

$s_0, s_1, \cdots$가 $\mathbb{F}_q$에서 식 (9.2)를 만족하는 동차 선형점화수열이고 A가 이에 대응하는 행렬이라 하면 상태벡터는 다음을 만족한다.

$$\mathbf{s}_n=\mathbf{s}_0 A^n (n=0, 1, \cdots) \tag{9.4}$$

주어진 정칙행렬 A가 $A^r=I_{(n)}$를 만족할 때, r을 A의 위수(order)라 한다.

[정의 9.4] $\mathbb{F}_q$위의 k차의 정칙행렬 전체의 집합을 $GL(k, \mathbb{F}_q)$로 나타낼 때, 집합 $GL(k, \mathbb{F}_q)$는 행렬 곱셈에 관하여 유한군을 이룬다. 곱셈군 $GL(k, \mathbb{F}_q)$를 k차 일반선형군(general linear group)이라고 한다.

[정리 9.4] $s_0, s_1, \cdots$가 $\mathbb{F}_q$에서 식 (9.2)를 만족하는 k차 동차선형점화수열이고 $a_0 \ne 0$이면 이 수열의 최소주기는 일반선형군 $GL(k, \mathbb{F}_q)$에서 식 (9.3)의 대응하는 행렬 A의 위수의 약수이다.

증명 $|A| \ne 0$이므로 A는 $GL(k, \mathbb{F}_q)$의 원소이다. m을 $GL(k, \mathbb{F}_q)$에서 A의 위수라 하면 모든 $n \ge 0$에 대하여 식 (9.4)에 의하여

$$\mathbf{s}_{n+m}=\mathbf{s}_0 A^{n+m}=\mathbf{s}_0 A^n=\mathbf{s}_n$$

이다. 그러므로 m은 선형점화수열의 주기이다. 그러므로 정리 9.1에 의하여 이 수열의 최소주기는 m을 나눈다. ■

순환수열의 성질과 위 논증으로부터 동차인 경우에 정리 9.3의 또 다른 증명을 할

수 있다. 정리 9.4로부터 특히 수열 $s_0, s_1, \cdots$의 최소주기가 $GL(k, \mathbb{F}_q)$의 위수의 약수라는 것을 알 수 있다. $GL(k, \mathbb{F}_q)$의 위수는 $q^{(k^2-k)/2}(q-1)(q^2-1)\cdots(q^k-1)$으로 알려져 있다. 이제 $s_0, s_1, \cdots$을 식 (9.1)을 만족하는 $\mathbb{F}_q$에서의 k차 비동차 선형점화수열이라 하자. n을 $n+1$로 바꾸어 식 (9.1)을 이용하여 얻은 항등식에서 식 (9.1)의 원래 형태를 빼면 다음을 얻는다.

$$s_{n+k-1}=b_k s_{n+k}+b_{k-1}s_{n+k-1}+\cdots+b_0 s_n \quad (n=0, 1, \cdots) \tag{9.5}$$

여기서 $b_0=-a_0$, 각 $j=1, 2, \cdots, k-1$에 대하여 $b_j=a_{j-1}-a_j$, $b_k=a_{k-1}+1$이다.

그러므로 수열 $s_0, s_1, \cdots$은 $\mathbb{F}_q$에서 $(k+1)$차 동차 선형점화수열로 해석될 수 있다. 결국, 동차 선형점화수열들에 대한 결과들이 비동차 선형점화수열들의 경우에도 잘 들어맞는다.

비동차인 경우에 대한 증명은 다음과 같이 하면 된다. $s_0, s_1, \cdots$을 식 (9.1)을 만족하는 $\mathbb{F}_q$에서의 k차 비동차 선형점화수열이라 하고 $\mathbb{F}_q$위의 $(k+1)\times(k+1)$ 행렬 C가

$$C=\begin{pmatrix} 1 & 0 & 0 & \cdots & 0 & a \\ 0 & 0 & 0 & \cdots & 0 & a_0 \\ 0 & 1 & 0 & \cdots & 0 & a_1 \\ 0 & 0 & 1 & \cdots & 0 & a_2 \\ \vdots & \vdots & \vdots & & \vdots & \vdots \\ 0 & 0 & 0 & \cdots & 1 & a_{k-1} \end{pmatrix}$$

와 같다고 하자. $k=1$이면 $C=\begin{pmatrix} 1 & a \\ 0 & a_0 \end{pmatrix}$로 택한다.

$$\mathbf{s}_n'=(1, s_n, s_{n+1}, \cdots, s_{n+k-1}) \quad (n=0, 1, \cdots)$$

와 같은 변형된 상태벡터들을 도입하자. 그러면 모든 $n \geq 0$에 대하여 $\mathbf{s}_{n+1}'=\mathbf{s}_n'C$가 성립함을 쉽게 보일 수 있으므로 모든 $n \geq 0$에 대하여 수학적귀납법에 의하여 $\mathbf{s}_n'=\mathbf{s}_0'C^n$이 성립한다. 식 (9.1)에서 $a_0 \neq 0$이면 $\det C=(-1)^{k-1}a_0 \neq 0$이므로 행렬 C는 $GL(k+1, \mathbb{F}_q)$의 원소이다. 그런 다음 정리 9.4의 증명과 같은 방법으로 $s_0, s_1, \cdots$의 최소주기가 $GL(k+1, \mathbb{F}_q)$에서 C의 위수의 약수임을 보인다.

9.2 충격반응수열과 특성다항식(Impulse response sequences and characteristic polynomial)

> [정의 9.5] 식 (9.2)와 같은 k차 선형점화식을 만족하는 $\mathbb{F}_q$위의 동차선형점화수열들 중에서 $d_0 = \cdots = d_{k-2} = 0$, $d_{k-1} = 1$ ($k=1$인 경우는 $d_0 = 1$)와 선형점화식
>
> $$d_{n+k} = a_{k-1}d_{n+k-1} + a_{k-2}d_{n+k-2} + \cdots + a_0 d_n \ (n=0,\ 1,\ \cdots) \qquad (9.6)$$
>
> 에 의하여 유일하게 얻어진 수열을 **충격반응수열**(impulse response sequence)이라 한다.

[예제 9.4] $\mathbb{F}_2$위의 선형점화식

$$s_{n+5} = s_n + s_{n+1} \ (n=0,\ 1,\ \cdots)$$

을 만족시키는 영수열이 아닌 수열이라 하자.

(1) $d_0=1$, $d_1=1$, $d_2=0$, $d_3=1$, $d_4=1$인 경우는 주기가 3인 수열

110110110110110110 ⋯

을 얻는다.

(2) $d_0=1$, $d_1=1$, $d_2=1$, $d_3=0$, $d_4=1$인 경우는 주기가 7인 수열

11101001110100111010 0⋯

을 얻는다.

(3) $d_0=0$, $d_1=0$, $d_2=0$, $d_3=0$, $d_4=1$인 경우는 주기가 21인 수열

0000100011001010111110000 1⋯

을 얻는다.

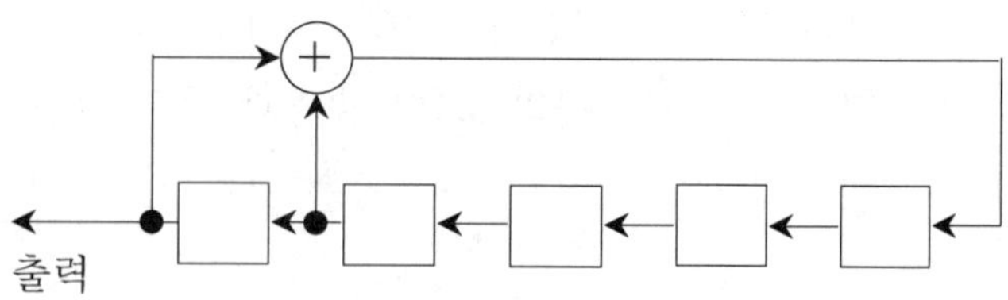

[그림 9.5] $s_{n+5} = s_n + s_{n+1}$

[참조] 위의 예제에서 초기값을 어떻게 정하느냐에 따라 수열의 주기가 달라진다는 것을 알 수 있으며 나중에 이 수열의 최대주기는 21이 된다는 것과 충격반응수열의 주기가 최대주기가 된다는 것을 알게 된다.

> [보조정리 9.5] $d_0, d_1, \cdots$를 식 (9.6)을 만족하는 $\mathbb{F}_q$위의 충격반응수열이라 하고 A를 식 (9.3)의 행렬이라 하자. 그러면 두 상태벡터 $\mathbf{d}_m$, $\mathbf{d}_n$이 $\mathbf{d}_m = \mathbf{d}_n$일 필요충분조건은 $A^m = A^n$이다.

증명 $A^m = A^n$라 하면 식 (9.4)에 의하여 $\mathbf{d}_m = \mathbf{d}_n$이다. 역으로 $\mathbf{d}_m = \mathbf{d}_n$이라 하자. 식 (9.6)에 의하여 모든 $t \geq 0$에 대하여 $\mathbf{d}_{m+t} = \mathbf{d}_{n+t}$이다. 식 (9.4)에 의하여 모든 $t \geq 0$에 대하여 $\mathbf{d}_t A^m = \mathbf{d}_t A^n$이다. $\{\mathbf{d}_0, \mathbf{d}_1, \cdots, \mathbf{d}_{k-1}\}$은 $\mathbb{F}_q$위의 k차원 벡터공간 $\mathbb{F}_q^k$의 기저를 이루므로 $A^m = A^n$이다. ■

> [정리 9.6] $\mathbb{F}_q$위의 동차선형점화수열의 최소주기는 대응하는 충격반응수열의 최소주기의 약수이다.

증명 $s_0, s_1, \cdots$를 식 (9.2)를 만족하는 $\mathbb{F}_q$위의 동차선형점화수열이라 하자. $d_0, d_1, \cdots$를 대응하는 충격반응수열이라 하고 A를 식 (9.3)의 행렬이라 하자. r_0를 $s_0, s_1, \cdots$의 최소주기, r을 $d_0, d_1, \cdots$의 최소주기라 하고 n_0를 이전주기라 하면, 모든 $n \geq n_0$에 대하여 $\mathbf{d}_{n+r} = \mathbf{d}_n$이다. 보조정리 9.5에 의하여 모든 $n \geq n_0$에 대하여 $A^{n+r} = A^n$이다. 그러므로 식 (9.4)에 의하여 모든 $n \geq n_0$에 대하여 $\mathbf{s}_{n+r} = \mathbf{s}_n$이다. 그러므로 r은 $s_0, s_1, \cdots$의 주기이다. 따라서 r_0는 r의 약수이다. ■

> [정리 9.7] $d_0, d_1, \cdots$가 $\mathbb{F}_q$위에서 식 (9.2)를 만족하는 $a_0 \neq 0$인 k차 충격반응수열이고 A는 식 (9.3)의 대응하는 행렬이라 하면 이 수열의 최소주기는 A의 위수와 같다.

증명 p를 $d_0, d_1, \cdots$의 최소주기라 하면 정리 9.4에 의하여 p는 A의 위수 m의 약수이다. $\mathbf{d}_p = \mathbf{d}_0$이므로 $A^p = A^0 = I_{(k)}$이다. 따라서 p는 m의 배수이다. 그러므로 $p = m$이다. ■

[정리 9.8] $s_0, s_1, \cdots$를 이전주기 n_0를 갖는 $\mathbb{F}_q$위의 k차 동차 선형점화수열이라 하자. $\mathbb{F}_q$위에서 일차독립인 k개의 상태벡터들 $\mathbf{s}_{m_1}, \mathbf{s}_{m_2}, \cdots, \mathbf{s}_{m_k}(m_j(\geq n_0), (1 \leq j \leq k))$이 존재한다면 $s_0, s_1, \cdots$와 대응하는 충격반응수열은 주기적이며, 최소주기가 같다.

증명 p를 $s_0, s_1, \cdots$의 최소주기라 하자. 식 (9.4)에 의하여 각 $j(1 \leq j \leq k)$에 대하여 $\mathbf{s}_{m_j}A^p = \mathbf{s}_{m_j+p} = \mathbf{s}_{m_j}$이다. $\mathbf{s}_{m_1}, \mathbf{s}_{m_2}, \cdots, \mathbf{s}_{m_k}$이 일차독립이므로 $A^p = I_{(k)}$이다. 그러므로 $\mathbf{s}_p = \mathbf{s}_0 A^p = \mathbf{s}_0$이다. 즉, $s_0, s_1, \cdots$는 주기적이다. 마찬가지로 $\mathbf{d}_n$을 n차 충격반응수열의 상태벡터라 하면 $\mathbf{d}_p = \mathbf{d}_0 A^p = \mathbf{d}_0$이다. 그러므로 정리 9.4에 의하여 두 수열의 최소주기는 같다. ■

정리 9.8에서 $m_j \geq n_0$은 필수적이다.

[예제 9.5] $d_0, d_1, \cdots$를 $\mathbb{F}_2$위의 위수 2인 $d_{n+1} = d_n$을 만족하는 충격반응수열이라 하자. 그러면 이 수열은 다음과 같다.

$$0, 1, 1, 1, \cdots$$

$\mathbf{d}_0, \mathbf{d}_1$은 $\mathbb{F}_2$위에서 일차독립이지만 이 수열은 비주기적이다. 여기서 $n_0 = 1$이다. 아울러 정리 9.8의 역은 성립하지 않는다. $s_0, s_1, \cdots(n=0, 1, \cdots)$이 $s_{n+3} = s_n$을 만족하는 $\mathbb{F}_2$ 위의 위수 3인 선형점화수열이라 하고 $\mathbf{s}_0 = (1, 1, 0)$라 하면 $s_0, s_1, \cdots$와 대응하는 충격반응수열은 최소주기 3을 갖는 주기적인 수열이지만 $s_0, s_1, \cdots$의 어떤 세 벡터들도 $\mathbb{F}_2$위에서 일차독립이 아니다.

[정의 9.6] $s_0, s_1, \cdots$를 $\mathbb{F}_q$위의 k차 동차 선형점화수열로서 다음 선형점화식을 만족한다고 하자.

$$s_{n+k} = a_{k-1}s_{n+k-1} + a_{k-2}s_{n+k-2} + \cdots + a_0 s_n (n=0, 1, \cdots) \tag{9.7}$$

여기서 $a_j \in \mathbb{F}_q (0 \leq j \leq k-1)$이다. 다항식

$$f(x)=x^k-a_{k-1}x^{k-1}-a_{k-2}x^{k-2}-\cdots-a_0 \tag{9.8}$$

를 $s_0, s_1, \cdots$의 **특성다항식** (characteristic polynomial)이라 한다.

[참조] A가 식 (9.3)의 행렬이라면 $f(x)=\det(xI_{(k)}-A)$이다.

[정리 9.9] $s_0, s_1, \cdots$를 특성다항식이 $f(x)$인 $\mathbb{F}_q$위의 k차 동차선형점화수열이라 하고 $f(x)=a(x-\alpha_1)(x-\alpha_2)\cdots(x-\alpha_k)$라 하자. 여기서 $\alpha_1, \cdots, \alpha_k \in \mathbb{F}_{q^k}$는 서로 다르며 $a\in\mathbb{F}_q$이다. 그러면

$$s_n=\sum_{j=1}^{k}\beta_j\alpha_j^n (n=0,\ 1,\ \cdots) \tag{9.9}$$

이 된다. 여기서 $\beta_1, \cdots, \beta_k \in\mathbb{F}_q(\alpha_1, \alpha_2, \cdots, \alpha_k)$는 수열의 초기값들에 의하여 유일하게 결정된 원소들이다.

증명 $\beta_1, \cdots, \beta_k$는 일차연립방정식

$$\sum_{j=1}^{k}\alpha_j^n\beta_j=s_n (n=0,\ 1,\ \cdots,\ k-1)$$

의 해이다. α_j^k들로 이루어진 행렬식 V가 예제 3.5에 의하여

$$V=\begin{vmatrix}\alpha_1^0 & \alpha_2^0 & \cdots & \alpha_k^0\\ \alpha_1^1 & \alpha_2^1 & \cdots & \alpha_k^1\\ & & \vdots & \\ \alpha_1^k & \alpha_2^k & \cdots & \alpha_k\end{vmatrix}\neq 0$$

이므로 $\beta_1, \cdots, \beta_k$는 유일하게 결정된 $\mathbb{F}_{q^k}$의 원소들이다. 식 (9.9)이 성립함을 보이기 위하여 식 (9.9)의 오른편에 있는 원소들이 선형점화식 (9.7)를 만족함을 보이면 된다. 모든 $n\geq 0$에 대하여

$$\sum_{j=1}^{k}\beta_j\alpha_j^{n+k}-\alpha_{k-1}\sum_{j=1}^{k}\beta_j\alpha_j^{n+k-1}-\alpha_{k-2}\sum_{j=1}^{k}\beta_j\alpha_j^{n+k-2}-\cdots-\alpha_0\sum_{j=1}^{k}\beta_j\alpha_j^n$$

$$=\sum_{j=1}^{k}\beta_j f(\alpha_j)\alpha_j^n=0$$

이다. ■

[예제 9.6] $\mathbb{F}_2$위의 선형점화수열 $s_0, s_1, \cdots$가 $s_0=s_1=1$이며

$$s_{n+2}=s_{n+1}+s_n(n=0,\ 1,\ \cdots)$$

을 만족한다고 하자. 그러면 이 수열의 특성다항식은 $f(x)=x^2+x+1$이다. $\mathbb{F}_4=\mathbb{F}_2(\alpha)$라 하면 $f(x)$의 두 근은 $\alpha_1=\alpha$, $\alpha_2=1+\alpha$이고 주어진 초기값에 의하여 $\beta_1=\alpha$, $\beta_2=1+\alpha$이다. 정리 9.9에 의하여 모든 $n\geq 0$에 대하여

$$s_n=\alpha^{n+1}+(1+\alpha)^{n+1}$$

이다. 모든 $\beta\in\mathbb{F}_4^*$에 대하여 $\beta^3=1$이므로 모든 $n\geq 0$에 대하여 $s_{n+3}=s_n$이다. 따라서 이 수열의 주기는 3이다.

[정의 9.7] $F=\mathbb{F}_q$, $K=\mathbb{F}_{q^n}$, $\alpha\in K$에서

$$Tr_F^K(\alpha)=\alpha+\alpha^q+\cdots+\alpha^{q^{n-1}}$$

이라 할 때, $Tr_F^K(\alpha)$를 부분체 F에 대한 α의 **대각합(trace)**이라 한다. 즉, 대각합 $Tr_F^K(\alpha)$는 α의 켤레의 합 또는 α의 최소다항식의 해들의 합이다.

문맥상 혼동을 일으킬 염려가 없을 경우에는 Tr의 위 첨자와 아래 첨자를 생략한다.

[예제 9.7] $F=\mathbb{F}_2=\{0,\ 1\}$과 기약다항식 $p(x)=x^3+x+1$을 이용하여 정의된 $K=\mathbb{F}_{2^3}$에서 $q=2$이고 $n=3$이다. $p(\alpha)=0$일 때

$$Tr(\alpha)=\alpha+\alpha^2+\alpha^4=0$$

$$Tr(\alpha^3)=\alpha^3+(\alpha^3)^2+(\alpha^3)^{2^2}=\alpha^3+\alpha^6+\alpha^5=1$$

이고, $Tr(0)=0+0^2+0^4=0$이다.

0을 제외한 K의 각 원소에 대한 대각합은 다음과 같다.

i	0	1	2	3	4	5	6
α^i	001	010	100	011	110	111	101
$Tr(\alpha^i)$	1	0	0	1	0	1	1

다음 정리의 증명은 생략한다. [24, 정리 4.1.1 참조]

[정리 9.10] $F=\mathbb{F}_q$, $K=\mathbb{F}_{q^n}$에서 $\alpha, \beta\in K$이고 $\lambda\in F$이면 다음이 성립한다.

(a) $Tr(\alpha)\in F$

(b) $Tr(\alpha+\beta)=Tr(\alpha)+Tr(\beta)$

(c) $Tr(\lambda\alpha)=\lambda\cdot Tr(\alpha)$, $\lambda\in F$

(d) $Tr(\alpha^q)=Tr(\alpha)$

(e) $Tr : K\to F$는 전사함수

[보조정리 9.11] K를 유한체 F의 확대체로서 F와 K를 F위의 벡터공간으로 간주하자. 그러면 각 $\beta\in K$에 대하여 K에서 F로의 선형변환 $L_\beta : K\to F$은 다음과 같이 유일하게 정의된다.

$$L_\beta(\alpha)=Tr_F^K(\beta\alpha) \tag{9.10}$$

또한 $\beta\neq\gamma$이면 $L_\beta\neq L_\gamma$이다.

증명 각 $\beta\in K$에 대하여 $L_\beta : K\to F$은 정리 9.10 (b, c)에 의하여 선형변환이다. $\beta\neq\gamma$이면 정리 9.10 (e)에 의하여

$$L_\beta(\alpha)-L_\gamma(\alpha)=Tr_F^K(\beta\alpha)-Tr_F^K(\gamma\alpha)=Tr_F^K((\beta-\gamma)\alpha)\neq 0$$

이므로 $L_\beta\neq L_\gamma$이다. $F=\mathbb{F}_q$, $K=\mathbb{F}_{q^m}$이면 선형변환 L_β들은 q^m개 존재한다. 그런데 K에서 F로의 선형변환은 F의 임의의 원소를 F위에서 K의 주어진 기저의 m개의 원

소들에 대응시킴으로서 얻을 수 있다. 이와 같은 대응 방법은 q^m개이다. 따라서 식 (9.10)이 성립한다. ■

[정리 9.12] $s_0, s_1, \cdots$를 $F=\mathbb{F}_q$위의 k차 동차 선형점화수열로서 특성다항식 $f(x)$이 F위에서 기약다항식이라 하자. α를 $K=\mathbb{F}_{q^k}$에 있는 $f(x)=0$의 근이라 하면 다음을 만족하는 $\theta\in K$가 유일하게 존재한다.

$$s_n=Tr_F^K(\theta\alpha^n),\ n=0,\ 1,\ \cdots \tag{9.11}$$

증명 $\{1, \alpha, \cdots, \alpha^{k-1}\}$은 F위에서 K의 기저를 이루므로 각 $n=0, 1, \cdots, k-1$에 대하여 $L(\alpha^n)=s_n$을 만족하는 선형변환 $L: K\rightarrow F$를 유일하게 정의할 수 있다. 보조정리 9.11에 의하여 모든 $\gamma\in K$에 대하여 $L(\gamma)=Tr_F^K(\theta\gamma)$를 만족하는 선형변환이 유일하게 존재한다. 따라서 식 (9.11)을 얻는다. 마지막으로 $Tr_F^K(\theta\alpha^n)$, $n=0, 1, \cdots$이 특성다항식이 $f(x)$인 동차 선형점화식을 만족한다는 것을 보인다.

$$f(x)=x^k-a_{k-1}x^{k-1}-\cdots-a_1x-a_0\ (a_0, a_1, \cdots, a_{k-1}\in F)$$

라면 정리 9.10에 의하여 모든 $n\geq 0$에 대하여

$$\begin{aligned}
&Tr_F^K(\theta\alpha^{n+k})-a_{k-1}Tr_F^K(\theta\alpha^{n+k-1})-\cdots-a_1Tr_F^K(\theta\alpha^{n+1})-a_0Tr_F^K(\theta\alpha^n)\\
&=Tr_F^K(\theta\alpha^{n+k}-a_{k-1}\theta\alpha^{n+k-1}-\cdots-a_1\theta\alpha^{n+1}-a_0\theta\alpha^n)\\
&=Tr_F^K(\theta\alpha^n f(\alpha))\\
&=Tr_F^K(\theta\alpha^n\cdot 0)\\
&=Tr_F^K(0)\\
&=0
\end{aligned}$$

■

[정리 9.13] $s_0, s_1, \cdots$를 선형점화식 (9.7)을 만족하는 $\mathbb{F}_q$위의 k차 동차선형점화수열이고 주기가 r인 주기수열이라 하자. $f(x)$를 그 수열의 특성다항식이라 하면 다음이 성립한다.

$$f(x)s(x)=(1-x^r)h(x) \tag{9.12}$$

여기서

$$s(x)=s_0x^{r-1}+s_1x^{r-2}+\cdots+s_{r-2}x+s_{r-1}\in\mathbb{F}_q[x]$$

이며

$$h(x)=\sum_{j=0}^{k-1}\sum_{i=0}^{k-1-j}a_{i+j+1}s_ix^j\in\mathbb{F}_q[x]\ (a_k=-1) \tag{9.13}$$

증명 식 (9.12)의 양변의 계수를 비교하면 된다. ■

[예제 9.8] $\mathbb{F}_2$위에서 정의된 동차 선형점화수열 $s_0, s_1, \cdots$가

$$s_{n+4}=s_n+s_{n+1}+s_{n+3}(n=0,\ 1,\ 2,\ \cdots)$$

을 만족한다고 하자. 이 식을 만족하는 충격반응수열은 다음과 같다.

$$000111000111000111\cdots$$

이 수열의 주기는 $r=6$이며 특성다항식은 $f(x)=x^4+x^3+x+1$이다. 또한

$$s(x)=s_0x^5+s_1x^4+s_2x^3+s_3x^2+s_4x+s_5e=x^2+x+1$$

이다. $h(x)=1$이므로 식 (9.12)을 만족한다.

[정의 9.8] $f(0)\neq0$인 다항식 $f(x)\in\mathbb{F}_q[x]$에 대하여 $f(x)$가 x^e-1를 나누는 최소의 정수 e를 $f(x)$의 위수(order)라 하고 $\mathrm{ord}(f(x))=e$로 나타낸다.

[보조정리 9.14] $k\geq1$이고 $a_0\neq0$인 다항식 $f(x)$가 다음과 같다고 하자.

$$f(x)=x^k-a_{k-1}x^{k-1}-a_{k-2}x^{k-2}-\cdots-a_0\in\mathbb{F}_q[x]$$

그러면 $\mathrm{ord}(f(x))$는 $f(x)$의 동반행렬의 위수와 같다.

증명 $f(x)$의 동반행렬을 A라 하자. $A^e = I_{(k)}$일 필요충분조건은 $f(x)$가 $x^e - 1$을 나눈다는 것이다. 그러므로 A의 위수가 e라면 $\mathrm{ord}(f(x)) = e$이다. ■

> [정리 9.15] $s_0, s_1, \cdots$를 특성다항식이 $f(x) \in \mathbb{F}_q[x]$ $(f(0) \neq 0)$인 $\mathbb{F}_q$위의 동차 선형점화수열이라 하자. 그러면 그 수열의 주기는 $\mathrm{ord}(f(x))$의 약수이며, 대응하는 충격반응수열의 최소주기는 $\mathrm{ord}(f(x))$이다.

증명 정리 9.4, 정리 9.7과 보조정리 9.14에 의하여 분명하다. ■

> [정리 9.16] $s_0, s_1, \cdots$를 영이 아닌 초기상태벡터를 갖는 $\mathbb{F}_q$위의 동차선형점화수열이라 하고 특성다항식 $f(x) \in \mathbb{F}_q[x](f(0) \neq 0)$가 $\mathbb{F}_q$위에서 기약다항식이라 하면 그 수열은 최소주기가 $\mathrm{ord}(f(x))$인 주기수열이다.

증명 정리 9.15에 의하여 주어진 수열은 주기적이며 그것의 최소주기를 r이라 하면 r은 $\mathrm{ord}(f(x))$의 약수이다. 한편, 식 (9.12)에 의하여 $f(x)$는 $(x^r - 1)h(x)$의 약수이다. $s(x)$와 $h(x)$는 영이 아닌 다항식이고 $\deg(h(x)) < \deg(f(x))$이므로, 기약다항식 $f(x)$는 $x^r - 1$의 약수이다. 그러므로 $r \geq \mathrm{ord}(f(x))$이다. 따라서 $\mathrm{ord}(f(x)) = r$이다. ■

다음 정리는 자주 사용되는 정리이다.

> [정리 9.17] $f(x) \in \mathbb{F}_q[x]$를 $\deg(f(x)) = k$인 $\mathbb{F}_q$위에서 기약다항식이라 하면 $\mathrm{ord}(f(x))$는 $q^k - 1$을 나눈다.

증명 $f(x)$가 모닉이며 $f(0) \neq 0$라 가정해도 일반성을 잃지 않는다. $\mathbb{F}_q$위에서 특성다항식이 $f(x)$이고 초기상태벡터가 영이 아닌 동차 선형점화수열을 택하자. 정리 9.16에 의하여 이 수열은 최소주기가 $\mathrm{ord}(f(x))$인 주기수열이다. 그러므로 이 수열에는 $\mathrm{ord}(f(x))$개의 상태벡터들이 나타난다. $\mathrm{ord}(f(x)) = q^k - 1$이면 증명은 끝이 난다. 그러므로 $\mathrm{ord}(f(x)) < q^k - 1$($\mathbb{F}_q$의 원소들인 영이 아닌 k-순서쌍들의 총 개수)인 경우를 증명하자. 이 경우 그 수열에서 상태벡터로 나타나지 않는 하나의 k-순서쌍을 택하여 특

성다항식이 $f(x)$인 $\mathbb{F}_q$위의 다른 동차 선형점화수열의 초기상태벡터로 사용하자. 두 번째 수열의 $\text{ord}(f(x))$개의 다른 상태벡터들은 첫 번째 수열의 상태벡터와 갖지 않다. 이와 같은 식으로 계속하면 $\text{ord}(f(x)) \cdot m = q^k - 1$를 만족하는 m개의 $f(x)$를 특성다항식으로 갖는 동차 선형점화수열을 얻는다. 그러므로 $\text{ord}(f(x))$는 $q^k - 1$을 나눈다. ■

[예제 9.9] $\mathbb{F}_2$위의 동차 선형점화식 $s_{n+4} = s_{n+3} + s_{n+2} + s_{n+1} + s_n (n=0, 1, 2, \cdots)$을 생각하자. 이 수열의 특성다항식은 $f(x) = x^4 + x^3 + x^2 + x + 1$으로서 기약다항식이며 $\text{ord}(f(x)) = 5$이다. 초기상태벡터에 따라 동차점화수열은 다음과 같은 세 가지이다.

(i) 초기상태벡터가 (0, 0, 0, 1)인 경우 : 000110001100011 ⋯

(ii) 초기상태벡터가 (0, 1, 0, 0)인 경우 : 010010100101001 ⋯

(iii) 초기상태벡터가 (0, 1, 0, 1)인 경우 : 010100101001010 ⋯

이 수열들의 주기는 모두 5이다. $\mathbb{F}_{2^4}^*$의 15개의 4-순서쌍들이 각 수열의 상태벡터로 5개씩 나타난다.

정리 9.17에서 $f(x)$가 기약다항식이라는 조건이 꼭 필요하다는 것을 다음 예제로부터 알 수 있다.

[예제 9.10] $\mathbb{F}_2$위의 다항식 $f(x) = x^5 + x + 1$은 기약다항식이 아니다. 사실

$$f(x) = (x^3 + x^2 + 1)(x^2 + x + 1)$$

이며 이 수열의 주기는 $7 \cdot 3 = 21$이다.

> **[정의 9.9]** 영이 아닌 초기상태벡터를 갖는 $\mathbb{F}_q$위의 k차 동차선형점화수열의 특성다항식 $f(x)$의 주기가 $q^k - 1$일 때 즉, $\text{ord}(f(x)) = q^k - 1$일 때, 그 수열을 $\mathbb{F}_q$위의 **최대주기수열**(maximal period sequence)이라 한다.

정의 9.9로부터 다음 정리를 얻을 수 있다.

[정리 9.18] $\mathbb{F}_q$위의 모든 k차 최대주기수열은 주기적이며 최소주기는 q^k-1이다.

[예제 9.11] $\mathbb{F}_2$위의 선형점화식 $s_{n+7}=s_{n+1}+s_n$의 특성다항식 $f(x)=x^7+x+1$은 원시다항식이다. 그러므로 이 수열의 최소주기는 $2^7-1=127$이다.

연습문제 (9.2)

1. $\mathbb{F}_2$위의 선형점화수열 $s_0, s_1, \cdots$의 동차 선형점화식이 다음과 같다고 하자.

$$s_{n+5}=s_{n+1}+s_n(n=0, 1, 2, \cdots)$$

(1) 이 수열의 특성다항식 $f(x)$를 구하고 $f(x)$의 동반행렬을 구하여라.
(2) 이 수열을 생성하는 선형 쉬프트 레지스터를 그림으로 나타내어라.
(3) 이 수열의 초기상태벡터가 $(1, 1, 0, 1, 1)$일 때, 이 수열의 주기를 구하여라.
(4) 이 수열의 초기상태벡터가 $(1, 1, 1, 0, 1)$일 때, 이 수열의 주기를 구하여라.
(5) 이 수열의 초기상태벡터가 $(0, 0, 0, 0, 1)$일 때, 이 수열의 주기를 구하여라.

2. $\mathbb{F}_2$위의 선형점화수열 $s_0, s_1, \cdots$의 동차 선형점화식이 다음과 같다고 하자.

$$s_{n+5}=s_{n+2}+s_n(n=0, 1, 2, \cdots)$$

(1) 이 수열의 특성다항식 $f(x)$를 구하여라.
(2) 이 수열의 초기상태벡터가 $(1, 1, 1, 0, 1)$일 때, 이 수열의 주기를 구하여라.
(3) 이 수열의 초기상태벡터가 $(0, 0, 0, 0, 1)$일 때, 이 수열의 주기를 구하여라.

9.3 생성함수(Generating functions)

[정의 9.10] $\mathbb{F}_q$의 원소들로 이루어진 임의의 수열 $s_0, s_1, \cdots$에 대하여

$$G(x)=s_0+s_1x+s_2x^2+\cdots+s_nx^n+\cdots=\sum_{n=0}^{\infty}s_nx^n \tag{9.14}$$

을 이 수열의 생성함수(generating function)라고 한다.

[정리 9.19] 멱급수 $B(x)=\sum_{n=0}^{\infty}b_nx^n$ ($b_n\in\mathbb{F}_q$, $n=0, 1, 2, \cdots$)가 곱셈에 대한 역원을 가질 필요충분조건은 $b_0\neq 0$이다.

증명 $C(x)=\sum_{n=0}^{\infty}c_nx^n$ ($b_n\in\mathbb{F}_q$, $n=0, 1, 2, \cdots$)가 $C(x)B(x)=1$을 만족한다면 다음이 성립한다.

$$\begin{aligned}b_0c_0&=1\\ b_0c_1+b_1c_0&=0\\ b_0c_2+b_1c_1+b_2c_0&=0\\ &\vdots\\ b_0c_n+b_1c_{n-1}+\cdots+b_nc_0&=0\\ &\vdots\end{aligned}$$

그러므로 $b_0\neq 0$이다. 역으로 $b_0\neq 0$이면

$$c_n=-b_0^{-1}\sum_{k=1}^{n}b_kc_{n-k},\ n=1, 2, \cdots$$

라 두면 $B(x)C(x)=1$이 된다. ■

[예제 9.12] $\mathbb{F}_2$위에서 $B(x)=x^4+x+1$이라 하면

$$\frac{1}{B(x)} = 1 + x + x^2 + x^3 + x^5 + x^7 + \cdots$$

[정의 9.11] $\mathbb{F}_q$위의 주어진 k차 모닉다항식 $f(x)$에 대하여 $f^*(x) = x^k f(1/x)$를 만족하는 $f^*(x)$를 $f(x)$의 상반다항식(reciprocal polynomial)이라 한다.

[정리 9.20] $s_0, s_1, \cdots$를 선형점화식 (9.4)을 만족하는 $\mathbb{F}_q$위의 k차 동차선형점화수열이라 하고 그것의 특성다항식을 $f(x)$라 하며 $f^*(x) \in \mathbb{F}_q[x]$를 $f(x)$의 상반다항식이라 하자. $G(x)$를 식 (9.14)에 있는 생성함수라 하면 다음 식이 성립한다.

$$G(x) = \frac{g(x)}{f^*(x)} \tag{9.15}$$

여기서

$$g(x) = -\sum_{j=0}^{k-1} \sum_{i=0}^{j} a_{i+k-j} s_i x^j \in \mathbb{F}_q[x] \tag{9.16}$$

이며 $a_k = -1$이다. 역으로 $g(x)$가 $\mathbb{F}_q$위에서 $\deg(g(x)) < k$를 만족하는 다항식이며 $f^*(x) \in \mathbb{F}_q[x]$가 $f(x)$의 상반다항식이면 $G(x)$는 선형점화식 (9.7)을 만족하는 $\mathbb{F}_q$위의 k차 동차 선형점화수열의 생성함수이다.

증명 우선 $f^*(x)G(x)$를 구하면 다음과 같다.

$$\begin{aligned} f^*(x)G(x) &= -\left(\sum_{n=0}^{k} a_{k-n} x^n\right)\left(\sum_{n=0}^{\infty} s_n x^n\right) \\ &= -\sum_{j=0}^{k-1}\left(\sum_{i=0}^{j} a_{i+k-j} s_i\right)x^j - \sum_{j=k}^{\infty}\left(\sum_{i=j-k}^{j} a_{i+k-j} s_i\right)x^j \qquad (9.17) \\ &= g(x) - \sum_{j=k}^{\infty}\left(\sum_{i=0}^{k} a_i s_{j-k+i}\right)x^j \end{aligned}$$

그러므로 $s_0, s_1, \cdots$가 식 (9.7)을 만족한다면 $f^*(x)G(x)=g(x)$가 된다. 따라서 식 (9.15)가 성립한다. 역으로 식 (9.17)로부터 모든 $j \geq k$에 대하여 $\sum_{i=0}^{k} a_i s_{j-k+i}=0$일 때만 $f^*(x)G(x)$는 k보다 차수가 낮은 다항식이 된다. 이것은 $G(x)$의 계수들의 수열 $s_0, s_1, \cdots$가 선형점화식 (9.7)을 만족한다는 것을 뜻한다. ■

> **[따름정리 9.21]** $s_0, s_1, \cdots$를 선형점화식 (9.7)을 만족하는 $\mathbb{F}_q$위의 주기가 r인 k차 동차 선형점화수열이라 하고 그것의 특성다항식을 $f(x)$라 하며 $f^*(x)\in\mathbb{F}_q[x]$를 $f(x)$의 상반다항식이라 하자. $G(x)$를 식 (9.14)에 있는 생성함수라 하면 다음 식이 성립한다.
>
> $$f(x)s^*(x)=(x^r-1)g^*(x) \tag{9.18}$$

증명 $s(x)=s_0+s_1x+\cdots+s_{r-1}x^{r-1}$라 하면 $s_0, s_1, \cdots$의 주기가 r이므로 다음을 얻는다.

$$\begin{aligned} G(x) &= s_0+s_1x+\cdots+s_{r-1}x^{r-1}+x_0x^r+s_1x^{r+1}+\cdots+s_{r-1}x^{2r-1}+\cdots \\ &= (s_0+s_1x+\cdots+s_{r-1}x^{r-1})(1+x^r+x^{2r}+\cdots) \qquad (9.19) \\ &= \frac{s_0+s_1x+\cdots+s_{r-1}x^{r-1}}{1-x^r} \\ &= \frac{s(x)}{1-x^r} \end{aligned}$$

이므로 식 (9.15)와 식 (9.19)로부터

$$G(x)=\frac{g(x)}{f^*(x)}=\frac{s(x)}{1-x^r}$$

이고 따라서 다음 등식이 성립한다.

$$f^*(x)s(x)=(1-x^r)g(x)$$

그리고 위의 등식에 의하여

$$x^kf^*\left(\frac{1}{x}\right)x^{r-1}s\left(\frac{1}{x}\right)=x^r\left\{1-\left(\frac{1}{x}\right)^r\right\}x^{k-1}g\left(\frac{1}{x}\right)$$

이므로 식 (9.18)을 얻는다. ■

[따름정리 9.22] 위의 정리에서 다음이 성립한다.

$$x^{k-1}g\left(\frac{1}{x}\right)=-h(x) \tag{9.20}$$

여기서 $h(x)$는 식 (9.12)에 있는 다항식이다.

증명 식 (9.12)와 다음 식에 의하여 식 (9.20)이 성립한다. $s(x)=s_0+s_1x+\cdots+s_{r-1}x^{r-1}$라 하면

$$\begin{aligned}(1-x^r)h(x)&=f(x)s^*(x)\\&=x^kf^*\left(\frac{1}{x}\right)x^{r-1}s\left(\frac{1}{x}\right)\\&=x^{k-1}x^rf^*\left(\frac{1}{x}\right)s\left(\frac{1}{x}\right)\\&=x^{k-1}(x^r-1)g\left(\frac{1}{x}\right)\\&=-(1-x^r)x^{k-1}g\left(\frac{1}{x}\right)\end{aligned}$$

■

[예제 9.13] $\mathbb{F}_2$위의 동차 선형점화식이 다음과 같다고 하자.

$$s_{n+4}=s_{n+3}+s_{n+1}+s_n\,(n=0,\ 1,\ 2,\ \cdots)$$

이 수열의 특성다항식과 상반다항식은 다음과 같다.

$$f(x)=x^4+x^3+x+1,\ f^*(x)=x^4+x^3+x+1=f(x)$$

이제 $G(x)=\sum_{n=0}^{\infty}s_nx^n$을 선형점화수열 $s_0,\ s_1,\ \cdots$의 생성함수라 하자.

(1) $(s_0,\ s_1,\ s_2,\ s_3)=(0,\ 0,\ 0,\ 1)$인 경우

$f^*(x)G(x)=x^3+\cdots$이므로 $g(x)=x^3$이며 다음이 성립한다.

$$G(x)=\frac{g(x)}{f^*(x)}=\frac{x^3}{x^4+x^3+x+1}=x^3+x^4+x^5+x^9+x^{10}+x^{11}+\cdots$$

그러므로 $s_0,\ s_1,\ \cdots$는 다음과 같은 주기가 6인 순환수열이다.

$$000111000111000111\cdots$$

(2) $(s_0, s_1, s_2, s_3)=(1, 1, 0, 1)$인 경우

$f^*(x)G(x)=1+x^2+\cdots$이므로 $g(x)=1+x^2$이며 다음이 성립한다.

$$G(x)=\frac{g(x)}{f^*(x)}=\frac{1+x^2}{x^4+x^3+x+1}=1+x+x^3+x^4+x^6+\cdots$$

그러므로 $s_0, s_1, \cdots$는 다음과 같은 주기가 3인 순환수열이다.

$$110110110110110\cdots$$

연습문제 (9.3)

1. $\mathbb{F}_2$위에서 다음을 멱급수로 나타내어라.

$$\frac{1+x+x^2+x^3+\cdots}{1+x+x^4}$$

2. $\mathbb{F}_2$위의 선형점화수열 $s_0, s_1, \cdots$의 동차 선형점화식이 다음과 같다고 하자.

$$s_{n+5}=s_{n+1}+s_n (n=0, 1, 2, \cdots)$$

$(s_0, s_1, s_2, s_3, s_4)=(0, 0, 0, 0, 1)$일 경우에 이 수열의 생성함수 $G(x)$를 구하고 이를 이용하여 수열 $s_0, s_1, \cdots$을 구하여라.

3. $\mathbb{F}_2$위의 선형점화수열 $s_0, s_1, \cdots$

$$1011101110111011\cdots$$

의 생성함수를 구하여라.

9.4 최소다항식(Minimal Polynomials)

> **[정리 9.23]** $s_0, s_1, \cdots$을 $\mathbb{F}_q$위의 동차 선형점화수열이라 하자. 그러면 다음 성질을 갖는 모닉다항식 $m(x)\in\mathbb{F}_q[x]$가 유일하게 존재한다. 양의 차수를 갖는 모닉다항식 $f(x)\in\mathbb{F}_q[x]$가 $s_0, s_1, \cdots$의 특성다항식일 필요충분조건은 $m(x)$가 $f(x)$의 약수인 것이다.

증명 $f_0(x)\in\mathbb{F}_q[x]$가 주어진 수열이 만족하는 동차 선형점화식의 특성다항식이고 $h_0(x)\in\mathbb{F}_q[x]$를 $f_0(x)$와 $h_0(x)$에 의해서 결정된 식 (9.13)의 다항식이라 하자. 만일 $d(x)=\gcd(f_0(x), h_0(x))$라 하고 $f_0(x)=m(x)d(x)$, $h_0(x)=b(x)d(x)$라고 하자. 여기서 $m(x), b(x)\in\mathbb{F}_q[x]$이다. 분명히 $m(x)$는 모닉다항식이다. 이제 $f(x)\in\mathbb{F}_q[x]$를 주어진 수열의 임의의 특성다항식이라 하고 $h(x)\in\mathbb{F}_q[x]$를 $f(x)$와 그 수열에 의해서 결정된 식 (9.13)의 다항식이라 하자. 정리 9.18에 의하여 주어진 수열의 생성함수 $G(x)$가

$$G(x)=\frac{g_0(x)}{f_0^*(x)}=\frac{g(x)}{f^*(x)}$$

를 만족한다. 여기서 $g_0(x)$, $g(x)$은 식 (9.16)에 의해서 결정된다. 그러므로 $g(x)f_0^*(x)=g_0(x)f^*(x)$이고 식 (9.20)에 의하여

$$\begin{aligned}h(x)f_0(x)&=-x^{\deg(f(x))-1}g\left(\frac{1}{x}\right)x^{\deg(f_0(x))}f_0^*\left(\frac{1}{x}\right)\\&=-x^{\deg(f_0(x))-1}g\left(\frac{1}{x}\right)x^{\deg(f(x))}f^*\left(\frac{1}{x}\right)\\&=h_0(x)f(x)\end{aligned}$$

그러므로

$$h(x)m(x)=h(x)\frac{f_0(x)}{d(x)}=\frac{h_0(x)}{d(x)}f(x)=b(x)f(x)$$

이다. $\gcd(m(x), b(x))=1$이므로 $m(x)$는 $f(x)$의 약수이다. 이제 $f(x)\in\mathbb{F}_q[x]$를 양의 차수를 갖는 모닉다항식으로서

$$f(x)=m(x)c(x),\ c(x)\in\mathbb{F}_q[x]$$

을 만족한다고 하자. 그러면 $f^*(x)=m^*(x)c^*(x)$를 만족한다. 또한 $h_0(x)m(x)=b(x)f_0(x)$이므로 식 (9.20)에 의하여

$$\begin{aligned}g_0(x)m^*(x) &= -x^{\deg(f_0(x))-1}h_0\left(\frac{1}{x}\right)x^{\deg(m(x))}m\left(\frac{1}{x}\right)\\ &= -x^{\deg(m(x))-1}b\left(\frac{1}{x}\right)x^{\deg(f_0(x))}f_0\left(\frac{1}{x}\right)\\ &= a(x)f_0^*(x)\end{aligned}$$

가 된다. 여기서 $a(x)=-x^{\deg(m(x))-1}b\left(\frac{1}{x}\right)$이다. $\deg(b(x))<\deg(m(x))$이므로 $g_0(x)m^*(x)=a(x)f_0^*(x)$이다. 따라서 다음이 성립한다.

$$G(x)=\frac{g_0(x)}{f_0^*(x)}=\frac{a(x)}{m^*(x)}=\frac{a(x)c^*(x)}{m^*(x)c^*(x)}=\frac{a(x)c^*(x)}{f^*(x)}$$

그런데

$$\begin{aligned}\deg(a(x)c^*(x)) &= \deg(a(x))+\deg(c^*(x))\\ &< \deg(m(x))+\deg(c(x))=\deg(f(x))\end{aligned}$$

이므로 정리 9.20에 의하여 $f(x)$는 그 수열의 특성다항식이다. $m(x)$는 정리에서 언급한 성질을 만족하는 유일한 다항식임은 분명하다. ■

> [정의 9.12] 정리 9.23에서 언급된 유일한 다항식 $m(x)$를 수열 $s_0,\ s_1,\ \cdots$의 최소다항식(minimal polynomial)이라 한다.

분명히 모든 $n\geq 0$에 대하여 $s_n=0$이면 $m(x)=1$이다.

[예제 9.14] $s_0,\ s_1,\ \cdots$를 $\mathbb{F}_2$위의 다음을 만족하는 선형점화수열이라 하자.

$$s_{n+4}=s_{n+3}+s_{n+1}+s_n,\ n=0,\ 1,\ 2,\ \cdots$$

$(s_0,\ s_1,\ s_2,\ s_3)=(1,\ 1,\ 0,\ 1)$라 하자. $s_0,\ s_1,\ \cdots$의 특성다항식은 $f_0(x)=x^4+x^3+$

$x+1$이며 $h_0(x)=x^3+x$이다. $d(x)=\gcd(f_0(x), h_0(x))=x^2+1$이므로 최소다항식은

$$m(x)=\frac{f_0(x)}{d(x)}=x^2+x+1$$

이다.

다음 정리에 의하여 최소다항식은 선형점화수열의 최소주기를 결정하는데 결정적인 역할을 한다는 것을 알 수 있다.

> **[정리 9.24]** $s_0, s_1, \cdots$를 최소다항식 $m(x)\in\mathbb{F}_q[x]$를 갖는 $\mathbb{F}_q$위의 동차 선형점화수열이라 하면 그 수열의 최소주기는 $\mathrm{ord}(m(x))$이다.

증명 r을 주어진 수열의 최소주기라 하고 n_0를 그 수열의 이전주기라 하면 모든 $n \ge n_0$에 대하여 $s_{n+r}=s_n$이다. 그러므로 그 수열은 동차 선형점화식

$$s_{n+n_0+r}=s_{n+n_0} \quad (n=0,\ 1,\ 2,\ \cdots)$$

를 만족한다. 정리 9.23에 의하여 $m(x)$는 $x^{n_0+r}-x^{n_0}=x^{n_0}(x^r-1)$을 나눈다. 그러므로 $m(x)=x^h g(x)$이다. 여기서 $h \le n_0$이고 $g(x)\in\mathbb{F}_q[x]$는 $g(0)\ne 0$이며 x^r-1을 나눈다. 그러므로 $\mathrm{ord}(m(x))=\mathrm{ord}(g(x)) \le r$이다. 한편, 정리 9.15에 의하여 r은 $\mathrm{ord}(m(x))$를 나눈다. 그러므로 $r=\mathrm{ord}(m(x))$이다. ■

[예제 9.15] $s_0, s_1, \cdots$를 선형점화식

$$s_{n+5}=s_{n+1}+s_n \quad (n=0,\ 1,\ 2,\ \cdots)$$

를 만족하는 $\mathbb{F}_2$위의 선형점화수열이라 하고 초기상태벡터를 $(1, 1, 1, 0, 1)$라 하자. 그러면 이 수열의 특성다항식은 $f_0(x)=x^5+x+1$이고 $h_0(x)=x^4+x^3+x^2$이다. 그러면 $d(x)=x^2+x+1$이므로 최소다항식은

$$m(x)=f_0(x)/d(x)=x^3+x^2+1$$

이며 $\mathrm{ord}(m(x))=7$이다.

[예제 9.16] $s_0, s_1, \cdots$를 선형점화식

$$s_{n+4}=s_{n+2}+s_{n+1} \quad (n=0,\ 1,\ 2,\ \cdots)$$

를 만족하는 $\mathbb{F}_2$위에서의 선형점화수열이라 하고 초기상태벡터를 $(1, 0, 1, 0)$라 하자. 그러면 이 수열의 특성다항식은 $f_0(x)=x^4+x^2+x=x(x^3+x+1)=m(x)$이다. 이 수열은 비 주기적이며 최소주기는 $\mathrm{ord}(m(x))=7$이다.

> [정리 9.25] $s_0, s_1, \cdots$를 $\mathbb{F}_q$위에서의 동차 선형점화수열이며 $b\in\mathbb{N}$라 하자. 그러면 이동한 수열 $s_b, s_{b+1}, \cdots$의 최소다항식 $m_1(x)$는 원 수열의 최소다항식 $m(x)$를 나눈다. $s_0, s_1, \cdots$가 주기수열이면 $m_1(x)=m(x)$이다.

증명 $s_0, s_1, \cdots$이 만족하는 동차 선형점화식은 이동한 수열의 동차 선형점화식과 같기 때문에 정리 9.23에 의하여 $m_1(x)$는 $m(x)$를 나눈다. $s_0, s_1, \cdots$가 주기수열이고

$$s_{n+b+k}=a_{k-1}s_{n+b+k-1}+\cdots+a_0s_{n+b},\ n=0,\ 1,\ 2,\ \cdots \tag{9.21}$$

를 이동한 수열의 동차 선형점화식이라 하자. r을 $s_0, s_1, \cdots$의 주기라면 모든 $n\geq 0$에 대하여 $s_{n+r}=s_n$이다. 정수 c가 존재하여 $cr\geq b$를 만족한다. 식 (9.21)의 n을 $n+cr-b$로 대치하면 모든 $n\geq 0$에 대하여

$$s_{n+k}=a_{k-1}s_{n+k-1}+\cdots+a_0s_n,\ n=0,\ 1,\ 2,\ \cdots$$

을 얻는다. 즉, 수열 $s_0, s_1, \cdots$은 이동한 수열과 같은 선형점화식을 만족한다. 그러므로 정리 9.23에 의하여 $m_1(x)=m(x)$이다. ■

> [정리 9.26] $f(x)\in\mathbb{F}_q[x]$를 $\mathbb{F}_q$위에서 모닉 기약다항식이라 하고 $s_0, s_1, \cdots$를 $\mathbb{F}_q$위에서의 영수열이 아닌 동차 선형점화수열이라 하자. 주어진 수열의 특성다항식이 $f(x)$라면 그 수열의 최소다항식은 $f(x)$이다.

증명 정리 9.23에 의하여 그 수열의 최소다항식 $m(x)$는 $f(x)$를 나눈다. $f(x)$가 기약다항식이므로 $m(x)=1$이거나 $m(x)=f(x)$이다. 그런데 $m(x)\neq 1$이므로 $m(x)=f(x)$이다. ■

다음 정리는 주어진 선형점화수열의 특성다항식이 그 수열의 최소다항식인지 아닌지를 결정해 주는 대단히 중요한 정리이다.

> **[정리 9.27]** $s_0, s_1, \cdots$를 $\mathbb{F}_q$위의 특성다항식이 $f(x)\in\mathbb{F}_q[x]$인 k차 동차 선형점화식을 만족하는 수열이라 하자. 그러면 그 수열의 최소다항식이 $f(x)$일 필요충분조건은 상태벡터들 $\mathbf{s}_0, \mathbf{s}_1, \cdots, \mathbf{s}_{k-1}$이 $\mathbb{F}_q$위에서 일차독립인 것이다.

증명 $f(x)$를 그 수열의 최소다항식이라 하자. $\mathbf{s}_0, \mathbf{s}_1, \cdots, \mathbf{s}_{k-1}$이 $\mathbb{F}_q$위에서 일차독립이라면 모두는 0이 아닌 $b_0, b_1, \cdots, b_{k-1}\in\mathbb{F}_q$가 존재하여

$$b_0\mathbf{s}_0+b_1\mathbf{s}_1 \cdots +b_{k-1}\mathbf{s}_{k-1}=\mathbf{0}$$

를 만족한다. 모든 $n\geq 0$에 대하여 식 (9.4)에 의하여

$$\begin{aligned} &b_0\mathbf{s}_n+b_1\mathbf{s}_{n+1} \cdots +b_{k-1}\mathbf{s}_{n+k-1} \\ &=(b_0\mathbf{s}_0+b_1\mathbf{s}_1 \cdots +b_{k-1}\mathbf{s}_{k-1})A^n \\ &=\mathbf{0}\mathbf{A}^n \\ &=\mathbf{0} \end{aligned}$$

이다. 그러므로 모든 $n\geq 0$에 대하여

$$b_0s_n+b_1s_{n+1}+\cdots+b_{k-1}s_{n+k-1}=0$$

를 얻는다. $b_j=0\,(1\leq j\leq k-1)$라면 모든 $n\geq 0$에 대하여 $s_n=0$이므로 최소다항식의 차수가 양수라는데 모순이 된다. 따라서 $j\geq 1$를 $b_j\neq 0$인 최대의 정수라 하자. 그러면 $s_0, s_1, \cdots$는 $j<k$를 만족하는 j차 동차 선형점화식을 만족한다. 이 또한 $f(x)$가 최소다항식이라는 사실에 모순이 된다. 그러므로 $\mathbf{s}_0, \mathbf{s}_1, \cdots, \mathbf{s}_{k-1}$이 $\mathbb{F}_q$위에서 일차독립이다.

역으로, $\mathbf{s}_0, \mathbf{s}_1, \cdots, \mathbf{s}_{k-1}$이 $\mathbb{F}_q$위에서 일차독립이라 하자. $\mathbf{s}_0\neq\mathbf{0}$이므로 최소다항식의 차수는 영보다 큰 정수이다. $f(x)$가 최소다항식이 아니라면 수열 $s_0, s_1, \cdots$은 $m(1\leq m<k)$차 동차 선형점화식

$$s_{n+m}=a_{m-1}s_{n+m-1}+\cdots+a_0s_n,\ (n=0,\ 1,\ 2,\ \cdots)$$

를 만족한다. 따라서 $\mathbf{s}_m=a_{m-1}\mathbf{s}_{m-1}+\cdots+a_0\mathbf{s}_0$가 되어 $\mathbf{s}_0, \mathbf{s}_1, \cdots, \mathbf{s}_{k-1}$의 일차독립성에 모순이 된다. 그러므로 $f(x)$는 주어진 수열의 최소다항식이다. ■

[따름정리 9.28] $s_0, s_1, \cdots$가 $\mathbb{F}_q$위의 어떤 동차 선형점화식을 만족하는 충격반응수열이라면 그 수열의 최소다항식은 그 선형점화식의 특성다항식과 같다.

증명 $s_0, s_1, \cdots$이 충격반응수열이면 $\mathbf{s}_0, \mathbf{s}_1, \cdots, \mathbf{s}_{k-1}$이 일차독립이다. 그러므로 이 수열의 최소다항식은 그 선형점화식의 특성다항식과 같다. ■

[예제 9.17] $s_0, s_1, \cdots$가 $\mathbb{F}_2$위의 동차 선형점화식

$$s_{n+5}=s_{n+1}+s_n(n=0,\ 1,\ 2,\ \cdots) \tag{9.22}$$

를 만족한다고 하자. 그러면 이 수열의 특성다항식은

$$f(x)=x^5+x+1=(x^3+x^2+1)(x^2+x+1)$$

이다. 그러므로 이 수열의 최소다항식은 다음 중 하나이다.

$$x^2+x+1,\ x^3+x^2+1,\ x^5+x+1$$

(1) 다음 수열은 식 (9.22)를 만족하는 주기가 3인 순환수열이다.

110110110110110110⋯

이 수열은 동차 선형점화식

$$s_{n+2}=s_{n+1}+s_n(n=0,\ 1,\ 2,\ \cdots)$$

를 만족하므로 최소다항식은 $m(x)=x^2+x+1$이다.

(2) 다음 수열은 식 (9.22)를 만족하는 주기가 7인 순환수열이다.

111010011101001110100⋯

이 수열은 동차 선형점화식

$$s_{n+3}=s_{n+2}+s_n(n=0,\ 1,\ 2,\ \cdots)$$

를 만족하므로 최소다항식은 $m(x)=x^3+x^2+1$이다.

(3) 다음 수열은 식 (9.22)를 만족하는 주기가 21인 순환수열이다.

000010001100101011111100001⋯

이 수열은 동차 선형점화식

$$s_{n+2}=s_{n+1}+s_n\,(n=0,\ 1,\ 2,\ \cdots)$$
$$s_{n+3}=s_{n+2}+s_n\,(n=0,\ 1,\ 2,\ \cdots)$$

를 만족하지 않는다. 그러므로 최소다항식은 $m(x)=x^5+x+1$이다.

연습문제 (9.4)

1. 최소다항식이 $f(x)=x^4+x+1$인 동차 선형점화수열을 구하여라.
2. 최소다항식이 $f(x)=x^5+x^2+1$인 동차 선형점화수열을 구하여라.
3. 다음 선형점화수열의 최소다항식을 구하여라.

   111010110010001111010110010001 ⋯

4. 다음 선형점화수열의 최소다항식을 구하여라.

   100010011010111100010011010111 ⋯

5. $\mathbb{F}_2$위에서 다항식 $f(x)=x^6+x+1$를 특성다항식으로 갖는 동차 선형점화수열 s_0, s_1, ⋯의 초기상태벡터가 (0, 0, 0, 0, 0, 1)일 때, 그 수열을 결정하고 그 수열의 최소다항식이 $f(x)$임을 보여라.
6. $\mathbb{F}_2$위에서 다항식 $f(x)=x^6+x^5+x^4+x^3+1$를 특성다항식으로 갖는 동차선형점화수열 s_0, s_1, ⋯의 초기상태벡터가 (0, 0, 0, 0, 0, 1)일 때, 그 수열을 결정하고 그 수열의 최소다항식이 $f(x)$임을 보여라.

9.5 선형점화수열들의 집합 (Families of Linear recurring sequences)

$f(x) \in \mathbb{F}_q[x]$는 차수가 양수인 모닉다항식이라고 하자. $f(x)$를 특성다항식으로 가지는 $\mathbb{F}_q$의 원소로 이루어진 동차 선형점화수열 전체의 집합을 $S(f(x))$로 나타낸다. 즉 $S(f(x))$는 $f(x)$에 의해 결정되는 동차 선형점화식을 만족하는 $\mathbb{F}_q$에서의 수열 전체의 집합이다. $\deg(f(x))=k$이면 q^k개의 서로 다른 초기상태벡터에 대응한 정확히 q^k개 수열을 포함한다.

집합 $S(f(x))$에 속한 두 수열에 대하여 다음과 같이 덧셈과 스칼라 곱셈을 정의한다.

$$\{s_n\}+\{t_n\}=\{s_n+t_n\}$$
$$c\{s_n\}=\{cs_n\},\ c \in \mathbb{F}_q$$

$\{s_n\}$, $\{u_n\} \in S(f(x))$, $c \in \mathbb{F}_q$일 때,

$$s_{n+k}=\sum_{i=0}^{k-1} a_i s_{n+i},\ t_{n+k}=\sum_{i=0}^{k-1} a_i u_{n+i}\ (n=0,\ 1,\ 2,\ \cdots)$$

이므로 모든 $n(n=0,\ 1,\ 2,\ \cdots)$에 대하여 다음이 성립한다.

$$s_{n+k}+t_{n+k}=\sum_{i=0}^{k-1} a_i (s_{n+i}+u_{n+i}),$$
$$cs_{n+k}=\sum_{i=0}^{k-1} a_i (cs_{n+i})$$

그러므로 수열 $\{s_n\}+\{t_n\}$과 $c\{s_n\}$가 $S(f(x))$에 속한다는 것을 알 수 있다. 위와 같이 정의된 덧셈과 스칼라 곱셈에 관하여 집합 $S(f(x))$는 체 $\mathbb{F}_q$위의 벡터공간을 이룬다. 모든 항이 0인 **영수열**(zero sequence) **0**이 벡터공간 $S(f(x))$의 **영벡터**(zero vector)이다. $S(f(x))$의 원소가 q^k개이므로 $S(f(x))$은 k차원 벡터공간이다. $\mathbb{F}_q$의 원소로 구성된 k개 일차독립인 k-쌍들 $\mathbf{y}_1$, $\cdots$, $\mathbf{y}_k$을 선택하고, 초기상태벡터로 $\mathbf{y}_j$를 가지는 $S(f(x))$에 속한 수열들 σ_1, $\cdots$, σ_k를 선택함으로써 $S(f(x))$의 k개 일차독립인

원소를 얻을 수 있다. $\boldsymbol{y}_1, \cdots, \boldsymbol{y}_k$로는 표준기저벡터들 $e_1=(1, 0, \cdots, 0)$, $e_2=(0, 1, \cdots, 0)$, $\cdots$, $e_k=(0, 0, \cdots, 1)$을 선택하는 것이 자연스럽다. 또 다른 유용한 선택방법으로는 $S(f(x))$에 속한 충격반응수열 $d_0, d_1, \cdots$을 이용하여, $\boldsymbol{y}_1, \cdots, \boldsymbol{y}_k$으로 이 충격반응수열의 상태벡터들 $\boldsymbol{d}_0, \cdots, \boldsymbol{d}_{k-1}$을 선택하는 방법이 있다.

앞으로 논의에서는 여러 집합들 $S(f(x))$ 사이의 관계를 알아본다.

[정리 9.29] $f(x)$와 $g(x)$가 $\mathbb{F}_q$위의 상수가 아닌 모닉다항식이라 하자. 그러면 다음이 성립한다.

$$S(f(x)) \subseteq S(g(x)) \Leftrightarrow f(x) \mid g(x)$$

증명 $S(f(x)) \subseteq S(g(x))$이라 가정하자. $S(f(x))$에 속한 충격반응수열은 따름정리 9.28에 의하면 $f(x)$를 최소다항식으로 가지며, 가정에 의하면 $S(g(x))$에 속한다. 그러므로 정리 9.23에 의하면 $f(x)$는 $g(x)$의 인수이다. 역으로 $f(x)$가 $g(x)$의 인수라 가정하고 $s_0, s_1, \cdots$가 $S(f(x))$에 속한 임의의 수열이라면 정리 9.23에 의하여, 이 수열의 최소다항식 $m(x)$는 $f(x)$의 인수이다. 결국 $m(x)$는 $g(x)$의 인수가 되므로 정리 9.23을 또다시 적용하면 수열 $s_0, s_1, \cdots$이 $S(g(x))$에 속한다는 것을 알 수 있다. 그러므로 $S(f(x)) \subseteq S(g(x))$이다. ■

[정리 9.30] $f_1(x), \cdots, f_h(x)$가 $\mathbb{F}_q$위의 상수가 아닌 모닉다항식이라 하자. 그러면 다음이 성립한다.

(1) $f_1(x), \cdots, f_h(x)$가 서로소이면

$$S(f_1(x)) \cap \cdots \cap S(f_h(x)) = \{\mathbf{0}\}$$

(2) $f_1(x), \cdots, f_h(x)$의(모닉) 최대공약수 $d(x)$의 차수가 양수이면

$$S(f_1(x)) \cap \cdots \cap S(f_h(x)) = S(d(x))$$

증명 $S(f_1(x)) \cap \cdots \cap S(f_h(x))$에 속한 수열의 최소다항식 $m(x)$는 $f_1(x), \cdots, f_h(x)$의

인수이다.

(1) $f_1(x), \cdots, f_h(x)$가 서로소이면 $m(x)$는 상수다항식 1이고, 최소다항식이 1인 수열은 영수열 뿐이다.

(2) $m(x)$는 $d(x)$의 인수이므로 정리 9.23에 의하면 $S(f_1(x)) \cap \cdots \cap S(f_h(x)) \subseteq S(d(x))$이다. 정리 9.29로부터 $S(d(x)) \subseteq S(f_1(x)) \cap \cdots \cap S(f_h(x))$가 성립한다는 것을 바로 알 수 있다. ■

$S(f(x))+S(g(x))$를 다음과 같이 정의하면 $\mathbb{F}_q$위의 벡터공간이 된다.

$$S(f(x))+S(g(x))=\{\sigma+\tau \mid \sigma \in S(f(x)),\ \tau \in S(g(x))\}$$

일반적으로 $S(f_1(x))+\cdots+S(f_h(x))$를 다음과 같이 정의하면 $\mathbb{F}_q$위의 벡터공간이 된다.

$$S(f_1(x))+\cdots+S(f_h(x))=\{\sigma_1+\cdots+\sigma_h \mid \sigma_1 \in S(f_1(x)), \cdots, \sigma_h \in S(f_h(x))\}$$

[정리 9.31] $f_1(x), \cdots, f_h(x)$가 $\mathbb{F}_q$위의 상수가 아닌 모닉다항식이라 하자. $c(x)$가 $c(x)=\mathrm{lcm}\{f_1(x), \cdots, f_h(x)\}$인 모닉다항식이라고 하면 다음이 성립한다.

$$S(f_1(x))+\cdots+S(f_h(x))=S(c(x))$$

증명 두 다항식 $f_1(x)$, $f_2(x)$에 대해서 정리가 성립함을 증명하기로 한다. 일반적인 경우는 수학적귀납법으로 바로 알 수 있다. $f_1(x) \mid c(x)$, $f_2(x) \mid c(x)$이므로, 정리 9.29에 의하여 $S(f_1(x)) \subseteq S(c(x))$, $S(f_2(x)) \subseteq S(c(x))$이고 $S(c(x))$가 벡터공간이므로 $S(f_1(x))+S(f_2(x)) \subseteq S(c(x))$이다. 이제 두 벡터공간의 차원을 비교해보자. $V_1=S(f_1(x))$, $V_2=S(f_2(x))$라 하고 $d(x)$를 $d(x)=\gcd(f_1(x), f_2(x))$인 모닉다항식이라 하면, 정리 9.30에 의하여 다음이 성립한다.

$$\begin{aligned}\dim(V_1+V_2)&=\dim(V_1)+\dim(V_2)-\dim(V_1 \cap V_2)\\&=\deg(f_1(x))+\deg(f_2(x))-\deg(d(x))\end{aligned}$$

한편, $c(x)=f_1(x)f_2(x)/d(x)$이므로 $\dim(V_1+V_2)=\deg(c(x))=\dim(S(c(x)))$가 성립한다. 그러므로 벡터부분공간 $S(f_1(x))+S(f_2(x))$는 벡터공간 $S(c(x))$와 차원이 같으므로 $S(f_1(x))+S(f_2(x))=S(c(x))$이다. ■

$f(x)$와 $g(x)$가 $\mathbb{F}_q$위의 상수가 아닌 서로소인 모닉다항식인 경우라면

$$S(f(x)g(x)) = S(f(x)) + S(g(x))$$

가 성립한다. 이 경우에 정리 9.30에 의하면 $S(f_1(x)) \cap S(f_2(x)) = \{\mathbf{0}\}$이므로 $S(f(x)g(x))$는 벡터부분공간 $S(f(x))$와 $S(g(x))$의 **직합**(direct sum)이다. 즉, 모든 수열 $\sigma \in S(f(x)g(x))$은

$$\sigma = \sigma_1 + \sigma_2 \ (\sigma_1 \in S(f(x)),\ \sigma_2 \in S(g(x)))$$

의 꼴로 나타내어지고, 이와 같이 나타내는 방법은 단 한 가지뿐이다.

$S(f(x))$는 차원이 $f(x)$의 차수와 같은 $\mathbb{F}_q$위의 벡터공간이므로, 벡터공간 $S(f(x))$는 다음과 같은 흥미있는 성질을 갖는다.

$s_0, s_1, \cdots \in S(f(x))$이면 모든 정수 $b \geq 0$에 대하여 이동 수열 $s_b, s_{b+1}, \cdots$도 $S(f(x))$에 속한다. 물론 이 사실은 선형점화식으로부터 바로 알 수 있는 성질이다. $S(f(x))$가 이런 성질을 가지고 있다는 것을 **수열의 이동에 관하여 닫혀있다**(closed under shifts of sequences)라고 말한다. 이 사실을 이용하여 다음 정리는 $S(f(x))$를 완전히 분석한다.

[정리 9.32] E가 $\mathbb{F}_q$의 원소로 이루어진 수열의 한 집합이라 하자. 차수가 양수인 모닉다항식 $f(x) \in \mathbb{F}_q[x]$이 존재하여 $E = S(f(x))$일 필요충분조건은 다음이 성립하는 것이다.

E가 수열의 이동에 관하여 닫혀있으며(수열의 보통 덧셈과 스칼라 곱셈에 관하여) $\mathbb{F}_q$위의 0보다 큰 유한차원 벡터공간이다.

증명 충분조건이 성립한다는 것을 위에서 보였다. 역으로 필요조건을 증명하자. 영수열이 아닌 임의의 수열 $\sigma \in E$를 생각해보자. $s_0, s_1, \cdots$이 수열 σ의 항들이고 $b \geq 0$가 정수라면 이동수열 $s_b, s_{b+1}, \cdots$을 $\sigma^{(b)}$로 나타낸다. 가정에 의하여 수열들 $\sigma^{(0)}, \sigma^{(1)}, \sigma^{(2)}, \cdots$은 모두 E에 속한다. E가 유한집합이므로 $\sigma^{(i)} = \sigma^{(j)}$인 음이 아닌 정수 $i < j$가 존재한다. 그러므로 처음 주어진 수열 σ는 동차선형점화식

$$s_{n+j} = s_{n+i} \ (n = 0, 1, \cdots)$$

을 만족한다. 정리 9.23에 의하여 수열 σ는 차수가 양수(예를 들어) k인 최소다항식

$m_\sigma(x) \in \mathbb{F}_q[x]$을 가진다. 수열 σ의 상태벡터들 $\mathbf{s}_0, \mathbf{s}_1, \cdots, \mathbf{s}_{k-1}$은 정리 9.27에 의하여 $\mathbb{F}_q$위에서 일차독립이다. 결국 수열들 $\sigma^{(0)}, \sigma^{(1)}, \cdots, \sigma^{(k-1)}$은 $S(m_\sigma(x))$의 일차독립인 원소들이므로 $S(m_\sigma(x))$의 기저가 된다. $\sigma^{(0)}, \sigma^{(1)}, \cdots, \sigma^{(k-1)}$가 벡터공간 E에 속하기 때문에 $S(m_\sigma(x))$는 E의 벡터부분공간이 된다. 모든 $\sigma \in E^*$에 대하여 위와 같은 논의를 적용하면 벡터공간들의 유한합 $\sum_{\sigma \in E^*} S(m_\sigma(x))$이 E의 벡터부분공간이라는 것을 알 수 있다. 한편, $E \subseteq \sum_{\sigma \in E^*} S(m_\sigma(x))$가 자명하게 성립하므로 $E = \sum_{\sigma \in E^*} S(m_\sigma(x))$이다. 정리 9.31에 의하여, $f(x) = \text{lcm}\{m_\sigma(x) \mid \sigma \in E^*\}$일 때 $E = \sum_{\sigma \in E^*} S(m_\sigma(x)) = S(f(x))$이 성립한다. ■

정리 9.31에 의하면 $\mathbb{F}_q$위에서 두 개 이상의 동차 선형점화수열의 합도 역시 동차 선형점화수열이다. 합 수열의 특성다항식도 이 정리로부터 알 수 있다. 특별히 중요한 사실은 합 수열의 최소다항식과 최소 주기는 원래 주어진 수열들의 최소다항식과 최소 주기로부터 바로 결정될 수 있다.

[정리 9.33] 각 $i=1, 2, \cdots, h$에 대하여 σ_i를 최소다항식이 $m_i(x) \in \mathbb{F}_q[x]$인 $\mathbb{F}_q$위의 동차선형점화수열이라 하면 다음이 성립한다.

$m_1(x), \cdots, m_h(x)$가 쌍마다 서로소이면 합수열 $\sigma_1 + \cdots + \sigma_h$의 최소다항식은 $m_1(x) \cdots m_h(x)$이다.

증명 $h=2$인 경우에 대해서 정리가 성립함을 증명하기로 한다. 일반적인 경우는 수학적귀납법으로 바로 알 수 있다. $m_1(x)$ 또는 $m_2(x)$가 상수다항식 1이라면 분명히 성립한다. 이와 유사하게 $\sigma_1 + \sigma_2$의 최소다항식 $m(x) \in \mathbb{F}_q[x]$이 상수다항식 1이라면 분명히 성립한다. 그러므로 $m_1(x)$, $m_2(x)$와 $m(x)$의 차수가 모두 양수라고 가정하자. 정리 9.31에 의하여

$$\sigma_1 + \sigma_2 \in S(m_1(x)) + S(m_2(x)) = S(m_1(x)m_2(x))$$

이므로 $m(x)$는 $m_1(x)m_2(x)$의 약수이다. 이제, σ_1의 항들이 $s_0, s_1, \cdots$, σ_2의 항들이 $t_0, t_1, \cdots$, $m(x) = x^k - a_{k-1}x^{k-1} - \cdots - a_0$이라 가정하자. 그러면

$$s_{n+k} + t_{n+k} = a_{k-1}(s_{n+k-1} + t_{n+k-1}) + \cdots + a_0(s_n + t_n) \quad (n=0, 1, \cdots)$$

이다.

$$\begin{aligned} u_n &= s_{n+k} - a_{k-1}s_{n+k-1} - \cdots - a_0 s_n \\ &= -t_{n+k} + a_{k-1}t_{n+k-1} + \cdots + a_0 t_n \ (n=0,\ 1,\ \cdots) \end{aligned}$$

이라 놓고, $S(m_1(x))$와 $S(m_2(x))$가 수열의 이동에 관하여 닫혀있는 $\mathbb{F}_q$위의 벡터공간이라는 사실을 이용하면, 수열 u_0, u_1, $\cdots$은 $S(m_1(x))$와 $S(m_2(x))$에 모두 속하므로 정리 9.30에 의하여 영수열이다. 그러나 이로부터 $m_1(x)$와 $m_2(x)$가 모두 $m(x)$의 약수가 되므로 $m_1(x)m_2(x)$는 $m(x)$의 약수다. 따라서 $m(x)=m_1(x)m_2(x)$이다. ■

수열들 σ_1, $\cdots$, σ_h에 대응하는 최소다항식 $m_1(x)$, $\cdots$, $m_h(x)$가 쌍마다 서로소가 아니라면 합수열 $\sigma_1+\cdots+\sigma_h$의 최소다항식을 결정하기 위하여 수열들 σ_1, $\cdots$, σ_h이 가지고 있는 특성을 고려해야 한다. 가장 편리한 방법은 생성함수를 이용하는 것이다. 각 $i=1,\ 2,\ \cdots,\ h$에 대하여 σ_i의 생성함수가 $G_i(x)\in\mathbb{F}_q[[x]]$라 가정하자. 그러면 σ의 생성함수는 $G(x)=G_1(x)+\cdots+G_h(x)$이다. 정리 9.31에 의하여 각 $G_i(x)$는 예를 들어 분모가 $m_i(x)$의 상반다항식인 분수로 쓰여질 수 있다. 이 분수들을 더하고 통분한 다음 정리 9.31의 두 번째 부분과 정리 9.23의 증명 방법을 결합하면 σ의 최소다항식을 구할 수 있다. 이 기법을 이용하여 정리 9.33를 증명할 수도 있다.

[예제 9.18] $\sigma_1\in S(x^4+x^3+x+1)$와 $\sigma_2\in S(x^5+x^4+1)$이 $\mathbb{F}_2$에서의 충격반응수열이라 하자. 그러면 따름정리 9.28에 의해 대응하는 최소다항식은

$$\begin{aligned} m_1(x) &= x^4+x^3+x+1=(x^2+x+1)(x+1)^2\in\mathbb{F}_2[x], \\ m_2(x) &= x^5+x^4+1=(x^2+x+1)(x^3+x+1)\in\mathbb{F}_2[x] \end{aligned}$$

이다. 정리 9.20을 이용하면 합수열 $\sigma=\sigma_1+\sigma_2$의 생성함수 $G(x)$는 다음과 같다.

$$\begin{aligned} G(x) &= \frac{x^3}{(x^2+x+1)(x+1)^2}+\frac{x^4}{(x^2+x+1)(x^3+x^2+1)} \\ &= \frac{x^3}{(x^3+x^2+1)(x+1)^2} \end{aligned}$$

정리 9.20의 두 번째 부분에 의하여 분모의 상반다항식 $f_0(x)=(x^3+x+1)(x+1)^2$

은 σ의 특성다항식이다. 식 (9.20)에 의하면 $h_0(x)=-x^4(1/x)^3=-x$이다. $f_0(x)$와 $h_0(x)$가 서로소이므로 정리 9.23의 증명방법으로부터 σ의 최소다항식은 $m(x)=(x^3+x+1)(x+1)^2$ 이다. $m(x)$는 $m_1(x)$와 $m_2(x)$의 최소공배수인 $(x^2+x+1)(x+1)^2(x^3+x+1)$의 자명하지 않은 약수임을 알 수 있다.

정리 9.33에 있는 최소다항식에 대한 정보로부터 합수열의 최소주기와 관련된 유용한 결과를 바로 얻을 수 있다.

> **[정리 9.34]** 각 $i=1, 2, \cdots, h$에 대하여 σ_i를 최소다항식이 $m_i(x)\in\mathbb{F}_q[x]$이고 최소주기가 r_i인 $\mathbb{F}_q$에서의 동차 선형점화수열이라 하자. 만일 $m_1(x), \cdots, m_h(x)$가 쌍마다 서로소이면 합수열 $\sigma_1+\cdots+\sigma_h$의 최소주기는 $r_1, \cdots, r_h$의 최소공배수이다.

증명 $h=2$인 경우에 대해서 정리가 성립함을 증명하기로 한다. 일반적인 경우는 수학적귀납법으로 바로 알 수 있다. r이 $\sigma_1+\sigma_2$의 최소주기이면 정리 9.24와 정리 9.33에 의하여 $r=\mathrm{ord}(m_1(x), m_2(x))$이다. 문제 5에 의하여 r은 $\mathrm{ord}(m_1(x))$와 $\mathrm{ord}(m_2(x))$의 최소공배수가 되므로 r은 r_1과 r_2의 최소공배수가 된다. ■

[예제 9.19] 수열 σ_1과 σ_2가 예제 9.18과 같다고 하자. 그러면 σ_1과 σ_2의 최소주기는 각각 $r_1=\mathrm{ord}(m_1(x))=6$, $r_2=\mathrm{ord}(m_2(x))=21$이다. $\sigma_1+\sigma_2$의 최소주기 r은 $r=\mathrm{ord}(m(x))=14$이다. 위와 같은 논의는 관련된 수열들의 항들을 계산하지 않고 실행되었다. 이 특별한 경우에 최소주기를 구체적으로 계산해서 그 결과를 비교할 수 있다.

σ_1	:	00011100011100011100011100⋯	최소 주기	$r_1=6$
σ_2	:	000011111010100110001000001⋯	최소 주기	$r_2=21$
$\sigma_1+\sigma_2$	:	000100111101100001001111101⋯	최소 주기	$r=14$

r이 r_1과 r_2의 최소공배수의 자명하지 않은 약수라는 것을 확인할 수 있다.

> **[정리 9.35]** 각 $i=1, 2, \cdots, h$에 대하여 σ_i를 최소주기가 r_i인 $\mathbb{F}_q$에서의 궁극적 주기수열이라 하자. $r_1, \cdots, r_h$가 쌍마다 서로소이면 $\sigma_1+\cdots+\sigma_h$의 최소주기는 $r_1\cdots r_h$이다.

증명 $h=2$인 경우에 대해서 정리가 성립함을 증명하기로 한다. 일반적인 경우는 수학적귀납법으로 바로 알 수 있다. $\sigma_1+\sigma_2$의 주기가 r_1r_2인 것은 명백하므로 $\sigma_1+\sigma_2$의 최소주기 r은 r_1r_2의 약수이다. 그러므로 r은 다음과 같은 형태이다.

$$r=d_1d_2(d_1\text{과 } d_2\text{는 각각 } r_1\text{과 } r_2\text{의 양의 약수이다})$$

특히 d_1r_2는 $\sigma_1+\sigma_2$의 주기이다. 결국 σ_1의 항들이 $s_0, s_1, \cdots$이고 σ_2의 항들이 $t_0, t_1, \cdots$이라면 충분히 큰 모든 n에 대하여 $s_{n+d_1r_2}+t_{n+d_1r_2}=s_n+t_n$이 성립한다. 하지만 충분히 큰 모든 n에 대하여 $t_{n+d_1r_2}=t_n$이므로 충분히 큰 모든 n에 대하여 $s_{n+d_1r_2}=s_n$이다. 그러므로 r_1은 d_1r_2의 약수이고 r_1과 r_2가 서로소이므로 r_1은 d_1의 약수이다. 그러므로 $d_1=r_1$이다. 유사하게 $d_2=r_2$이다. ■

유한체 $\mathbb{F}_2$에서 **이진보수**(binary complementation)라 부르는 수열에 관한 흥미로운 연산이 있다. σ가 $\mathbb{F}_2$에서의 수열이면 σ의 이진보수는 σ에 있는 0은 1로 1은 0으로 바꾼 수열이고 $\overline{\sigma}$로 나타낸다. σ의 이진보수 $\overline{\sigma}$는 σ에 모든 항이 1인 수열을 더한 수열이기 때문에, 이진보수는 실제로 수열에 대한 특별한 덧셈이다. 그러므로 σ가 동차 선형점화수열이면 $\overline{\sigma}$ 역시 동차 선형점화수열이다. 분명히 $\overline{\sigma}$의 최소주기는 σ의 최소주기와 같고, $\overline{\sigma}$의 최소다항식은 쉬운 방법으로 σ의 최소다항식으로부터 구할 수 있다.

[정리 9.36] σ가 이진보수 $\overline{\sigma}$를 갖는 $\mathbb{F}_2$에서의 동차 선형점화수열이라 하자. σ의 최소다항식 $m(x)\in\mathbb{F}_2[x]$을 정수 $h\geq 0$와 $m_1(1)=1$을 만족하는 $m_1(x)\in\mathbb{F}_2[x]$를 이용하여 $m(x)=(x+1)^h m_1(x)$ 형태로 나타내자. 그러면 $\overline{\sigma}$의 최소다항식 $\overline{m}(x)$은 다음과 같다.

(i) $h=0$이면 $\overline{m}(x)=(x+1)m(x)$이다.

(ii) $h=1$이면 $\overline{m}(x)=m_1(x)$이다.

(iii) $h>1$이면 $\overline{m}(x)=m(x)$이다.

증명 모든 항이 1인 $\mathbb{F}_2$에서의 수열을 ε로 나타내자. $\overline{\sigma}=\sigma+\varepsilon$이고 ε의 최소다항식이 $x+1$이므로 $h=0$인 경우는 정리 9.33에 의하여 성립한다. $h\geq 1$이면 정리 9.31에 의하여

$\overline{\sigma}=\sigma+\varepsilon\in S(m(x))$이므로 $\overline{m}(x)$는 $m(x)$의 약수이다. $\overline{m}(x)$가 상수다항식 1이면 $\overline{\sigma}$는 영수열이 되어야 하고 $\sigma=\varepsilon$이므로 정리가 성립한다. 지금부터 $\overline{m}(x)$의 차수가 양수라 가정한다. 정리 9.29와 정리 9.31에 의하여 $\sigma=\overline{\sigma}+\varepsilon\in S(\overline{m}(x)(x+1))$가 성립하므로 $m(x)$는 $\overline{m}(x)(x+1)$의 약수이다. 그러므로 $h\geq 1$인 경우 $\overline{m}(x)=m(x)$ 또는 $\overline{m}(x)=(x+1)^{h-1}m_1(x)$이다. $h>1$이면 $\sigma=\overline{\sigma}+\varepsilon\in S(\overline{m}(x))$이므로 $\overline{m}(x)=m(x)$가 된다. $h=1$이면 σ의 항들을 s_0, s_1, $\cdots$으로 놓고 $m_1(x)=x^k+a_{k-1}x^{k-1}+\cdots+a_0$을 차수가 양수라 하면 남은 경우는 자명하다.

$$u_n=s_{n+k}+a_{k-1}s_{n+k-1}+\cdots+a_0s_n \ (n=0,\ 1,\ \cdots)$$

이라 놓자. 수열 s_0, s_1, $\cdots$의 특성다항식은 $m(x)=(x+1)m_1(x)$이므로 모든 $n\geq 0$에 대해 $u_{n+1}=u_n$이 성립한다는 것을 바로 알 수 있다. 그러므로 모든 $n\geq 0$에 대해 $u_n=u_0$이고 그러므로 $u_0=0$이 되어야 한다. 그렇지 않다면 $m_1(x)$가 σ의 특성다항식이 되기 때문이다. 결국 모든 $n\geq 0$에 대해 $s_{n+k}+1=a_{k-1}s_{n+k-1}+\cdots+a_0s_n$이다. $m_1(1)=1+a_{k-1}+\cdots+a_0=1$이므로 모든 $n\geq 0$에 대해

$$s_{n+k}+1=a_{k-1}(s_{n+k-1}+1)+\cdots+a_0(s_n+1)$$

이고 이는 $m_1(x)$가 $\overline{\sigma}$의 특성다항식임을 의미한다. 그러므로 $h=1$인 경우에 $\overline{m}(x)=m_1(x)$이다. ■

$f(x)\in\mathbb{F}_q[x]$가 차수가 양수인 모닉다항식일 때, $S(f(x))$은 특성다항식이 $f(x)$인 $\mathbb{F}_q$에서의 동차 선형점화수열 전체의 집합이라는 사실을 다시 생각해보자. $S(f(x))$로부터 수열들의 최소주기들로 나타나는 양의 정수를 결정하고 또한 그런 양의 정수를 최소주기로 갖는 수열이 $S(f(x))$에 얼마나 많이 존재하는지를 결정하고자 한다.

다항식 $f(x)$는 정수 $h\geq 0$와 $g(0)\neq 0$을 만족하는 $g(x)\in\mathbb{F}_q[x]$를 이용하여 $f(x)=x^hg(x)$ 형태로 나타낼 수 있다. $g(x)$가 상수다항식인 경우는 $S(f(x))$의 모든 수열이 최소 주기 1을 가지므로 바로 결정할 수 있다. $h\geq 1$이고 $g(x)$의 차수가 양수이면 정리 9.31 다음 논의에 의해 모든 수열 $\sigma\in S(f(x))$은

$$\sigma=\sigma_1+\sigma_2 \ (\sigma_1\in S(x^h),\ \sigma_2\in S(g(x))$$

의 꼴로 나타내어지고, 이와 같이 나타내는 방법은 단 한 가지뿐이다. 처음부터 유한개 항을 제외한 σ_1의 모든 항은 0이므로 σ의 최소주기는 σ_2의 최소주기와 같다.

더욱이 $S(x^h)$의 q^h개 모든 수열 각각에 주어진 수열 $\sigma_2 \in S(g(x))$을 더함으로써 $S(f(x))$의 q^h개 서로 다른 수열을 얻을 수 있다. $r_1, \cdots, r_t$가 $S(f(x))$의 수열들의 최소주기들이고, $N_1, \cdots, N_t$가 이런 최소주기를 갖는 $S(g(x))$의 수열들의 대응되는 수라면, $1 \le i \le t$에 대하여 $S(f(x))$에 최소주기가 r_i인 수열이 정확히 $q^h N_i$개 존재하고 $S(f(x))$에는 다른 최소주기를 갖는 수열이 존재하지 않는다. 이제부터 $h=0$ 즉 $f(0) \ne 0$이라 가정할 수 있다. 먼저 $f(x)$가 $\mathbb{F}_q$위에서 기약다항식이라 가정하자. 그러면 정리 9.24와 정리 9.28에 의해 초기상태벡터가 0이 아닌 $S(f(x))$의 모든 수열은 최소주기가 $\mathrm{ord}(f(x))$이다. 그러므로 $S(f(x))$의 한 수열은 최소주기가 1이고 $S(f(x))$의 $q^{\deg(f(x))}-1$개 수열은 최소주기가 $\mathrm{ord}(f(x))$이다.

다음에 $f(x)$가 기약다항식의 거듭제곱인 경우를 생각하자. $\mathbb{F}_q$위에서 모닉 기약다항식 $g(x) \in \mathbb{F}_q[x]$와 정수 $b \ge 2$에 대하여 $f(x)=g(x)^b$로 놓자. 그러면 초기상태벡터가 0이 아닌 $S(f(x))$의 임의의 수열의 최소다항식은 $g(x)^c$ $(1 \le c \le b)$ 형태이다. 정리 9.25에 의하면 $S(g(x)) \subseteq S(g(x)^2) \subseteq \cdots \subseteq S(f(x))$이 성립한다.

그러므로 $\deg(g(x))=k$이면 최소다항식이 $g(x)$인 $S(f(x))$의 수열이 q^k-1개 존재하고, 최소다항식이 $g(x)^2$인 $S(f(x))$의 수열이 $q^{2k}-q^k$개 존재하고, 일반적으로 각 $c=1, 2, \cdots, b$에 대하여 최소다항식이 $g(x)^c$인 $S(f(x))$의 수열이 $q^{ck}-q^{(c-1)k}$개 존재한다. 이 사실과 연습문제 9.5.2, 정리 9.24를 이용하면 다음정리를 얻는다.

[정리 9.37] $\mathbb{F}_q$위에서 모닉 기약다항식 $g(x) \in \mathbb{F}_q[x]$가 $g(0) \ne 0$, $\deg(g(x))=k$, $\mathrm{ord}(g(x))=e$이고 b가 양의 정수일 때 $f(x)=g(x)^b$라 하자. p가 $\mathbb{F}_q$의 표수일 때 t를 $p^t \ge b$인 최소 정수라 하자. 그러면 $S(f(x))$는 다음과 같은 최소주기들을 갖는 수열들의 수들을 포함한다.

최소주기가 1인 수열 1개, 최소주기가 e인 수열 q^k-1개, 각 $b \ge 2$에 대하여 최소주기가 ep^j $(j=1, 2, \cdots, t-1)$인 수열 $q^{kp^j}-q^{kp^{j-1}}$개, 최소주기가 ep^t인 수열 $q^{kb}-q^{kp^{t-1}}$개 $f(0) \ne 0$인 차수가 양수인 임의의 모닉다항식 $f(x) \in \mathbb{F}_q[x]$의 경우 다음과 같은 표준 인수분해로부터 시작한다.

$$f(x)=\prod_{i=1}^{h} g_i(x)^{b_i} (g_i\text{들은 } \mathbb{F}_q\text{위의 서로 다른 모닉 기약다항식, } b_i\text{들은 정수})$$

그러면 정리 9.31로부터 다음이 성립한다.

$$S(f(x))=S(g_1(x)^{b_1})+\cdots+S(g_h(x)^{b_h})$$

실제로 $S(f(x))$의 각 수열은 단 한 가지 방법으로 다음과 같이 나타내어진다.

$$\sigma_1+\cdots+\sigma_h,\ (\text{각 } 1\le i\le h\text{에 대하여 } \sigma_i\in S(g_i(x)^{b_i}))$$

$S(g_i(x)^{b_i})$의 수열들의 최소주기들은 정리 9.37로부터 알 수 있기 때문에 $S(f(x))$에 대한 유사한 정보는 정리 9.34로부터 알아낼 수 있다.

[예제 9.20] $f(x)=(x^2+x+1)^2(x^4+x^3+1)\in\mathbb{F}_2[x]$라 하자. 정리 9.37에 의하면 $S((x^2+x+1)^2)$는 최소주기가 1인 수열 1개, 최소주기가 3인 수열 3개, 최소주기가 6인 수열 12개를 포함하고, $S(x^4+x^3+1)$는 최소주기가 1인 수열 1개, 최소주기가 15인 수열 15개를 포함한다. 그러므로 $S((x^2+x+1)^2)$와 $S(x^4+x^3+1)$의 수열들의 가능한 모든 합을 구하고, 정리 9.34를 이용하면 $S(f(x))$가 최소주기가 1인 수열 1개, 최소주기가 3인 수열 3개, 최소주기가 6인 수열 12개, 최소주기가 15인 수열 60개, 최소주기가 30인 수열 180개를 포함한다는 것을 알 수 있다.

앞에서 항별 덧셈에 의하여 선형점화수열의 행동을 조사하였다. 좀 더 어렵기는 하지만 항별 곱셈에 의하여 유사한 이론을 개발할 수 있다. $\sigma=\{s_0,\ s_1,\ \cdots\}$와 $\tau=\{t_0,\ t_1,\ \cdots\}$가 $\mathbb{F}_q$위의 수열이면 **곱수열**(product sequence) $\sigma\tau$은 $\sigma\tau=s_0t_0,\ s_1t_1,\ \cdots$이다. 이와 유사하게 유한개 수열의 곱을 정의한다. $\mathbb{F}_q$의 원소들로 이루어진 모든 수열의 집합 S는 수열의 보통 덧셈과 스킬라곱셈에 의하여 $\mathbb{F}_q$위의 벡터공간이 된다. $\mathbb{F}_q$위의 상수가 아닌 모닉다항식들 $f_1(x),\ \cdots,\ f_h(x)$에 대하여 $S(f_1(x))\cdots S(f_h(x))$를 모든 곱

$$\sigma_1\cdots\sigma_h\ \ (\sigma_i\in S(f_i(x)),\ 1\le i\le h)$$

에 의해 생성된 S의 부분공간이라 하자. 그러면 다음 정리를 바로 얻을 수 있다.

[정리 9.38] $f_1(x),\ \cdots,\ f_h(x)$가 $\mathbb{F}_q$위의 상수가 아닌 모닉다항식들이면

$$S(f_1(x))\cdots S(f_h(x))=S(g(x))$$

이 성립하는 상수가 아닌 모닉다항식 $g(x)\in\mathbb{F}_q[x]$가 존재한다.

증명 $E=S(f_1(x))\cdots S(f_h(x))$라 하자. 각 $i(1\le i\le h)$에 대하여 $S(f_i(x))$는 첫째 항이 1인 수열을 포함하기 때문에 벡터공간 E는 영수열이 아닌 수열을 포함한다. 더욱이 E는 유한개 수열에 의해 생성되므로 유한차원 벡터공간이다. 각 $i(1\le i\le h)$에 대하여 $S(f_i(x))$가 수열의 이동에 관하여 닫혀있다는 사실로부터 E도 똑같은 성질을 갖게 되고, 따라서 정리 9.32에 의하여 정리가 증명된다. ■

[따름정리 9.39] $\mathbb{F}_q$에서 유한개 선형점화수열의 곱도 $\mathbb{F}_q$에서 선형점화수열이다.

증명 식 (9.5) 다음의 논의로부터 주어진 선형점화수열들을 동차로 택할 수 있다. 그러므로 정리 9.38로부터 따름정리가 성립한다. ■

정리 9.38에서 다항식 $g(x)$를 구체적으로 결정하는 것은 일반적으로 쉽지 않다. 하지만 이런 문제점을 쉽게 처리할 수 있는 특별한 경우가 있다.

$\mathbb{F}_q$위의 상수가 아닌 다항식들 $f_1(x)$, …, $f_h(x)$에 대하여 $f_1(x)\vee\cdots\vee f_h(x)$을 근들이 $\alpha_1\cdots\alpha_h$(각 α_i는 $\mathbb{F}_q$위의 $f_1(x)\cdots f_h(x)$의 분해체에서 $f_i(x)$의 근) 형태의 서로 다른 원소들인 모닉다항식이라고 정의하자. 그런 곱 $\alpha_1\cdots\alpha_h$의($\mathbb{F}_q$위에서) 켤레원들도 이런 형태의 원소들이므로 $f_1(x)\vee\cdots\vee f_h(x)$은 $\mathbb{F}_q$위의 다항식이다.

[정리 9.40] 각 $i=1, 2, \cdots, h$에 대하여 $f_i(x)$를 중근을 갖지 않는 $\mathbb{F}_q$위의 상수가 아닌 모닉다항식이라 하자. 그러면 다음이 성립한다.

$$S(f_1(x))\cdots S(f_h(x))=S(f_1(x)\vee\cdots\vee f_h(x))$$

이 정리를 증명하기 위하여 보조정리와 몇 가지 기호가 필요하다. $\mathbb{F}_q$의 유한확대체 F에 대하여 S_F를 수열의 항별 덧셈과 스칼라 곱셈에 관하여 F의 원소들로 이루어진 모든 수열로 구성된 F위의 벡터공간이라 하자. 그러면 $S_{\mathbb{F}_q}=S$이 성립한다. S_F의 h개 부분공간 $V_1, \cdots, V_h$의 곱 $V_1 \cdots V_h$은 모든 곱

$$\sigma_1 \cdots \sigma_h \ (\sigma_i \in V_i,\ 1 \le i \le h)$$

에 의해 생성된 S_F의 부분공간을 의미한다. 상수가 아닌 모닉다항식 $f(x)\in F[x]$에 대하여 $S_F(f(x))$를 특성다항식이 $f(x)$인 F의 모든 동차 선형점화수열로 이루어진 F위의 벡터공간이라 하자.

> **[보조정리 9.41]** F를 $\mathbb{F}_q$의 유한확대체라 하고 $f_1(x), \cdots, f_h(x)$를 $\mathbb{F}_q$위의 상수가 아닌 모닉다항식들이라 하자. 그러면 다음이 성립한다.
>
> $$S(f_1(x))\cdots S(f_h(x)) = S\cap(S_F(f_1(x))\cdots S(f_h(x)))$$

증명 분명히 $S(f_1(x))\cdots S(f_h(x)) \subseteq S\cap(S_F(f_1(x))\cdots S(f_h(x)))$이 성립한다. 역을 보이기 위하여 먼저 각 $i(1\le i\le h)$에 대하여 $S(f_i(x))$가 F위의 $S(f_i(x))$을 생성하므로 $S(f_1(x))\cdots S(f_h(x))$는 F위의 $S_F(f_1(x))\cdots S(f_h(x))$을 생성한다. $\rho_1, \cdots, \rho_m$이 $\mathbb{F}_q$위의 $S(f_1(x))\cdots S(f_h(x))$의 기저이고 $\omega_1, \cdots, \omega_h$가 $w_1\in\mathbb{F}_q$인 $\mathbb{F}_q$위의 F의 기저라 하자. 그러면 임의의 $\sigma\in S_F(f_1(x))\cdots S(f_h(x))$는 다음과 같은 형태로 쓸 수 있다.

$$\sigma=\sum_{i=1}^{k}\sum_{j=1}^{m}c_{ij}\omega_i\rho_j \ (c_{ij}\in\mathbb{F}_q)$$

수열 $\rho_j(1\le j\le m)$의 항들이 $\mathbb{F}_q$의 원소들 $r_{j0}, r_{j1}, \cdots$이라 하자. 이제 $\sigma\in S$라면 σ의 항들 $s_n(n=0, 1, \cdots)$은 다음과 같다.

$$s_n=\sum_{i=1}^{k}\left(\sum_{j=1}^{m}c_{ij}r_{jn}\right)\omega_i\in\mathbb{F}_q \ (n=0, 1, \cdots)$$

각 ω_i의 계수가 $\mathbb{F}_q$의 원소이므로 $\omega_1, \cdots, \omega_h$의 정의로부터 $2\le i\le k$인 i와 모든 n에 대하여 $\sum_{j=1}^{m}c_{ij}r_{jn}=0$이 성립한다. 결국 $\sigma=\sum_{j=1}^{m}c_{1j}\omega_1\rho_j\in S(f_1(x))\cdots S(f_h(x))$이다. 그러므로 증명이 완성되었다. ■

정리 9.40의 증명 F가 $\mathbb{F}_q$위의 $f_1(x)\cdots f_h(x)$의 분해체라 하자. 각 $i(1\le i\le h)$에 대하여

α_i를 $f_i(x)$의 근들이라 하자. 그러면 정리 9.31에 의하여

$$S_F(f_i(x))=\sum_{\alpha_i} S_F(x-\alpha_i) \ (1 \le i \le h)$$

이다. S_F의 부분공간들 V_1, V_2, V_3에 대하여 분배법칙 $V_1(V_2+V_3)=V_1V_2+V_1V_3$가 성립한다. 실제로(수열의 분배법칙에 의하여) $V_1(V_2+V_3) \subseteq V_1V_2+V_1V_3$가 성립한다. 한편 $V_1V_2 \subseteq V_1(V_2+V_3)$이고 $V_1V_3 \subseteq V_1(V_2+V_3)$이므로 $V_1V_2+V_1V_3 \subseteq V_1(V_2+V_3)$가 성립한다. 분배법칙을 이용하면 다음이 성립함을 확인할 수 있다.

$$S(f_1(x)) \cdots S(f_h(x))=\sum_{\alpha_1, \cdots, \alpha_h} S_F(x-\alpha_1) \cdots S_F(x-\alpha_h)$$

또한 $S_F(x-\alpha_1) \cdots S_F(x-\alpha_h)=S_F(x-\alpha_1 \cdots \alpha_h)$이 성립함을 쉽게 확인할 수 있으므로 정리 9.31에 의하여

$$\begin{aligned} S(f_1(x)) \cdots S(f_h(x)) &= \sum_{\alpha_1, \cdots, \alpha_h} S_F(x-\alpha_1 \cdots \alpha_h) \\ &= S_F(f_1(x) \vee \cdots \vee f_h(x)) \end{aligned}$$

이 성립한다. 그러므로 보조정리 9.39로부터 정리 9.40이 성립한다. ■

특히, 정리 9.40은 정리에서 고려한 특별한 경우를 포함하여 동차 선형점화수열의 곱의 특성방정식을 구하는 방법을 제시해준다. 이런 목적을 위하여 정리 9.9에 기초한 대안을 생각해보자. 두 동차 선형점화수열의 곱에 대하여 고려하면 충분하다. $\sigma=s_0, s_1, \cdots \in S(f(x))$, $\tau=t_0, t_1, \cdots \in S(g(x))$라 하자. $f(x)$가 단근(simple root)들 $\alpha_1, \cdots, \alpha_k$만을 갖고, $g(x)$도 단근들 $\beta_1, \cdots, \beta_m$만을 갖는다면 식 (9.9)에 의하여 다음이 성립한다.

$$s_n=\sum_{i=1}^{k} b_i\alpha_i^n, \ t_n=\sum_{j=1}^{m} c_j\beta_j^n \ (n=0, 1, \cdots)$$

여기서 b_i, c_j는 $\mathbb{F}_q$의 유한확대체에 속한다. $\gamma_1, \cdots, \gamma_r$이 곱들

$$\alpha_i\beta_j, \ 1 \le i \le k, \ 1 \le j \le m$$

의 서로 다른 값들이라면 $\mathbb{F}_q$의 유한확대체에 속한 적절한 계수 $d_1, \cdots, d_r$에 대하여 다음이 성립한다.

$$u_n = s_n t_n = \sum_{i=1}^{k}\sum_{j=1}^{m} b_i c_j (\alpha_i \beta_j)^n = \sum_{i=1}^{r} d_i \gamma_i^n \quad (n=0,\ 1,\ \cdots)$$

이제 $h(x)=f(x) \vee g(x)$라 하자. 그러면 $n=0,\ 1,\ \cdots$에 대하여

$$u_{n+r} - a_{r-1}u_{n+r-1} - \cdots - a_0 u_n = \sum_{i=1}^{r} d_i \gamma_i^n h(\gamma_i) = 0$$

이므로 곱수열 $u_0,\ u_1,\ \cdots$의 특성다항식은 $h(x)$이다.

[예제 9.21] 최소주기가 2이고 최소다항식이 $(x-1)^2$인 $\mathbb{F}_2$에서의 수열 0, 1, 0, 1, …을 고려해보자. 이 수열을 자기 자신과 곱하면 똑같은 수열이 된다. 한편 $(x-1)^2 \vee (x-1)^2 = x-1$은 곱수열의 특성다항식이 아니다. 그러므로 정리 9.40의 식은 다항식들 $f_i(x)$들 중 중근을 갖는 것이 있다면 성립하지 않을 수 있다.

수열의 곱에 대하여 정리 9.35와 유사한 정리가 존재한다. 명백한 이유들로 인해 유한히 많은 항을 제외한 모든 항이 0인 수열들은 논의 대상에서 제외한다.

> **[정리 9.42]** 각 $i=1,\ 2,\ \cdots,\ h$에 대하여 σ_i가 0이 아닌 항이 무한히 많이 있고, 최소주기가 r_i인 $\mathbb{F}_q$에서의 궁극적 주기 수열이라 하자. $r_1,\ \cdots,\ r_h$가 쌍마다 서로 소이면 $\sigma_1 \cdots \sigma_h$의 최소주기는 $r_1 \cdots r_h$이다.

증명 $h=2$인 경우에 대해서 정리가 성립함을 증명하기로 한다. 일반적인 경우는 수학적귀납법으로 바로 알 수 있다. 정리 9.35의 증명에서와 같이 $\sigma_1\sigma_2$의 최소주기 r은 다음과 같은 형태가 되어야 한다.

$$r = d_1 d_2, \ (d_1,\ d_2\text{는 각각 } r_1,\ r_2\text{의 양수인 약수이다})$$

특히 $d_1 r_2$는 $\sigma_1\sigma_2$의 한 주기이다. 그러므로 σ_1의 항들이 $s_0,\ s_1,\ \cdots$이고, σ_2의 항들이 $t_0,\ t_1,\ \cdots$이라면 충분히 큰 모든 n에 대하여 $s_{n+d_1r_2}t_n = s_{n+d_1r_2}t_{n+d_1r_2} = s_n t_n$가 성립한다.

충분히 큰 모든 $n \equiv b \bmod r_2$에 대하여 $t_n \neq 0$인 정수 b가 존재하기 때문에 그런 모든 n에 대하여 $s_{n+d_1r_2} = s_n$이 성립한다. 이제 충분히 큰 정수 n을 고정시킨다. 중국

인의 나머지 정리에 의하여 $m \equiv n \bmod r_1$, $m \equiv b \bmod r_2$인 정수 $m \geq n$을 선택할 수 있다. 그러면 $s_n = s_m = s_{m+d_1r_2} = s_{n+d_1r_2}$이므로 d_1r_2는 σ_1의 주기이다. 그러므로 r_1은 d_1r_2의 약수이고 r_1과 r_2가 서로소이므로 r_1은 d_1의 약수이다. 그러므로 $d_1 = r_1$이 성립한다. 이와 유사하게 $d_2 = r_2$가 성립한다. ■

[보조정리 9.43] c가 $\mathbb{F}_q$의 영이 아닌 원소이고 k가 양의 정수이면

$$S((x-c)^k) = S(x-c)S((x-1)^k)$$

이다.

증명 수열 $s_0, s_1, \cdots$이 $S(x-c)$에 속하고 $t_0, t_1, \cdots$은 $S((x-1)^k)$에 속한다고 하자. 그러면 $s_n = c^n s_0$ $(n=0, 1, \cdots)$이고

$$\sum_{i=0}^{k} \binom{k}{i} (-1)^{k-i} t_{n+i} = 0 \quad (n=0, 1, \cdots)$$

이다.

$$\sum_{i=0}^{k} \binom{k}{i} (-1)^{k-i} s_{n+i} t_{n+i} = c^{n+k} s_0 \sum_{i=0}^{k} \binom{k}{i} (-1)^{k-i} t_{n+i} = 0 \quad (n=0, 1, \cdots)$$

이므로 $\sum_{i=0}^{k} \binom{k}{i} (-c)^{k-i} x^i = (x-c)^k$은 곱수열 $s_0t_0, s_1t_1, \cdots$의 특성다항식이다. 결국 벡터공간 $S(x-c)S((x-1)^k)$은 $S((x-c)^k)$의 부분공간이다. $c \neq 0$이기 때문에 $S(x-c)S((x-1)^k)$은 $\mathbb{F}_q$위의 k차원 벡터공간이므로 $\mathbb{F}_q$위의 k차원 벡터공간인 $S((x-c)^k)$와 같다. ■

[정리 9.44] $f(x) \in \mathbb{F}_q[x]$가 $f(0) \neq 0$인 상수가 아닌 모닉다항식이고 중근을 갖지 않는다고 하자. 또 k가 양의 정수라 하자. 그러면 다음이 성립한다.

$$S(f(x)^k) = S(f(x))S((x-1)^k)$$

증명 F를 $\mathbb{F}_q$위의 $f(x)$의 분해체라 하자. 그러면 $f(x)$의 모든 근 α에 대하여 정리 9.5.3에

의하면 다음이 성립한다.

$$S_F(f(x)^k)=\sum_{\alpha} S_F((x-\alpha)^k)$$

보조정리 9.43과 정리 9.40의 증명에 있는 분배법칙을 이용하면 다음을 얻는다.

$$\begin{aligned} S_F(f(x)^k) &= \sum_{\alpha} S_F((x-\alpha)^k)S_F(x-\alpha)=S_F((x-1)^k)\sum_{\alpha} S_F(x-\alpha) \\ &= S_F((x-1)^k)S_F(f(x)) \end{aligned}$$

마지막 단계에서 정리 9.31를 적용했다. 이제 보조정리 9.41로부터 정리가 성립한다. ■

연습문제 (9.5)

1. c가 양의 정수라 하고 $f(0)\neq 0$인 다항식 $f(x)\in F_q[x]$가 x^c-1의 인수일 필요충분조건은 $\mathrm{ord}(f(x))|c$이다.

2. $S(x^2+x+1)S(x^5+x^4+1)=S(g(x))$가 성립하는 모닉다항식 $g(x)\in\mathbb{F}_2[x]$를 구하여라.

3. $g\in F_q[x]$가 $g(0)\neq 0$인 F_q위에서 기약다항식이고 $\mathrm{ord}(g)=e$, $f=g^b$(b는 양의 정수)라 하자. p가 F_q의 표수일 때 t는 $p^t\geq b$인 가장 작은 정수라 하자. 그러면 $\mathrm{ord}(f)=ep^t$이다.

4. $S(x+1)S(x^2+x-1)S(x^2-x-1)=S(g(x))$가 성립하는 모닉다항식 $g(x)\in\mathbb{F}_3[x]$를 구하여라.

5. $g_1, \cdots, g_k$가 F_q위에서 쌍마다 서로소인 영이 아닌 다항식이라 하고 $f=g_1\cdots g_k$라 하자. 그러면 $\mathrm{ord}(f)=\mathrm{lcm}(\mathrm{ord}(g_1), \cdots, \mathrm{ord}(g_k))$이다.

9.6 선형점화수열들의 특성
(Characterization of Linear recurring sequences)

$\mathbb{F}_q$의 원소로 이루어진 수열이 선형점화수열인지 여부를 결정하는 것은 중요한 문제이다. 이론적인 관점에서 보면 $\mathbb{F}_q$에서 선형점화수열들이 정확히 궁극적 주기수열이기 때문에 이 문제는 바로 해결될 수 있다. 하지만(심지어 적당히 낮은 차수의 경우에도) 선형점화수열의 주기는 아주 클 수 있으므로 실제적으로 이 판정법에 기초하여 수열의 본질을 결정하는 것은 쉽지 않을 수 있다. 선형점화수열의 특성을 밝히는 방법으로 선형대수를 이용할 수 있다.

[정의 9.13] $s_0, s_1, \cdots$이 $\mathbb{F}_q$의 원소로 이루어진 임의의 수열이라 하자. $n \geq 0$, $r \geq 1$인 정수에 대하여 다음 행렬식 $D_n^{(r)}$을 **한켈 행렬식**(Hankel determinant) 이라 한다.

$$D_n^{(r)} = \begin{pmatrix} s_n & s_{n+1} & \cdots & s_{n+r-1} \\ s_{n+1} & s_{n+2} & \cdots & s_{n+r} \\ \vdots & \vdots & & \vdots \\ s_{n+r-1} & s_{n+r} & \cdots & s_{n+2r-2} \end{pmatrix}$$

한켈 행렬식을 이용하여 선형점화수열의 특성을 파악할 수 있다.

[보조정리 9.45] $s_0, s_1, \cdots$이 $\mathbb{F}_q$에서의 임의의 수열이고 $n \geq 1$, $r \geq 1$이 정수라면 다음이 성립한다.

$$D_n^{(r)} = D_n^{(r+1)} = 0\text{이면 } D_{n-1}^{(r)} = 0\text{이다.}$$

증명 $m \geq 0$에 대하여 벡터 $\mathbf{s}_m$을 $\mathbf{s}_m = (s_m, s_{m+1}, \cdots, s_{m+r-1})$로 정의하자. $D_n^{(r)} = 0$이므로 벡터들 $\mathbf{s}_n, \mathbf{s}_{n+1}, \cdots, \mathbf{s}_{n+r-1}$은 $\mathbb{F}_q$에서 일차종속이다. $\mathbf{s}_{n+1}, \cdots, \mathbf{s}_{n+r-1}$이 이미 $\mathbb{F}_q$에서 일차종속이므로 바로 $D_{n+1}^{(r)} = 0$을 얻는다. 만일 그렇지 않다면 $\mathbf{s}_n$은 $\mathbf{s}_{n+1}, \cdots,$

$\mathbf{s}_{n+r-1}$의 일차결합이다. $m \geq 0$에 대하여 $\mathbf{s}_m' = (s_m, s_{m+1}, \cdots, s_{m+r})$이라 하자. 그러면 $D_n^{(r+1)}=0$인 행렬식 $D_n^{(r+1)}$의 행벡터들인 $\mathbf{s}_n', \mathbf{s}_{n+1}', \cdots, \mathbf{s}_{n+r}'$은 $\mathbb{F}_q$에서 일차종속이다. $\mathbf{s}_n', \mathbf{s}_{n+1}', \cdots, \mathbf{s}_{n+r-1}'$이 $\mathbb{F}_q$에서 일차종속이라면 선형변환

$$L_1 : (a_0, a_1, \cdots, a_r) \in \mathbb{F}_q^{r+1} \mapsto (a_1, \cdots, a_r) \in \mathbb{F}_q^r$$

을 적용하면 $\mathbf{s}_{n+1}, \mathbf{s}_{n+2}, \cdots, \mathbf{s}_{n+r}$은 $\mathbb{F}_q$에서 일차종속이 되므로 $D_{n+1}^{(r)}=0$이 된다. 만일 그렇지 않다면 $\mathbf{s}_{n+r}'$은 $\mathbf{s}_n', \mathbf{s}_{n+1}', \cdots, \mathbf{s}_{n+r-1}'$의 일차결합이고 선형변환

$$L_2 : (a_0, \cdots, a_{r-1}, a_r) \in \mathbb{F}_q^{r+1} \mapsto (a_0, \cdots, a_{r-1}) \in \mathbb{F}_q^r$$

을 적용하면 $\mathbf{s}_{n+r}$은 $\mathbf{s}_n, \mathbf{s}_{n+1}, \cdots, \mathbf{s}_{n+r-1}$의 일차결합이 됨을 알 수 있다. 하지만 고려중인 $\mathbf{s}_n$이 $\mathbf{s}_{n+1}, \cdots, \mathbf{s}_{n+r-1}$의 일차결합이므로 $D_{n+1}^{(r)}$의 행벡터들 $\mathbf{s}_{n+1}, \cdots, \mathbf{s}_{n+r-1}, \mathbf{s}_{n+r}$은 $\mathbb{F}_q$에서 일차종속이 되므로 $D_{n+1}^{(r)}=0$이 성립한다. ■

> **[정리 9.46]** $\mathbb{F}_q$에서 수열 $s_0, s_1, \cdots$이 선형점화수열일 필요충분조건은 유한히 많은 $n \geq 0$을 제외한 모든 n에 대하여 $D_n^{(r)}=0$인 양의 정수 r이 존재하는 것이다.

증명 $s_0, s_1, \cdots$이 k차 동차 선형점화식을 만족한다고 가정하자. 임의로 고정된 $n \geq 0$에 대하여 행렬식 $D_n^{(k+1)}$을 고려한다. 선형점화식 때문에 $D_n^{(k+1)}$의 $(k+1)$번째 행은 처음부터 k개 행의 일차결합이 되므로 $D_n^{(k+1)}=0$이다. 비동차인 경우는 식 (9.5)에 의해 동차인 경우로 처리된다.

충분조건을 보이기 위하여 유한히 많은 $n \geq 0$을 제외한 모든 n에 대하여 $D_n^{(t)}=0$인 정수 t중 가장 작은 양의 정수를 $k+1$이라 하자. $k+1=1$이라면 증명이 끝나므로 $k \geq 1$이라 가정할 수 있다. 모든 $n \geq m$에 대하여 $D_n^{(k+1)}=0$인 정수 $m \geq 0$이 존재한다. $D_{n_0}^{(k)}=0$인 $n_0 \geq m$가 존재한다면 보조정리 9.6.1에 의하여 모든 $n \geq n_0$에 대하여 $D_n^{(k)}=0$이다. 이는 $k+1$의 정의에 모순이다. 그러므로 모든 $n \geq m$에 대하여 $D_n^{(k)} \neq 0$이다. $\mathbf{s}_n = (s_n, s_{n+1}, \cdots, s_{n+k})$로 놓으면 $n \geq m$에 대하여 $D_n^{(k+1)}$의 행벡터들인 벡터들 $\mathbf{s}_n, \mathbf{s}_{n+1}, \cdots, \mathbf{s}_{n+k}$은 $\mathbb{F}_q$에서 일차종속이다. $D_n^{(k)} \neq 0$이므로 벡터들 $\mathbf{s}_n, \mathbf{s}_{n+1}, \cdots, \mathbf{s}_{n+k-1}$은 $\mathbb{F}_q$에서 일차종속이고, 따라서 $\mathbf{s}_{n+k}$는 $\mathbf{s}_n, \mathbf{s}_{n+1}, \cdots, \mathbf{s}_{n+k-1}$의 일차결합이다. 그러면 수학적귀납법에 의하여 $n \geq m$인 각 $\mathbf{s}_n$이 $\mathbf{s}_m, \mathbf{s}_{m+1}, \cdots, \mathbf{s}_{m+k-1}$의 일차결합이 된다는 것을 알 수 있다. $\mathbf{s}_m, \mathbf{s}_{m+1}, \cdots, \mathbf{s}_{m+k-1}$은 $\mathbb{F}_q^{k+1}$에 속한 k개 벡터이므로

$$a_0 s_n + a_1 s_{n+1} + \cdots + a_k s_{n+k} = 0 \ (m \le n \le m+k-1)$$

이 성립하는 영벡터가 아닌 벡터 $(a_0, a_1, \cdots, a_k) \in \mathbb{F}_q^{k+1}$가 존재한다. 이로부터 모든 $n \ge m$에 대하여

$$a_0 s_n + a_1 s_{n+1} + \cdots + a_k s_{n+k} = 0$$

또는

$$a_0 s_{n+m} + a_1 s_{n+m+1} + \cdots + a_k s_{n+m+k} = 0$$

이 성립한다. 그러므로 수열 $s_0, s_1, \cdots$은 기껏해야 차수가 $m+k$인 동차 선형점화식을 만족한다. ■

> [정리 9.47] $\mathbb{F}_q$에서의 수열 $s_0, s_1, \cdots$이 k차 최소다항식을 갖는 동차 선형점화수열일 필요충분조건은 모든 $r \ge k+1$에 대하여 $D_0^{(r)} = 0$이 성립하고, $D_0^{(t)} = 0$가 성립하는 가장 작은 양의 정수가 $k+1$인 것이다.

증명 주어진 선형점화수열이 영수열이라면 필요조건은 분명히 성립한다. 만일 그렇지 않다면 $k \ge 1$이 되고 $D_0^{(r)}$의 $(k+1)$번째 행이 처음부터 k개 행의 일차결합이므로 모든 $r \ge k+1$에 대하여 $D_0^{(r)} = 0$이다. 더욱이 정리 9.27에 의하여 $D_0^{(k)} \ne 0$이 되므로 필요조건은 모든 경우에 성립한다.

역으로 한켈 행렬식의 조건이 성립한다고 가정하자. 보조정리 9.44와 n에 관한 수학적귀납법에 의하여 모든 $r \ge k+1$과 모든 $n \ge 0$에 대하여 $D_n^{(r)} = 0$이 성립한다. 특히 모든 $n \ge 0$에 대하여 $D_n^{(k+1)} = 0$이므로 정리 9.45에 의하여 $s_0, s_1, \cdots$은 선형점화수열이다. $s_0, s_1, \cdots$의 최소다항식의 차수가 d라면 이미 밝혔듯이 모든 $r \ge d+1$에 대하여 $D_0^{(r)} = 0$이 되고 $d+1$은 $D_0^{(d+1)} = 0$이 성립하는 가장 작은 양의 정수이다. 따라서 $d = k$가 된다. ■

동차 선형점화수열이 차수 $k \ge 1$인 최소다항식을 가진다는 것을 알고 있다면 그 최소다항식은 원래 수열의 처음부터 $2k$개 항에 의해 결정된다는 사실에 주목할 필요가 있다. 이것을 보이기 위하여 $n=0, 1, \cdots, k-1$에 대하여 식 (9.2)를 이용하면 구하려는 최소다항식의 미지 계수 $a_0, a_1, \cdots, a_{k-1}$에 대한 k개의 일차방정식으로 이루어진 연립일차방정식을 얻는다. 그러므로 이 연립일차방정식은 유일한 해를 가질

수 있다. 중요한 문제는 주어진 동차 선형점화수열의 최소다항식을 실제로 계산해야 한다는 것이다. 확실히 최소다항식을 구하는 한 방법이 정리 9.23의 증명 과정에서 이미 제시된 바 있다. 이 방법은 수열의 특성방정식에 대한 사전 지식과 $\mathbb{F}_q[x]$에서 최대공약수의 결정에 의존한다. 이제 최소다항식의 차수의 상한을 알고 있다면, 유한 단계 후에 최소다항식을 생성하는 Berlekamp–Massey 알고리즘이라 부르는 재귀적 알고리즘을 논의한다.

$s_0, s_1, \cdots$을 생성함수가 $G(x)=\sum_{n=0}^{\infty} s_n x^n$인 $\mathbb{F}_q$에서의 수열이라 하자. $j=0, 1, \cdots$에 대하여 $\mathbb{F}_q$위의 다항식들 $g_j(x)$와 $h_j(x)$, 정수 m_j, $\mathbb{F}_q$의 원소들 b_j를 다음과 같이 정의한다. 초기값은

$$g_0(x)=1,\ h_0(x)=x,\ m_0=0 \tag{9.23}$$

로 정한다. 그런 다음 b_j를 $g_j(x)G(x)$에서 x^j의 계수로 놓고, 다음과 같이 $g_{j+1}(x)$, $h_{j+1}(x)$, m_{j+1}를 재귀적으로 정의한다.

$$\begin{aligned} g_{j+1}(x)&=g_j(x)-b_j h_j(x) \\ h_{j+1}(x)&=\begin{cases} b_j^{-1} x g_j(x) & (b_j \neq 0,\ m_j \geq 0) \\ x h_j(x) & (\text{나머지 경우}) \end{cases} \\ m_{j+1}&=\begin{cases} -m_j & (b_j \neq 0,\ m_j \geq 0) \\ m_j+1 & (\text{나머지 경우}) \end{cases} \end{aligned} \tag{9.24}$$

$s_0, s_1, \cdots$이 k차 최소다항식을 갖는 동차 선형점화수열이면 $g_{2k}(x)$이 상반 최소다항식이 된다. 그러므로 최소다항식 $m(x)$는 $m(x)=x^k g_{2k}(1/x)$로 주어진다. 최소다항식의 차수가 k 이하라는 것만 아는 경우에 $r=\left[k+\frac{1}{2}-\frac{1}{2}m_{2k}\right]$라 놓으면 최소다항식 $m(x)$는 $m(x)=x^r g_{2k}(1/x)$로 주어진다. 여기서 $\lfloor y \rfloor$는 y를 넘지 않는 가장 큰 정수이다. 두 가지 경우에 Berlekamp–Massey 알고리즘으로부터 $m(x)$는 수열의 $2k$개 항 $s_0, s_1, \cdots, s_{2k-1}$에만 의존한다는 것을 바로 알 수 있다. 그러므로 Berlekamp–Massey 알고리즘에서 생성함수 $G(x)$를 다항식 $G_{2k-1}(x)=\sum_{n=0}^{2k-1} s_n x^n$으로 대체할 수 있다.

[예제 9.22] 위수가 4 이하인 $\mathbb{F}_3$에서의 동차 선형점화수열의 처음부터 8개 항이

0, 2, 1, 0, 1, 2, 1, 0라 하자. 최소다항식을 구하기 위하여 $G(x)$ 대신에 $G_7(x)=2x+x^2+x^4+2x^5+x^6\in\mathbb{F}_3[x]$에 Berlekamp–Massey 알고리즘을 적용한다.

계산 결과는 다음 표와 같다.

j	$g_j(x)$	$h_j(x)$	m_j	b_j
0	1	x	0	0
1	1	x^2	1	2
2	$1+x^2$	$2x$	-1	1
3	$1+x+x^2$	$2x^2$	0	0
4	$1+x+x^2$	$2x^3$	1	2
5	$1+x+x^2+2x^3$	$2x+2x^2+2x^3$	-1	2
6	$1+x^3$	$2x^2+2x^3+2x^4$	0	1
7	$1+x^2+2x^3+x^4$	$x+x^4$	0	1
8	$1+2x+x^2+2x^3$	0		

그러면 $r=\left[4+\frac{1}{2}-\frac{1}{2}m_8\right]=4$이므로 $m(x)=x^4+2x^3+x^2+2x$이다. 그러므로 수열에 의해 만족되는 최소차 동차 선형점화식은 $s_{n+4}=s_{n+3}+2s_{n+2}+s_{n+1}$이다.

[예제 9.23] 처음부터 8개 항이 1, 1, 0, 0, 1, 0, 1, 1인 최소 위수의 $\mathbb{F}_2$에서의 동차 선형점화수열을 구해보자. $G(x)$ 대신에 $G_7(x)=1+x+x^4+x^6+x^7\in\mathbb{F}_2[x]$에 Berlekamp–Massey 알고리즘을 적용한다.

계산 결과는 다음 표와 같다.

j	$g_j(x)$	$h_j(x)$	m_j	b_j
0	1	x	0	1
1	$1+x$	x	0	0
2	$1+x$	x^2	1	1
3	$1+x+x^2$	$x+x^2$	-1	1
4	1	x^2+x^3	0	1
5	$1+x^2+x^3$	x	0	0
6	$1+x^2+x^3$	x^2	1	0
7	$1+x^2+x^3$	x^3	2	0
8	$1+x^2+x^3$	3		

그러면 $r=\left[4+\frac{1}{2}-\frac{1}{2}m_8\right]=3$이므로 $m(x)=x^3+x+1$이다. 그러므로 수열의 주어진 항들은 $s_{n+3}=s_{n+1}+s_n$ $(n=0, 1, \cdots)$을 만족하는 동차 선형점화수열의 처음 부분이고, 수열의 처음 부분이 1, 1, 0, 0, 1, 0, 1, 1인 더 낮은 차수의 선형점화식은 존재하지 않는다.

이제 일반적으로 Berlekamp–Massey 알고리즘은 지시된 단계 후에 최소다항식을 구한다는 것을 증명할 것이다. 이것을 보이기 위하여 다음과 같이 재귀적으로 $\mathbb{F}_q$위의 다항식 $u_j(x)$와 $v_j(x)$를 정의한다. 초기값으로

$$u_0(x)=0,\ v_0(x)=-1 \tag{9.25}$$

으로 놓은 다음

$$\begin{aligned} u_{j+1}(x)&=u_j(x)-b_jv_j(x) \\ v_{j+1}(x)&=\begin{cases} b_j^{-1}xu_j(x) & (b_j\neq 0,\ m_j\geq 0) \\ xv_j(x) & (\text{나머지 경우}) \end{cases} \end{aligned} \tag{9.26}$$

으로 놓는다. 각 $j\geq 0$에 대하여 다음이 성립한다는 것을 보인다.

$$\deg(g_j(x))\leq \frac{1}{2}(j+1-m_j),\ \deg(h_j(x))\leq \frac{1}{2}(j+2+m_j) \tag{9.27}$$

식 (9.23)의 초기값에 의해 $j=0$인 경우는 분명히 성립한다. 부등식이 성립하는 $j\geq 0$가 존재한다고 가정하면 식 (9.24)로부터 $b_j\neq 0$, $m_j\geq 0$인 경우에

$$\begin{aligned} \deg(g_{j+1}(x)) &\leq \max(\deg(g_j(x)),\ \deg(h_j(x))) \\ &\leq \frac{1}{2}(j+2+m_j)=\frac{1}{2}(j+2-m_{j+1}) \end{aligned}$$

가 성립한다. 만일 그렇지 않다면 다음이 성립한다.

$$\deg(g_{j+1}(x))\leq \frac{1}{2}(j+1-m_j)=\frac{1}{2}(j+2-m_{j+1})$$

이와 마찬가지 방법으로 경우에 따라 나누어서 식 (9.27)의 두 번째 부등식의 경우도 증명된다. 유사한 방법으로 각 $j\geq 0$에 대하여

$$\deg(u_j(x)) \le \frac{1}{2}(j-1-m_j),\ \deg(v_j(x)) \le \frac{1}{2}(j+m_j) \tag{9.28}$$

가 성립함을 보일 수 있다. 새롭게 정의한 다항식 $u_j(x)$, $v_j(x)$과 알고리즘에 나타나는 다항식 $g_j(x)$, $h_j(x)$은 다음 항등식과 같은 관계가 성립한다.

$$g_j(x)G(x) \equiv u_j(x) + b_j x^j \bmod x^{j+1} \tag{9.29}$$

$$h_j(x)G(x) \equiv v_j(x) + x^j \bmod x^{j+1} \tag{9.30}$$

식 (9.23)과 식 (9.25) 그리고 b_0의 정의에 의하여 식 (9.29)과 식 (9.36)은 $j=0$일 때 성립한다. 두 합동식이 성립하는 $j \ge 0$가 존재한다고 가정하면 적당한 계수 c_{j+1}, d_{j+1}, $e_{j+1} \in \mathbb{F}_q$에 대하여 다음이 성립한다.

$$\begin{aligned} g_{j+1}(x)G(x) &= g_j(x)G(x) - b_j h_j(x)G(x) \\ &\equiv u_j(x) + b_j x^j + c_{j+1}x^{j+1} - b_j(v_j(x) + x^j + d_{j+1}x^{j+1}) \\ &\equiv u_j(x) + e_{j+1}x^{j+1} \bmod x^{j+2} \end{aligned}$$

$|m_j| \le j$이므로 식 (9.28)에 의해 $\deg(u_{j+1}(x)) \le j$을 수학적귀납법에 의해 쉽게 보일 수 있다. 그러므로 e_{j+1}은 $g_{j+1}(x)G(x)$에서 x^{j+1}의 계수이고, 따라서 $e_{j+1} = b_{j+1}$이 된다. 식 (9.30)에 대한 수학적귀납법의 각 단계도 유사하게 성립한다. 다음으로 귀납적 방법에 의해 다음이 성립한다. 각 $j \ge 0$에 대하여

$$h_j(x)u_j(x) - g_j(x)v_j(x) = x^j \tag{9.31}$$

이제 $\mathbb{F}_q$위의 다항식 $s(x)$와 $u(x)$가 $s(x)G(x) = u(x)$, $s(0)=1$을 만족한다고 하자. 그러면 식 (9.30)에 의하여

$$\begin{aligned} h_j(x)u(x) - s(x)v_j(x) &= s(x)(h_j(x)G(x) - v_j(x)) \\ &\equiv s(x)x^j \equiv x^j \bmod x^{j+1} \end{aligned}$$

가 성립하므로 적당한 $u_j(x) \in \mathbb{F}_q[x]$에 대하여 다음이 성립한다.

$$h_j(x)u(x) - s(x)v_j(x) = x^j U_j(x),\ U_j(0) = 1 \tag{9.32}$$

이와 유사하게 식 (9.29)를 이용하여

$$g_j(x)u(x)-s(x)u_j(x)=x^jV_j(x) \tag{9.33}$$

가 성립하는 $v_j(x)\in\mathbb{F}_q[x]$가 존재한다는 것을 보일 수 있다. 주어진 동차 선형점화수열의 최소다항식 $m(x)$의 차수가 k 이하이고 $s(x)$가 상반 최소다항식이라 가정하자. 그러면 $s(0)=1$이고 $\deg(s(x))\le k$이다. 그리고 식 (9.15)으로부터

$$s(x)G(x)=u(x),\ \deg(u(x))\le\deg(m(x))-1\le k-1$$

이 성립하는 $u(x)\in\mathbb{F}_q[x]$가 존재한다는 것을 안다. 식 (9.27)과 식 (9.28)을 이용하여

$$\deg(h_{2k}(x)u(x))\le\frac{1}{2}(2k+2+m_{2k})+k-1=2k+\frac{1}{2}m_{2k},$$

$$\deg(s(x)v_{2k}(x))\le k+\frac{1}{2}(2k+m_{2k})=2k+\frac{1}{2}m_{2k}$$

이 성립하므로

$$\deg(h_{2k}(x)u(x)-s(x)v_{2k}(x))\le 2k+\frac{1}{2}m_{2k}$$

이 성립한다. 한편,

$$\deg(h_{2k}(x)u(x)-s(x)v_{2k}(x))=\deg(x^{2k}U_{2k}(x))\ge 2k$$

이므로 이 두 부등식으로부터 $m_{2k}\ge 0$임을 알 수 있다. 다시 식 (9.27)과 식 (9.28)을 이용하면

$$\deg(g_{2k}(x)u(x))\le 2k-\frac{1}{2}-\frac{1}{2}m_{2k},\ \deg(s(x)u_{2k}(x))\le 2k-\frac{1}{2}-\frac{1}{2}m_{2k}$$

이 되므로 식 (9.33)에 의해

$$\deg(x^{2k}V_{2k}(x))=\deg(g_{2k}(x)u(x)-s(x)u_{2k}(x))<2k$$

이 성립한다. 그러나 이것은 $V_{2k}(x)$가 영다항식일 때만 가능하다. 결국 식 (9.6.11)에 의해 $g_{2k}(x)u(x)=s(x)u_{2k}(x)$가 성립한다. $j=2k$일 때 식 (9.32)에 $g_{2k}(x)$를 곱하면 다음을 얻는다.

$$h_{2k}(x)g_{2k}(x)u(x)-s(x)g_{2k}(x)v_{2k}(x)$$

$$=s(x)(h_{2k}(x)u_{2k}(x)-g_{2k}(x)v_{2k}(x))=x^{2k}U_{2k}(x)g_{2k}(x)$$

식 (9.31)에 의하면 $s(x)=U_{2k}(x)g_{2k}(x)$이 되고 따라서 $u(x)=U_{2k}(x)u_{2k}(x)$이 성립한다. $s(x)$가 상반 최소다항식이므로 정리 9.20의 두 번째 부분에 의하면 $s(x)$와 $u(x)$는 서로소이다. 이 사실에 의하면 $U_{2k}(x)$는 상수다항식이고, 식 (9.32)에 의해 $U_{2k}(0)=1$이므로 실제로 $U_{2k}(x)=1$이다. 그러므로 $s(x)=g_{2k}(x)$이고 $u(x)=u_{2k}(x)$이다. $\deg(m(x))=k$이면 이미 밝혔듯이 $m(x)=x^k s\left(\frac{1}{x}\right)=x^k g_{2k}\left(\frac{1}{x}\right)$이다. $\deg(m(x))=t \le k$이면 $s(x)=g_{2t}(x)$, $u(x)=u_{2t}(x)$이고 $m_{2t} \ge 0$이다. 분명히 $\max(\deg(s(x)),\ 1+\deg(u(x))) \le t$이고 정리 9.20의 두 번째 부분에 의하면 $t=\max(\deg(s(x)),\ 1+\deg(u(x)))$이 성립한다. 그러면 식 (9.27)과 식 (9.28)로부터

$$t=\max(\deg(g_{2t}(x)),\ 1+\deg(u_{2t}(x))) \le t+\frac{1}{2}-\frac{1}{2}m_{2t}$$

이므로 $m_{2t}=0$ 또는 $m_{2t}=1$이다. 더욱이 $g_j(x)=s(x)$이고, 모든 $j \ge 2t$에 대하여 $b_j=0$이라는 사실에 주목하면 m_j의 정의에 의하여 모든 $j \ge 2t$에 대하여 $m_j=m_{2t}+j-2t$가 성립한다. $j=2k$로 놓으면 $t=k+\frac{1}{2}m_{2t}-\frac{1}{2}m_{2k}$을 얻는다. 그리고 $m_{2t}=0$ 또는 $m_{2t}=1$이므로 $t=\left[k+\frac{1}{2}-\frac{1}{2}m_{2k}\right]=r$이다. 그러므로 주장한 것처럼 $m(x)=x^r s\left(\frac{1}{x}\right)=x^r g_{2k}\left(\frac{1}{x}\right)$이 성립한다.

연습문제 (9.6)

1. 차수가 5 이하인 $\mathbb{F}_2$에서의 동차 선형점화수열의 첫 10개 항이 0, 1, 1, 0, 0, 0, 0, 1, 1, 1이라 하자. Berlekamp-Massey 알고리즘을 이용하여 주어진 수열의 최소다항식을 구하여라.

2. 차수가 4 이하인 $\mathbb{F}_5$에서의 동차 선형점화수열의 첫 8개 항이 2, 1, 0, 1, −2, 0, −2, −1이라 하자. Berlekamp-Massey 알고리즘을 이용하여 주어진 수열의 최소다항식을 구하여라.

3. 차수가 5 이하인 $\mathbb{F}_3$에서의 동차 선형점화수열의 첫 10개 항이 1, -1, 0, -1, 0, 0, 0, 0, 1, 0이라 하자. Berlekamp-Massey 알고리즘을 이용하여 주어진 수열의 최소다항식을 구하여라.

4. 첫 10개 항이 2, 0, -1, -2, 0, 0, -2, 2, -1, -2인 $\mathbb{F}_5$에서의 최소차 동차선형점화수열을 구하여라.

참고문헌

1. E. Bach and J. Shallit, Algorithmic Number Theory 1, MIT Press, 1997.
2. I.F. Blake, X. Gao, R.C. Mullin, S.A. Vanstone and T. Yaghoobian, Applications of Finite Fields, Kluwer Academic Pub., 1993.
3. T.L. Booth, Sequential Machines and Automata Theory, John Wiley & Sons, 1967.
4. P.P. Chaudhuri, D.R. Chowdhury, S. Nandi and S. Chattopadhyay, Additive Cellular Automata Theory and Applications, 1, IEEE Computer Society, 1997.
5. S.J. Cho, U.S. Choi, Y.H. Hwang, Y.S. Pyo, H.D. Kim and S.H. Heo, Computing Phase Shifts of Maximum-Length 90/150 Cellular Automata Sequences, Lecture Notes in Computer Science, 3305, pp. 31-39, 2004.
6. S.J. Cho, U.S. Choi and H.D. KIM, Analysis of Complemented CA Derived from a Linear TPMACA, Computers and Mathematics with Applications, 45, pp. 689-698, 2003.
7. S.J. Cho, U.S. Choi and H.D. Kim, Behavior of Complemented CA Whose Complement Vector is Acyclic in a Linear TPMACA, Mathematical and Computer Modelling, 36, pp. 979-986, 2002.
8. B. Elspas, The Theory of Autonomous Linear Sequential Networks, TRE Trans. on Circuit, CT-6, pp. 45-60, 1959.
9. H. Eves, Elementary Matrix Theory, Dover, Boston, 1980.
10. F.R. Gantmacher, The Theory of Matrices Vol. 1, Chelsea Publishing Company, 1960.
11. G.H. Golub and C.F. van Loan, Matrix Computations 3rd ed., The Johns Hopkins University Press, 1996.
12. A.D. Kraus, Matrices of Engineers, Oxford University Press, Inc., 2002.
13. D.E. Knuth, The Art of Computer Programming Vol. 1 & 2, Addison Wesley Longman, 1997.
14. N. Koblitz, A Course in Number Theory and Cryptography 2nd ed. Springer-

Verlag, New-York, 1994.

15. S.J. Leon, Linear Algebra 6th ed., Prentice-Hall, Inc., 2002.
16. R. Lidl and H. Niederreiter, Introduction to Finite Fields and Their Applications, Cambridge University Press, 1994.
17. R. Lidl and H. Niederreiter, Finite Fields, Cambridge University Press, 1997
18. R.J. McElice, Finite Fields for Computer Scientists and Engineers, Kluwer Academic Pub., 1987.
19. A.J. Menezes, P.C. van Osrschot and S.A. Vanstone, Handbook of Applied Cryptography, CRC Press, Inc., 1997.
20. K.H. Rosen, Elementary Number Theory and Its Applications 4th ed., Addison-Wesley, 1999.
21. D.R. Stinson, Cryptography Theory and Practice, CRC Press, 1995.
22. F. Szabo, Linear Algebra-An Introduction Using Maple, Academic Press, 2002.
23. S. Tezuka and M. Fushimi, A Method of Designing Cellular Automata as Pseudorandom Number Generators for Built-in Self-test for VLSI, Contemporary Mathematics, 168, pp. 363-367, 1994.
24. 조성진, 김한두, 최언숙, 알기 쉬운 유한체론, 경문사, 2005.
25. 조성진, 김한두, 표용수, 알기쉬운 부호론, 경문사, 2005.

부 록

1. 유한체(Finite Field)

A₁) $K=GF(2^3)$, $F=GF(2)$에서
다항식이 $f(x)=x^3+x+1$인 경우

i	α^i	α^i의 최소다항식	$Tr(\alpha^i)$
0	001	$x+1$	1
1	010	x^3+x+1	0
2	100	x^3+x+1	0
3	011	x^3+x^2+1	1
4	110	x^3+x+1	0
5	111	x^3+x^2+1	1
6	101	x^3+x^2+1	1

A₂) $K=GF(2^3)$, $F=GF(2)$에서
다항식이 $f(x)=x^3+x^2+1$인 경우

i	α^i	α^i의 최소다항식	$Tr(\alpha^i)$
0	001	$x+1$	1
1	010	x^3+x^2+1	1
2	100	x^3+x^2+1	1
3	101	x^3+x+1	0
4	111	x^3+x^2+1	1
5	011	x^3+x+1	0
6	110	x^3+x+1	0

B₁) $K=GF(2^4)$, $F=GF(2)$에서 다항식이 $f(x)=x^4+x+1$인 경우

i	α^i	$ord(\alpha^i)$	α^i의 최소다항식	$Tr(\alpha^i)$
0	0001	1	$x+1$	0
1	0010	15	x^4+x+1	0
2	0100	15	x^4+x+1	0
3	1000	5	$x^4+x^3+x^2+x+1$	1
4	0011	15	x^4+x+1	0
5	0110	3	x^2+x+1	0
6	1100	5	$x^4+x^3+x^2+x+1$	1
7	1011	15	x^4+x^3+1	1
8	0101	15	x^4+x+1	0
9	1010	5	$x^4+x^3+x^2+x+1$	1
10	0111	3	x^2+x+1	0
11	1110	15	x^4+x^3+1	1
12	1111	5	$x^4+x^3+x^2+x+1$	1
13	1101	15	x^4+x^3+1	1
14	1001	15	x^4+x^3+1	1

B₂) $K=GF(2^4)$, $F=GF(2)$에서 다항식이 $f(x)=x^4+x^3+1$인 경우

i	α^i	$ord(\alpha^i)$	α^i의 최소다항식	$Tr(\alpha^i)$
0	0001	1	$x+1$	0
1	0010	15	x^4+x^3+1	1
2	0100	15	x^4+x^3+1	1
3	1000	5	$x^4+x^3+x^2+x+1$	1
4	1001	15	x^4+x^3+1	1
5	1011	3	x^2+x+1	0
6	1111	5	$x^4+x^3+x^2+x+1$	1
7	0111	15	x^4+x+1	0
8	1110	15	x^4+x^3+1	1
9	0101	5	$x^4+x^3+x^2+x+1$	1
10	1010	3	x^2+x+1	0
11	1101	15	x^4+x+1	0
12	0011	5	$x^4+x^3+x^2+x+1$	1
13	0110	15	x^4+x+1	0
14	1100	15	x^4+x+1	0

C₁) $K=GF(2^5)$, $F=GF(2)$에서 다항식이 $f(x)=x^5+x^2+1$인 경우

i	α^i	$Tr(\alpha^i)$	i	α^i	$Tr(\alpha^i)$
0	00001	1	16	11011	0
1	00010	0	17	10011	1
2	00100	0	18	00011	1
3	01000	1	19	00110	0
4	10000	0	20	01100	1
5	00101	1	21	11000	1
6	01010	1	22	10101	1
7	10100	0	23	01111	0
8	01101	1	24	11110	1
9	11010	0	25	11001	0
10	10001	0	26	10111	1
11	00111	1	27	01011	0
12	01110	0	28	10110	0
13	11100	1	29	01001	0
14	11101	1	30	10010	0
15	11111	0			

C₂) $K = GF(2^5)$, $F = GF(2)$에서 다항식이 $f(x) = x^5 + x^3 + 1$인 경우

i	α^i	$Tr(\alpha^i)$	i	α^i	$Tr(\alpha^i)$
0	00001	1	16	01100	0
1	00010	0	17	11000	0
2	00100	0	18	11001	1
3	01000	0	19	11011	1
4	10000	0	20	11111	1
5	01001	1	21	10111	1
6	10010	0	22	00111	1
7	01101	1	23	01110	0
8	11010	0	24	11100	0
9	11101	1	25	10001	1
10	10011	1	26	01011	1
11	01111	1	27	10110	0
12	11110	0	28	00101	1
13	10101	1	29	01010	0
14	00011	1	30	10010	0
15	00110	0			

C₃) $K = GF(2^5)$, $F = GF(2)$에서 다항식이 $f(x) = x^5 + x^3 + x^2 + x + 1$인 경우

i	α^i	$Tr(\alpha^i)$	i	α^i	$Tr(\alpha^i)$
0	00001	1	16	11111	0
1	00010	0	17	10001	1
2	00100	0	18	01101	0
3	01000	1	19	11010	1
4	10000	0	20	11011	0
5	01111	0	21	11001	0
6	11110	1	22	11101	0
7	10011	1	23	10101	1
8	01001	0	24	00101	1
9	10010	0	25	01010	1
10	01011	0	26	10100	0
11	10110	0	27	00111	1
12	00011	1	28	01110	1
13	00110	0	29	11100	1
14	01100	1	30	10111	1
15	11000	1			

C4) $K = GF(2^5)$, $F = GF(2)$에서 다항식이 $f(x) = x^5 + x^4 + x^3 + x^2 + 1$인 경우

i	α^i	$Tr(\alpha^i)$	i	α^i	$Tr(\alpha^i)$
0	00001	1	16	01011	1
1	00010	1	17	10110	1
2	00100	1	18	10001	0
3	01000	1	19	11111	1
4	10000	1	20	00011	0
5	11101	0	21	00110	0
6	00111	1	22	01100	0
7	01110	1	23	11000	0
8	11100	1	24	01101	1
9	00101	0	25	11010	1
10	01010	0	26	01001	0
11	10100	0	27	10010	0
12	10101	1	28	11001	1
13	10111	0	29	01111	0
14	10011	1	30	11110	0
15	11011	0			

C5) $K = GF(2^5)$, $F = GF(2)$에서 다항식이 $f(x) = x^5 + x^4 + x^3 + x + 1$인 경우

i	α^i	$Tr(\alpha^i)$	i	α^i	$Tr(\alpha^i)$
0	00001	1	16	11000	1
1	00010	1	17	01011	0
2	00100	1	18	10110	1
3	01000	0	19	10111	0
4	10000	1	20	10101	1
5	11011	1	21	10001	0
6	01101	0	22	11001	0
7	11010	0	23	01001	1
8	01111	1	24	10010	0
9	11110	1	25	11111	0
10	00111	1	26	00101	0
11	01110	0	27	01010	1
12	11100	0	28	10100	0
13	00011	0	29	10011	1
14	00110	0	30	11101	1
15	01100	1			

C6) $K=GF(2^5)$, $F=GF(2)$에서 다항식이 $f(x)=x^5+x^4+x^2+x+1$인 경우

i	α^i	$Tr(\alpha^i)$	i	α^i	$Tr(\alpha^i)$
0	00001	1	16	11101	1
1	00010	0	17	01101	0
2	00100	0	18	11010	0
3	01000	1	19	00011	0
4	10000	0	20	00110	0
5	10111	0	21	01100	1
6	11001	0	22	11000	1
7	00101	0	23	00111	1
8	01010	1	24	01110	0
9	10100	0	25	11100	0
10	11111	0	26	01111	1
11	01001	1	27	11110	1
12	10010	0	28	01011	0
13	10011	1	29	10110	1
14	10001	0	30	11011	1
15	10101	1			

D_1) $K=GF(2^6)$, $F=GF(2)$에서 다항식이 $f(x)=x^6+x+1$인 경우

i	α^i	$Tr(\alpha^i)$	i	α^i	$Tr(\alpha^i)$	i	α^i	$Tr(\alpha^i)$
0	000001	0	21	111011	1	42	111010	1
1	000010	0	22	110101	1	43	110111	1
2	000100	0	23	101001	1	44	101101	1
3	001000	0	24	010001	0	45	011001	0
4	010000	0	25	100010	1	46	110010	1
5	100000	1	26	000111	0	47	100111	1
6	000011	0	27	001110	0	48	001101	0
7	000110	0	28	011100	0	49	011010	0
8	001100	0	29	111000	1	50	110100	1
9	011000	0	30	110011	1	51	101011	1
10	110000	1	31	100101	1	52	010101	0
11	100011	1	32	001001	0	53	101010	1
12	000101	0	33	010010	0	54	010111	0
13	001010	0	34	100100	1	55	101110	1
14	010100	0	35	001011	0	56	011111	0
15	101000	1	36	010110	0	57	111110	1
16	010011	0	37	101100	1	58	111111	1
17	100110	1	38	011011	0	59	111101	1
18	001111	0	39	110110	1	60	111001	1
19	011110	0	40	101111	1	61	110001	1
20	111100	1	41	011101	0	62	100001	1

D2) $K = GF(2^6)$, $F = GF(2)$에서 다항식이 $f(x) = x^6 + x^5 + 1$인 경우

i	α^i	$Tr(\alpha^i)$	i	α^i	$Tr(\alpha^i)$	i	α^i	$Tr(\alpha^i)$
0	000001	0	21	111001	1	42	111000	1
1	000010	1	22	010011	0	43	010001	1
2	000100	1	23	100110	1	44	100010	0
3	001000	1	24	101101	1	45	100101	0
4	010000	1	25	111011	0	46	101011	1
5	100000	1	26	010111	1	47	110111	0
6	100001	1	27	101110	0	48	001111	1
7	100011	0	28	111101	0	49	011110	0
8	100111	1	29	011011	1	50	111100	0
9	101111	0	30	110110	0	51	011001	0
10	111111	1	31	001101	0	52	110010	1
11	011111	0	32	011010	1	53	000101	1
12	111110	1	33	110100	1	54	001010	0
13	011101	1	34	001001	1	55	010100	0
14	111010	0	35	010010	0	56	101000	0
15	010101	0	36	100100	0	57	110001	0
16	101010	1	37	101001	0	58	000011	1
17	110101	1	38	110011	1	59	000110	0
18	001011	0	39	000111	0	60	001100	0
19	010110	1	40	001110	1	61	011000	0
20	101100	1	41	011100	1	62	110000	0

D3) $K = GF(2^6)$, $F = GF(2)$에서 다항식이 $f(x) = x^6 + x^5 + x^4 + x + 1$인 경우

i	α^i	$Tr(\alpha^i)$	i	α^i	$Tr(\alpha^i)$	i	α^i	$Tr(\alpha^i)$
0	000001	0	21	011001	0	42	011000	1
1	000010	1	22	110010	1	43	110000	1
2	000100	1	23	010111	0	44	010011	0
3	001000	0	24	101110	0	45	100110	0
4	010000	1	25	101111	1	46	111111	1
5	100000	0	26	101101	0	47	001101	1
6	110011	0	27	101001	0	48	011010	0
7	010101	0	28	100001	1	49	110100	0
8	101010	1	29	110001	1	50	011011	0
9	100111	0	30	010001	1	51	110110	1
10	111101	0	31	100010	0	52	011111	1
11	001010	0	32	110111	0	53	111110	1
12	010010	0	33	011101	0	54	001111	0
13	100100	1	34	111010	0	55	011110	1
14	111111	0	35	000111	0	56	111100	0
15	000101	1	36	001110	1	57	001011	1
16	001010	1	37	011100	1	58	010110	1
17	010100	0	38	111000	0	59	101100	1
18	101000	1	39	000011	1	60	101011	1
19	100011	0	40	000110	0	61	100101	1
20	110101	1	41	001100	1	62	111001	1

D4) $K=GF(2^6)$, $F=GF(2)$에서 다항식이 $f(x)=x^6+x^5+x^2+x+1$인 경우

i	α^i	$Tr(\alpha^i)$	i	α^i	$Tr(\alpha^i)$	i	α^i	$Tr(\alpha^i)$
0	000001	0	21	101100	1	42	101101	1
1	000010	1	22	111111	1	43	111101	0
2	000100	1	23	011001	0	44	011101	1
3	001000	1	24	110010	1	45	111010	0
4	010000	1	25	000011	1	46	010011	0
5	100000	1	26	000110	0	47	100110	1
6	100111	1	27	001100	0	48	101011	1
7	101001	0	28	011000	0	49	110001	0
8	110101	1	29	110000	0	50	000101	1
9	001101	0	30	000111	0	51	001010	0
10	011010	1	31	001110	1	52	010100	0
11	110101	1	32	011100	1	53	101000	0
12	001111	1	33	111000	1	54	110111	0
13	011110	0	34	010111	1	55	001001	1
14	111100	0	35	101110	0	56	010010	0
15	011111	0	36	111011	0	57	100100	0
16	111110	1	37	010001	1	58	101111	0
17	011011	1	38	100010	0	59	111001	1
18	110110	0	39	100011	0	60	010101	0
19	001011	0	40	100001	1	61	101010	1
20	010110	1	41	100101	0	62	110011	1

D5) $K = GF(2^6)$, $F = GF(2)$에서 다항식이 $f(x) = x^6 + x^5 + x^3 + x^2 + 1$인 경우

i	α^i	$Tr(\alpha^i)$	i	α^i	$Tr(\alpha^i)$	i	α^i	$Tr(\alpha^i)$
0	000001	0	21	010111	1	42	010110	1
1	000010	1	22	101110	1	43	101100	0
2	000100	1	23	110001	0	44	110101	1
3	001000	0	24	001111	0	45	000111	0
4	010000	1	25	011110	1	46	001110	0
5	100000	1	26	111100	1	47	011100	0
6	101101	0	27	010101	0	48	111000	0
7	110111	0	28	101010	0	49	011101	0
8	000011	1	29	111001	0	50	111010	1
9	000110	0	30	110011	1	51	011001	1
10	001100	1	31	100101	0	52	110010	1
11	011000	1	32	001001	1	53	001001	0
12	110000	0	33	010010	0	54	010010	0
13	001101	1	34	100100	1	55	100100	0
14	011010	0	35	001011	0	56	100101	0
15	110100	1	36	010110	0	57	100111	1
16	000101	1	37	101100	1	58	100011	0
17	001010	1	38	011011	1	59	101011	0
18	010100	0	39	110110	1	60	111011	1
19	101000	1	40	101111	1	61	011011	0
20	111101	1	41	011101	1	62	110110	0

D_6) $K = GF(2^6)$, $F = GF(2)$에서 다항식이 $f(x) = x^6 + x^4 + x^3 + x + 1$인 경우

i	α^i	$Tr(\alpha^i)$	i	α^i	$Tr(\alpha^i)$	i	α^i	$Tr(\alpha^i)$
0	000001	0	21	001110	1	42	001111	1
1	000010	0	22	011100	1	43	011110	1
2	000100	0	23	111000	1	44	111100	1
3	001000	1	24	101011	1	45	100011	0
4	010000	0	25	001101	1	46	011101	1
5	100000	0	26	011010	1	47	111010	1
6	011011	1	27	110100	0	48	101111	1
7	110110	0	28	110011	0	49	000101	0
8	110111	0	29	111101	1	50	001010	1
9	110101	0	30	100001	0	51	010100	0
10	110001	0	31	011001	1	52	101000	1
11	111001	1	32	110010	0	53	001011	1
12	101001	1	33	111111	1	54	010110	0
13	001001	1	34	100101	0	55	101100	1
14	010010	0	35	010001	0	56	000011	0
15	100100	0	36	100010	0	57	000110	0
16	010011	0	37	011111	1	58	001100	1
17	100110	0	38	111110	1	59	011000	1
18	010111	0	39	100111	0	60	110000	0
19	101110	1	40	010101	0	61	111011	1
20	000111	0	41	101010	1	62	101101	1

2. $GF(2)$ 에서 (x^n-1) 의 인수분해

$$x^2-1=(x-1)(x+1)=(x+1)^2$$

$$x^{2^2-1}-1=(x-1)(x^2+x+1)$$

$$x^4-1=(x-1)(x+1)(x^2+1)=(x+1)^4$$

$$x^5-1=(x-1)(x^4+x^3+x^2+x+1)$$

$$x^6-1=(x-1)(x+1)(x^2+x+1)(x^2-x+1)=(x+1)^2(x^2+x+1)^2$$

$$x^{2^3-1}-1=(x-1)(x^6+x^5+x^4+x^3+x^2+x+1)=(x+1)(x^3+x+1)(x^3+x^2+1)$$

$$x^8-1=(x-1)(x+1)(x^2+1)(x^4+1)=(x+1)^8$$

$$x^9-1=(x-1)(x^2+x+1)(x^6+x^3+1)$$

$$x^{10}-1=(x-1)(x+1)(x^4+x^3+x^2+x+1)(x^4-x^3+x^2-x+1)$$
$$=(x+1)^2(x^4+x^3+x^2+x+1)^2$$

$$x^{11}-1=(x-1)(x^{10}+x^9+x^8+x^7+x^6+x^5+x^4+x^3+x^2+x+1)$$

$$x^{12}-1=(x-1)(x+1)(x^2+x+1)(x^2-x+1)(x^2+1)(x^4-x^2+1)$$
$$=(x+1)^4(x^2+x+1)^4$$

$$x^{13}-1=(x-1)(x^{12}+x^{11}+x^{10}+x^9+x^8+x^7+x^6+x^5+x^4+x^3+x^2+x+1)$$

$$x^{14}-1=(x-1)(x^6+x^5+x^4+x^3+x^2+x+1)(x+1)(x^6-x^5+x^4-x^3+x^2-x+1)$$
$$=(x+1)^2(x^3+x+1)^2(x^3+x^2+1)^2$$

$$x^{2^4-1}-1=(x-1)(x^4+x^3+x^2+x+1)(x^2+x+1)(x^8-x^7+x^5-x^4+x^3-x+1)$$
$$=(x+1)(x^2+x+1)(x^4+x+1)(x^4+x^3+1)(x^4+x^3+x^2+x+1)$$

$$x^{16}-1=(x-1)(x+1)(x^2+1)(x^4+1)(x^8+1)=(x+1)^{16}$$

$$x^{17}-1=(x-1)(x^{16}+x^{15}+x^{14}+x^{13}+\cdots+x^3+x^2+x+1)$$
$$=(x+1)(x^8+x^5+x^4+x^3+1)(x^8+x^7+x^6+x^4+x^2+x+1)$$

$$x^{18}-1=(x-1)(x^2+x+1)(x^6+x^3+1)(x+1)(x^2-x+1)(x^6-x^3+1)$$
$$=(x+1)^2(x^2+x+1)^2(x^6+x^3+1)^2$$

$$x^{19}-1=(x-1)(x^{18}+x^{17}+x^{16}+x^{15}+\cdots+x^4+x^3+x^2+x+1)$$

$$x^{20}-1=(x-1)(x^4+x^3+x^2+x+1)(x+1)(1-x+x^2-x^3+x^4)$$
$$\times(1+x^2)(x^8-x^6+x^4-x^2+1)$$
$$=(x+1)^4(x^4+x^3+x^2+x+1)^4$$

$$x^{21}-1=(x-1)(x^6+x^5+x^4+x^3+x^2+x+1)(x^2+x+1)$$
$$\times(1-x+x^3-x^4+x^6-x^8+x^9-x^{11}+x^{12})$$
$$=(x+1)(x^3+x+1)(x^3+x^2+1)(x^2+x+1)$$
$$\times(1+x+x^3+x^4+x^6+x^8+x^9+x^{11}+x^{12})$$

$$x^{22}-1=(x-1)(x^{10}+x^9+\cdots+x^2+x+1)(x+1)$$
$$\times(x^{10}-x^9+x^8-x^7+x^6-x^5+x^4-x^3+x^2-x+1)$$
$$=(x+1)^2(x^{10}+x^9+x^8+x^7+\cdots+x^3+x^2+x+1)^2$$

$$x^{23}-1=(x-1)(x^{22}+x^{21}+x^{20}+x^{19}+\cdots+x^4+x^3+x^2+x+1)$$

$$x^{24}-1=(x-1)(x^2+x+1)(x+1)(x^2-x+1)(1+x^2)(x^4-x^2+1)$$
$$\times(1+x^4)(x^8-x^4+1)$$
$$=(x+1)^8(x^2+x+1)^8$$

$$x^{25}-1=(x-1)(x^4+x^3+x^2+x+1)(x^{20}+x^{15}+x^{10}+x^5+1)$$
$$=(x+1)(x^4+x^3+x^2+x+1)(x^{20}+x^{15}+x^{10}+x^5+1)$$

$$x^{2^5-1}-1=(x+1)(x^5+x^2+1)(x^5+x^3+1)(x^5+x^4+x^3+x^2+1)$$
$$\times(x^5+x^4+x^3+x+1)(x^5+x^4+x^2+x+1)(x^5+x^3+x^2+x+1)$$

$$x^{2^6-1}-1=(x+1)(x^2+x+1)(x^3+x+1)(x^3+x^2+1)(x^6+x+1)$$
$$\times(x^6+x^5+1)(x^6+x^3+1)(x^6+x^5+x^4+x^2+1)$$
$$\times(x^6+x^5+x^4+x+1)(x^6+x^5+x^3+x^2+1)$$
$$\times(x^6+x^5+x^2+x+1)(x^6+x^4+x^3+x+1)(x^6+x^4+x^2+x+1)$$

3. 원분다항식

다음에서 (P)는 $GF(2)$위의 원시다항식을, (I)는 원시다항식이 아닌 기약다항식을 나타낸다.

$\Phi_1(x) = x - 1 \quad (P)$, $\qquad \Phi_2(x) = x + 1 \quad (P)$

$\Phi_3(x) = x^2 + x + 1 \quad (P)$ $\qquad \Phi_4(x) = x^2 + 1$ $(= (x+1)^2)$

$\Phi_5(x) = x^4 + x^3 + x^2 + x + 1 \quad (I)$

$\Phi_6(x) = x^2 - x + 1 \quad (P)$

$\Phi_7(x) = x^6 + x^5 + x^4 + x^3 + x^2 + x + 1$ $(= (x^3+x^2+1)(x^3+x+1))$

$\Phi_8(x) = x^4 + 1$ $(= (x+1)^4)$

$\Phi_9(x) = x^6 + x^3 + 1 \quad (P)$

$\Phi_{10}(x) = x^4 - x^3 + x^2 - x + 1 \quad (I)$

$\Phi_{11}(x) = x^{10} + x^9 + x^8 + x^7 + x^6 + x^5 + x^4 + x^3 + x^2 + x + 1 \quad (I)$

$\Phi_{12}(x) = x^4 - x^2 + 1$ $(= (x^2+x+1)^2)$

$\Phi_{13}(x) = x^{12} + x^{11} + x^{10} + x^9 + x^8 + x^7 + x^6 + x^5 + x^4 + x^3 + x^2 + x + 1 \quad (I)$

$\Phi_{14}(x) = x^6 - x^5 + x^4 - x^3 + x^2 - x + 1$ $(= (x^3+x^2+1)(x^3+x+1))$

$\Phi_{15}(x) = x^8 - x^7 + x^5 - x^4 + x^3 - x + 1$ $(= (x^4+x^3+1)(x^4+x+1))$

$\Phi_{16}(x) = x^8 + 1$ $(= (x+1)^8)$

$\Phi_{17}(x) = x^{16} + x^{15} + x^{14} + x^{13} + x^{12} + x^{11} + x^{10} + x^9 + x^8 + x^7$
$+ x^6 + x^5 + x^4 + x^3 + x^2 + x + 1$
$(= (x^8+x^7+x^6+x^4+x^2+x+1)(x^8+x^5+x^4+x^3+1))$

$\Phi_{18}(x) = x^6 - x^3 + 1 \quad (P)$

$\Phi_{19}(x) = x^{18} + x^{17} + x^{16} + x^{15} + x^{14} + x^{13} + x^{12} + x^{11} + x^{10}$
$+ x^9 + x^8 + x^7 + x^6 + x^5 + x^4 + x^3 + x^2 + x + 1$

$\Phi_{20}(x) = x^8 - x^6 + x^4 - x^2 + 1$ $(= (x^4+x^3+x^2+x+1)^2)$

$\Phi_{21}(x) = x^{12} - x^{11} + x^9 - x^8 + x^6 - x^4 + x^3 - x + 1$
$(= (x^6+x^5+x^4+x^2+1)(x^6+x^4+x^2+x+1))$

4. 십진수의 이진표현 (1-128)

십진수	이진수	십진수	이진수	십진수	이진수	십진수	이진수
1	0000001	33	0100001	65	1000001	97	1100001
2	0000010	34	0100010	66	1000010	98	1100010
3	0000011	35	0100011	67	1000011	99	1100011
4	0000100	36	0100100	68	1000100	100	1100100
5	0000101	37	0100101	69	1000101	101	1100101
6	0000110	38	0100110	70	1000110	102	1100110
7	0000111	39	0100111	71	1000111	103	1100111
8	0001000	40	0100111	72	1000111	104	1100111
9	0001001	41	0101001	73	1001001	105	1101001
10	0001010	42	0101010	74	1001010	106	1101010
11	0001011	43	0101011	75	1001011	107	1101011
12	0001100	44	0101100	76	1001100	108	1101100
13	0001101	45	0101101	77	1001101	109	1101101
14	0001110	46	0101110	78	1001110	110	1101110
15	0001111	47	0101111	79	1001111	111	1101111
16	0010000	48	0110000	80	1010000	112	1110000
17	0010001	49	0110001	81	1010001	113	1110001
18	0010010	50	0110010	82	1010010	114	1110010
19	0010011	51	0110011	83	1010011	115	1110011
20	0010100	52	0110100	84	1010100	116	1110100
21	0010101	53	0110101	85	1010101	117	1110101
22	0010110	54	0110110	86	1010110	118	1110110
23	0010111	55	0110111	87	1010111	119	1110111
24	0011000	56	0111000	88	1011000	120	1111000
25	0011001	57	0111001	89	1011001	121	1111001
26	0011010	58	0111010	90	1011010	122	1111010
27	0011011	59	0111011	91	1011011	123	1111011
28	0011100	60	0111100	92	1011100	124	1111100
29	0011101	61	0111101	93	1011101	125	1111101
30	0011110	62	0111110	94	1011110	126	1111110
31	0011111	63	0111111	95	1011111	127	1111111
32	0100000	64	1000000	96	1100000	128	10000000

5. 체 $GF(2)$ 위의 원시다항식

차수	기약다항식	주기	차수	기약다항식	주기	차수	기약다항식	주기
1	10	1	7	11000001	127	8	111001111	255
	11	1		11001011	127		111010111	17
2	111	3		11010011	127		111011101	85
3	1011	7		11010101	127		111100111	255
	1101	7		11100101	127		111110011	51
4	10011	15		11101111	127		111110101	255
	11001	15		11110001	127		111111001	85
	11111	5		11110111	127	9	1000000011	73
5	100101	31		11111101	127		1000010001	511
	101001	31	8	100011011	51		1000010111	73
	101111	31		100011101	255		1000011011	511
	110111	31		100101011	255		1000100001	511
	111011	31		100101101	255		1000101101	511
	111101	31		100111001	17		1000110011	511
6	1000011	63		100111111	85		1001001011	73
	1001001	9		101001101	255		1001011001	511
	1010111	21		101011111	255		1001011111	511
	1011011	63		101100011	255		1001100101	73
	1100001	63		101100101	255		1001101001	511
	1100111	63		101101001	255		1001101111	511
	1101101	63		101110001	255		1001110111	511
	1110011	63		101110111	85		1001111101	511
	1110101	21		101111011	85		1010000111	511
7	10000011	127		110000111	255		1010010101	511
	10001001	127		110001011	85		1010011001	73
	10001111	127		110001101	255		1010100011	511
	10010001	127		110011111	51		1010100101	511
	10011101	127		110100011	85		1010101111	511
	10100111	127		110101001	255		1010110111	511
	10101011	127		110110001	51		1010111101	511
	10111001	127		110111101	85		1011001111	511
	10111111	127		111000011	255		1011010001	511

* 기약다항식에서 이진수는 차수의 계수를 나타낸다. 즉, 5차에서 100101은 x^5+x^2+1을 의미한다.

차수	기약다항식	주기	차수	기약다항식	주기	차수	기약다항식	주기
9	1011011011	511	10	10001100011	341	10	11000010101	1023
	1011110101	511		10001100101	1023		11000100011	33
	1011111001	511		10001101111	1023		11000100101	1023
	1100000001	73		10010000001	1023		11000110001	341
	1100010011	511		10010001011	1023		11000110111	1023
	1100010101	511		10010011001	341		11001000011	1023
	1100011111	511		10010101001	33		11001001111	1023
	1100100011	511		10010101111	341		11001010001	341
	1100110001	511		10011000101	1023		11001011011	1023
	1100111011	511		10011001001	341		11001111001	1023
	1101001001	73		10011010111	1023		11001111111	1023
	1101001111	511		10011100111	1023		11010000101	93
	1101011011	511		10011101101	341		11010001001	1023
	1101100001	511		10011110011	1023		11010100111	93
	1101101011	511		10011111111	1023		11010101101	341
	1101101101	511		10100001011	93		11010110101	1023
	1101110011	511		10100001101	1023		11010111111	341
	1101111111	511		10100011001	1023		11011000001	1023
	1110000101	511		10100011111	341		11011001101	341
	1110001111	511		10100100011	1023		11011010011	1023
	1110100001	73		10100110001	1023		11011011111	1023
	1110110101	511		10100111101	1023		11011110111	341
	1110111001	511		10101000011	1023		11011111101	1023
	1111000111	511		10101010111	1023		11100001111	341
	1111001011	511		10101100001	93		11100010001	341
	1111001101	511		10101100111	341		11100010111	1023
	1111010101	511		10101101011	1023		11100011101	1023
	1111011001	511		10110000101	1023		11100100001	1023
	1111100011	511		10110001111	1023		11100101011	93
	1111101001	511		10110010111	1023		11100110101	341
	1111111011	511		10110011011	341		11100111001	1023
10	10000001001	1023		10110100001	1023		11101000111	1023
	10000001111	341		10110101011	341		11101001101	1023
	10000011011	1023		10110111001	341		11101010101	1023
	10000011101	341		10111000001	341		11101011001	1023
	10000100111	1023		10111000111	1023		11101100011	1023
	10000101101	1023		10111100101	1023		11101111011	341
	10000110101	93		10111110111	1023		11101111101	1023
	10001000111	341		10111111011	1023		11110000001	341
	10001010011	341		11000010011	1023		11110000111	341

차수	기약다항식	주기	차수	기약다항식	주기	차수	기약다항식	주기
10	11110001101	1023	11	100101011011	2047	11	101100010001	2047
	11110010011	1023		100101110011	2047		101100110011	2047
	11110101001	341		100101110101	2047		101100111111	2047
	11110110001	1023		100101111111	2047		101101000001	2047
	11111000101	341		100110000011	2047		101101001011	2047
	11111011011	1023		100110001111	2047		101101011001	2047
	11111101011	341		100110101011	2047		101101011111	2047
	11111111001	1023		100110101101	2047		101101100101	2047
	11111111111	11		100110111001	2047		101101101111	2047
11	100000000101	2047		100111000111	2047		101101111101	2047
	100000010111	2047		100111011001	2047		101110000111	2047
	100000101011	2047		100111100101	2047		101110001011	2047
	100000101101	2047		100111101111	89		101110010011	2047
	100001000111	2047		100111110111	2047		101110010101	2047
	100001100011	2047		101000000001	2047		101110101111	2047
	100001100101	2047		101000000111	2047		101110110111	2047
	100001110001	2047		101000010011	2047		101110111101	2047
	100001111011	2047		101000010101	2047		101111001001	2047
	100010001101	2047		101000101001	2047		101111011011	2047
	100010010101	2047		101001001001	2047		101111011101	2047
	100010011111	2047		101001100001	2047		101111100111	2047
	100010101001	2047		101001101101	2047		101111101101	2047
	100010110001	2047		101001111001	2047		110000001011	2047
	100011000011	89		101001111111	2047		110000001101	2047
	100011001111	2047		101010000101	2047		110000011001	2047
	100011010001	2047		101010010001	2047		110000011111	2047
	100011100001	2047		101010011101	2047		110000110001	89
	100011100111	2047		101010100111	2047		110001010111	2047
	100011101011	2047		101010101011	2047		110001100001	2047
	100011110101	2047		101010110011	2047		110001101011	2047
	100100001101	2047		101010110101	2047		110001110011	2047
	100100010011	2047		101011010101	2047		110001110101	23
	100100100101	2047		101011011111	2047		110010000101	2047
	100100101001	2047		101011100011	23		110010001001	2047
	100100110111	89		101011101001	2047		110010010111	2047
	100100111011	2047		101011101111	2047		110010011011	2047
	100100111101	2047		101011110001	2047		110010011101	2047
	100101000101	2047		101011111011	2047		110010110011	2047
	100101001001	2047		101100000011	2047		110010111111	2047
	100101010001	2047		101100001001	2047		110011000111	2047

차수	기약다항식	주기	차수	기약다항식	주기	차수	기약다항식	주기
11	110011001101	2047	11	110111011011	2047	11	111011001111	2047
	110011010011	2047		110111100001	2047		111011011101	2047
	110011010101	2047		110111100111	2047		111011110011	2047
	110011100011	2047		110111110101	2047		111011111001	2047
	110011101001	2047		110111111111	89		111100001011	2047
	110011110111	2047		111000000101	2047		111100011001	2047
	110100000011	2047		111000011101	2047		111100110001	2047
	110100001111	2047		111000100001	2047		111100110111	2047
	110100011101	2047		111000100111	2047		111101011101	2047
	110100100111	2047		111000101011	2047		111101101011	2047
	110100101101	2047		111000110011	2047		111101101101	2047
	110101000001	2047		111000111001	2047		111101110101	2047
	110101000111	2047		111001000111	2047		111101111001	89
	110101010101	2047		111001001011	2047		111110000011	2047
	110101011001	2047		111001010101	2047		111110010001	2047
	110101100011	2047		111001011111	2047		111110010111	2047
	110101101111	2047		111001110001	2047		111110011011	2047
	110101110001	2047		111001111011	2047		111110100111	2047
	110110010011	2047		111001111101	2047		111110101101	2047
	110110011111	2047		111010000001	2047		111110110101	2047
	110110101001	2047		111010010011	2047		111111001101	2047
	110110111011	2047		111010011111	2047		111111010011	2047
	110110111101	2047		111010100011	2047		111111100101	2047
	110111001001	2047		111010111011	2047		111111101001	2047
	110111010111	2047		111011001001	89		111111111011	89

6. 체 $GF(2)$ 위의 n차 원시다항식 $(2 \le n \le 300)$

다음은 각 차수에 따라 원시다항식을 한 개씩만 나열한 것이다.

차수	원시다항식	차수	원시다항식
2	x^2+x+1	36	$x^{36}+x^{11}+1$
3	x^3+x+1	37	$x^{37}+x^{12}+x^{10}+x^2+1$
4	x^4+x+1	38	$x^{38}+x^6+x^5+x+1$
5	x^5+x^2+1	39	$x^{39}+x^4+1$
6	x^6+x+1	40	$x^{40}+x^{21}+x^{19}+x^2+1$
7	x^7+x+1	41	$x^{41}+x^3+1$
8	$x^8+x^6+x^5+x+1$	42	$x^{42}+x^{23}+x^{22}+x+1$
9	x^9+x^4+1	43	$x^{43}+x^6+x^5+x+1$
10	$x^{10}+x^3+1$	44	$x^{44}+x^{27}+x^{26}+x+1$
11	$x^{11}+x^2+1$	45	$x^{45}+x^4+x^3+x+1$
12	$x^{12}+x^7+x^4+x^3+1$	46	$x^{46}+x^{21}+x^{20}+x+1$
13	$x^{13}+x^4+x^3+x+1$	47	$x^{47}+x^5+1$
14	$x^{14}+x^{12}+x^{11}+x+1$	48	$x^{48}+x^{28}+x^{27}+x+1$
15	$x^{15}+x+1$	49	$x^{49}+x^9+1$
16	$x^{16}+x^5+x^3+x^2+1$	50	$x^{50}+x^{27}+x^{26}+x+1$
17	$x^{17}+x^3+1$	51	$x^{51}+x^{16}+x^{15}+x+1$
18	$x^{18}+x^7+1$	52	$x^{52}+x^3+1$
19	$x^{19}+x^6+x^5+x+1$	53	$x^{53}+x^{16}+x^{15}+x+1$
20	$x^{20}+x^3+1$	54	$x^{54}+x^{37}+x^{36}+x+1$
21	$x^{21}+x^2+1$	55	$x^{55}+x^{24}+1$
22	$x^{22}+x+1$	56	$x^{56}+x^{22}+x^{21}+x+1$
23	$x^{23}+x^5+1$	57	$x^{57}+x^7+1$
24	$x^{24}+x^4+x^3+x+1$	58	$x^{58}+x^{19}+1$
25	$x^{25}+x^3+1$	59	$x^{59}+x^{22}+x^{21}+x+1$
26	$x^{26}+x^8+x^7+x+1$	60	$x^{60}+x+1$
27	$x^{27}+x^8+x^7+x+1$	61	$x^{61}+x^{16}+x^{15}+x+1$
28	$x^{28}+x^3+1$	62	$x^{62}+x^{57}+x^{56}+x+1$
29	$x^{29}+x^2+1$	63	$x^{63}+x+1$
30	$x^{30}+x^{16}+x^{15}+x+1$	64	$x^{64}+x^4+x^3+x+1$
31	$x^{31}+x^3+1$	65	$x^{65}+x^{18}+1$
32	$x^{32}+x^{28}+x^{27}+x+1$	66	$x^{66}+x^{10}+x^9+x+1$
33	$x^{33}+x^{13}+1$	67	$x^{67}+x^{10}+x^9+x+1$
34	$x^{34}+x^{15}+x^{14}+x+1$	68	$x^{68}+x^9+1$
35	$x^{35}+x^2+1$	69	$x^{69}+x^{29}+x^{27}+x^2+1$

차수	원시다항식	차수	원시다항식
70	$x^{70}+x^{16}+x^{15}+x+1$	104	$x^{104}+x^{11}+x^{10}+x+1$
71	$x^{71}+x^{6}+1$	105	$x^{105}+x^{16}+1$
72	$x^{72}+x^{53}+x^{47}+x^{6}+1$	106	$x^{106}+x^{15}+1$
73	$x^{73}+x^{25}+1$	107	$x^{107}+x^{65}+x^{63}+x^{2}+1$
74	$x^{74}+x^{16}+x^{15}+x+1$	108	$x^{108}+x^{31}+1$
75	$x^{75}+x^{11}+x^{10}+x+1$	109	$x^{109}+x^{7}+x^{6}+x+1$
76	$x^{76}+x^{36}+x^{35}+x+1$	110	$x^{110}+x^{13}+x^{12}+x+1$
77	$x^{77}+x^{31}+x^{30}+x+1$	111	$x^{111}+x^{10}+1$
78	$x^{78}+x^{20}+x^{19}+x+1$	112	$x^{112}+x^{45}+x^{43}+x^{2}+1$
79	$x^{79}+x^{9}+1$	113	$x^{113}+x^{9}+1$
80	$x^{80}+x^{38}+x^{37}+x+1$	114	$x^{114}+x^{82}+x^{81}+x+1$
81	$x^{81}+x^{4}+1$	115	$x^{115}+x^{15}+x^{14}+x+1$
82	$x^{82}+x^{38}+x^{35}+x^{3}+1$	116	$x^{116}+x^{71}+x^{70}+x+1$
83	$x^{83}+x^{46}+x^{45}+x+1$	117	$x^{117}+x^{20}+x^{18}+x^{2}+1$
84	$x^{84}+x^{13}+1$	118	$x^{118}+x^{33}+1$
85	$x^{85}+x^{28}+x^{27}+x+1$	119	$x^{119}+x^{8}+1$
86	$x^{86}+x^{13}+x^{12}+x+1$	120	$x^{120}+x^{118}+x^{111}+x^{7}+1$
87	$x^{87}+x^{13}+1$	121	$x^{121}+x^{18}+1$
88	$x^{88}+x^{72}+x^{71}+x+1$	122	$x^{122}+x^{60}+x^{59}+x+1$
89	$x^{89}+x^{38}+1$	123	$x^{123}+x^{2}+1$
90	$x^{90}+x^{19}+x^{18}+x+1$	124	$x^{124}+x^{37}+1$
91	$x^{91}+x^{84}+x^{83}+x+1$	125	$x^{125}+x^{108}+x^{107}+x+1$
92	$x^{92}+x^{13}+x^{12}+x+1$	126	$x^{126}+x^{37}+x^{36}+x+1$
93	$x^{93}+x^{2}+1$	127	$x^{127}+x+1$
94	$x^{94}+x^{21}+1$	128	$x^{128}+x^{29}+x^{27}+x^{2}+1$
95	$x^{95}+x^{11}+1$	129	$x^{129}+x^{5}+1$
96	$x^{96}+x^{49}+x^{47}+x^{2}+1$	130	$x^{130}+x^{3}+1$
97	$x^{97}+x^{6}+1$	131	$x^{131}+x^{48}+x^{47}+x+1$
98	$x^{98}+x^{11}+1$	132	$x^{132}+x^{29}+1$
99	$x^{99}+x^{47}+x^{45}+x^{2}+1$	133	$x^{133}+x^{52}+x^{51}+x+1$
100	$x^{100}+x^{37}+1$	134	$x^{134}+x^{57}+1$
101	$x^{101}+x^{7}+x^{6}+x+1$	135	$x^{135}+x^{11}+1$
102	$x^{102}+x^{77}+x^{76}+x+1$	136	$x^{136}+x^{126}+x^{125}+x+1$
103	$x^{103}+x^{9}+1$	137	$x^{137}+x^{21}+1$

차수	원시다항식	차수	원시다항식
138	$x^{138}+x^8+x^7+x+1$	172	$x^{172}+x^7+1$
139	$x^{139}+x^8+x^5+x^3+1$	173	$x^{173}+x^{10}+x^2+x+1$
140	$x^{140}+x^{29}+1$	174	$x^{174}+x^{13}+1$
141	$x^{141}+x^{32}+x^{31}+x+1$	175	$x^{175}+x^6+1$
142	$x^{142}+x^{21}+1$	176	$x^{176}+x^{43}+x^2+x+1$
143	$x^{143}+x^{21}+x^{20}+x+1$	177	$x^{177}+x^8+1$
144	$x^{144}+x^{70}+x^{69}+x+1$	178	$x^{178}+x^{87}+1$
145	$x^{145}+x^{52}+1$	179	$x^{179}+x^4+x^2+x+1$
146	$x^{146}+x^{60}+x^{59}+x+1$	180	$x^{180}+x^{52}+x^2+x+1$
147	$x^{147}+x^{38}+x^{37}+x+1$	181	$x^{181}+x^{89}+x^2+x+1$
148	$x^{148}+x^{27}+1$	182	$x^{182}+x^{121}+x^2+x+1$
149	$x^{149}+x^{110}+x^{109}+x+1$	183	$x^{183}+x^{56}+1$
150	$x^{150}+x^{53}+1$	184	$x^{184}+x^{41}+x^3+x+1$
151	$x^{151}+x^3+1$	185	$x^{185}+x^{24}+1$
152	$x^{152}+x^{66}+x^{65}+x+1$	186	$x^{186}+x^{53}+x^2+x+1$
153	$x^{153}+x+1$	187	$x^{187}+x^{20}+x^2+x+1$
154	$x^{154}+x^{129}+x^{127}+x^2+1$	188	$x^{188}+x^{186}+x^2+x+1$
155	$x^{155}+x^{32}+x^{31}+x+1$	189	$x^{189}+x^{49}+x^2+x+1$
156	$x^{156}+x^{116}+x^{115}+x+1$	190	$x^{190}+x^{47}+x^2+x+1$
157	$x^{157}+x^{27}+x^{26}+x+1$	191	$x^{191}+x^9+1$
158	$x^{158}+x^{27}+x^{26}+x+1$	192	$x^{192}+x^{112}+x^3+x+1$
159	$x^{159}+x^{31}+1$	193	$x^{193}+x^{15}+1$
160	$x^{160}+x^{19}+x^{18}+x+1$	194	$x^{194}+x^{87}+1$
161	$x^{161}+x^{18}+1$	195	$x^{195}+x^{37}+x^2+x+1$
162	$x^{162}+x^{88}+x^{87}+x+1$	196	$x^{196}+x^{101}+x^2+x+1$
163	$x^{163}+x^{60}+x^{59}+x+1$	197	$x^{197}+x^{21}+x^2+x+1$
164	$x^{164}+x^{14}+x^{13}+x+1$	198	$x^{198}+x^{65}+1$
165	$x^{165}+x^{31}+x^{30}+x+1$	199	$x^{199}+x^{34}+1$
166	$x^{166}+x^{39}+x^{38}+x+1$	200	$x^{200}+x^{163}+x^2+x+1$
167	$x^{167}+x^6+1$	201	$x^{201}+x^{14}+1$
168	$x^{168}+x^{17}+x^{15}+x^2+1$	202	$x^{202}+x^{55}+1$
169	$x^{169}+x^{34}+1$	203	$x^{203}+x^{45}+x^2+x+1$
170	$x^{170}+x^{23}+1$	204	$x^{204}+x^{86}+x^2+x+1$
171	$x^{171}+x^{42}+x^3+x+1$	205	$x^{205}+x^{21}+x^2+x+1$

차수	원시다항식		원시다항식
206	$x^{206}+x^{147}+x^2+x+1$	240	$x^{240}+x^{49}+x^3+x+1$
207	$x^{207}+x^{43}+1$	241	$x^{241}+x^{70}+1$
208	$x^{208}+x^{83}+x^2+x+1$	242	$x^{242}+x^{81}+x^4+x+1$
209	$x^{209}+x^{6}+1$	243	$x^{243}+x^{17}+x^2+x+1$
210	$x^{210}+x^{31}+x^2+x+1$	244	$x^{244}+x^{96}+x^2+x+1$
211	$x^{211}+x^{165}+x^2+x+1$	245	$x^{245}+x^{37}+x^2+x+1$
212	$x^{212}+x^{105}+1$	246	$x^{246}+x^{11}+x^2+x+1$
213	$x^{213}+x^{62}+x^2+x+1$	247	$x^{247}+x^{82}+1$
214	$x^{214}+x^{87}+x^2+x+1$	248	$x^{248}+x^{243}+x^2+x+1$
215	$x^{215}+x^{23}+1$	249	$x^{249}+x^{86}+1$
216	$x^{216}+x^{107}+x^2+x+1$	250	$x^{250}+x^{103}+1$
217	$x^{217}+x^{45}+1$	251	$x^{251}+x^{45}+x^2+x+1$
218	$x^{218}+x^{11}+1$	252	$x^{252}+x^{67}+1$
219	$x^{219}+x^{65}+x^2+x+1$	253	$x^{253}+x^{33}+x^2+x+1$
220	$x^{220}+x^{53}+x^3+x+1$	254	$x^{254}+x^{7}+x^2+x+1$
221	$x^{221}+x^{18}+x^2+x+1$	255	$x^{255}+x^{52}+1$
222	$x^{222}+x^{73}+x^2+x+1$	256	$x^{256}+x^{16}+x^3+x+1$
223	$x^{223}+x^{33}+1$	257	$x^{257}+x^{12}+1$
224	$x^{224}+x^{159}+x^2+x+1$	258	$x^{258}+x^{83}+1$
225	$x^{225}+x^{32}+1$	259	$x^{259}+x^{254}+x^2+x+1$
226	$x^{226}+x^{57}+x^2+x+1$	260	$x^{260}+x^{74}+x^3+x+1$
227	$x^{227}+x^{21}+x^2+x+1$	261	$x^{261}+x^{74}+x^2+x+1$
228	$x^{228}+x^{58}+x^2+x+1$	262	$x^{262}+x^{252}+x^2+x+1$
229	$x^{229}+x^{21}+x^2+x+1$	263	$x^{263}+x^{93}+1$
230	$x^{230}+x^{25}+x^2+x+1$	264	$x^{264}+x^{169}+x^2+x+1$
231	$x^{231}+x^{26}+1$	265	$x^{265}+x^{42}+1$
232	$x^{232}+x^{23}+x^2+x+1$	266	$x^{266}+x^{47}+1$
233	$x^{233}+x^{74}+1$	267	$x^{267}+x^{29}+x^2+x+1$
234	$x^{234}+x^{31}+1$	268	$x^{268}+x^{25}+1$
235	$x^{235}+x^{45}+x^2+x+1$	269	$x^{269}+x^{117}+x^2+x+1$
236	$x^{236}+x^{5}+1$	270	$x^{270}+x^{53}+1$
237	$x^{237}+x^{163}+x^2+x+1$	271	$x^{271}+x^{58}+1$
238	$x^{238}+x^{5}+x^2+x+1$	272	$x^{272}+x^{56}+x^3+x+1$
239	$x^{239}+x^{36}+1$	273	$x^{273}+x^{23}+1$

차수	원시다항식		차수	원시다항식
274	$x^{274}+x^{67}+1$		288	$x^{288}+x^{11}+x^{10}+x+1$
275	$x^{275}+x^{28}+x^{2}+x+1$		289	$x^{289}+x^{21}+1$
276	$x^{276}+x^{28}+x^{2}+x+1$		290	$x^{290}+x^{5}+x^{3}+x^{2}+1$
277	$x^{277}+x^{254}+x^{5}+x+1$		291	$x^{291}+x^{76}+x^{2}+x+1$
278	$x^{278}+x^{5}+1$		292	$x^{292}+x^{97}+1$
279	$x^{279}+x^{5}+1$		293	$x^{293}+x^{154}+x^{3}+x+1$
280	$x^{280}+x^{146}+x^{3}+x+1$		294	$x^{294}+x^{61}+1$
281	$x^{281}+x^{93}+1$		295	$x^{295}+x^{48}+1$
282	$x^{282}+x^{35}+1$		296	$x^{296}+x^{11}+x^{9}+x^{4}+1$
283	$x^{283}+x^{200}+x^{2}+x+1$		297	$x^{297}+x^{5}+1$
284	$x^{284}+x^{119}+1$		298	$x^{298}+x^{78}+x^{2}+x+1$
285	$x^{285}+x^{77}+x^{2}+x+1$		299	$x^{299}+x^{21}+x^{2}+x+1$
286	$x^{286}+x^{69}+1$		300	$x^{300}+x^{7}+1$
287	$x^{287}+x^{71}+1$			

7. 체 $GF(3)$ 위의 기약다항식

차수	기약다항식	주기	차수	기약다항식	주기	차수	기약다항식	주기
1	10	1	5	100021	242	5	120001	242
	11	2		100022	121		120011	242
	12	1		100112	121		120022	121
2	101	4		100211	242		120202	121
	112	8		101011	242		120212	121
	122	8		101012	121		120221	242
3	1021	26		101102	121		121012	121
	1022	13		101122	121		121111	242
	1102	13		101201	242		121112	121
	1112	13		101221	242		121222	121
	1121	26		102101	242		122002	121
	1201	26		102112	121		122021	242
	1211	26		102122	11		122101	242
	1222	13		102202	121		122102	121
4	10012	80		102211	242		122201	22
	10022	80		102221	22		122212	121
	10102	16		110002	121	6	1000012	728
	10111	40		110012	121		1000022	728
	10121	40		110021	242		1000111	364
	10202	16		110101	242		1000121	364
	11002	80		110111	242		1000201	52
	11021	20		110122	121		1001012	728
	11101	40		111011	242		1001021	364
	11111	5		111121	242		1001101	91
	11122	80		111211	242		1001122	104
	11222	80		111212	121		1001221	182
	12002	80		112001	242		1002011	364
	12011	20		112022	121		1002022	728
	12101	40		112102	11		1002101	182
	12112	80		112111	242		1002112	104
	12121	10		112201	242		1002211	91
	12212	80		112202	121		1010201	52

* 기약다항식에서 삼진수는 차수의 계수를 나타낸다. 즉, 3차에서 1121은 x^3+x^2+2x+1을 의미한다.

차수	기약다항식	주기	차수	기약다항식	주기	차수	기약다항식	주기
6	1010212	728	6	1111012	728	6	1211201	91
	1010222	728		1111021	182		1211212	728
	1011001	91		1111111	7		1212011	91
	1011011	364		1111112	728		1212022	728
	1011022	728		1111222	728		1212121	14
	1011122	728		1112011	91		1212122	728
	1012001	182		1112201	182		1212212	728
	1012012	728		1112222	728		1220102	728
	1012021	364		1120102	728		1220111	182
	1012112	728		1120121	91		1220212	728
	1020001	52		1120222	728		1221001	182
	1020101	52		1121012	728		1221002	104
	1020112	728		1121102	728		1221112	104
	1020122	728		1121122	104		1221202	729
	1021021	364		1121212	728		1221211	364
	1021102	56		1121221	364		1222022	728
	1021112	728		1122001	91		1222102	728
	1021121	91		1122002	104		1222112	104
	1022011	364		1122122	104		1222211	364
	1022102	56		1122202	728		1222222	728
	1022111	182		1122221	364	7	10000102	1093
	1022122	728		1200002	728		10000121	2186
	1100002	728		1200022	56		10000201	2186
	1100012	56		1200121	364		10000222	1093
	1100111	364		1201001	364		10001011	2186
	1101002	728		1201111	182		10001012	1093
	1101011	28		1201121	182		10001102	1093
	1101101	364		1201201	364		10001111	2186
	1101112	728		1201202	728		10001201	2186
	1101212	728		1202002	728		10001212	1093
	1102001	364		1202021	28		10002112	1093
	1102111	91		1202101	364		10002122	1093
	1102121	91		1202122	728		10002211	2186
	1102201	364		1202222	728		10002221	2186
	1102202	728		1210001	364		10010122	1093
	1110001	364		1210021	364		10010222	1093
	1110011	364		1210112	728		10011002	1093
	1110122	728		1210202	728		10011101	2186
	1110202	728		1210211	91		10011211	2186
	1110221	182		1211021	182		10012001	2186

차수	기약다항식	주기	차수	기약다항식	주기	차수	기약다항식	주기
7	10012022	1093	7	10121102	1093	7	10222021	2186
	10012111	2186		10121201	2186		10222111	2186
	10012202	1093		10121222	1093		10222202	1093
	10020121	2186		10122001	2186		10222211	2186
	10020221	2186		10122011	2186		11000101	2186
	10021001	2186		10122022	1093		11000222	1093
	10021112	1093		10122212	1093		11001022	1093
	10021202	1093		10122221	2186		11001112	1093
	10022002	1093		10200001	2186		11001211	2186
	10022021	2186		10200002	1093		11002012	1093
	10022101	2186		10200101	2186		11002022	1093
	10022212	1093		10200112	1093		11002121	2186
	10100011	2186		10200202	1093		11002202	1093
	10100012	1093		10200211	2186		11010001	2186
	10100102	1093		10201021	2186		11010022	1093
	10100122	1093		10201022	1093		11010121	2186
	10100201	2186		10201121	2186		11010221	2186
	10100221	2186		10201222	1093		11011111	2186
	10101101	2186		10202011	2186		11011202	1093
	10101112	1093		10202012	1093		11012002	1093
	10101202	1093		10210001	2186		11012102	1093
	10101211	2186		10210121	2186		11012212	1093
	10102102	1093		10210202	1093		11020021	2186
	10102201	2186		10211101	2186		11020022	1093
	10110022	1093		10211111	2186		11020102	1093
	10110101	2186		10211122	1093		11020112	1093
	10110211	2186		10211221	2186		11020201	2186
	10111001	2186		10212011	2186		11020222	1093
	10111102	1093		10212022	1093		11021111	2186
	10111121	2186		10212101	2186		11021122	1093
	10111201	2186		10212112	1093		11021201	2186
	10112002	1093		10212212	1093		11021212	1093
	10112012	1093		10220002	1093		11022101	2186
	10112021	2186		10220101	2186		11022122	1093
	10112111	2186		10220222	1093		11022211	2186
	10112122	1093		10221122	1093		11022221	2186
	10120021	2186		10221202	1093		11100002	1093
	10120112	1093		10221212	1093		11100022	1093
	10120202	1093		10221221	2186		11100121	2186
	10121002	1093		10222012	1093		11100212	1093

차수	기약다항식	주기	차수	기약다항식	주기	차수	기약다항식	주기
7	11101012	1093	7	11202002	1093	7	12010121	2186
	11101022	1093		11202121	2186		12010201	2186
	11101102	1093		11202211	2186		12010211	2186
	11101111	2186		11202212	1093		12011102	1093
	11101121	2186		11210002	1093		12011111	2186
	11102002	1093		11210011	2186		12011212	1093
	11102111	2186		11210021	2186		12011221	2186
	11102222	1093		11210101	2186		12012112	1093
	11110001	2186		11211001	2186		12012122	1093
	11110012	1093		11211022	1093		12012202	1093
	11110111	2086		111211122	1093		12012221	2186
	11110112	1093		11211212	1093		12020002	1093
	11110211	2186		11211221	2186		12020021	2186
	11110222	1093		11212012	1093		12020122	1093
	11111011	2186		11212112	1093		12020222	1093
	11111021	2186		11212202	1093		12021101	2186
	11111201	2186		11220001	2186		12021212	1093
	11111222	1093		11220112	1093		12022001	2186
	11112011	2186		11220211	2186		12022111	2186
	11112221	2186		11221022	1093		12022201	2186
	11120102	1093		11221102	1093		12100001	2186
	11120111	2186		11221112	1093		12100021	2186
	11120122	1093		11221121	2186		12100111	2186
	11120212	1093		11222011	2186		12100222	1093
	11120221	2186		11222102	1093		12101011	2186
	11121001	2186		11222122	1093		12101021	2186
	11121101	2186		11222201	2186		12101201	2186
	11121202	1093		11222221	2186		12101212	1093
	11122021	2186		12000121	2186		12101222	1093
	11122112	1093		12000202	1093		12102001	2186
	11122201	2186		12001021	2186		12102121	2186
	11122222	1093		12001112	1093		12102212	1093
	11200201	2186		12001211	2186		12110111	2186
	11200202	1093		12002011	2186		12110122	1093
	11201012	1093		12002021	2186		12110201	2186
	11201021	2186		12002101	2186		12110212	1093
	11201101	2186		12002222	1093		12110221	2186
	11201111	2186		12010021	2186		12111002	1093
	11201221	2186		12010022	1093		12111101	2186
	11201222	1093		12010102	1093		12111202	1093

차수	기약다항식	주기	차수	기약다항식	주기	차수	기약다항식	주기
7	12112022	1093	7	12201011	2186	7	12212102	1093
	12112102	1093		12201022	1093		12212122	1093
	12112121	2186		12201121	2186		12212201	2186
	12112211	2186		12201122	1093		12212221	2186
	12120002	1093		12201202	1093		12220001	2186
	12120011	2186		12201212	1093		12220012	1093
	12120112	1093		12202001	2186		12220022	1093
	12120121	2186		12202111	2186		12220202	1093
	12120211	2186		12202112	1093		12221002	1093
	12120212	1093		12202222	1093		12221021	2186
	12121012	1093		12210002	1093		12221111	2186
	12121022	1093		12210112	1093		12221122	1093
	12121102	1093		12210211	2186		12221221	2186
	12121121	2186		12211021	2186		12222011	2186
	12122012	1093		12211201	2186		12222101	2186
	12122122	1093		12211211	2186		12222211	2186
	12200101	2186		12211222	1093			
	12200102	1093		12212012	1093			

연습문제 풀이

제 1 장

연습문제 (1)

1. $A=(a_{ij})$, $B=(b_{ij})$이고 $C=(c_{ij})$라 하면 $A+C=B+C$일 필요충분조건은 $a_{ij}+c_{ij}=b_{ij}+c_{ij}$이므로 $a_{ij}=b_{ij}$이다. 즉, $A=B$이다.

3. $A=-I_{(n)}$이고 $B=I_{(n)}$라 하면 첫 번째 식이 성립하지 않는다. 또한, $A=B=I_{(n)}$라 하면 두 번째 식이 성립하지 않는다.

5. 다음 식에 의하여 같다.

$$\begin{aligned}(AB+BA)C&=(AB)C+(BA)C=A(BC)+B(AC)\\&=A(CB)+B(CA)=(AC)B+(BC)A\\&=(CA)B+(CB)A=C(AB)+C(BA)\\&=C(AB+BA)\end{aligned}$$

7. 행렬의 곱에 의하여 같음을 보일 수 있다.

9. 생략

11. $(AB)^T=(BA)^T=A^TB^T=AB$이므로 AB는 대칭행렬이다.

13. A가 대칭행렬이면 $(P^TAP)^T=(P^T)^TA^TP^T=PAP^T$이므로 P^TAP는 대칭행렬이다. 마찬가지 방법으로 A가 교대행렬이면 P^TAP도 교대행렬임을 보일 수 있다.

15. 생략

17. 구하는 PN수열은 다음과 같다 :

$$0, 0, 0, 1, 1, 1, 1, 0, 1, 0, 1, 1, 0, 0, 1, 0, 0, 0, \cdots$$

제 2 장

연습문제 (2)

1. $R((-1)\cdot 2+2)R((-1)\cdot 2+1)I_{(3)}$

3. $(A^{-1})^T=(A^T)^{-1}=A^{-1}$이므로 A^{-1}은 대칭행렬이다.

5. $A^{-1}=\begin{pmatrix} B_{11} & B_{12} \\ B_{21} & B_{22} \end{pmatrix}$라 하면

$$AA^{-1}=\begin{pmatrix} A_{11}B_{11}+A_{12}B_{21} & A_{11}B_{12}+A_{12}B_{22} \\ A_{22}B_{21} & A_{22}B_{22} \end{pmatrix}=\begin{pmatrix} I & O \\ O & I \end{pmatrix}$$

이므로 $B_{21}=O$이고 $B_{22}=A_{22}^{-1}$이다. 그러므로 $B_{11}=A_{11}^{-1}$이며 $A_{11}B_{12}+A_{12}B_{22}=O$이다. 그리고 $B_{12}=A_{11}^{-1}A_{12}B_{22}^{-1}$이므로

$$A_1=\begin{pmatrix} A_{11}^{-1} & A_{11}^{-1}A_{12}B_{22}^{-1} \\ O & A_{22}^{-1} \end{pmatrix}$$

이다. 따라서 $C=A_{11}^{-1}A_{12}B_{22}^{-1}$이다.

7. $(A^TA)^{-1}A^T=A^{-1}(A^T)^{-1}A^T=A^{-1}I=A^{-1}$

9. $A^k+c_{k-1}A^{k-1}+\cdots+c_0I=O,\ \ c_0\neq 0,\ k>1$라 하자. 그러면

$$A^k+c_{k-1}A^{k-1}+\cdots+c_1A=-c_0I$$

가 된다. 그러므로

$$A(A^{k-1}+c_{k-1}A^{k-2}+\cdots+c_1I)=-c_0I$$

이 된다. 양변에 $-1/c_0$를 곱하면

$$A\left(-\frac{1}{c_0}(A^{k-1}+c_{k-1}A^{k-2}+\cdots+c_1I)\right)=I$$

이므로 A는 정칙이고

$$A^{-1}=-\frac{1}{c_0}(A^{k-1}+c_{k-1}A^{k-2}+\cdots+c_1I)$$

이다.

11. (a) $L=\begin{pmatrix} 1 & 0 & 0 \\ 3 & 1 & 0 \\ -2 & 2 & 1 \end{pmatrix}$이고 $U=\begin{pmatrix} 1 & 1 & 1 \\ 0 & 2 & 3 \\ 0 & 0 & 3 \end{pmatrix}$이다.

제 3 장

연습문제 (3.1)

1. (a) $\det(M_{31})=-1$, (b) $A_{13}=-\det(M_{31})=-(-1)=1$,

(c) $\det(A)=-8$

3. (c) 8

5. 1, −1, 2

연습문제 (3.2)

1. (a) 10

3. (c) 행렬식이 0이므로 특이행렬 (d) 행렬식이 −2이므로 정칙행렬

5. $(a+b+c)(a-b)(b-c)(c-a)$

7. 주어진 행렬식에서 1행의 (-1)배를 하여 2, 3, ⋯, n행에 더해서 얻어진 행렬식은

$$\begin{vmatrix} 1 & a_1 & a_2 & \cdots & a_n \\ 0 & b_1 & 0 & \cdots & 0 \\ 0 & 0 & b_2 & \cdots & 0 \\ \cdots & \cdots & \cdots & \cdots & \cdots \\ 0 & 0 & 0 & \cdots & b_n \end{vmatrix}$$

이므로 행렬식은 $1\cdot b_1\cdot b_2\cdot\cdots\cdot b_n=b_1b_2\cdots b_n$이다.

9. 주어진 행렬식에서 1행의 $(-b_1)$배를 하여 2, 3, ⋯, n행에 더해서 얻어진 행렬식은

$$\begin{vmatrix} 1 & 1 & \cdots & 1 & 1 \\ b_1-b_1 & a_1-b_1 & \cdots & a_1-b_1 & a_1-b_1 \\ b_1-b_1 & b_2-b_1 & \cdots & a_2-b_1 & a_2-b_1 \\ \cdots & \cdots & \cdots & \cdots & \cdots \\ b_1-b_1 & b_2-b_1 & \cdots & b_n-b_1 & a_n-b_1 \end{vmatrix} = \begin{vmatrix} a_1-b_1 & a_1-b_1 & \cdots & a_1-b_1 & a_1-b_1 \\ b_2-b_1 & a_2-b_1 & \cdots & a_2-b_1 & a_2-b_1 \\ \cdots & \cdots & \cdots & \cdots & \cdots \\ b_2-b_1 & b_3-b_1 & \cdots & b_n-b_1 & a_n-b_1 \end{vmatrix}$$

$$=(a_1-b_1)\begin{vmatrix} 1 & 1 & \cdots & 1 & 1 \\ b_2-b_1 & a_2-b_1 & \cdots & a_2-b_1 & a_2-b_1 \\ \cdots & \cdots & \cdots & \cdots & \cdots \\ b_2-b_1 & b_3-b_1 & \cdots & b_n-b_1 & a_n-b_1 \end{vmatrix}$$

같은 방법으로 계속하면 $(a_1-b_1)(a_2-b_2)\cdots(a_n-b_n)$을 얻는다.

11. A가 정칙이므로 $1=\det(I)=\det(AA^{-1})=\det(A)\det(A^{-1})$이다. 그러므로

$$\det(A^{-1})=\frac{1}{\det(A)}$$

13. $\det(A)=24\cdot 24=576$

15. 생략

연습문제 (3.3)

1. (c) (i) $\det(A)=-2$

(ii) $\operatorname{adj}(A)=\begin{pmatrix}-1 & 4 & -1\\ 1 & 0 & -1\\ -1 & -2 & 1\end{pmatrix}$

(iii) $A^{-1}=-\frac{1}{2}\begin{pmatrix}-\frac{1}{2} & 4 & -1\\ 1 & 0 & -1\\ -1 & -2 & 1\end{pmatrix}$

3. (a) $\det(A)=5$이므로 A는 정칙행렬이다.

(b) $\operatorname{adj} A=\begin{pmatrix}-2 & 1 & 3\\ 3 & 1 & -2\\ -1 & 3 & -1\end{pmatrix}$, $A(\operatorname{adj} A)=5I_{(3)}$

5. $|\operatorname{adj} A|=|A|^{255}=-1$

7. $Q^{-1}=\frac{1}{\det(Q)}(\operatorname{adj} Q)$이므로 Q^{-1}의 $(i,\ j)$원소는 $\frac{1}{\det(Q)}Q_{ji}$이다. Q^T의 $(i,\ j)$ 원소는 q_{ji}이다. $Q^{-1}=A^T$이므로 $q_{ij}=\frac{Q_{ij}}{\det(Q)}$이다.

9. 두 점 $(x_1,\ y_1)$, $(x_2,\ y_2)$을 지나는 직선의 방정식은 $y-y_1=\frac{y_2-y_1}{x_2-x_1}(x-x_1)$이다. 즉 $\frac{y-y_1}{x-x_1}=\frac{y_2-y_1}{x_2-x_1}$이다. 이것을 행렬식으로 표현하면

$$\begin{vmatrix}x-x_1 & y-y_1\\ x_2-x_1 & y_2-y_1\end{vmatrix}=0$$

이다. 이것은

$$0=\begin{vmatrix} x-x_1 & y-y_1 \\ x_2-x_1 & y_2-y_1 \end{vmatrix} = -\begin{vmatrix} x-x_1 & y-y_1 & 0 \\ x_1 & y_1 & 1 \\ x_2-x_1 & y_2-y_1 & 0 \end{vmatrix}$$

이므로

$$\begin{vmatrix} x & y & 1 \\ x_1 & y_1 & 1 \\ x_2 & y_2 & 1 \end{vmatrix}=0$$

이다.

연습문제 (3.4)

1. AB는

$$AB=\begin{pmatrix} 1 & 2 & 3 \\ 2 & 3 & 6 \\ 1 & 2 & 4 \end{pmatrix}\begin{pmatrix} 0 & 2 & 1 \\ 7 & 1 & 5 \\ 3 & 4 & 0 \end{pmatrix}=\begin{pmatrix} 23 & 16 & 11 \\ 39 & 31 & 17 \\ 26 & 20 & 11 \end{pmatrix}$$

이 된다. 따라서 암호문은

23, 39, 26, 16, 31, 20, 11, 17, 11

이 된다. 이를 복호화하기 위하여 $A^{-1}(AB)$를 구해야 한다. 따라서

$$B=A^{-1}(AB)=\begin{pmatrix} 8 & -2 & -3 \\ 2 & -1 & 0 \\ -1 & 0 & 1 \end{pmatrix}\begin{pmatrix} 23 & 16 & 11 \\ 39 & 31 & 17 \\ 26 & 20 & 11 \end{pmatrix}=\begin{pmatrix} 0 & 2 & 1 \\ 7 & 1 & 5 \\ 3 & 4 & 0 \end{pmatrix}$$

를 얻는다. 그러므로 메시지 M은

$$M: 0,\ 7,\ 3,\ 2,\ 1,\ 4,\ 1,\ 5,\ 0$$

제 4 장

연습문제 (4.1)

1. 또 다른 영벡터 $\mathbf{0}'$가 존재한다면 $\mathbf{0}'=\mathbf{0}'+\mathbf{0}=\mathbf{0}$ 이다.

3. 다음 등식에 의하여 성립한다.

$$\begin{aligned}\mathbf{y}&=\mathbf{0}+\mathbf{y}\\&=(-\mathbf{x}+\mathbf{x})+\mathbf{y}=(-\mathbf{x})+(\mathbf{x}+\mathbf{y})\end{aligned}$$

$$=(-\mathbf{x})+(\mathbf{x}+\mathbf{z})=(-\mathbf{x}+\mathbf{x})+\mathbf{z}$$
$$=\mathbf{0}+\mathbf{z}=\mathbf{z}$$

연습문제 (4.2)

1. (a)만 $\mathbb{R}^2$의 부분공간이 된다.

3. (c)와 (d)만 일차결합이다.

5. (a) $N(A)=\left\{\begin{pmatrix}0\\0\end{pmatrix}\right\}$, (b) $N(A)=\left\{\alpha\begin{pmatrix}1\\2\\0\end{pmatrix}\middle|\ \alpha\in\mathbb{R}\right\}$,

(c) $N(A)=\left\{\alpha\begin{pmatrix}1\\-1\\-1\end{pmatrix}\middle|\ \alpha\in\mathbb{R}\right\}$ (d) $N(A)=\left\{\alpha\begin{pmatrix}1\\2\\0\\0\end{pmatrix}\middle|\ \alpha\in\mathbb{R}\right\}$

7. $\begin{pmatrix}1\\0\\0\end{pmatrix}, \begin{pmatrix}0\\1\\0\end{pmatrix}\in S\cup T$이지만 $\begin{pmatrix}1\\0\\0\end{pmatrix}+\begin{pmatrix}0\\1\\0\end{pmatrix}=\begin{pmatrix}1\\1\\0\end{pmatrix}\notin S\cup T$이므로 $\mathbb{R}^2$의 부분공간이 되지 않는다.

9. 생략

연습문제 (4.3)

1. (a), (e) : 일차독립 , 나머지 : 일차종속

3. $a\neq b\neq c$

5. $a_1(A\mathbf{x}_1)+a_2(A\mathbf{x}_2)+\cdots+a_k(A\mathbf{x}_k)=0$라 하자. 그러면

$$A(a_1\mathbf{x}_1+a_2\mathbf{x}_2+\cdots+a_k\mathbf{x}_k)=0$$

이 된다. A가 정칙이므로 $a_1\mathbf{x}_1+a_2\mathbf{x}_2+\cdots+a_k\mathbf{x}_k=0$이며 $\mathbf{x_1}, \mathbf{x_2}, \cdots, \mathbf{x_k}$가 일차독립이므로 $a_1=a_2=\cdots=a_k=0$가 되어 $A\mathbf{x}_1, A\mathbf{x}_2, \cdots, A\mathbf{x}_k$는 일차독립이다.

7. $\mathbf{v}_2, \cdots, \mathbf{v}_k$가 V를 생성한다고 하자. 그러면 $\mathbf{v}_1=a_2\mathbf{v}_2+\cdots+a_k\mathbf{v}_k$가 되는 스칼라 $a_2, \cdots, a_k$가 존재한다. 따라서 $\mathbf{v}_1, \mathbf{v}_2, \cdots, \mathbf{v}_k$는 일차종속이다.

연습문제 (4.4)

1. (a), (d) : 2차원, (b), (c) : 1차원

3. (a), (b) : 2차원

5. $\mathbf{x}_1, \mathbf{x}_3, \mathbf{x}_5$ 는 $\mathbb{R}^3$의 기저가 된다.

연습문제 (4.5)

1. (f) 행공간의 기저 : (1, 0, 2, 3, 0), (0, 1, 3, 5, 1), (0, 0, 1, 1, −1)

열공간의 기저 : $\begin{pmatrix}1\\0\\1\\0\end{pmatrix}, \begin{pmatrix}0\\1\\0\\1\end{pmatrix}, \begin{pmatrix}0\\0\\1\\1\end{pmatrix}$

행렬의 계수 : 3, 영공간의 차원 : 2

3. $a \neq b$ 또는 $b \neq c$ 또는 $c \neq a$

연습문제 (4.6)

1. $N(H) = \left\{ \begin{pmatrix}\beta-\gamma\\ \alpha-\beta\\ -\alpha\\ \alpha\\ \beta\\ \gamma\end{pmatrix} \middle| \alpha, \beta, \gamma \in \{0, 1\} \right\}$

제 5 장

연습문제 (5.1)

1. (1), (3), (4), (6), (7), (9), (10), (12) : 선형변환

3. (1), (3) : 선형변환

5. 생략

연습문제 (5.2)

1. (1) $\text{Im}(L) = \mathbb{R}$, $\text{Ker}(L) = \left\{ \alpha \begin{pmatrix}1\\1\end{pmatrix} \middle| \alpha \in \mathbb{R} \right\}$ (2) $L^{-1}(1) = \left\{ \begin{pmatrix}a\\a-1\end{pmatrix} \middle| a \in \mathbb{R} \right\}$

3. (1), (3)

5. (2) $\text{Im}(L) = \mathbb{R}^2$, $\text{Ker}(L) = \left\{ \begin{pmatrix}0\\0\end{pmatrix} \right\}$

7. $\mathbf{v}\in\mathbb{R}^3$에 대하여 $L(\mathbf{v})=A\mathbf{v}=\begin{pmatrix}1&1&0\\0&0&1\end{pmatrix}\mathbf{v}$, $L\left(\begin{pmatrix}1\\1\\1\end{pmatrix}\right)=\begin{pmatrix}1&1&0\\0&0&1\end{pmatrix}\begin{pmatrix}1\\1\\1\end{pmatrix}=\begin{pmatrix}2\\1\end{pmatrix}$

연습문제 (5.3)

1. $A=\begin{pmatrix}1&0&0\\0&1&0\end{pmatrix}$

3. (3) $\begin{pmatrix}0&1\\-1&0\\1&3\\1&-1\end{pmatrix}$

5. (1) $L\left(\begin{pmatrix}x\\y\\z\end{pmatrix}\right)=\begin{pmatrix}x+y\\z\\x+z\end{pmatrix}$ (2) $\begin{pmatrix}0&-1&2\\0&1&1\\1&-1&2\end{pmatrix}$

7. (1) $\begin{pmatrix}1&0&0\\0&1&0\\0&0&-1\end{pmatrix}$ (2) $\begin{pmatrix}1&0&0\\0&-1&0\\0&0&1\end{pmatrix}$

(3) $\begin{pmatrix}-1&0&0\\0&1&0\\0&0&1\end{pmatrix}$

연습문제 (5.4)

1. (1) $S^{-1}=\begin{pmatrix}1&1&0\\1&0&1\\0&1&1\end{pmatrix}$이므로 $S=\frac{1}{2}\begin{pmatrix}1&1&-1\\1&-1&1\\-1&1&1\end{pmatrix}$이다.

(2) $B=SAS^{-1}=\begin{pmatrix}2&\frac{1}{2}&-\frac{1}{2}\\2&\frac{3}{2}&\frac{1}{2}\\2&\frac{1}{2}&\frac{3}{2}\end{pmatrix}$

3. A와 B가 닮음이고, B와 C가 닮음이면 정칙행렬 S와 T가 존재하여 $B=SAS^{-1}$, $C=BTB^{-1}$를 만족한다. 그러므로

$$C=TBT^{-1}=T(SAS^{-1})T^{-1}=(TS)A(TS)^{-1}$$

이 되어 A와 C는 닮음이다.

제 6 장

연습문제 (6.2)

1. (1) (i) $\begin{pmatrix}1 & 0\\0 & 1\end{pmatrix}\lambda^2+\begin{pmatrix}0 & 1\\1 & 0\end{pmatrix}\lambda+\begin{pmatrix}0 & 1\\-2 & 2\end{pmatrix}$ (ii) 2차 (iii) $\begin{pmatrix}1 & 0\\0 & 1\end{pmatrix}$

(2) $A_2=\begin{pmatrix}1 & 0\\0 & 1\end{pmatrix}$이므로 정칙행렬이다.

3. $A(\lambda)\sim_{\lambda E}A(\lambda)$이므로 반사적이다. $A(\lambda)\sim_{\lambda E}B(\lambda)$이면 $B(\lambda)\sim_{\lambda E}A(\lambda)$이므로 대칭적이다. $A(\lambda)\sim_{\lambda E}B(\lambda)$ 이고 $B(\lambda)\sim_{\lambda E}C(\lambda)$이면 $A(\lambda)\sim_{\lambda E}C(\lambda)$이므로 추이적이다. 그러므로 λ동치성은 동치관계이다.

5. $\begin{pmatrix}1 & 0 & 0 & 0\\0 & 1 & 0 & 0\\0 & 0 & 1 & 0\\0 & 0 & 0 & \lambda^4+\lambda^2+\lambda+2\end{pmatrix}$

연습문제 (6.3)

1. 예제 6.3.5처럼 하면 된다.

3. 생략

5. (a) $1,\ 1,\ \lambda-i,\ \lambda+1, (\lambda-i)^3,\ (\lambda+i)^3,\ (\lambda-i)^4, (\lambda+i)^4$

7. $d_1(\lambda)=d_2(\lambda)=d_3(\lambda)=1, d_4(\lambda)=-\dfrac{1}{c_1c_2c_3}(a-\lambda)^4$을 이용하면

$$f_1(\lambda)=f_2(\lambda)=f_3(\lambda)=1,\ f_4(\lambda)=(a-\lambda)^4$$

를 얻는다.

연습문제 (6.4)

1. (a) $p(\lambda)=-(\lambda-1)(\lambda-2)(\lambda-3)$이다. 따라서 고유값들은 1,2,3이다.

3. $p(\lambda)=(a-\lambda)(d-\lambda)-bc=\lambda^2-(a+d)\lambda+(ad-bc)=0$이다. 따라서 고유값이 하나일 필요충분조건은 $(a+d)^2-4(ad-bc)=a^2-2ad+d^2+4bc=0$이다.

5. A의 고유값을 λ라 하자. 그러면

$$|P^{-1}AP-\lambda I|=|P^{-1}(A-\lambda I)P|=|P^{-1}||A-\lambda I||P|$$

이다. P가 정칙행렬이므로 $|P^{-1}|=\frac{1}{|P|}$이고 $|P^{-1}AP-\lambda I|=|A-\lambda I|=0$이 된다.

7. $b(A)=O$이면 $b(A)I_{(n)}=O$이다. A의 특성행렬이 $A-\lambda I_{(n)}$이므로 $A-AI_{(n)}=O$이다. 그러므로 A의 특성행렬은 $b(\lambda)I_{(n)}$을 나눈다. 역으로 A의 특성행렬이 $b(\lambda)I_{(n)}$을 나누면 당연히 $b(A)=O$이다.

9. (a) A가 위수가 n인 정방행렬이라면,

$$|(kA)-(k\lambda_1 I)|=|k(A-\lambda_1 I)|=|k|^n|A-\lambda I|=0$$

이다. 그러므로 $k\lambda_1$은 kA의 고유값이다.

(b) $$\begin{aligned}|A^r-(\lambda_1)^r I| &= |(A-\lambda_1 I)(A^{r-1}+\cdots+(\lambda_1)^{r-1}I| \\ &= |A-\lambda_1 I||A^{r-1}+\cdots+(\lambda_1)^{r-1}I|=0\end{aligned}$$

이므로 $(\lambda_1)^r$은 A^r의 고유값이다.

(c) $\mathbf{x}$를 λ_1에 대응하는 고유벡터라 하면 $A\mathbf{x}=\lambda_1\mathbf{x}$이다. A가 정칙이므로 A^{-1}이 존재한다. 그러므로 $A^{-1}(A\mathbf{x})=A^{-1}(\lambda_1\mathbf{x})=\lambda_1 A^{-1}\mathbf{x}$가 성립한다. $\lambda_1\neq 0$이므로 양변을 λ_1으로 나누면 $A^{-1}\mathbf{x}=\frac{1}{\lambda_1}\mathbf{x}$가 성립하여 $\frac{1}{\lambda_1}$은 A^{-1}의 고유값이다.

11. $AX=\lambda X$이다. 그러므로

$$A(BX)=B(AX)=B(\lambda X)=\lambda(BX)$$

가 성립한다. 그러므로 BX는 λ에 대응하는 A의 고유벡터이다.

13. 가정에 의하여 모든 $i(1\le i\le n)$에 대하여 $AX_i=\lambda_i X_i$이며 $BX_i=\lambda_i X_i$이다. 그러므로 $i(1\le i\le n)$에 대하여 $AX_i=BX_i$이다. 즉, $(A-B)X_i=O_{(n)}$이다. $X=[X_1, X_2, \cdots, X_n]$라 두면 $(A-B)X=O$가 성립한다. 가정에 의하여 X는 정칙행렬이다. 그러므로 $A-B=(A-B)XX^{-1}=OX^{-1}=O$이다. 따라서 $A=B$이다.

15. $X_1, X_2, \cdots, X_n$을 A의 서로 다른 고유벡터들이라 하고 $Y_1, Y_2, \cdots, Y_n$을 B의 서로 다른 고유벡터들이라 하며 $a_1, a_2, \cdots, a_n$과 $b_1, b_2, \cdots, b_n$을 각각 A와 B의 고유값들이라 하자. $X=[X_1, X_2, \cdots, X_n]$, $Y=[Y_1, Y_2, \cdots, Y_n]$라 하면 따름정리 6.17에 의하여 X와 Y는 정칙행렬이다. 고유벡터들이 같다고 가정하자. 그러면 $X=Y$이며

$$AX=[a_1X_1, a_2X_2, \cdots, a_nX_n]=[a_1Y_1, a_2Y_2, \cdots, a_nY_n]$$

$$BY=[b_1Y_1,\ b_2Y_2,\ \cdots,\ b_nY_n]=[b_1X_1,\ b_2Y_2,\ \cdots,\ b_nY_n]$$

이다. 그러므로

$$(BA)X=[a_1b_1Y_1,\ a_2b_2Y_2,\ \cdots,\ a_nb_nY_n]$$
$$(AB)Y=[a_1b_1Y_1,\ a_2b_2Y_2,\ \cdots,\ a_nb_nY_n]$$

이므로

$$BA=[a_1b_1Y_1,\ a_2b_2Y_2,\ \cdots,\ a_nb_nY_n]X^{-1}$$
$$AB=[a_1b_1Y_1,\ a_2b_2Y_2,\ \cdots,\ a_nb_nY_n]Y^{-1}$$

이다. $AB-BA=O_{(n)}(Y^{-1}-X^{-1})=O_{(n)}$이므로 $AB=BA$이다.

역으로, $AB=BA$라 하자. 그러면

$$(BA)X=B(AX)=B[a_1X_1,\ a_2X_2,\ \cdots,\ a_nX_n]=[a_1BX_1,\ a_2BX_2,\ \cdots,\ a_nBX_n]$$
$$(AB)Y=A(BY)=A[b_1Y_1,\ b_2Y_2,\ \cdots,\ b_nY_n]=[b_1AY_1,\ b_2AY_2,\ \cdots,\ b_nAY_n]$$

이다. 그러면

$$BA=[a_1BX_1,\ a_2BX_2,\ \cdots,\ a_nBX_n]X^{-1}$$
$$AB=[b_1AY_1,\ b_2AY_2,\ \cdots,\ b_nAY_n]Y^{-1}$$

이제 $X\neq Y$라 하자. $AB=BA$이므로 모든 $i(1\le i\le n)$에 대하여 $a_iBX_i=b_iAY_i$ 이다. 그러므로 $B(AX_i)=A(BY_i)$이다. 즉, 모든 $i(1\le i\le n)$에 대하여 $(BA)X_i=(AB)Y_i$이다. 따라서 모든 $i(1\le i\le n)$에 대하여 $X_i=Y_i$이다.

17. (a) 다음 식에 의하여 $C\mathbf{x}=\lambda_i\mathbf{x}$이다.

$$C\mathbf{x}=\begin{pmatrix} a_{n-1}\lambda_i^{n-1}+a_{n-2}\lambda_i^{n-2}+\cdots+a_1\lambda_i+a_0 \\ \lambda_i^{n-1} \\ \vdots \\ \lambda_i \end{pmatrix}=\begin{pmatrix} \lambda_i^n \\ \lambda_i^{n-1} \\ \vdots \\ \lambda_i \end{pmatrix}=\lambda_i\mathbf{x}$$

(b) $|D_n|=|C-\lambda I|$라 하자. 그러면

$$|C-\lambda I|=\begin{vmatrix} a_{n-1}-\lambda & a_{n-2} & a_{n-3} & \cdots & a_1 & a_0 \\ 1 & -\lambda & 0 & \cdots & 0 & 0 \\ 0 & 1 & -\lambda & \cdots & 0 & 0 \\ \vdots & & & & & \\ 0 & 0 & 0 & \cdots & 1 & -\lambda \end{vmatrix}$$
$$=(a_{n-1}-\lambda)(-1)^n-|D_{n-2}|$$

$$=(-1)^n[(\lambda^n-a_{n-1}\lambda^{n-1})-(-1)^{n-2}(a_{n-2}\lambda^{n-2}+\cdots+a_1\lambda+a_0)]$$
$$=(-1)^n(\lambda^n-a_{n-1}\lambda^{n-1})-(a_{n-2}\lambda^{n-2}+\cdots+a_1\lambda+a_0)$$
$$=(-1)^n(\lambda^n-a_{n-1}\lambda^{n-1}-\cdots-a_1\lambda-a_0)$$
$$=p(\lambda)$$

연습문제 (6.5)

1. A의 인덱스가 m이므로 $I_{(n)}$, A, A^2, $\cdots$, A^m은 일차종속이다. 즉, 모두는 0이 아닌 상수 a_0, a_1, $\cdots$, a_m이 존재하여

$$a_0A^m+a_1A^{m-1}+\cdots+a_{m-1}A+a_mI_{(n)}=O_{(n)}$$

이다. a_0가 0이면 $I_{(n)}$, A, A^2, $\cdots$, A^{m-1}이 일차종속이므로 모순이 된다. 따라서 $a_0\neq 0$이다. 그러므로

$$m(A)\equiv A^m+\frac{a_1}{a_0}A^{m-1}+\cdots+\frac{a_{m-1}}{a_0}A+\frac{a_m}{a_0}I_{(n)}=O_{(n)}$$

을 얻는다. 따라서

$$A^m=-\frac{a_1}{a_0}A^{m-1}-\cdots-\frac{a_{m-1}}{a_0}A-\frac{a_m}{a_0}I_{(n)}$$

3. A의 고유값을 λ라 하고 $\mathbf{x}$를 λ에 대응하는 고유벡터라 하자. 또한 $A^r=O$라 하자. 그러면 연습문제 6.4.9(b)에 의하여 λ^r는 A^r의 고유값이다. 그러므로 $A^r\mathbf{x}=\lambda^r\mathbf{x}$이다. $\mathbf{x}\neq O$이므로 $\lambda^r=0$이다. 따라서 $\lambda=0$이다.

5. 예제 6.14와 같이 하면 부족행렬임을 보일 수 있다.

연습문제 (6.6)

1. $(\lambda-1)(\lambda-2)(\lambda-3)$

3. 생략

5. $m(\lambda)$를 A의 최소다항식이라 하면 $m(A)=\begin{pmatrix} m(A_1) & O \\ O & m(A_2) \end{pmatrix}=O_{(2)}$이다. 그러므로 $m(A_1)=0$이고 $m(A_2)=0$이다. $m_1(\lambda)$가 A_1의 최소다항식이므로 $m_1(\lambda)$는 $m(\lambda)$를 나눈다. 마찬가지로 $m_2(\lambda)$는 $m(\lambda)$를 나눈다. 만일 $g(\lambda)$가 $m_1(\lambda)$와 $m_2(\lambda)$의 공

배수라 하면 $g(A)=\begin{pmatrix} g(A_1) & O \\ O & g(A_2) \end{pmatrix}=O_{(2)}$이다. 그런데 $m(\lambda)$가 A의 최소다항식이므로 $m(\lambda)$는 $g(\lambda)$를 나눈다. 그러므로 $m(\lambda)$는 $m_1(\lambda)$와 $m_2(\lambda)$의 최소공배수이다.

7. (a) $(\lambda-1)^6$ (b) $(\lambda-1)^3$ (e) $(A-I)^3=A^3-3A^2-3A-I=O$이므로 $A(A^2-3A+3I)=I$이다. 따라서

$$A^{-1}=A^2-3A+3I=\begin{pmatrix} 2 & -1 & -2 & 0 & 0 & 0 \\ -2 & 4 & 1 & 0 & 0 & 0 \\ 1 & -3 & 3 & 0 & 0 & 0 \\ 0 & 0 & 0 & 2 & -1 & -2 \\ 0 & 0 & 0 & -2 & 4 & 1 \\ 0 & 0 & 0 & 1 & -3 & 3 \end{pmatrix}$$

9. (a) $p(\lambda)=\lambda^4+\lambda^3-\lambda+1$　　(b) $m(\lambda)=\lambda^4+\lambda^3-\lambda+1$

연습문제 (6.7)

1. (1) $X=\begin{pmatrix} 1 & 1 \\ 3 & 2 \end{pmatrix}$, $D=\begin{pmatrix} 1 & 0 \\ 0 & -4 \end{pmatrix}$

3. (1) $\mathbf{x}_{k+1}=\begin{pmatrix} x_{k+2} \\ x_{k+1} \end{pmatrix}=\begin{pmatrix} x_{k+1}+x_k \\ x_{k+1} \end{pmatrix}=A\mathbf{x}_k$

(2) $\alpha=\dfrac{1+\sqrt{5}}{2}$, $\alpha'=\dfrac{1-\sqrt{5}}{2}$라 하면 $X=\begin{pmatrix} \alpha & \alpha' \\ 1 & 1 \end{pmatrix}$이고 $D=\begin{pmatrix} \alpha & 0 \\ 0 & \alpha' \end{pmatrix}$가 되어 $A=XDX^{-1}$가 된다.

(3) $A^k=XD^kX^{-1}=\begin{pmatrix} \alpha & \alpha' \\ 1 & 1 \end{pmatrix}\begin{pmatrix} \alpha^k & 0 \\ 0 & (\alpha')^k \end{pmatrix}\dfrac{1}{\sqrt{5}}\begin{pmatrix} 1 & -\alpha' \\ -1 & \alpha \end{pmatrix}$

$$=\frac{1}{\sqrt{5}}\begin{pmatrix} \alpha^{k+1}-(\alpha')^{k+1} & -\alpha'\alpha^{k+1}+\alpha(\alpha')^{k+1} \\ \alpha^k-(\alpha')^k & -\alpha'\alpha^k+\alpha(\alpha')^k \end{pmatrix}$$

(4) $A^k=\begin{pmatrix} x_{k+1} & x_k \\ x_k & x_{k-1} \end{pmatrix}$이므로 등식이 성립한다.

5. 다음 등식에 의하여 두 행렬의 고유값은 같다.

$$\begin{aligned} |B-\lambda I| &= |S^{-1}AS-\lambda I| \\ &= |S^{-1}(A-\lambda I)S| = |S^{-1}|\,|A-\lambda I|\,|S| \\ &= |A-\lambda I| = 0 \end{aligned}$$

연습문제 (6.8)

1. [1, 0, 0]

3. [0, 1, 0, 1]

5. [0, 0, 1, 1, 0]

제 7 장

연습문제 (7.1)

1. (a) $(1000011001000010000101010)_2$　　(b) $(10000111111)_2$

(c) $(1BDDC)_{16}$　　(d) $(1111111030)_6$

(e) $(112111)_3$

3. (a) $(1000101100100)_2$　　(b) $(101010)_2=(10)_2(1111)_2+(1100)_2$

5. (a) 10.101101111110000　　(b) *C.SRO*

7. (a) $(FEDCAB)_{16}$, $(BAD)_{16}$

(b) 나눗셈이 사용되지 않기 때문이다. 예를 들어 이진수를 16진수로 변환하려면 오른쪽부터 4비트 이진수를 0−9, A−F 중 하나로 변환하면 된다.

9. (a) $3^n=3\times3\times\cdots\times3$($n$ 개 곱)을 계산하는데 $n-1$번의 곱셈이 필요하다. 곱셈의 각 경우 중간결과 3^j의 최대로 가능한 값은 3^n이고 그 수에 곱해지는 수는 3이다. 3^n은 $[\log_2 3^n]+1=[n\log_2 3]+1$ 비트 수 즉 $O(n)$이고 3은 2비트 수이므로 한 번 곱셈의 계산량은 $O(n)$이다. $n-1$번 곱하므로 총 계산량은 $(n-1)O(n)$ 즉 $O(n^2)$이다.

(b) $n^n=n\times n\times\cdots\times n$($n$개 곱)을 계산하는데 $n-1$ 번의 곱셈이 필요하다. 곱셈의 각 경우 중간결과 n^j의 최대로 가능한 값은 n^n이고 그 수에 곱해지는 수는 n이다. n^n은 $[\log_2 n^n]+1=[n\log_2 n]+1$ 비트 수 즉 $O(n\log_2 n)$이고 n은 $[\log_2 n]+1$비트 수 즉 $O(\log_2 n)$이므로 한 번 계산량은 $O(n\log_2 n)\ O(\log_2 n)$ $=O(n(\log_2 n)^2)$이다. $n-1$번 곱하므로 총 계산량은 $O(n)O(n(\log_2 n)^2)=O(n^2(\log_2 n)^2)$이다.

11. (a) $\sum_{j=1}^{n} j^2$을 계산하는데 $n-1$번의 덧셈이 필요하다. 덧셈의 각 경우 중간결과 $\sum_{j=1}^{i} j^2$의 최대로 가능한 값은

$$\sum_{j=1}^{n} j^2 = 1^2+2^2+\cdots+n^2 \le n^2+n^2+\cdots+n^2 = n\cdot n^2 = n^3$$

이고 그 수에 더해지는 수 $(i+1)^2$의 최대로 가능한 값은 n^2이다. n^3은 $[\log_2 n^3]+1=[3\log_2 n]+1$비트이고 n^2은 $[\log_2 n^2]+1=[2\log_2 n]+1$비트이므로 덧셈 한 번을 수행하는 계산량은 $([3\log_2 n]+1)([2\log_2 n]+1)=O(\log_2 n)O(\log_2 n)=O((\log_2 n)^2)$이다. $n-1$ 번 더하므로 총계산량은 $(n-1)O((\log_2 n)^2)=O(n(\log_2 n)^2)$이다.

(b) $\dfrac{n(n+1)(2n+1)}{6}$의 분자 $n(n+1)(2n+1)$ 를 계산하는데 2번의 곱셈이 필요하다. 곱셈의 각 경우 중간결과의 최대로 가능한 값은 $n(n+1)(2n+1) \le (2n+1)^3 = 8n^3+12n^2+6n+1 \le 8n^3+8n^3+8n^3+8n^3=32n^3$이고 그 수에 곱해지는 수의 최대로 가능한 값은 $2n+1$ 이다. $32n^3$은 $[\log_2 32n^3]+1=[\log_2 32+\log_2 n^3]+1=[5+3\log_2 n]+1$ 비트이고 $2n+1$은 $[\log_2(2n+1)]+1=[1+\log_2 n]+1$ 비트이므로 곱셈 한 번을 수행하는 계산량은 $([5+3\log_2 n]+1)([1+\log_2 n]+1) = O(\log_2 n)\ O(\log_2 n) = O((\log_2 n)^2)$이다. 2번 곱하므로 계산량은 $2O((\log_2 n)^2)=O((\log_2 n)^2)$이다. 6의 비트수는 3비트이므로 총계산량은 $3O((\log_2 n)^2)=O((\log_2 n)^2)$이다.

13. (a) n보다 작은 모든 소수의 비트수는 모두 $[\log_2 n]+1$ 이하이다. n보다 작은 소수의 개수는 $\left[\dfrac{n}{\log n}\right]$이므로 n보다 작은 모든 소수의 곱에 있는 이진 자릿수의 개수는 $\left[\dfrac{n}{\log n}\right][\log_2 n]+1=O\left(\dfrac{n}{\log n}\right)O(\log_2 n)=O(n)$ 이다.

(b) n보다 작은 모든 소수의 곱을 계산할 때, 곱셈의 각 경우 중간결과의 최대로 가능한 값의 비트수는 $O(n)$이고 그 수에 곱해지는 수의 최대로 가능한 값의 비트수는 $[\log_2 n]+1$이다. 따라서 한 곱셈에 필요한 비트연산수에 대한 상한은 $O(n)([\log_2 n]+1)=O(n)O([\log_2 n]+1)=O(n\log_2 n)$이다.

(c) n보다 작은 모든 소수의 곱을 계산하는데 필요한 곱셈 횟수는 $O\left(\frac{n}{\log n}\right)$이므로 총 비트연산수는 $O\left(\frac{n}{\log n}\right)O(n\log_2 n) = O(n^2)$이다.

15. n이 m이하인 어떠한 소수에 의해서도 나누어지지 않을 수도 있다. m이하인 한 소수에 의해서 나누어지는지를 검사하는데 최대로 m이하인 소수의 개수만큼으로 나누어 볼 경우가 생길 수 있다. 소수개수정리에 의하면 m이하의 소수의 개수는 $O\left(\frac{m}{\log_2 m}\right)$이다. 한편, n의 비트수는 $[\log_2 n]+1=O(\log_2 n)$이고, m이하인 소수의 최대 비트수는 $[\log_2 m]+1=O(\log_2 m)$이므로 n을 m이하인 소수로 나누는데 걸리는 비트연산수는 $O(\log_2 n)O(\log_2 m)=O(\log_2 n\cdot\log_2 m)$이다. 따라서 총 비트연산수는 $O\left(\frac{m}{\log_2 m}\right)\ O(\log_2 n\cdot\log_2 m)=O(m\log_2 n)$이다.

연습문제 (7.2)

1. a를 b로 나누었을 때 몫을 q, 나머지를 r이라고 하면 $a=bq+r$, $0\le r<b$이다. 정리 7.7에 의해 b와 r의 공약수는 $bq+r=a$를 나눈다. 마찬가지로 정리 7.7에 의해, a와 b의 공약수는 $a-qb=r$을 나눈다. 따라서 a, b와 b, r은 같은 공약수를 갖는다. 그러므로 a, b와 b, r은 같은 최대공약수를 갖는다.

3. (a) 양의 정수 $n(n\ge 2)$과 소수 p에 대하여 $p^e \parallel n!$일 때, e를 $E(p, n)$으로 나타내자. 정수 1, 2, ⋯, n 중에서 p의 배수인 정수는 $p, 2p, \cdots, \left[\frac{n}{p}\right]p$ 뿐이다. 따라서 p가 $1\cdot 2\cdot\cdots\cdot n$의 인수로 나타나는 횟수는, p가 곱 $p\cdot 2p\cdot\cdots\cdot\left[\frac{n}{p}\right]p$ 즉 $1\cdot 2\cdot\cdots\cdot\left[\frac{n}{p}\right]\cdot p^{\left[\frac{n}{p}\right]}$의 인수로 나타나는 횟수와 일치한다. 따라서 $E(p, n)=\left[\frac{n}{p}\right]+E(p, \left[\frac{n}{p}\right])$. 위의 등식의 양변의 n 대신에 $\left[\frac{n}{p}\right]$을 대입하면 다음 등식이 성립함을 알 수 있다. $E(p, \left[\frac{n}{p}\right])=\left[\frac{n}{p^2}\right]+E(p, \left[\frac{n}{p^2}\right])$, 이와 같은 과정을 되풀이하면 정리의 등식을 얻는다. 여기서, 적당한 양의 정수 i에 대하여 $p^i\le n\le p^{i+1}$이면 $\left[\frac{n}{p^i}\right]\ge 1$, $\left[\frac{n}{p^{i+1}}\right]=\left[\frac{n}{p^{i+2}}\right]=0$이다.

(b) $100!=2^{97}\cdot 3^{48}\cdot 5^{24}\cdot 7^{16}\cdot 11^{9}\cdot 13^{7}\cdot 17^{5}\cdot 19^{5}\cdot 23^{4}\cdot 29^{3}\cdot 31^{3}\cdot 37^{2}\cdot 41^{2}\cdot 43^{2}\cdot$

$47^2 \cdot 53 \cdot 59 \cdot 61 \cdot 67 \cdot 71 \cdot 73 \cdot 79 \cdot 83 \cdot 89 \cdot 97$

(c) $n = d_{k-1}p^{k-1} + \cdots + d_1 p + d_0$라 하면 각 j에 대하여 $[n/p^j] = d_{k-1}p^{k-1-j} + \cdots + d_{j+1}p + d_j$ 이므로 (a)의 식으로부터 $e = \dfrac{n - S_p(n)}{p-1}$임을 알 수 있다.

5. (a) $1 = 11 \cdot 19 - 8 \cdot 26$ (b) $17 = 1 \cdot 187 - 5 \cdot 34$

(c) $1 = 205 \cdot 160 - 39 \cdot 841$ (d) $13 = 65 \cdot 2171 - 54 \cdot 2613$

7. 예를 들어 문제 5의 (d)의 경우에 대하여 두 가지 방법을 비교하면 다음과 같다.

$2613 = 2171 + 442$	$2613 = 2171 + 442$
$2171 = 4 \cdot 442 + 403$	$2171 = 5 \cdot 442 - 39$
$442 = 403 + 39$	$442 = 11 \cdot 39 + 13$
$403 = 10 \cdot 39 + 13$	$39 = 3 \cdot 13.$
$39 = 3 \cdot 13.$	

9. 피보나치 수는 점화식 $f_1 = 1$, $f_2 = 1, f_{n+1} = f_n + f_{n-1}$ $(n \geq 2)$에 의해서 정의한다. 피보나치 수에 대한 다음 성질을 이용하여 증명한다.

[보조정리 1] $g = \dfrac{1+\sqrt{5}}{2}$ 라 하자. 그러면 $n \geq 3$일 때 $f_n > g^{n-2}$ 이 성립한다.

풀이 $P(n) : f_n > g^{n-2}$이라 하자. $n \geq 3$인 정수 n에 대하여 $P(n)$이 참임을 보이자. $g < 2 = f_3$, $g^2 = \dfrac{3+\sqrt{5}}{2} < 3 = f_4$이므로 $P(3)$과 $P(4)$는 참이다. $n \geq 4$일 때 $3 \leq k \leq n$인 모든 정수 k에 대하여 $P(k) : f_k > g^{k-2}$가 참이라고 가정하자. $P(n+1)$: $f_{n+1} > g^{n-1}$이 참임을 나음과 같이 보일 수 있다. g가 $x^2 - x - 1 = 0$의 히니의 해이므로 $g^2 = g + 1$이 성립한다. 그러므로 $g^{n-1} = g^2 \cdots g^{n-3} = (g+1)g^{n-3} = g \cdot g^{n-3} + 1 \cdot g^{n-3} = g^{n-2} + g^{n-3}$이다. 귀납 가정에 의하여 $n \geq 5$이면 $f_{n-1} > g^{n-3}$, $f_n > g^{n-2}$이다. 그러므로 $f_{n+1} = f_n + f_{n-1} > g^{n-2} + g^{n-3} = g^{n-1}$이다. 따라서 $P(n+1)$이 참이다.

[보조정리 2] (Lame 정리) 두 양의 정수 a, $b(a > b)$에 대하여 유클리드 알고리즘을 이용하여 $\gcd(a, b)$를 계산하는데 필요한 나눗셈의 횟수는 b에 있는 10진 자릿수의 개수의 5배 이하이다.

풀이 두 양의 정수 a, $b(a > b)$에 대하여 $r_0 = a$, $r_1 = b$라 할 때 유클리드 알고리즘에 의하여 다음이 성립한다고 하자.

$$r_0 = r_1 q_1 + r_2, \quad 0 \le r_2 < r_1$$
$$r_1 = r_2 q_2 + r_3, \quad 0 \le r_3 < r_2$$
$$\vdots$$
$$r_{n-2} = r_{n-1} q_{n-1} + r_n, \quad 0 \le r_n < r_{n-1}$$
$$r_{n-1} = r_n q_n$$

여기서 $\gcd(a, b)$를 계산하는데 n번의 나눗셈이 사용되었다. $a > b$이므로 q_1, q_2, $\cdots$, q_{n-1}은 모두 1 이상이고, $r_n < r_{n-1}$이므로 $q_n \ge 2$이다. 이로부터 다음을 얻는다.

$$r_n \ge 1 = f_2,$$
$$r_{n-1} \ge 2r_n \ge 2f_2 = f_3,$$
$$r_{n-2} \ge r_{n-1} + r_n \ge f_3 + f_2 = f_4,$$
$$\vdots$$
$$r_2 \ge r_3 + r_4 \ge f_{n-1} + f_{n-2} = f_n,$$
$$b = r_1 \ge r_2 + r_3 \ge f_n + f_{n-1} = f_{n+1}.$$

이를 요약하면 $a > b$일 때 $\gcd(a, b)$를 계산하기 위하여 n번의 나눗셈이 사용되었다면 $b \ge f_{n+1}$이 성립한다. $g = \frac{1+\sqrt{5}}{2}$라 하면 $n > 2$일 때 보조정리 1에 의하여 $f_{n+1} > g^{n-1}n$가 성립하므로 $b > g^{n-1}$이다. 한편 $\log_{10} g \sim 0.208 > \frac{1}{5}$이므로 $\log_{10} b > (n-1)\log_{10} g > \frac{n-1}{5}$임을 알 수 있다. 그러므로 $n - 1 < 5\log_{10} b$ 이다. b가 k자리 10진수라 가정하자. 그러면 $b < 10^k$이므로 $\log_{10} b < k$가 성립한다. 따라서 $n - 1 < 5k$이고 k가 정수이므로 $n \le 5k$이다. $k = [\log_{10} b] + 1$이므로 $n \le 5k = 5([\log_{10} b] + 1) \le 5(\log_{10} b + 1) = 5\left(\frac{1}{\log_2 10}\log_2 b + 1\right) = O(\log_2 b)$이다. 두 양의 정수 a, $b(a > b)$에 대하여 유클리드 알고리즘을 이용하여 $O(\log_2 b)$번 나눗셈을 하면 $\gcd(a, b)$를 계산할 수 있음을 보였다. 한편 첫 번째 나눗셈은 a를 b로 나누는 것이므로 나눗셈에서 필요한 비트연산수는 $O(\log_2 a \cdot \log_2 b)$이다. 두 번째 나눗셈부터 모든 나눗셈에서 가장 큰 수는 b이므로 각 나눗셈에서 필요한 비트연산수는 $O(\log_2^2 b)$이다. 따라서 총계산량은 $O(\log_2 a \cdot \log_2 b) + O(\log_2 b)\ O(\log_2^2 b) = O(\log a \log b + \log^3 b)$이다. $O(\log a \log b + \log^3 b)$은 $O(\log^3 a)$보다 개선된 계산량이다. □

11. (b) 부등식 $r_i \le b$와 $\prod q_{i+1} \le a$를 이용하면 $(\log r_i)(1 + \log q_{i+1})$의 합은

$O((\log b)(\log a))$이 된다.

13. $\gcd(f,\ f')=x^2-x-1$이고, 이중근은 $\dfrac{1\pm\sqrt{5}}{2}$이다.

15. (a) 12^2+25^2 (b) 54^2+31^2 (c) 116^2+159^2

연습문제 (7.3)

1. (a) $x=6+7n$(n은 정수) (b) 해가 없다.
(c) (a)와 같다. (d) $219+256n$
(e) $36+100n$ (f) $636+676n$

3. 3, B

5. $n^5-n=(n-1)n(n+1)(n^2+1)$이다. 연이은 세수의 곱은 6의 배수이다. $n=2+5(k-1)$, $n=3+5(k-1)$ $(k=1,\ 2,\ \cdots)$인 경우에 n^2+1은 5의 배수이며 나머지의 경우는 $(n-1)n(n+1)$이 5의 배수가 된다. 따라서 n^5-n은 $2\cdot3\cdot5=30$의 배수이다.

7. (a) $m=2p^\alpha$라 하자. $m\mid(x^2-1)=(x-1)(x+1)$이므로 $x+1$과 $x-1$ 모두에서 p의 α거듭제곱이 나타나야 한다. 그러나 $p\geq3$이기 때문에 p는 $x+1$과 $x-1$을 동시에 나눌 수는 없다. 따라서 $p^\alpha\mid(x+1)$이거나 $p^\alpha\mid(x-1)$이다. 즉, $x\equiv-1 \pmod{p^\alpha}$ 또는 $x\equiv1 \pmod{p^\alpha}$이다. $2\mid(x^2-1)$이므로 x는 홀수 즉, $x\equiv1\equiv-1 \pmod 2$이다. 그러므로 정리 7.17에 의하여 $x\equiv1 \pmod{2p^\alpha}$ 또는 $x\equiv-1 \pmod{2p^\alpha}$이다.

(b) (i) $m=2^\alpha$, $\alpha\geq3$라 하자. 그러면 $x=\dfrac{m}{2}+1$이 되어 (a)의 결과에 모순이 된다.

(ii) m이 p의 거듭제곱이 아니고 또한 p의 거듭제곱의 두 배도 아니며 $p^\alpha \| m$라 가정하자. $m'=m/p^\alpha$라 놓으면, $\begin{cases} x\equiv1 \pmod{p^\alpha} \\ x\equiv-1 \pmod{m'} \end{cases}$을 만족하는 x는 중국인의 나머지 정리에 의하여 $x\equiv m'\cdot a\cdot1+p^\alpha\cdot b\cdot(-1) \pmod m$이다. 여기서 $m'\cdot a\equiv1 \pmod{p^\alpha}$, $p^\alpha\cdot b\equiv1 \pmod{m'}$이다. 정리 7.17에 의하여 $x^2\equiv1 \pmod m$이므로 (a)의 결과에 모순이 된다.

(c) $\begin{cases} x \equiv a_1 \pmod{p_1} \\ x \equiv a_2 \pmod{p_2} \\ \quad\vdots \\ x \equiv a_r \pmod{p_r} \end{cases}$, $a_i \in \{0,\ 1\}$이므로 2^r개의 서로 다른 해를 갖는다.

9. 중국인의 나머지 정리를 이용하여 4, 4+693, 4+2×693, …을 얻는다. 그러므로 697이다.

11. (a) $x=880\cdot1\cdot2+528\cdot2\cdot3+240\cdot5\cdot4+165\cdot13\cdot5==1973 \pmod{3\cdot5\cdot11\cdot16}$

(b) 63841

(c) 58837

13. 중국인의 나머지 정리를 구현하는데 시간이 가장 많이 소요되는 부분은 다음과 같다 :

(i) M의 계산

(ii) r개의 다른 i 각각에 대하여 $M_i=M/m_i$의 계산

(iii) 각 i에 대하여 법 m_i에 관한 M_i의 역원 계산

(iv) x를 구하기 위하여 각 i에 대하여 $a_iM_iN_i$의 계산

(v) x를 M으로 나누어 음이 아닌 최소값 계산.

m_i, a_i, N_i의 비트수로 $O(\log B)$를 이용하고 M과 M_i의 비트수로 $O(r \log B)$를 이용한다. 그러면 (i)−(ii), (iv)−(v)를 수행하는데 걸리는 계산량은 $O(r^2 \log^2 B)$이다.

(iii)에서 역원을 계산하기 전에 각 i에 대하여 법 m_i에 관하여 M_i를 계산하는데 $O(r^2\log^2 B)$이 걸리며, 유클리드 알고리즘을 이용하여 r개의 역원을 모두 계산하는데 $O(r \log^3 B)$이 걸린다. 그러므로 총 $O(r \log^2 B(r+\log(B)))$이 걸린다. $r^2\log^2 B$와 $r \log^3 B$의 비교는 방정식의 개수인 r과 각 법의 비트수인 $\log B$의 값에 따라 달라진다.

15. k비트 정수를 한 번 곱하는데 걸리는 시간으로 (통상 사용하는 방법을 써서) $O(k^2)$을 이용한다면, 계산량은 감소하지 않는다. 실제로 b를 n번 곱하는데 걸리는 시간은 $O((n \log b)^2)$ 밖에 걸리지 않는다. 법 산술과 달리 반복제곱방법에서는 매우 큰 정수를 다루어야 한다는 어려운 점이 있으므로 곱셈 횟수를 줄일 수 있다는 장점이 퇴색되고 만다. 그러나 k비트 정수 2개를 곱하는 훨씬 좋은 방법을 사용하게 된다면, 예를 들어 $O(k \log k \log \log k)$비트연산만에 곱셈을 수행할

수 있는 알고리즘을 사용할 수 있게 된다면 반복제곱방법을 사용하여 계산량을 감소시킬 수 있을 것이다.

17.

n	90	91	92	93	94	95	96	97	98	99	100
$\phi(n)$	24	72	44	60	46	72	32	96	42	60	40

19. n이 소수라면 $\phi(n)=n-1$이므로 n은 소수가 아니다. 가정에 의하면 n은 한 소수의 완전제곱수가 아니다. n이 서로 다른 두 소수의 곱이 아니라 가정하면 n은 3개 이상의 소수의 곱이다. p가 n의 가장 작은 소인수라 하자. 그러면 $p \le n^{1/3}$이므로 $\phi(n) \le n\left(1-\frac{1}{p}\right) \le n(1-n^{-1/3})=n-n^{2/3}$이다. 이는 모순이다.

21. 360은 각 $p^{\alpha}||m$에 대하여 $\phi(p^{\alpha})$의 배수이다. 따름정리 7.30 다음의 [참고]에 의하면 $6647^{362} \equiv 6647^2 \equiv 44182609 \bmod m$이 성립한다. 여기서 $6647=17^2 \cdot 23$이므로 $\gcd(6647, m)=1$이라는 사실을 이용한다. (b) 반복제곱방법을 이용하여 a를 법 m에 관하여 359 승 한다. $m=(101100111)_2$이므로 8번의 제곱과 (기껏해야 63비트 정수의) 5번의 곱셈이 있고, 각 경우에 (최악의 경우에 126비트 정수로 나누는) 나눗셈이 있다. 그러므로 비트 연산의 수는 기껏해야 $13\times63\times63+13\times64\times63=104013$이다.

23. (a) $\displaystyle\prod_{\text{모든 소수 } p} \frac{1}{1-\frac{1}{p}}=\sum_{n=1}^{\infty}\frac{1}{n} \to \infty.$

(b) $f(x)=x+\frac{1}{2}\log(1-x)$라면 $0<x\le\frac{1}{2}$일 때, $f'(x)\ge0$이고 $f(0)=0$이므로 $f(x)>0$이다. 따라서 $\frac{1}{p}>-\frac{1}{2}\log\left(1-\frac{1}{p}\right)=\frac{1}{2}\log\frac{1}{1-\frac{1}{p}}$이다. 그러므로 $\displaystyle\sum\frac{1}{p}>\frac{1}{2}\sum\log\frac{1}{1-\frac{1}{p}}=\frac{1}{2}\log\prod_p\frac{1}{1-\frac{1}{p}} \to \infty$

(c) 소수 n들의 수열 $\langle n\rangle(n\to\infty)$에 대하여 $\frac{\phi(n)}{n}=1-\frac{1}{n}\to1$이다. 연이은 점차 증가하는 소수들에 의해서 나누어지는 n들의 수열(예를 들어 $n_j=j!$)에 대하여 (a)에 의하면

$$\frac{\phi(n)}{n}=\prod_{p|n}\left(1-\frac{1}{p}\right) \to \prod_p\left(1-\frac{1}{p}\right)=0$$

이 성립한다.

연습문제 (7.4)

1. (a) (ⅰ) [항등식을 이용한 증명]

홀수 n에 관한 수학적 귀납법으로 증명하자.

$n=1$: 좌변$=a+1$, 우변$=(a+1)\cdot 1$

$n=3$: 좌변$=a^3+1$, 우변$=(a+1)\cdot(a^2-a+1)$

$n=2k-1$일 때 성립한다고 가정하자. 즉,

$$a^{2k-1}+1=(a+1)(a^{2k-2}-a^{2k-3}+a^{2k-4}-\cdots+a^2-a+1)$$

$n=2k+1$일 때 성립함을 보이자.

$$a^{2k+1}+1=(a+1)(a^{2k}-a^{2k-1}+a^{2k-2}-\cdots+a^2-a+1)$$

$$a^{2k+1}+1=(a+1)(a^{2k}+1)-a^{2k}-a=(a+1)(a^{2k}+1)-a(a^{2k-1}+1)$$
$$=(a+1)(a^{2k}+1)\ -a(a+1)\cdot(a^{2k-2}-a^{2k-3}+a^{2k-4}-\cdots+a^2-a+1)$$
$$=(a+1)[a^{2k}+1-a^{2k-1}+a^{2k-2}-a^{2k-3}+\cdots-a^3+a^2-a]$$
$$=(a+1)(a^{2k}-a^{2k-1}+a^{2k-2}-\cdots+a^2-a+1).$$

a가 양의 정수, $m=kt$ (t는 홀수)일 때

$$a^m+1=(a^k+1)(a^{k(t-1)}-a^{k(t-2)}+a^{k(t-3)}-\cdots+a^{2k}-a^k+1)$$

이 성립한다. $a^m+1=a^{kt}+1=(a^k)^t+1=X^t+1$(여기서 $X=a^k$로 놓는다)

$$=(X+1)\cdot(X^{t-1}-X^{t-2}+X^{t-3}-\cdots+X^2-X+1)$$
$$=(a^k+1)(a^{k(t-1)}-a^{k(t-2)}+a^{k(t-3)}-\cdots+a^{2k}-a^k+1)$$

(ⅱ) 정리 7.33에서 $-a=b$라 두면 성립한다.

(b) 정리 7.33에서 $-a=b$라 두면 b진법을 이용하여 증명할 수 있다.

3. 정리 7.35의 증명과 마찬가지 방법으로 구하면 $b^d\equiv\pm 1 \bmod m$이 된다. $b^a=(b^d)^{\frac{a}{d}}\equiv -1 \bmod m$이므로 $\frac{a}{d}$는 홀수이며 $b^d\equiv -1 \bmod m$이다.

5. (a) 24의 1보다 큰 약수는 2, 3, 4, 6, 8, 12, 24이다. 따라서 $2^8+1=257$을 얻을 수 있다.

(b) 문제 4에 의하여 $p\equiv 1 \bmod 2\times 24$이다.

(c) $16777217\div 257=65281$이다. $\sqrt{65281}$까지의 소수를 찾아 65281를 나누면 97이 해당 소수임을 알 수 있다. 따라서 $16777217=97\cdot 257\cdot 673$이다.

7. $5^{12}-1=(5^4-1)(5^8+5^4+1)=(5^2-1)(5^2+1)(5^8+5^4+1)$
$=2^4\cdot 3^2\cdot 7\cdot 13\cdot 391251=2^4\cdot 3^2\cdot 7\cdot 13\cdot 31\cdot 601$

9. (a) $2^{33}-1=(2^{11}-1)(2^{22}+2^{11}+1)=2047\cdot 4196353=23\cdot 89\cdot 7\cdot 599479$

(b) $2^{21}-1=(2^7-1)(2^{14}+2^7+1)=127\cdot 16513=127\cdot 7^2\cdot 337$

11. (a) $m=n$이면 분명히 성립한다. $m\le n$이라 가정하고 n에 관한 수학적 귀납법으로 증명한다. $m=n$이면 성립하므로 $m<n$인 경우에 한하여 보여주면 된다.

$P(n)$을 다음과 같다고 하자.

$P(n)$:$m<n$인 모든 m에 관해 $\gcd(b^m-1,\ b^n-1)=b^{\gcd(m,\ n)}-1$이 성립한다.

모든 $n\ge 2$에 대하여 $P(n)$이 참임을 n에 관한 수학적 귀납법으로 증명한다.

$n=2$인 경우 ; $P(2)$: $m<2$인 모든 m에 관해 $\gcd(b^m-1,\ b^2-1)=b^{\gcd(m,\ 2)}-1$이 성립한다.

$m=1$인 경우에 분명히 성립한다.

$n=3$인 경우 ; $P(3)$: $m<3$인 모든 m에 관해 $\gcd(b^m-1,\ b^3-1)=b^{\gcd(m,\ 3)}-1$이 성립한다.

$m=1$인 경우와 $m=2$인 경우에 분명히 성립한다.

$P(r)$을 다음과 같다고 하자.

$P(r)$: $m<r$인 모든 m에 관해 $\gcd(b^m-1,\ b^r-1)=b^{\gcd(m,\ r)}-1$이 성립한다.

모든 $r(2\le r\le n-1)$에 대하여 $P(r)$이 성립한다고 가정하자. 다음을 증명하면 된다.

$P(n)$: $m<n$인 모든 m에 관해 $\gcd(b^m-1,\ b^n-1)=b^{\gcd(m,\ n)}-1$이 성립한다.

$b^n-1=b^{n-m}\ (b^m-1)+b^{n-m}-1$이므로 $\gcd(b^m-1,\ b^n-1)=\gcd(b^m-1,\ b^{n-m}-1)$이 성립한다. 귀납가정을 이용하면 $\gcd(b^m-1,\ b^n-1)=\gcd(b^m-1,\ b^{n-m}-1)=b^{\gcd(m,\ n-m)}-1=b^{\gcd(m,\ n)}-1$이 성립한다.

(b) (a)와 중국인의 나머지 정리에 의하면 0과 $\Pi(2^{m_i}-1)$ 사이의 임의의 두 수의 나머지는 다르다. 이 곱은 $2^{rl/2}>2^{2k}>ab$ 보다 크다. 기껏해야 l비트 정수의 r번의 곱셈이 있으므로 계산량은 $O(rl^2)=O(kl)$이다. 이것은 계산량이 $O(k^2)$인 a와 b의 곱셈보다 r의 한 인수만큼 개선된다.

제 8 장

연습문제 (8.1)

1.

소수 p	2	3	5	7	11	13	17
가장 작은 생성원	1	2	2	3	2	2	3
생성원의 개수	1	1	2	2	4	4	8

3. $F_5(\alpha)=0, 1, 2, 3, 4, \alpha, \alpha+1, \alpha+2, \alpha+3, \alpha+4, \cdots, 4(\alpha+4), \alpha^2+\alpha+1=0$이므로 $F_5(\alpha)=F_{5^2}$이다. $F_{5^2}=0, 1, \cdots, 24$라 하면 $F_5(\alpha,\beta)=F_{5^2}(\beta)$이므로 $F_5(\alpha,\beta)$의 원소들은 $0, 1, \cdots, 24, \beta, \beta+1, \cdots, \beta+24, \cdots, 24\beta^{5^3-1}$, $\beta^3+\beta+1=0$이다. 따라서 이 원소들의 총 개수는$(5^2)^3=5^6$이다.

5. $X, X+1$
X^2+X+1
X^3+X+1, X^3+X^2+1
$X^4+X+1, X^4+X^3+1, X^4+X^3+X^2+X+1$
$X^5+X^2+1, X^5+X^3+1, X^5+X^4+X^3+X^2+1, X^5+X^4+X^3+X+1,$
$X^5+X^4+X^2+X+1, X^5+X^3+X^2+X+1$
$X^6+X+1, X^6+X^5+1, X^6+X^3+1, X^6+X^5+X^4+X^2+1,$
$X^6+X^5+X^4+X+1, X^6+X^5+X^3+X^2+1, X^6+X^5+X^2+X+1,$
$X^6+X^4+X^3+X+1, X^6+X^4+X^2+X+1$

7. $f=l^k$라 하면 $\sum_{\substack{d|f \\ d\neq f}} dn_d=p^{l^{k-1}}=p^{\frac{f}{l}}$ 이므로 $n_f=\dfrac{(p^f-\sum_{\substack{d|f \\ d\neq f}} dn_d)}{f}$이다.

9. $\gcd(f,f')=X^2+1$이므로 중근은 $\pm\alpha^2$이다. 여기서 α는 F_9^*의 생성원이다.

11. (c) 원시다항식의 개수는 $\phi(3^3-1)/3=4$이며 원시다항식은 $X^3-X-1, X^3-X+1, X^3+X^2-1, X^3-X^2+1$이다. $f(X)=X^3-X-1$이라 하고 $f(\alpha)=0$라 하면 구할 수 있다.

(d) 원시다항식의 개수는 $\phi(5^2-1)/2=4$이며 원시다항식은 $X^2\pm X+1$, X^2-

$X \pm 2$이다. $f(X)=X^2-X+2$라 하고 $f(\alpha)=0$라 하면 구할 수 있다.

13. (a) $p=2$, 2^f-1이 소수이면 된다.

15. $p|j$일 때만 X^j의 계수가 0이 아닌 모든 다항식

17. $\sigma^j(a)=a$, $\sigma^f(a)=a$라 하자. $d=uj+vf$라 쓸 수 있다. 따라서 $\sigma^d(a)=\sigma^{uj+vf}(a)=a$이다. 그러므로 $j=d$라 하자. 따라서 σ^j 에 의하여 변하지 않는 원소의 집합이 체 F_{p^d} 임을 알 수 있다.

연습문제 (8.2)

1. $p=3, 5, 7, 13, 17, 19$일 때 법 p에 관한 이차잉여의 집합은 다음과 같다.

$p=3$	$\{1\}$
$p=5$	$\{1, 4\}$
$p=7$	$\{1, 2, 4\}$
$p=13$	$\{1, 3, 4, 9, 10, 12\}$
$p=17$	$\{1, 2, 4, 8, 9, 13, 15, 16\}$
$p=19$	$\{1, 4, 5, 6, 7, 9, 11, 16, 17\}$

3. $\gcd(84, 11^3-1)=14$

5. $\left(\frac{91}{167}\right)=\left(\frac{7}{167}\right)\left(\frac{13}{167}\right)=-\left(\frac{167}{7}\right)\left(\frac{167}{13}\right)=-\left(\frac{-1}{7}\right)\left(\frac{-2}{13}\right)=-(-1)(-1)=-1$

7. $a^4+1\equiv 0 \bmod m$이므로 $a^4\equiv -1 \bmod m$이다. 그러면 정리 8.27의 증명을 이용하여 $x=a^3-a$라 두면 $x^2\equiv 2 \bmod m$을 만족한다. 그러므로 $a=2$일 때 $m=17$, $x=6$이고, $a=2^2$일 때 $m=257$, $x=60$이고, $a=2^4$일 때 $m=65537$, $x=4080$이고, $a=3$일 때 $p=(3^4+1)/2=41$, $x=24$이고, $a=6$일 때 $p=1297$, $x=210$이고, $a=7$일 때 $p=(7^4+1)/2=1201$, $x=336$이다.

9. $q\equiv 1 \bmod p$이므로 F_q에서 단위원 ξ의 원시근이 존재한다. $G=\sum_{j=1}^{p-1}\left(\frac{j}{p}\right)\xi^j$라 하면 보조정리 8.29에 의하여 $G^2=(-1)^{(p-1)/2}p=\left(\frac{-1}{p}\right)p$이다.

11. (a) $\left(\frac{-1}{p}\right)\sum_{j=1}^{p-1}\left(\frac{j}{p}\right)a^j$; 6, 45, 3126, 906(F_{1093}에서 $\sqrt{-7}$을 구할 때 1093=

$\frac{3^7-1}{2}$을 이용한다.)

(b) $G=\sum_{j=1}^{p-1}\left(\frac{j}{p}\right)2^j$라 하자. 그러면 법 2^p-1에 관한 $\left(\frac{-1}{p}\right)$ p의 최소 양의 제곱근은 $p\equiv 5 \bmod 8$이면 g, $p\equiv 3 \bmod 8$이면 $-g$, $p\equiv 7 \bmod 8$이면 $p+g$, $p\equiv 1 \bmod 8$이면 $p-g$이다.

13. (a) 1 (b) 1 (c) 1 (d) 1 (e) 1 (f) 1 (g) -1

15. 1의 자릿수는 1 또는 9이다.

17. (a) $p-1$이 2의 거듭제곱이므로 임의의 원소 g의 위수는 2의 거듭제곱이다. $-1=\left(\frac{g}{p}\right)=g^{(p-1)/2} \bmod p$이면, 이 위수는 $p-1$보다 작을 수 없다.

(b) $k>1$이고 $p=2^{2^k}+1$이면 2의 지수는 4의 배수이므로 $p\equiv 2 \bmod 5$이다. 그러므로 $\left(\frac{5}{p}\right)=\left(\frac{p}{5}\right)=-1$이다. (c) (b)와 유사하다. 2의 지수가 3의 배수가 아니므로 2의 거듭제곱은 법 7에 관하여 2 또는 4와 합동이다. 그러므로 $p\equiv 3 \bmod 7$ 또는 $p\equiv 5 \bmod 7$이고 따라서 $\left(\frac{7}{p}\right)=\left(\frac{p}{7}\right)=-1$이다.

19. $n=3$; $p-1=2^5\cdot 65$; $r\equiv a^{33}\equiv 203 \bmod p$이다. (반복제곱방법을 이용하여 302^{33}을 계산하고, 연이어 5번 제곱한 다음 302를 곱한다.) 또한 반복제곱방법을 이용하여 $b\equiv n^{65}\equiv 888 \bmod p$를 계산한다. $j=2^2$를 택한다. 즉 $\sqrt{302} \bmod p\equiv b^4 r \equiv 1292 \bmod p$이다.

21. $b^2=(t+\alpha)^p(t+\alpha)=(t+\alpha^p)(t+\alpha)=(t-\alpha)(t+\alpha)=t^2-\alpha^2=a$

여기서 세 번째 등식은 $\alpha=\sqrt{t^2-a}$가 켤레원 $\alpha^p=-\sqrt{t^2-a}$를 가진다는 사실로부터 알 수 있다. 가정에 의하여 a가 F_p에서 2개의 제곱근을 가지므로 $b\in F_p$이다. 그러므로 F_{p^2}에 속한 b의 제곱근은 실제로 F_p에 속한다.

23. b를 법 p에 관한 $n^{(p-1)/4}$의 최소 양의 잉여라 하자. 그러면 b는 법 p에 관한 -1의 제곱근이다. 이제 $c+di=\gcd(p, b+i)$를 계산하면 된다.

제 9 장

연습문제 (9.2)

1. (1) $f(x)=x^5+x+1$, 동반행렬은 다음과 같다.

$$A=\begin{pmatrix} 0 & 0 & 0 & 0 & 1 \\ 1 & 0 & 0 & 0 & 1 \\ 0 & 1 & 0 & 0 & 0 \\ 0 & 0 & 1 & 0 & 0 \\ 0 & 0 & 0 & 1 & 0 \end{pmatrix}$$

(3) 주기 : 3,

(4) 주기 : 7,

(5) 주기 : 21

연습문제 (9.3)

1. $1+x^2+x^5+x^6+x^8+x^9+x^{10}+x^{15}+x^{17}+x^{20}+x^{21}+x^{22}+\cdots$

3. $G(x)=1+x^3+x^4+x^5+x^7+x^8+x^9+x^{11}+x^{12}+x^{13}+x^{15}+x^{16}+\cdots$

연습문제 (9.4)

1. 주기가 15인 15개의 수열이 있다. 그 중 하나는 다음과 같다.

000100110101111000100110101111 ⋯

3. $f(x)=x^4+x^3+1$

5. 이 수열의 주기는 63이며 다음과 같다.

000001000011000101001111010001110010010110111011001101010111111 ⋯

연습문제 (9.5)

1. $e=\mathrm{ord}(f(x))|c$라 하면, $f(x)|(x^e-1)$이고 $(x^e-1)|(x^c-1)$이므로 $f(x)|(x^c-1)$가 성립한다. 역으로 $f(x)|(x^c-1)$ 라 가정하면 e의 최소성에 의하여 $e\le c$이므로 $c=me+r$, $0\le r<e$라 쓸 수 있다.

$$x^c-1=x^{me+r}-1=(x^{me}-1)x^r+(x^r-1)$$

이므로 $f(x)|(x^r-1)$이 성립한다. e의 최소성에 의하여 $r=0$이어야 한다. 따라

서 $e|c$이 성립한다.

3. $c=\mathrm{ord}(f)$라 하자. 그러면 문제 1에 의하여

$$f(x)\,|\,(x^c-1) \Rightarrow g(x)\,|\,(x^c-1) \Rightarrow e|c$$

이다. $g(x)\,|\,(x^e-1)$이므로 $f(x)=g(x)^b\,|\,(x^e-1)^b$이 되어 $f(x)\,|\,(x^e-1)^{p^t}=x^{ep^t}-1$이 성립한다. 문제 1에 의하여 $c|ep^t$이다. $e|c$이면서 $c|ep^t$이므로 c는 다음과 같은 형태이다. $c=ep^u$, $0\le u\le t$ 정리 9.17에 의하여 e는 p의 배수가 아니므로 x^e-1은 중근을 갖지 않는다. 그러므로 $x^{ep^u}-1=(x^e-1)^{p^u}$의 모든 근은 중복도가 p^u이다. $g(x)^b\,|\,(x^{ep^u}-1)$이므로 $g(x)^b$와 $(x^{ep^u}-1)$의 근의 중복도를 비교하면 $b\le p^u$가 되고, t의 최소성에 의하여 $u\ge t$이다. 그러므로 $u=t$가 되어 $c=ep^t$이다.

5. $g_i(0)=0$인 $i(1\le i\le k)$가 존재하는 경우에, 그런 i들에 대하여 $g_i(0)=0$이면 $g_i(x)=g_i'(x)$, $g_i(0)\ne0$이면 $g_i(x)=x^{h_i}g_i'(x)$, $g_i'(0)\ne0$라 놓으면 각 $i(1\le i\le k)$에 대하여 $\mathrm{ord}(g_i(x))=\mathrm{ord}(g_i'(x))$이다. 따라서 각 $i(1\le i\le k)$에 대하여 $g_i(0)\ne0$인 경우에 대해서만 고려하면 된다. $e=\mathrm{ord}(g)$, 각 $i(1\le i\le k)$에 대하여 $e_i=\mathrm{ord}(g_i)$, $c=\mathrm{lcm}(e_1, \cdots, e_k)$라 하자. 그러면 각 $i(1\le i\le k)$에 대하여 $g_i(x)\,|\,(x^{e_i}-1)$이므로 $g_i(x)\,|\,(x^c-1)$이 성립한다. $g_1, \cdots, g_k$ 가 쌍마다 서로소이므로 $f=g_1\cdot\cdots\cdot g_k\,|\,(x^c-1)$이다. 문제 1에 의하여 $e=\mathrm{ord}(f)|c$이다. 한편 $f(x)\,|\,(x^e-1)$이므로 각 $i(1\le i\le k)$에 대하여 $g_i(x)\,|\,(x^e-1)$이다. 문제 1에 의하여 각 $i(1\le i\le k)$에 대하여 $e_i|e$이므로 $c=\mathrm{lcm}(e_1, \cdots, e_k)|e$이다. 따라서 $e=c$이다.

연습문제 (9.6)

1. 최소다항식을 구하기 위하여 $G(x)$ 대신에 $G_9(x)=x+x^2+x^7+x^8+x^9\in\mathbb{F}_2[x]$에 Berlekamp-Massey 알고리즘을 적용한다.
계산 결과는 다음 표와 같다.

j	$g_j(x)$	$h_j(x)$	m_j	b_j
0	1	x	0	0
1	1	x^2	1	1
2	$1+x^2$	x	-1	1
3	$1+x+x^2$	x^2	0	0
4	$1+x+x^2$	x^3	1	1
5	$1+x+x^2+x^3$	$x+x^2+x^3$	-1	1
6	1	$x^2+x^3+x^4$	0	0
7	1	$x^3+x^4+x^5$	1	1
8	$1+x^3+x^4+x^5$	x	-1	1
9	$1+x+x^3+x^4+x^5$	x^2	0	0
10	$1+x+x^3+x^4+x^5$		1	

그러면 $r=\left[5+\frac{1}{2}-\frac{1}{2}m_{10}\right]=5$이므로 $m(x)=x^5 g_{10}\left(\frac{1}{x}\right)=x^5+x^4+x^2+x+1$이다. 그러므로 수열에 의해 만족되는 최소차 동차 선형점화수열은 $s_{n+5}=s_{n+4}+s_{n+2}+s_{n+1}+s_n$이다.

3. 최소다항식을 구하기 위하여 $G(x)$ 대신에 $G_9(x)=1+2x+2x^3+x^8\in\mathbb{F}_3[x]$에 Berlekamp-Massey 알고리즘을 적용한다.
계산 결과는 다음 표와 같다.

j	$g_j(x)$	$h_j(x)$	m_j	b_j
0	1	x	0	1
1	$1+2x$	x	0	1
2	$1+x$	$x+2x^2$	0	2
3	$1+2x+2x^2$	$2x+2x^2$	0	0
4	$1+2x+2x^2$	$2x^2+2x^3$	1	1
5	$1+2x+x^3$	$x+2x^2+2x^3$	-1	0
6	$1+2x+x^3$	$x^2+2x^3+2x^4$	0	2
7	$1+2x+x^2+2x^4$	$2x+x^2+2x^4$	0	1
8	1	$x+2x^2+x^3+2x^5$	0	1
9	$1+2x+x^2+2x^3+x^5$	x	0	2
10	$1+x^2+2x^3+x^5$		0	

그러면 $r=\left[5+\frac{1}{2}-\frac{1}{2}m_{10}\right]=5$이므로 $m(x)=x^5 g_{10}\left(\frac{1}{x}\right)=x^5+x^3+2x^2+1$이다. 그러므로 수열에 의해 만족되는 최소차 동차 선형점화수열은 $s_{n+5}=2s_{n+3}+s_{n+2}+2s_n$이다.

찾아보기

[ㅇ]

[ㅈ]

[기타]

조성진

부경대학교 수리과학부 교수

관심분야 : 셀룰라 오토마타론, 정보보호, 부호론

저서 : 알기쉬운 유한체론(경문사), 알기쉬운 부호론(경문사), 실해석학(교우사)

김한두

인제대학교 컴퓨터응용과학부 교수

관심분야 : 전산수학, 정보보호, 부호론

저서 : 알기쉬운 유한체론(경문사), 알기쉬운 부호론(경문사)

최언숙

동명대학교 멀티미디어공학과 교수

관심분야 : 셀룰라 오토마타론, 부호론, 대기행렬론

저서 : 알기쉬운 부호론(경문사)

첨단공학을 위한

정 보 수 학

2006년 2월 25일 초판 인쇄
2006년 3월 2일 초판 발행

저 자 / 조성진 · 김한두 · 최언숙
발행자 / 오판근
발행처 / 교우사

주 소 / 서울 동대문구 제기2동 148-19
전 화 / 925-2861, 929-4865
팩 스 / 925-2860
E-mail / kw2861 @ chollian. net
http: // www. kyowoo. co. kr
등록 / 1994. 3. 24 제6-0256호

ISBN 89-8172-578-0 (93410)

값 **20,000**원